JN312806

図解力・製図力 おちゃのこさいさい

図面って、どない描くねん！ LEVEL 0《ゼロ》

わかりやすく
やさしく
やくにたつ

山田 学 著
Yamada Manabu

日刊工業新聞社

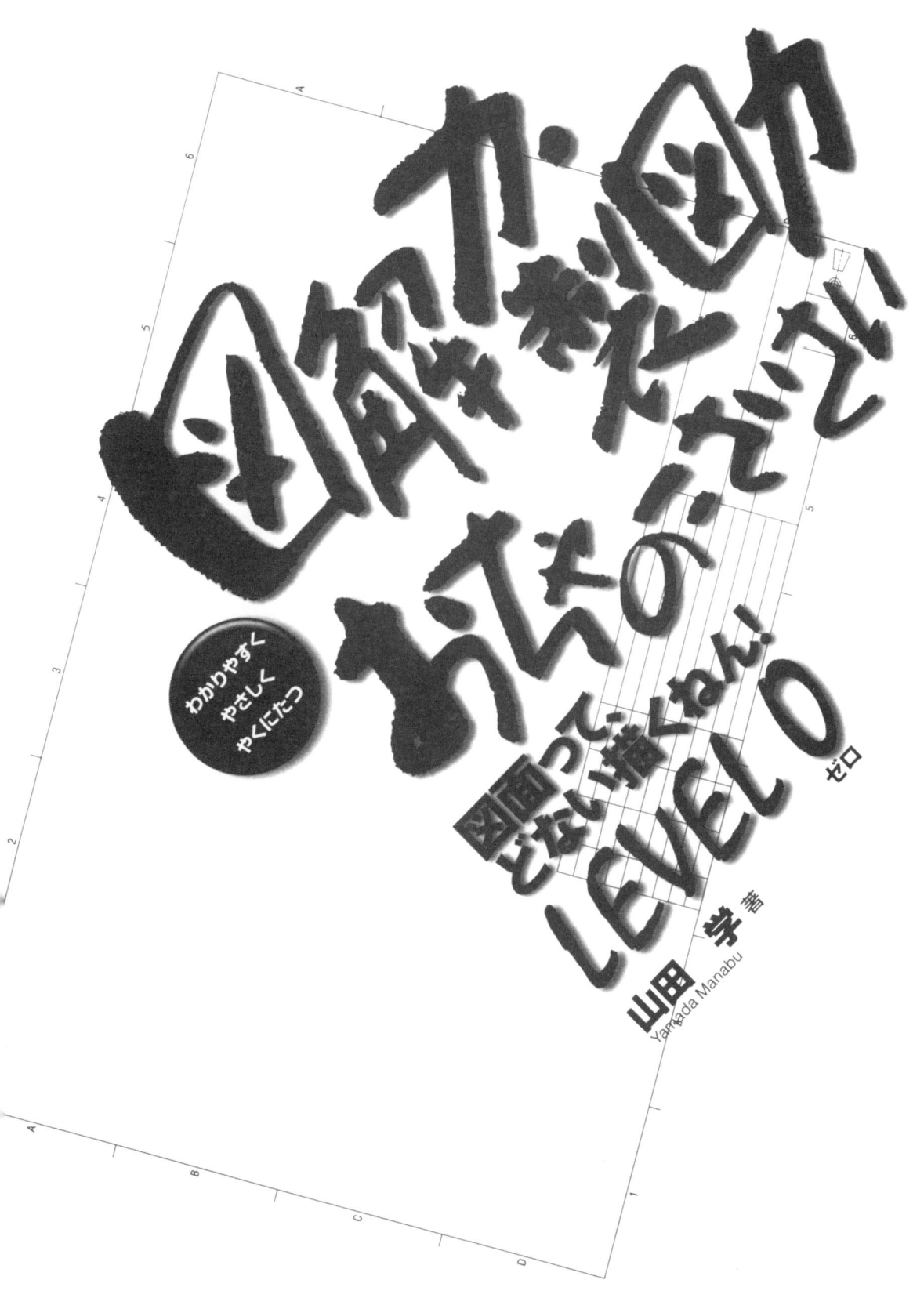

製品開発の中における図面の役割

設計者以外に、研究や生産、部品手配、営業などにかかわる人も図面を用いて作業することがあります。図面は描くだけのものではなく、それを後工程の人が見て生産活動を行うのです。機械製図というと、設計した部品を加工するために寸法を記入する作業、つまり寸法もれさえなければよいと考えている人がたくさんいます。

ところが、基準も決めずにいいかげんな寸法記入をしてしまうと、累積する公差によって欲しい形状や位置に対してばらつきの大きな部品が出来上がってしまいます。

一品モノの試作部品などでは、その違いがわかりませんが、大量生産する部品では、このばらつきによって組めない、干渉する、機能が出ないなどの不具合がよく発生します。

図面が製品開発の中でどのように使われているのか、その重要性も含めて少し説明します。

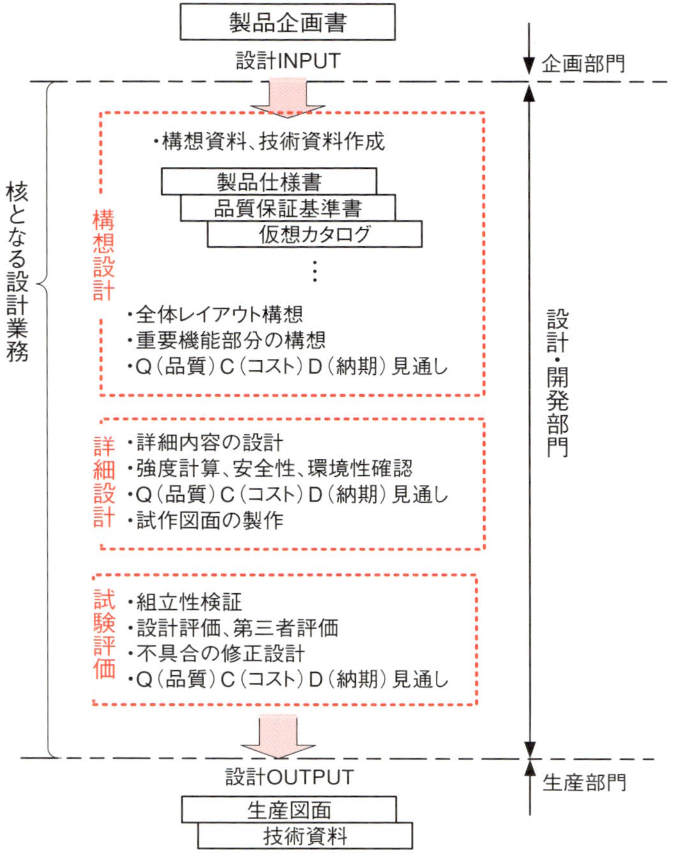

企業と製品開発の流れ

学生から新入社員として会社に入ると、設計の進め方から製図の作法、自社製品のノウハウなど、先輩や上司から丁寧に教えてもらえると期待しますが、現実は先輩たちは目の前の業務をこなすことが精一杯で、新人に構っている暇はありません。

設計業務とは、ISO9000シリーズによる業務体系の中で、

設計INPUTとして、与えられた企画情報を元に、構想設計→詳細設計→試作評価を経て、

設計OUTPUTとして、生産図面や技術資料を後工程の部門に引き渡すことです。

以前の設計現場では、右図に示す設計の流れの中で、要所要所に課長が膝を突き合わせ、若手が設計した内容をチェックし、指導してくれたものです。

しかし、近年では開発の短納期化のためにさまざまな開発手法や管理ツールが取り入れられ、さらに関連部門である製造や品質保証、営業、保守部門が開発初期からかかわり、意見をいうようになりました。そのため、設計上位者が手取り足取り技術的な内容を部下に指導できる時間的な余裕がなくなっています。

上司から真剣に相手にしてもらえないため、若い担当者は製品仕様や品質基準、開発の背景、目的なども十分理解せず、与えられたスペースに必要機能を盛り込むだけの「やっつけ設計」に陥ってしまうのです。

いい加減な設計をしたうえに、上位者のチェックも甘ければどうなるでしょうか？

そう、担当者任せの図面が製造現場に流出してしまうのです。

製品を開発するには様々な関連する部門の技術者が存在します。

何も設計者だけが、図面を見て仕事をしているわけではありません。一つの製品を開発する一般的な大きな流れを下図に示します。

設計者にとって、図面を作るためには、まず頭の中のアイデアを具現化するために図解力が必要です。

様々なアイデアをレイアウトに落とし込み、形状を工夫して描いた計画図（組立図）を描くためにも図解力が必要です。

設計意図通りの部品を製作する図面を作成するために製図力が必要です。

また、設計者以外の関連する部門の技術者は、設計者が描いた図面を理解する図解力が必要なのです。

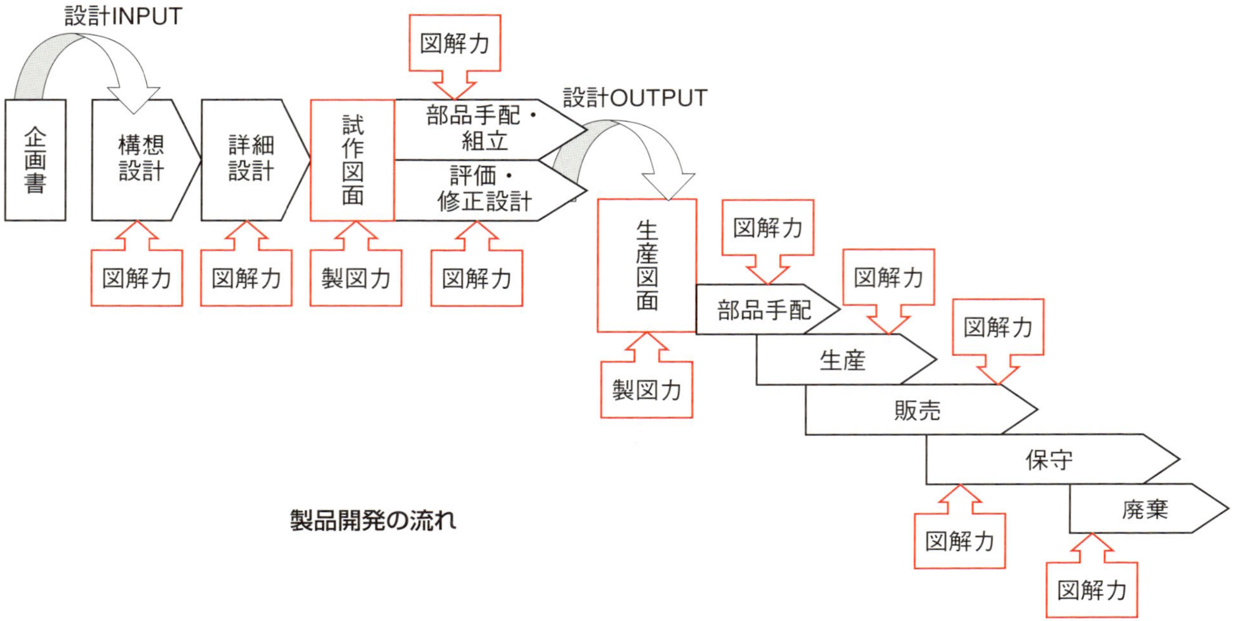

製品開発の流れ

このように、製品開発の流れの中で、設計者の描いた図面を中心にモノづくりが行われ、次世代の製品開発へつながっていくのです。
設計の思考力を向上させるためには、次の２つの力が必要不可欠です。

図解力

平面と立体を頭の中で自由自在に変換できる能力

製図力

設計の機能や組立を知り、基準を明確にした図面を描く力

つまり、図解力と製図力は機械設計の基本であるといえます。「基本とは、物事が成り立つためのよりどころとなるおおもと」と定義されます。
そう、図解力と製図力の基礎をしっかりと学習すれば、自ずと設計するためのよりどころとなり、技術者としての思考力も向上するのです。

2008年2月

山田　学

Contents

JISとは、Japan Industrial Standardsの略で、日本工業規格の略です。工業標準化法に基づき、全ての工業製品について定められる国家規格です。
この規格の中で、機械工業の分野で使用する部品図及び組立図の製図について規定したものがJIS B 0001です。

第1章

立体と平面の図解力

1-1.　立体図形

1-2.　立体と平面の投影法

1-3.　立体から第三角法への展開

1-4.　第三角法から等角投影図への展開

1-5.　板金部品の展開形状

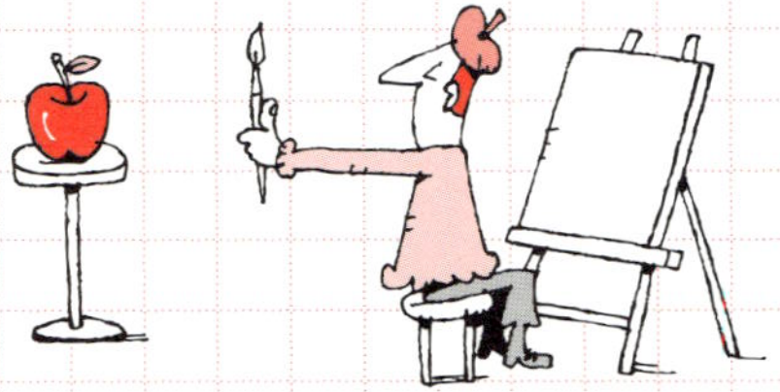

立体図形

どんなにやさしく言葉や文章で物体の形状を説明しても、理解してもらうことは大変難しいことです。そこで、立体的な形状をラフなスケッチ（マンガ）で表すことができれば、素人にもわかりやすく説明することができます。そう、「百聞は一見にしかず」です。

設計製図で重要なことは、図形を形に表して人に伝えること、そして図形を見て理解できることです。理解することとは、逆に図形を描けることも意味します。設計実務の中ではラフなスケッチ（マンガ）を描いて、頭の中のアイデアをイメージとして具現化し、詳細形状はエンジニアリング（材料・加工・強度・効率など）な検討を盛り込んで最終形状に作り上げるのです。

まずは、立体形状の基礎知識から覚えていきましょう。

	角柱		円柱	角すい		円すい	球
	立方体（直方体）	三角柱		三角すい	四角すい		
立体図	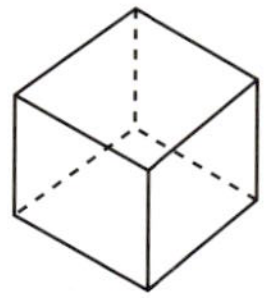	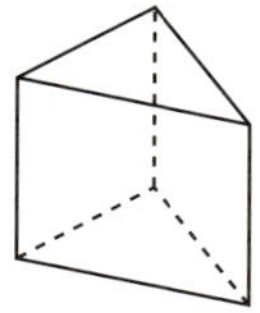	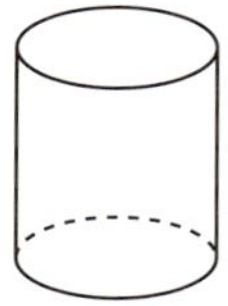	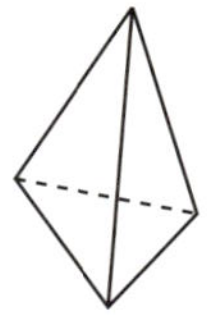	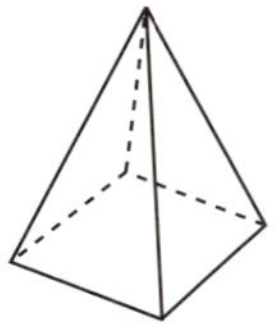	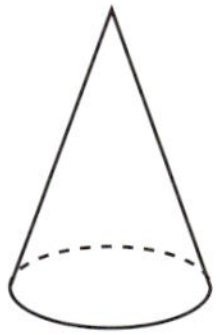	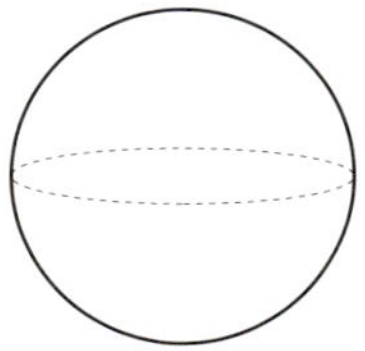
展開図	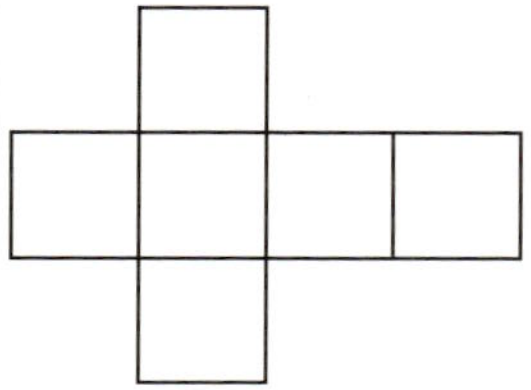	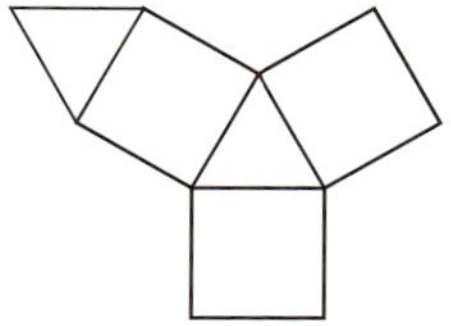	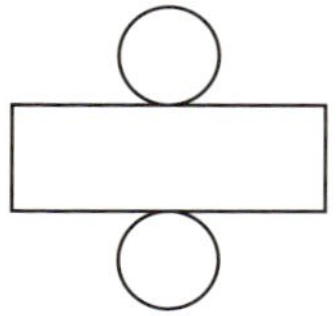	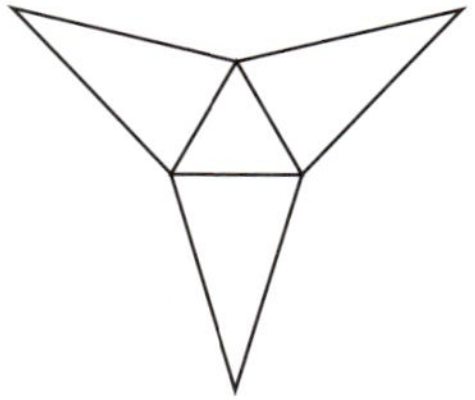	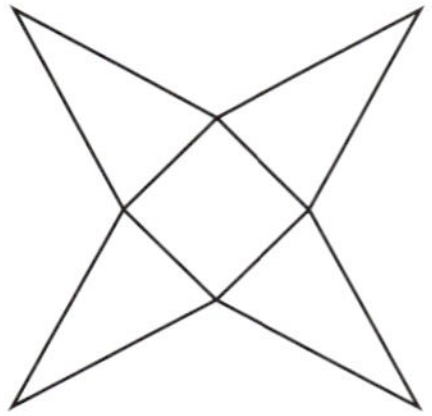		
体積	体積 V＝底面積×高さ			体積 $V=\frac{底面積\times高さ}{3}$			体積 $V=\frac{4}{3}\pi\times半径^3$

■D（￣ー￣*）　コーヒーブレイク

プラトンの５つの正多面体

正多面体とは、次のように定義される面の集合体をいいます。

- 有限個の面からなる凸多面体であること。
- 各面は合同（形と大きさが等しい）な正多角形であること。
- 各頂点の周りに集まる面の数は同じであること。

ギリシャ時代に、５つの正多面体（正四面体・正六面体・正八面体・正十二面体・正二十面体）が発見され、この５種類以外の正多面体は存在しません。

正多面体には次のような特徴があります。

- 各頂点はある半径の球に内接します。
- 各面の内心は、ある半径の球に外接します。
  ※内心とは面形状の各辺に接する内接円の中心です。
- 隣り合う全ての２面角が等しくなります。

正四面体	正六面体	正八面体	正十二面体	正二十面体
面の形：正三角形	面の形：正方形	面の形：正三角形	面の形：正五角形	面の形：正三角形
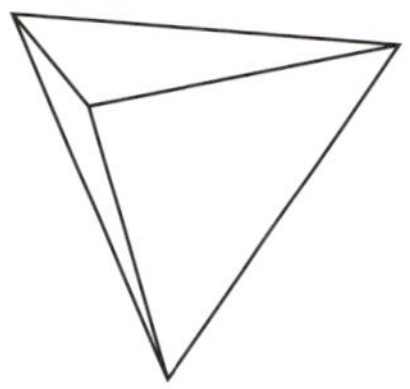	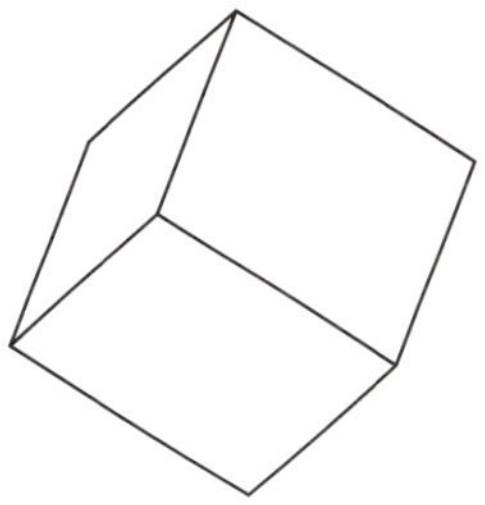	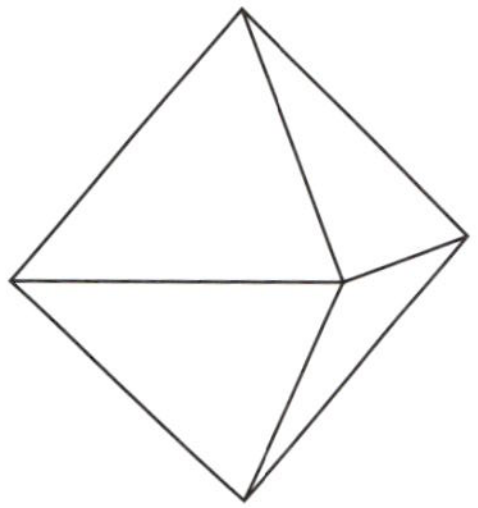	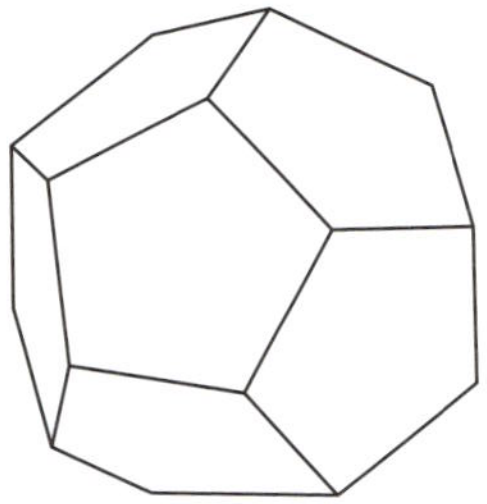	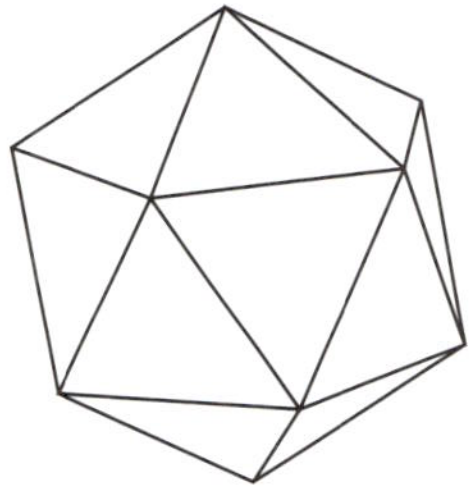

☞ 合同とは、2つの図形が一致すること。相似とは、１つの図形を形を変えずに一定の割合に拡大、あるいは縮小した図形をいう。

立体と平面の投影法

1　立体の投影法

代表的な投影法に投影等角図とキャビネット図、透視投影図があります。

等角投影図（Isometric axonometry）	キャビネット図（Cabinet axonometry）	透視投影図（Perspective projection）
平面上で XYZ 座標軸を 120°等角で振り分け、その座標軸を基に立体を描き表す方法です。 アイソメ図とも呼ばれます。	平面上で XYZ 座標軸のうち一つの軸を水平に 45°傾けて、奥行き長さを実長の 1/2 にして立体を描き表す方法です。 立方体の三面のうち一面だけを正確に表せることが特徴です。	放射光線によって立体を描き表す方法です。遠近法を使うため、実際に見た形状に近い図面となりますが、寸法を厳密に表すには不向きです。 建築、インテリアの完成予想図を立体的に表現する方法として一般的に使われます。

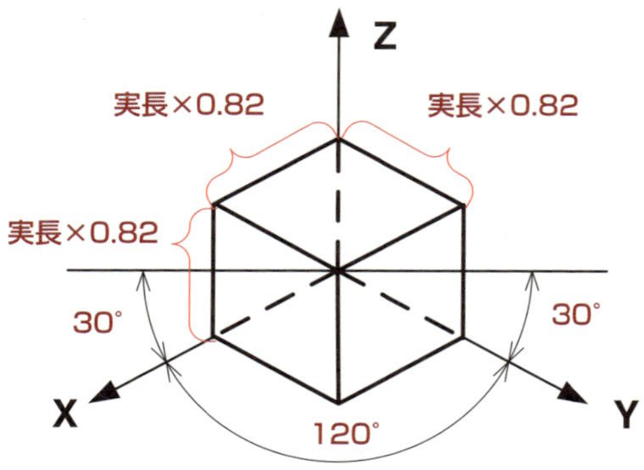

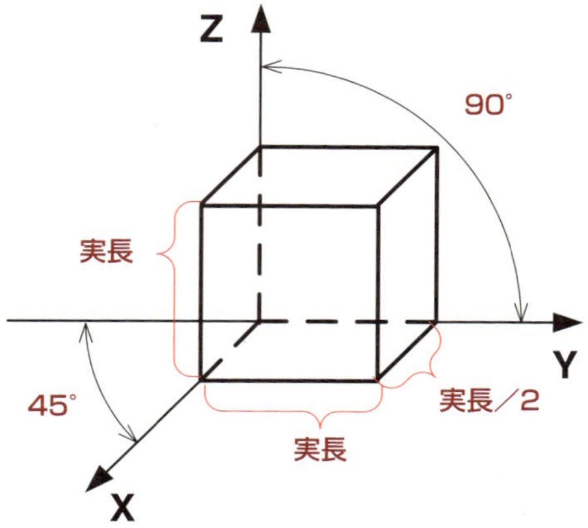

奥行きを実長で表したものをカバリエ図と呼びます。

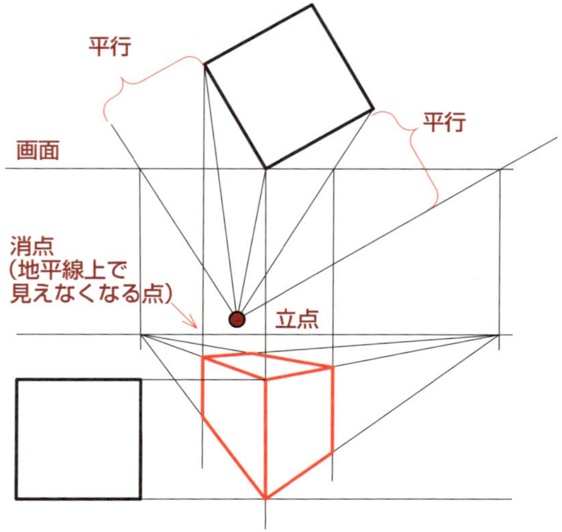

2　平面の投影法

立体形状を図面として表す場合、平面の投影図として表します。対象物を完全に図示するためには6方向の投影図が必要です。平面の投影図とは、一つの対象物の正面図の周りに、その対象物のその他の5つの投影図の幾つかまたは全てを配列して描く正投影をいいます。**投影図の相対的な位置を表すために、第一角法と第三角法の2つの投影法を同等に使うことができます。**

JISでは、統一を図るために投影法は第三角法を使って説明されています。したがって、一般的に日本企業が扱うほとんどの図面は第三角法を使っているといっても過言ではありません。ただし、ヨーロッパでは第一角法を用いて図面を描きますので、海外メーカーと取引する場合は注意が必要です。

第一角法：対象物を座標系の第一象限に置き、観察者が右あるいは上から見た図を座標面に正投影する方法です。
つまり、手前に見える投影を対象物の奥にある投影面に映す考え方です。

第三角法：対象物を座標系の第三象限に置き、観察者が右あるいは上から見た図を座標面に正投影する方法です。
つまり、手前に見える投影を対象物の手前にある投影面に映す考え方です。

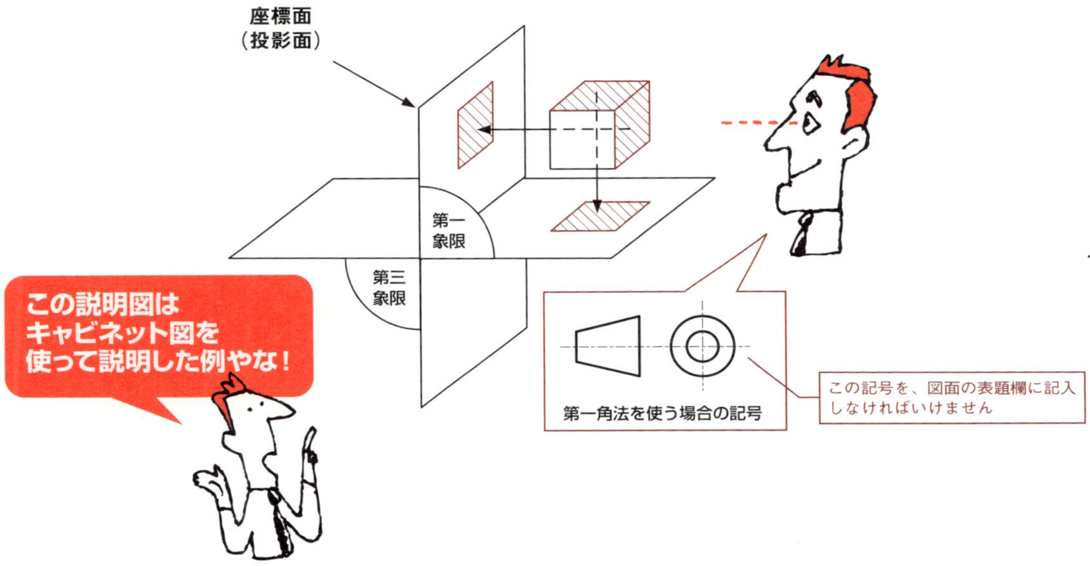

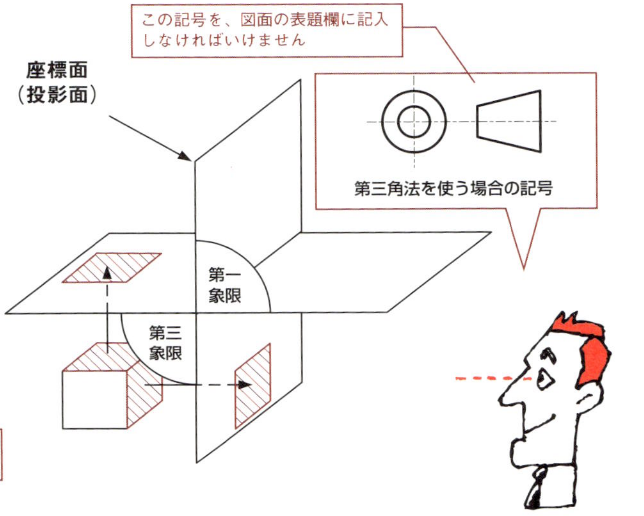

第三角法

第三角法は、対象物を箱の中に入れ、外から見た投影図を箱の面に映し出し、箱を展開したものとイメージしてください。

対象物の特徴を最もよく表す方向から見た図を正面図（主投影図）といいます。

設計製図する人が主観的に正面図を決定します。

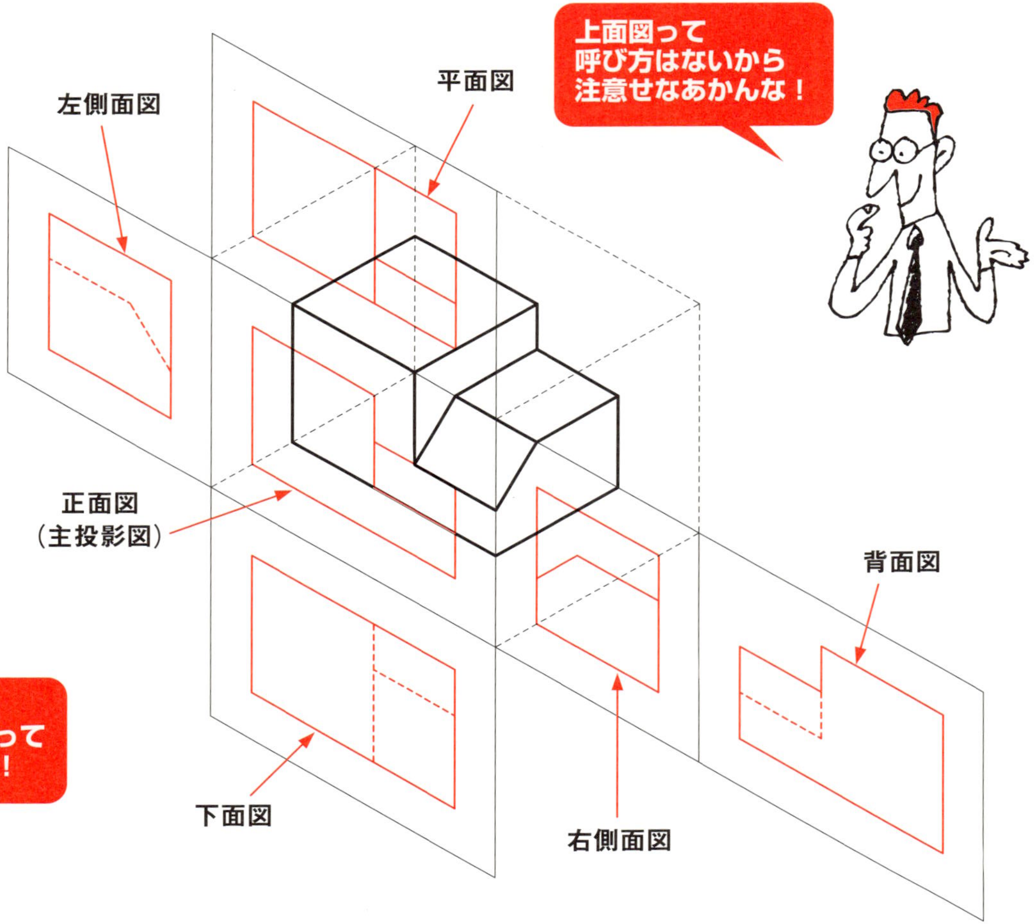
上面図って
呼び方はないから
注意せなあかんな！
左側面図
平面図
正面図
（主投影図）
背面図
下面図
右側面図

第三角法を用いた各方向から見た投影図

この説明図は
等角投影図を使って
説明した例やな！

第三角法によって展開した投影図

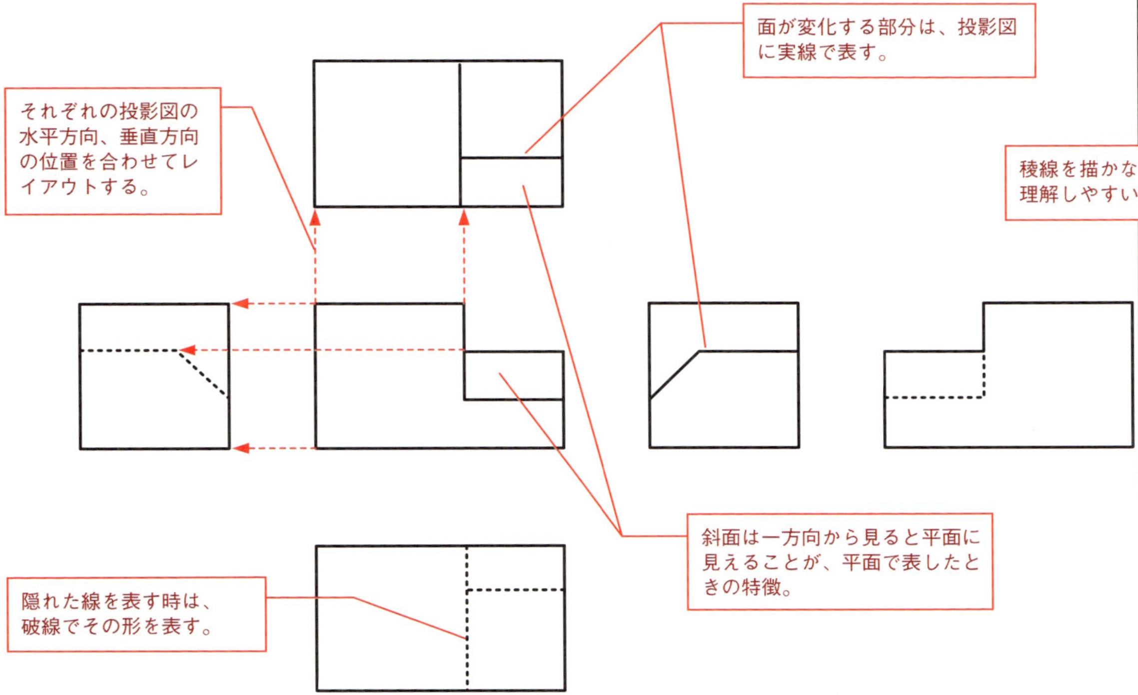

面が変化する稜線において、R 形状によって変化する部分は図の見やすさを優先し、投影図に描く場合と省略する場合があります。

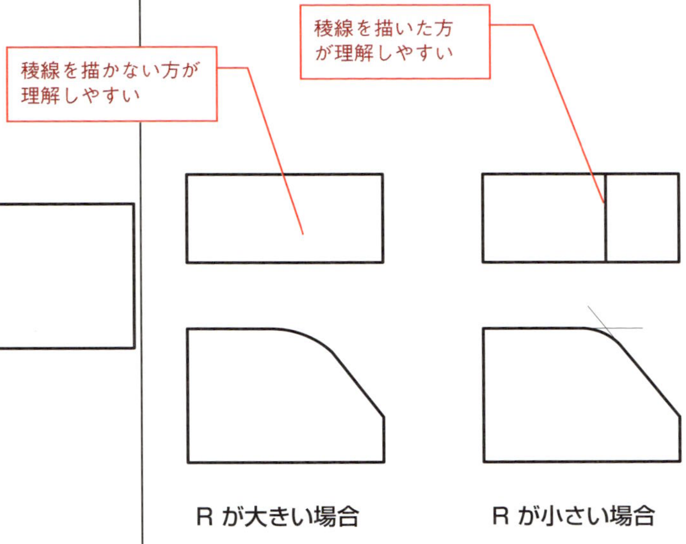

設計者あるいは製図者の判断で決めて構いません。

☞ 稜線（a mountain ridge）とは、山の峰から峰へ続く線や尾根の意味だが、図形では隣り合う面のへりに表れる線をいう。

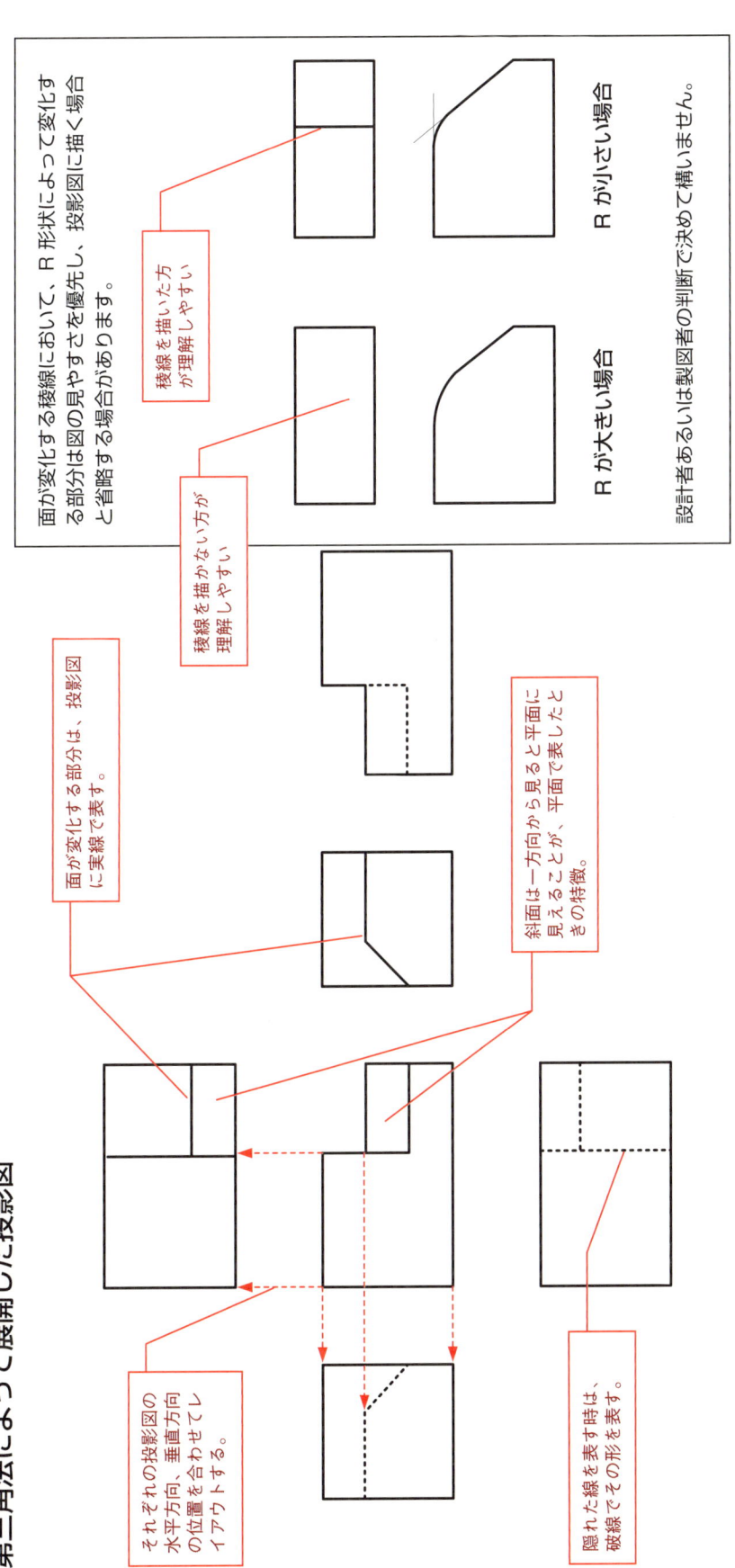

第三角法と第一角法の違い

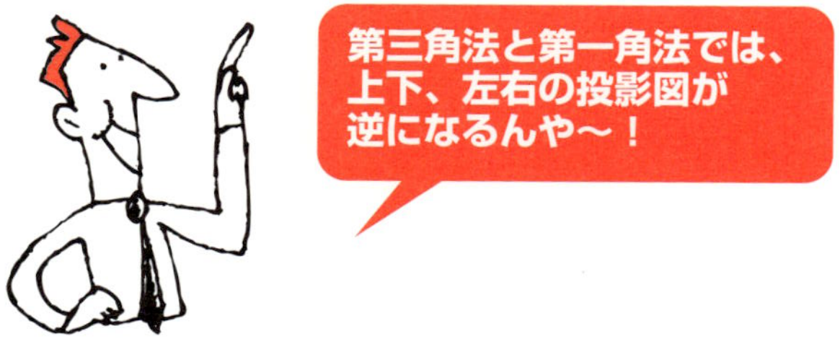
第三角法と第一角法では、
上下、左右の投影図が
逆になるんや〜！

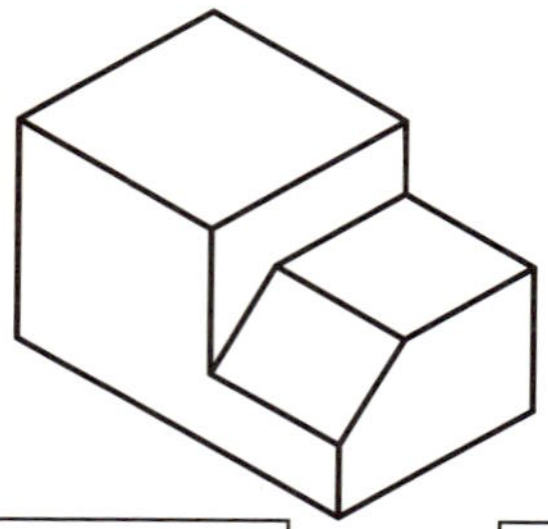

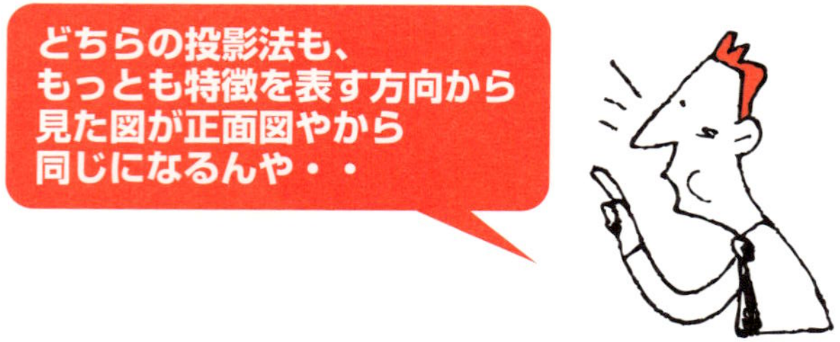
どちらの投影法も、
もっとも特徴を表す方向から
見た図が正面図やから
同じになるんや・・

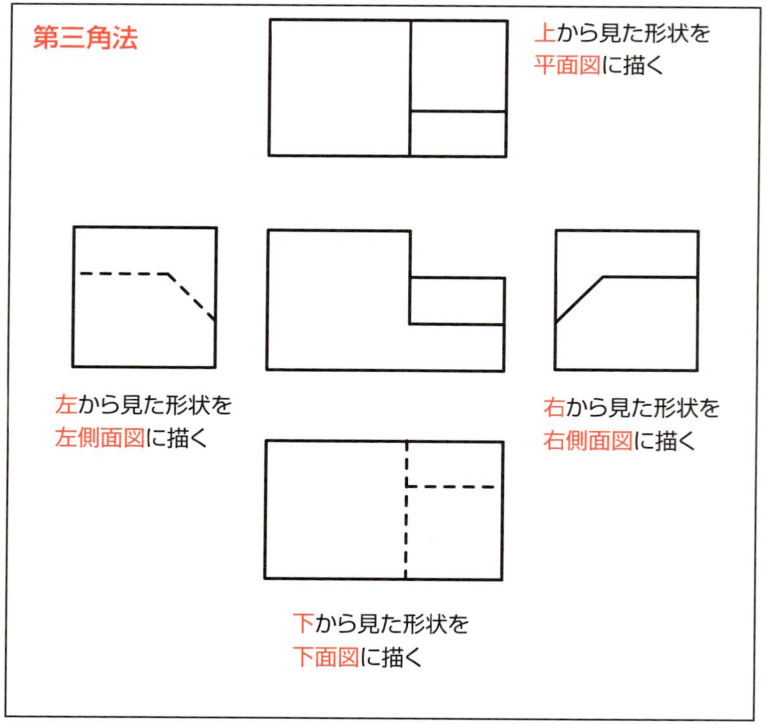
第三角法
上から見た形状を
平面図に描く
左から見た形状を
左側面図に描く
右から見た形状を
右側面図に描く
下から見た形状を
下面図に描く

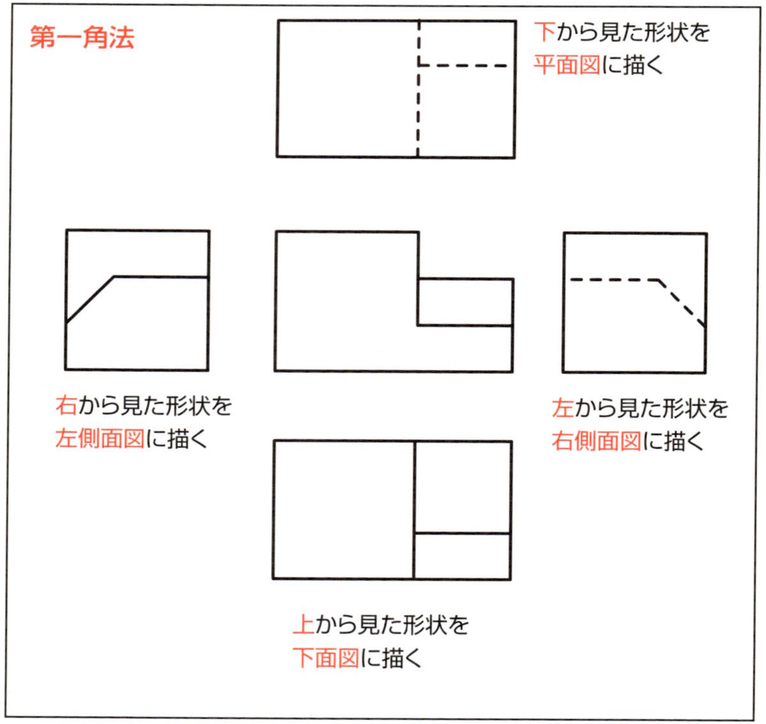
第一角法
下から見た形状を
平面図に描く
右から見た形状を
左側面図に描く
左から見た形状を
右側面図に描く
上から見た形状を
下面図に描く

☞ 日本やアメリカでは第三角法を図面に使用する。ヨーロッパでは第一角法が一般的に使用される。

練習問題 1-1

下記の情報から、このサイコロの第三角法による投影図はどうなるでしょうか？　赤丸の配置がどうなるのかも注意点の一つです。

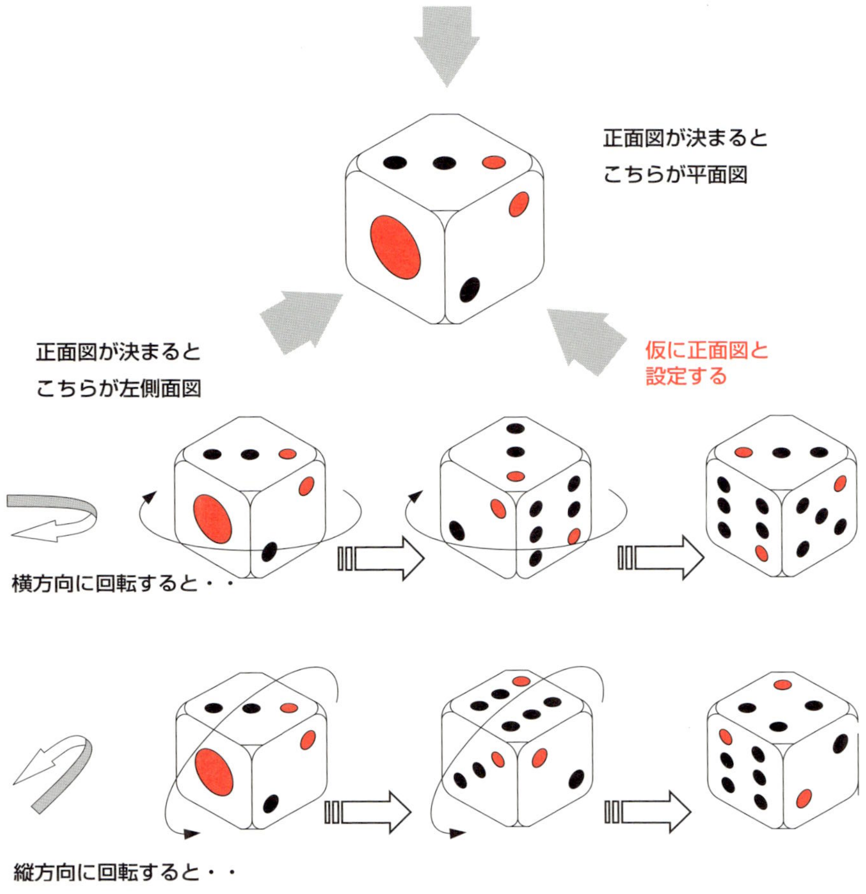

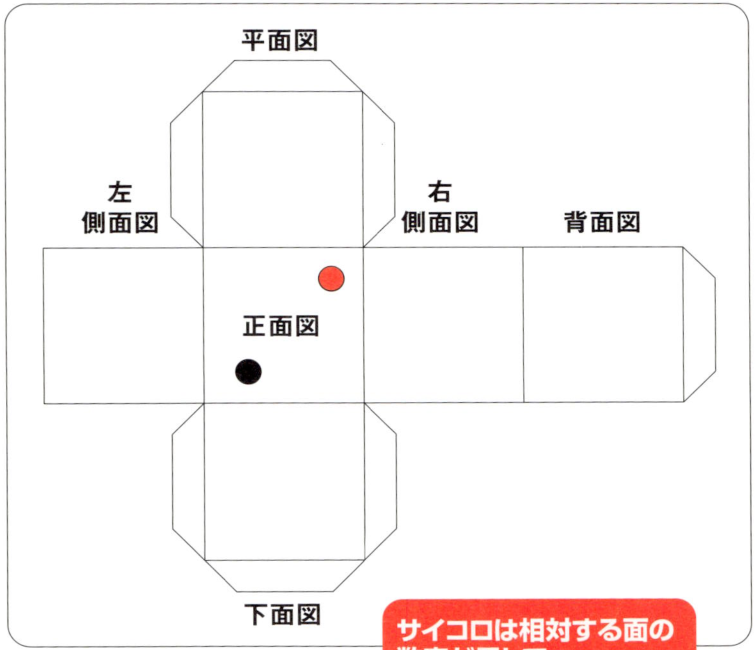

練習問題 1-1 解答

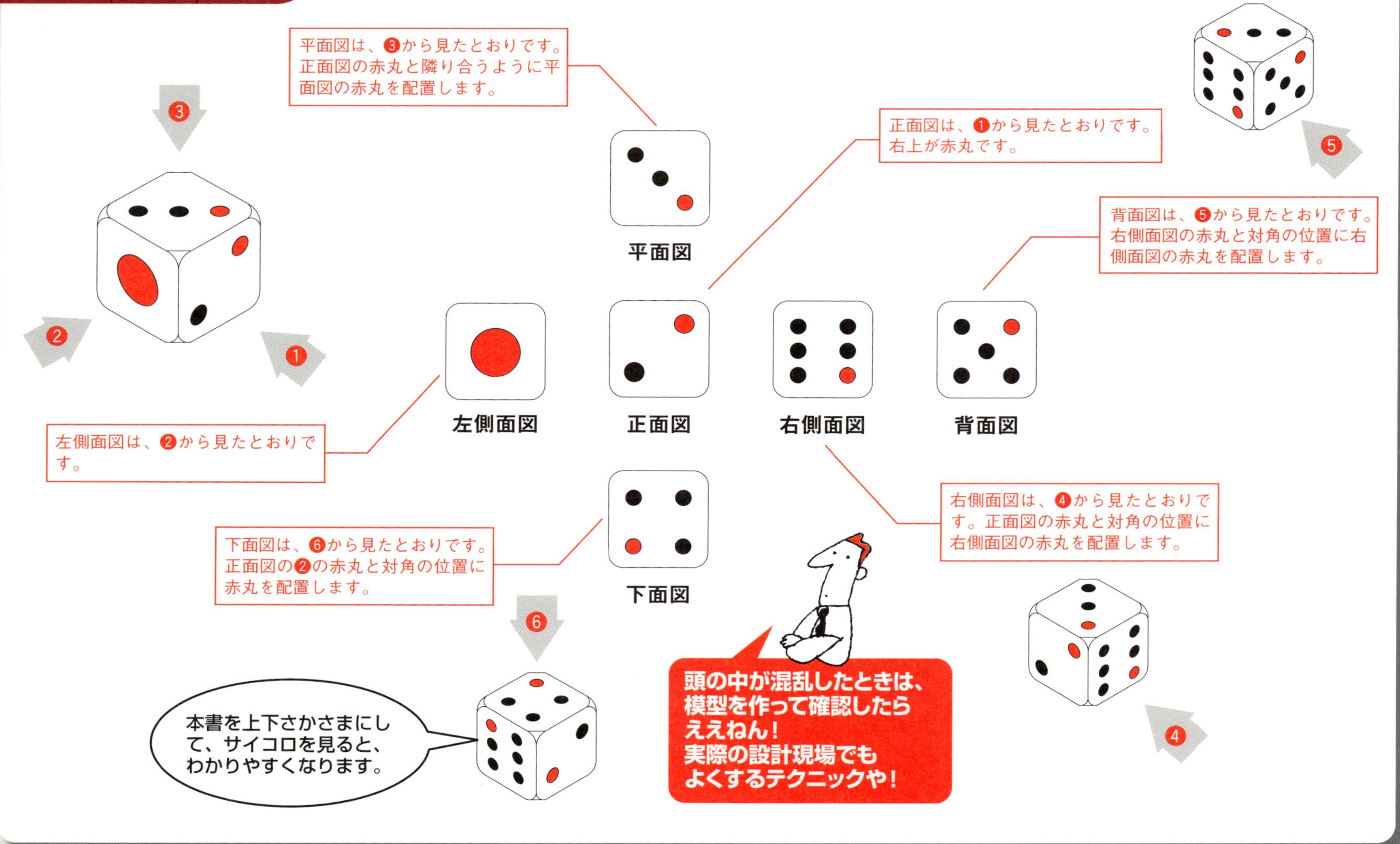
平面図は、❸から見たとおりです。正面図の赤丸と隣り合うように平面図の赤丸を配置します。
正面図は、❶から見たとおりです。右上が赤丸です。
背面図は、❺から見たとおりです。右側面図の赤丸と対角の位置に右側面図の赤丸を配置します。
平面図
左側面図
正面図
右側面図
背面図
左側面図は、❷から見たとおりです。
右側面図は、❹から見たとおりです。正面図の赤丸と対角の位置に右側面図の赤丸を配置します。
下面図は、❻から見たとおりです。正面図の❷の赤丸と対角の位置に赤丸を配置します。
下面図
本書を上下さかさまにして、サイコロを見ると、わかりやすくなります。
頭の中が混乱したときは、模型を作って確認したらええねん！
実際の設計現場でもよくするテクニックや！

■D(￣ー￣*)　コーヒーブレイク

立方体の展開パターン

立方体の展開図は全部で11パターンしかありません。
右図には13種類の展開図があります。組み立てても立方体にならないものは、どれか探してみましょう。
解答は各自で現物を使って確認してください。

一般的に製図で使う投影図の展開は、この展開パターンです。
必要に応じて他のパターンを使って展開図を表すこともあります。

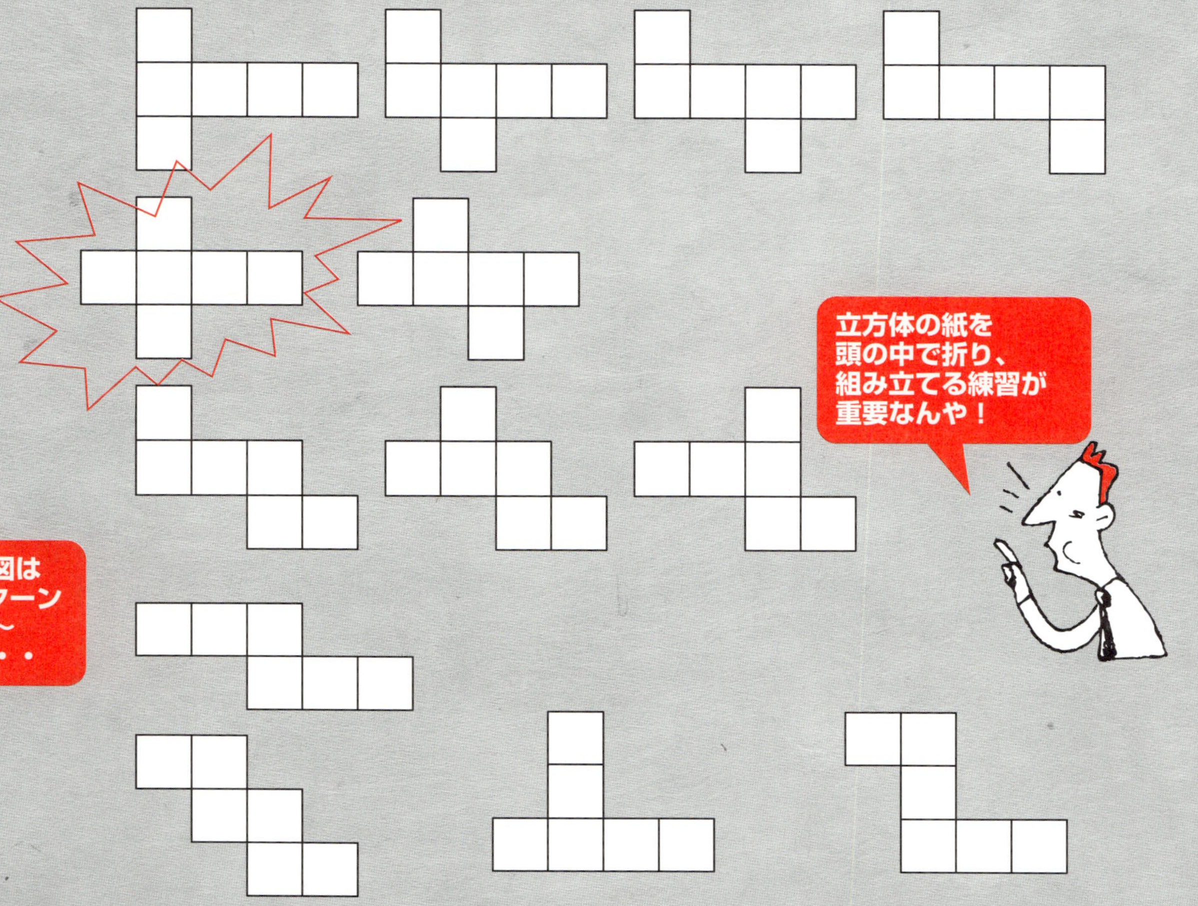

立方体の紙を
頭の中で折り、
組み立てる練習が
重要なんや！

立方体の展開図は
全部で11パターン
しかないんか〜
初めて知った・・

Work Shop 1-01

下図のサイコロの立体図の情報から、6方向の投影図を描いてください。各面の赤い印の配置も考慮してください。
ただし、サイコロの｢4｣の面を正面図とします。

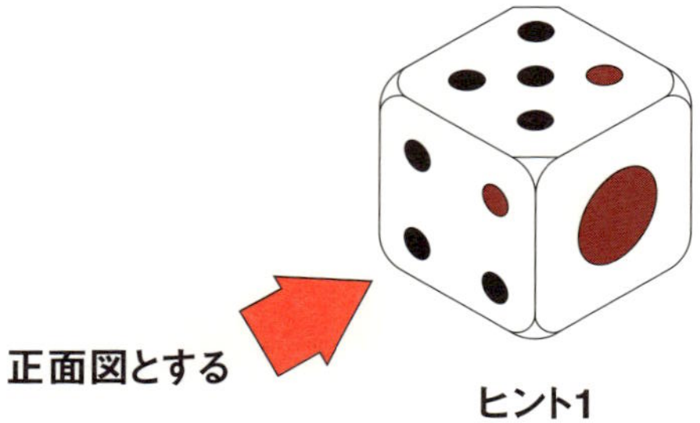

ヒント1

ヒント2

ヒント3

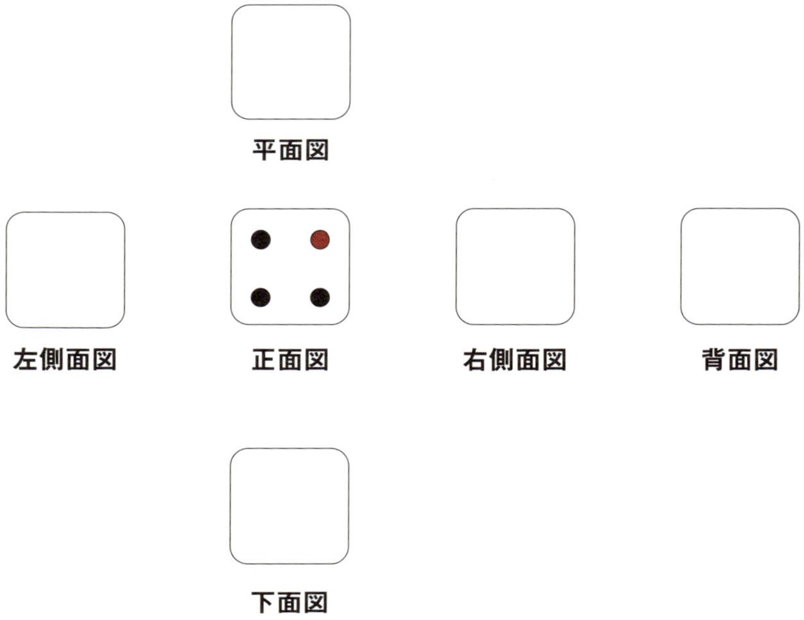

部品名			
担当者			
投影法		尺度	1:1

解答例は別紙参照してください

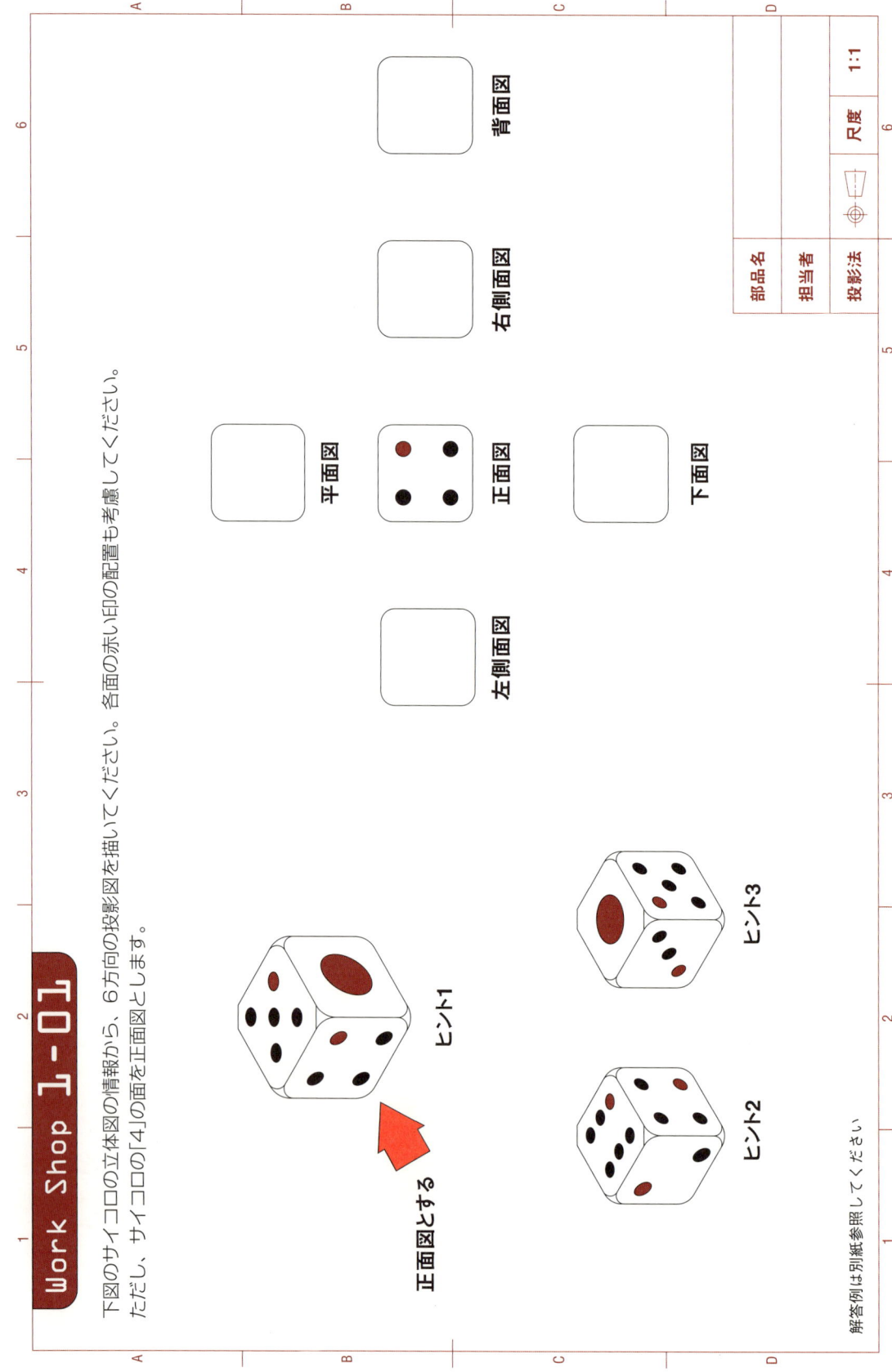

第1章 3

立体から第三角法への展開

立体図は、３つの面を同時に映すため、図解力がなくてもイメージがつきやすいものです。しかし、平面図は一方向から見た投影図を組み合わせて立体形状をイメージしなければいけません。

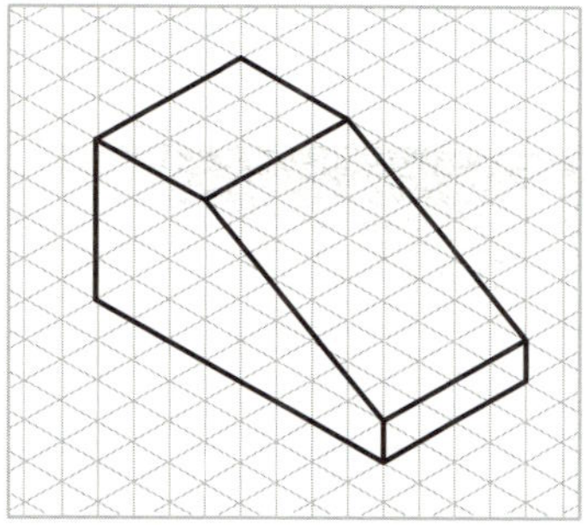

等角投影図から正面図・右側面図・平面図を描きます。

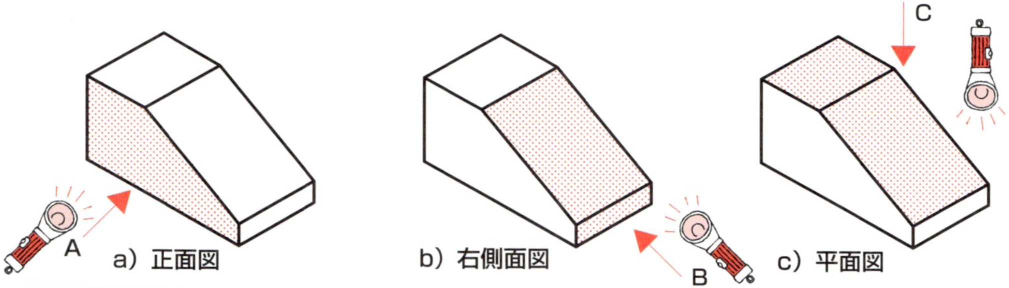

a）正面図　b）右側面図　c）平面図

正面図はこの形体の最も特徴が表れる方向としてAの方向から見た図を選定します。平面で表す正面図は、正面からライトを当てて反射する面をイメージします。同様にBから見た図を右側面図、Cから見た図を平面図として、ライトを当てて反射する面をイメージします。

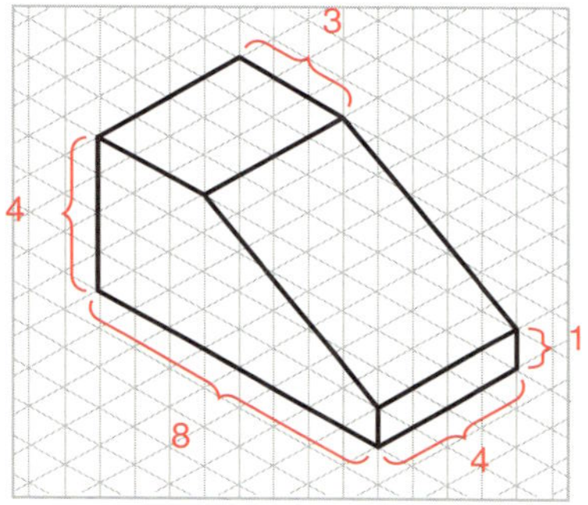

各辺の大きさを忠実に反映させるため、マス目を数えます。

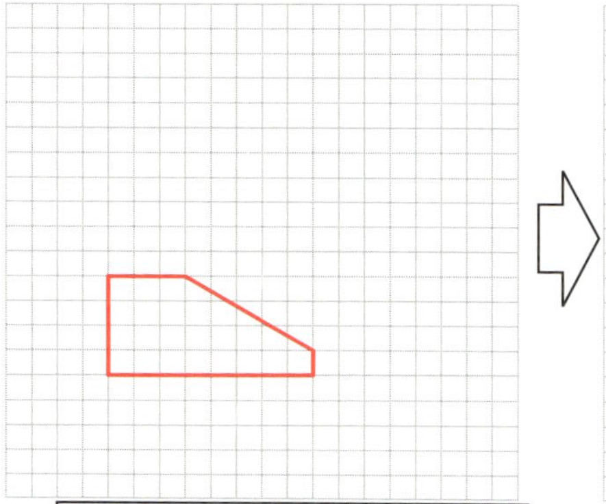

等角投影図と同じ比率になるよう、マス目を数えて正面図を描きます。

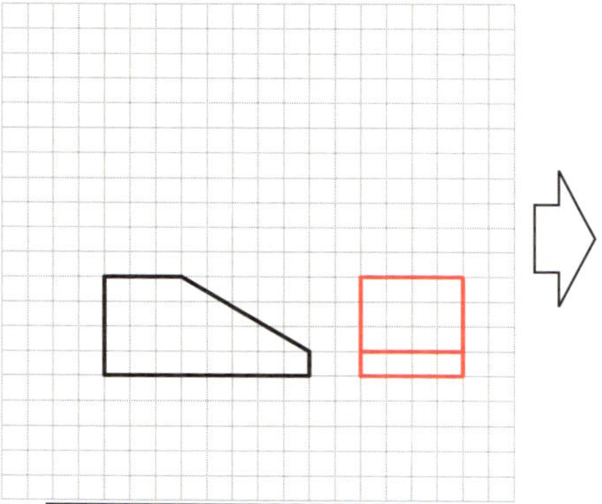

正面図と同じ水平位置に右側面図を描きます。奥行きを等角投影図からマス目を数えて導きます。

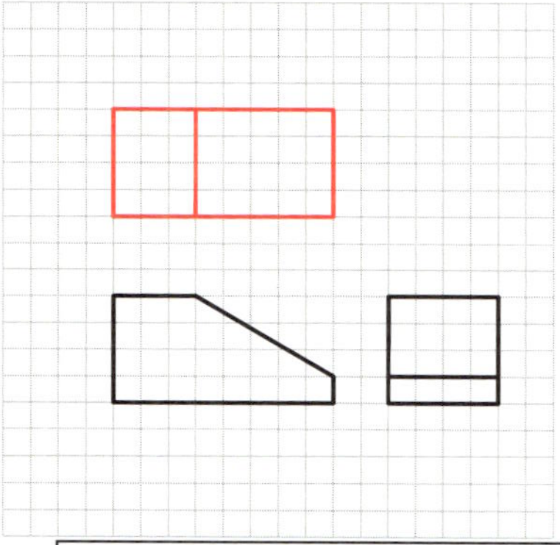

正面図と同じ垂直位置に平面図を描きます。正面図と平面図から大きさを導くことができます。

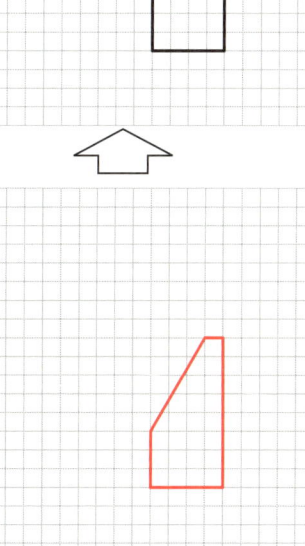

立体をイメージしてから、平面の投影図を考えましょう。

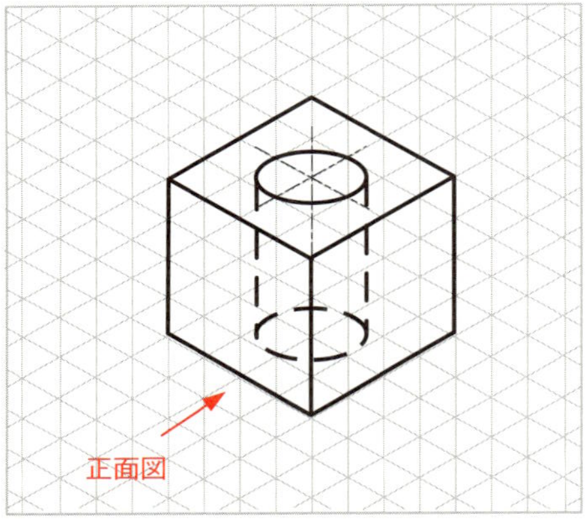

正方形に丸い穴が
貫通してるぞ…

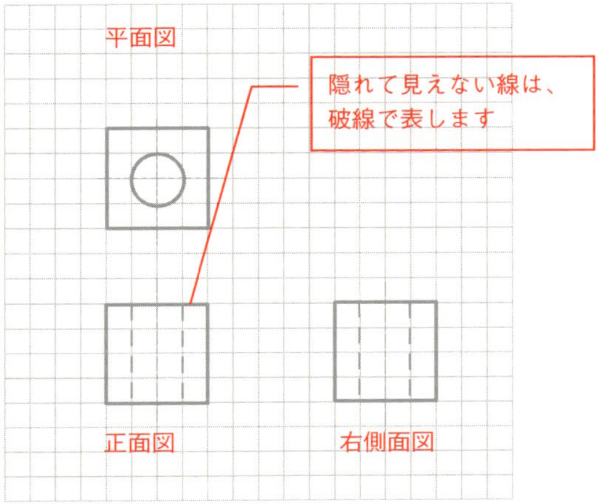

投影図を上からなぞってみましょう

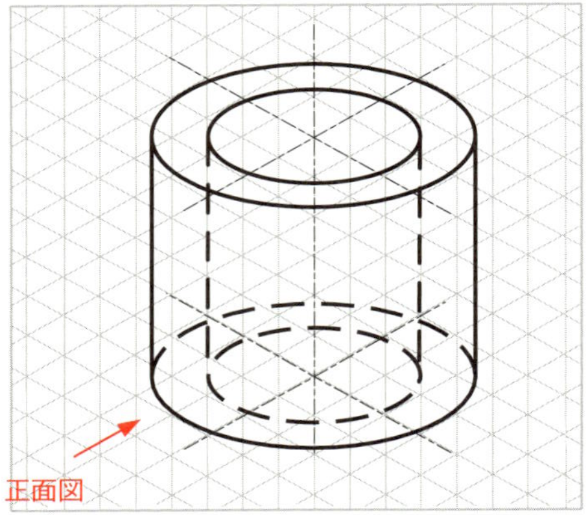

円筒に丸い穴が
貫通してるぞ…

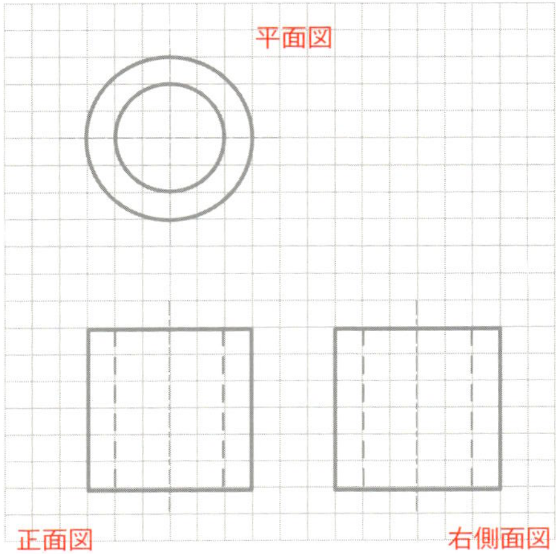

投影図を上からなぞってみましょう

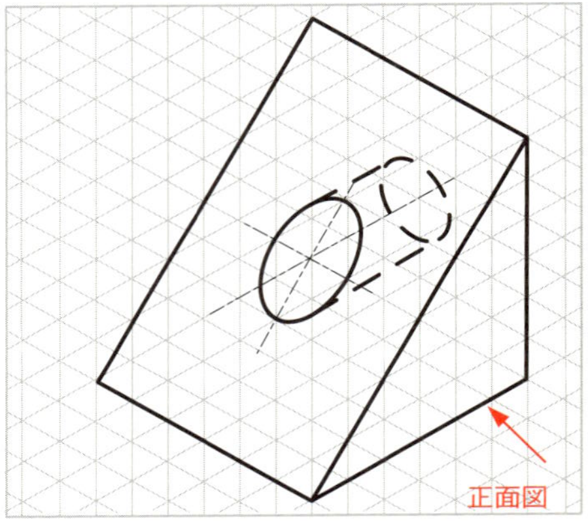

三角形に丸い穴が
貫通してるぞ…

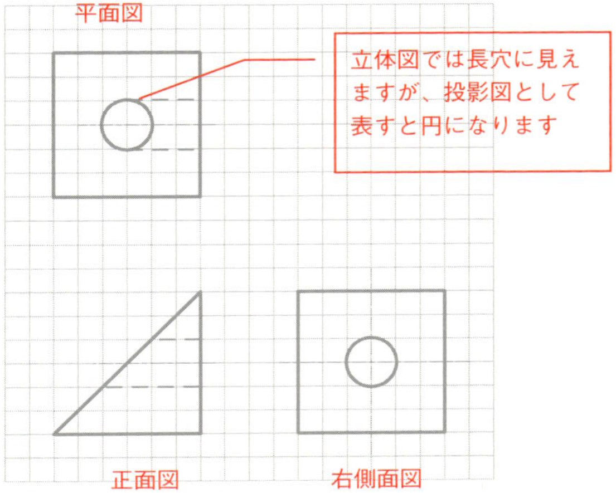

投影図を上からなぞってみましょう

練習問題 1-2

等角投影図から、第三角法で図面を展開してみましょう。穴の中心線（一点鎖線）は、忘れずに！

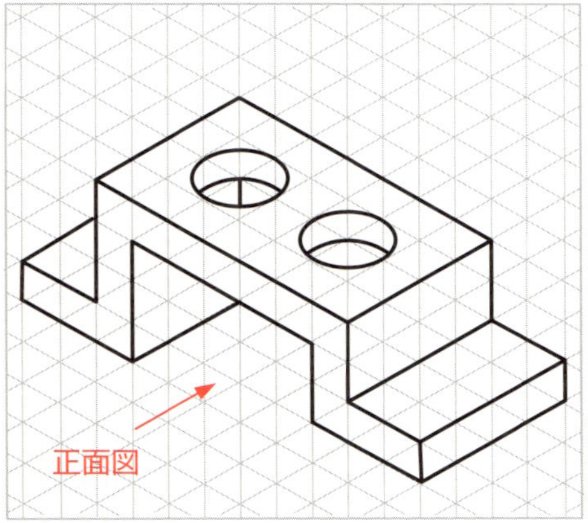

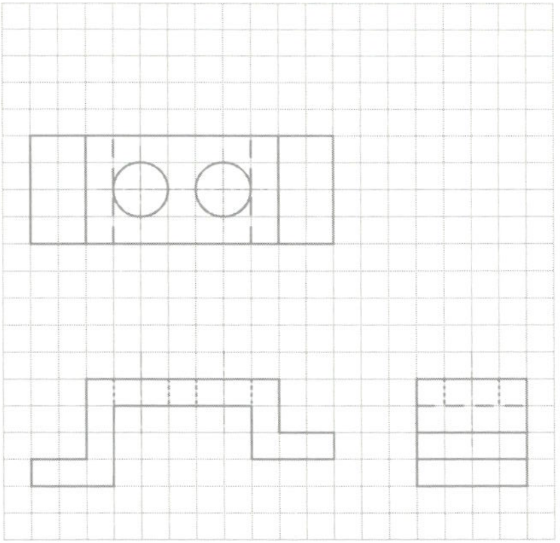

線をなぞって、トレースしてみましょう

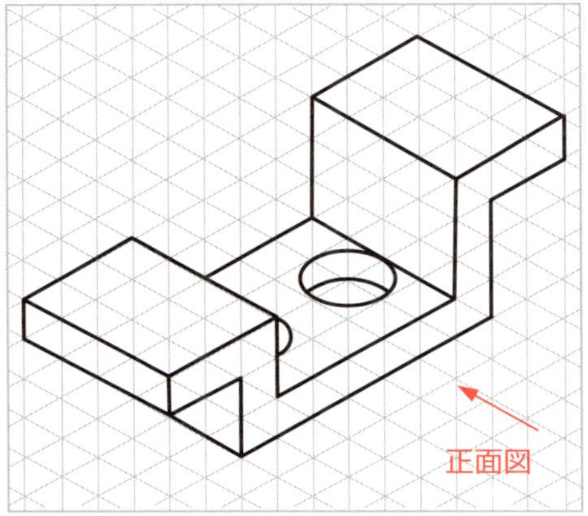

線をなぞって、トレースしてみましょう

トレース（trace）とは、原図を薄紙などに透かして、敷き写すこと。あるいは原図を上からなぞること。

Work Shop 1-02

等角投影図から、第三角法で図面を展開してみましょう。
投影図には、穴の中心線（一点鎖線）を忘れずに！
正面図、右側面図、平面図を描いて下さい。

プレートナット
平板に突起したナット部をもち、平板部分をスポット溶接、あるいはねじ止めすることによって固定するものです。
右図のような長方形型のほかに円形のものもあります。

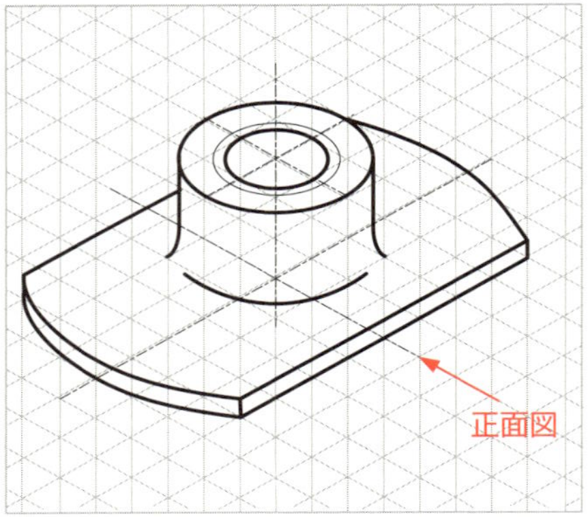

蝶番（チョウバン）
蝶番とは、開閉扉などの支点に用いる金具のことです。
右図のような平蝶番のほかにねじりバネを組み込んだものなどもよく使われます。

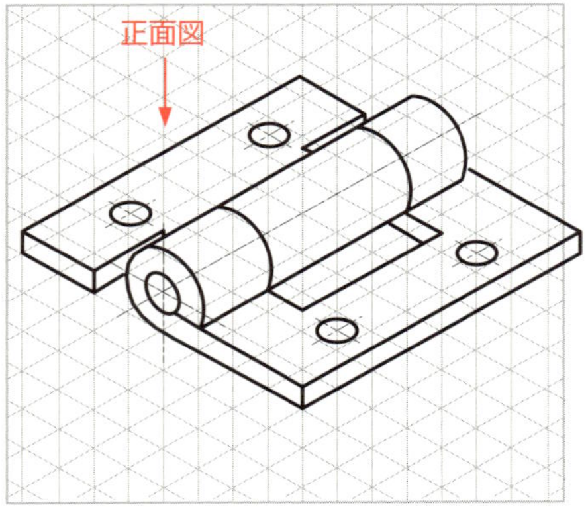

部品名			
担当者			
投影法	⊕	尺度	1:1

解答例は別紙参照してください

Work Shop 1-03

等角投影図から、第三角法で図面を展開してみましょう。
投影図には、穴の中心線を忘れずに！
正面図、右側面図、平面図を描いて下さい。

フォトセンサ
フォトセンサとは、発光素子（LED）、受光素子（フォトダイオード、フォトトランジスタ）をセンサ組み込みしたものです。
発光側センサと受光側センサを対向するように組み合わせて使用します。

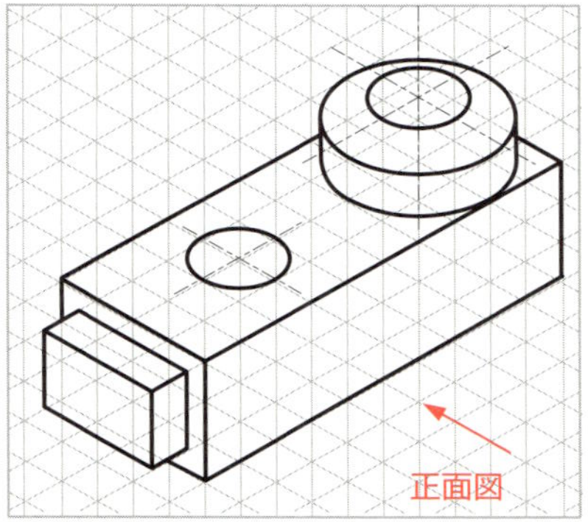

透過型フォトセンサ
透過型フォトセンサとは、発光素子と受光素子の双方が向かい合った構造の光センサのことをいいます。
スリット（くぼみ部）に遮蔽板が入ったり逃げたりして動作を検知します。
位置検出や通過検知、光スイッチなどに使用されます。

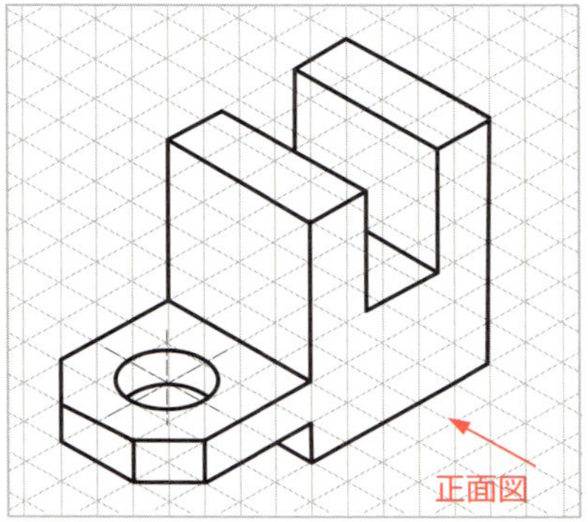

部品名			
担当者			
投影法		尺度	1:1

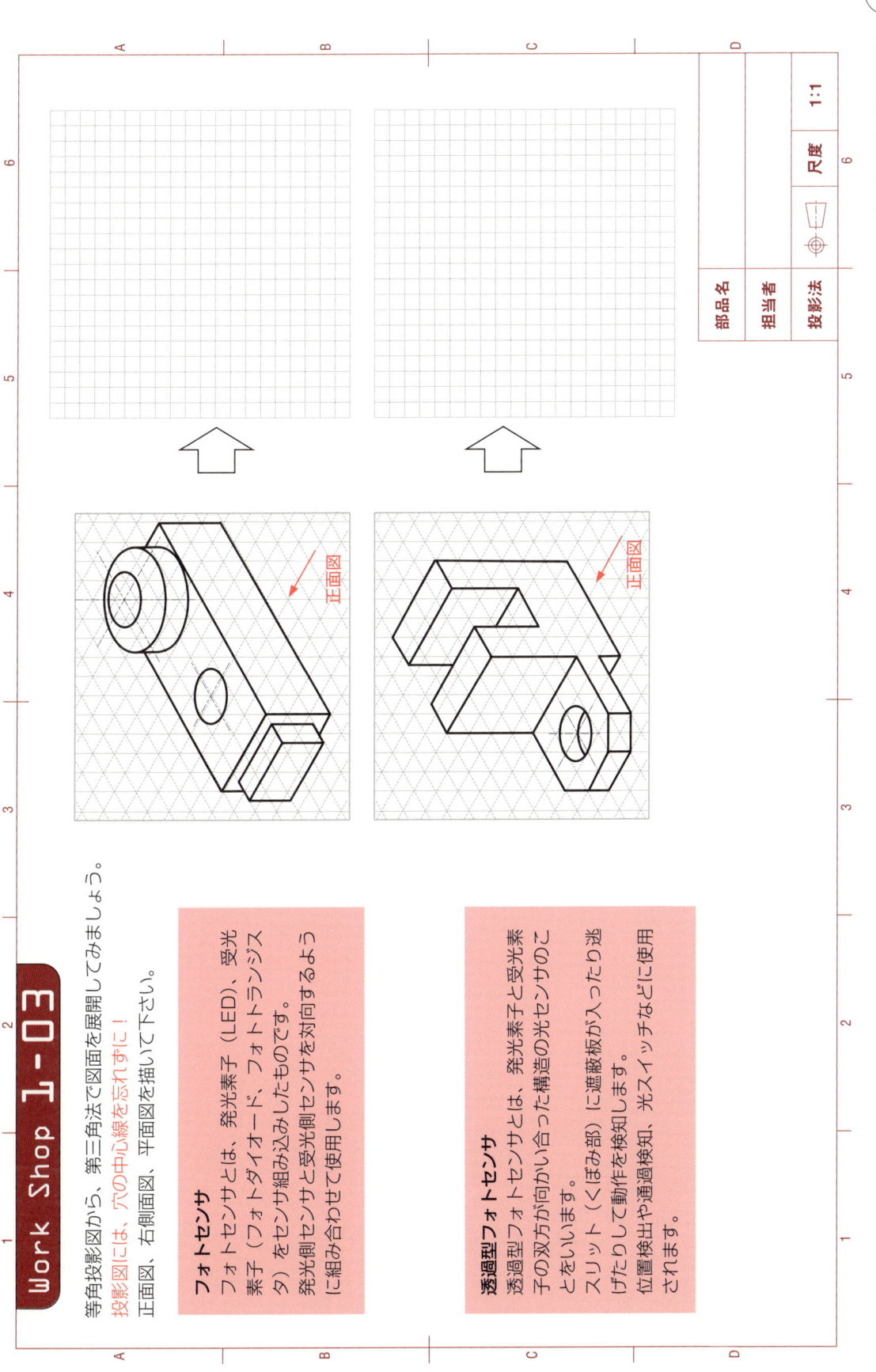

第三角法から等角投影図への展開

投影図を等角投影法に変換する手順を示します。

手順は必ずしも同じである必要はありません。自分自身で理解しやすい順で描く練習をしてください。

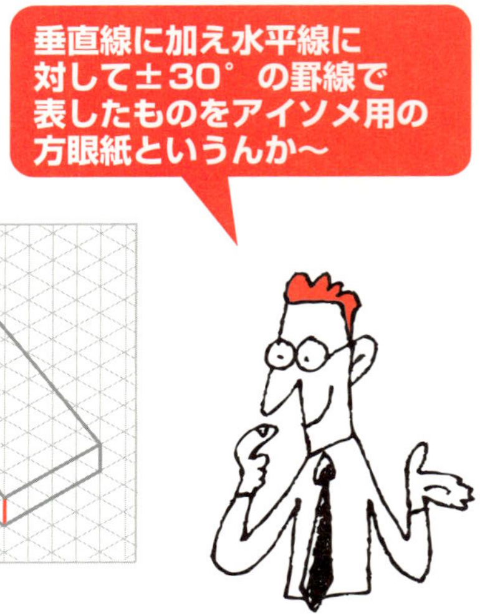
垂直線に加え水平線に
対して±30°の罫線で
表したものをアイソメ用の
方眼紙というんか～

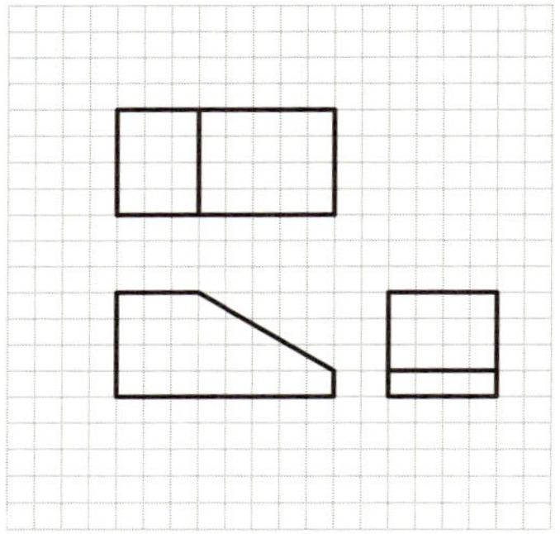

平面に展開された図面から等角投影図を描きます。

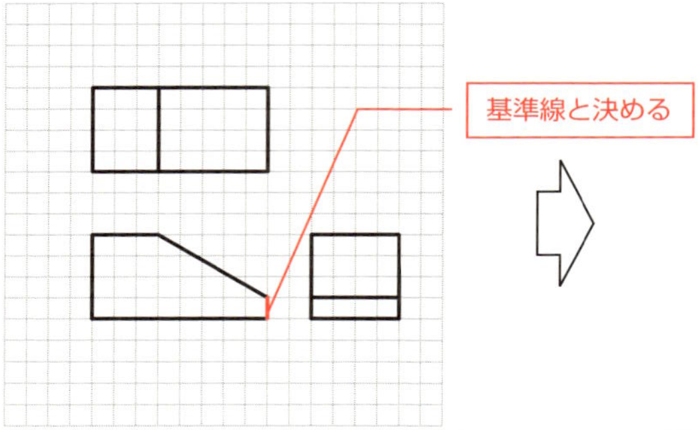
基準線と決める

正面図、側面図、平面図に共通する理解しやすい線を1本、基準線として決定します。

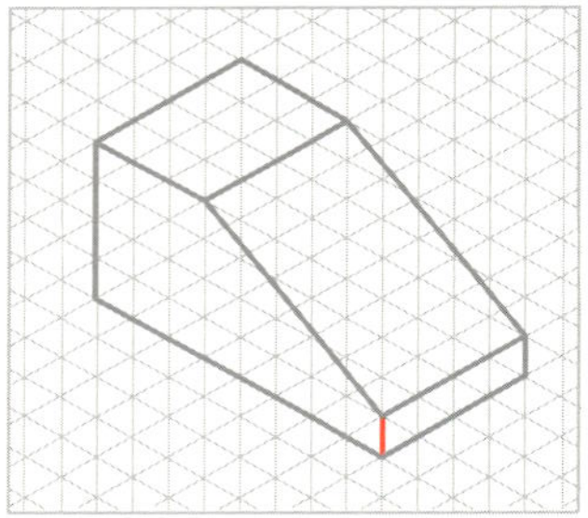

立体図にした時の形状が平面の図と同じ比率になるよう、マス目を数えて基準線を記入します。

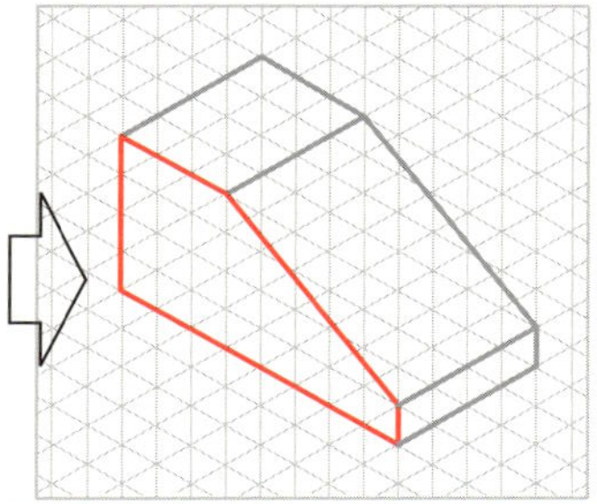

正面図が特徴のある形状をしているので、基準線から正面図を展開します。

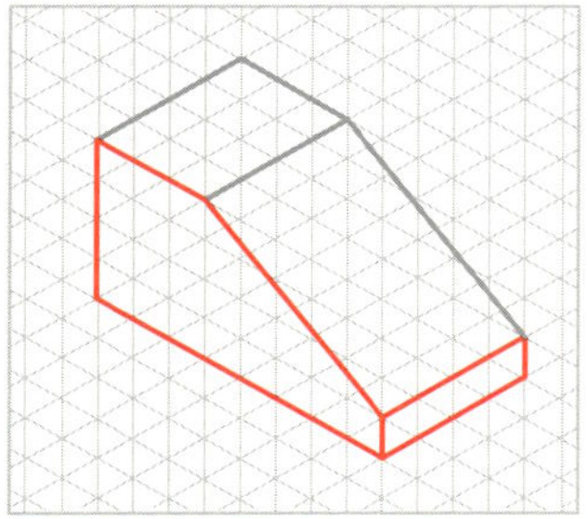

側面図の特徴的な下側の長方形を描いてイメージをつかみます。

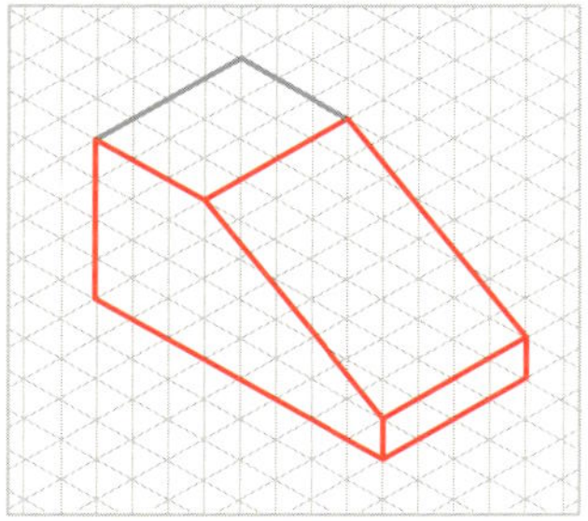

次に、側面図の上側の斜面部を描きます。

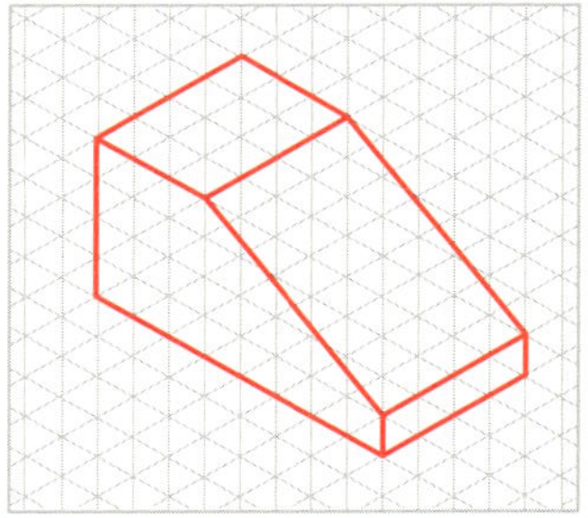

最後に、平面図の水平な長方形の面を描いて完成です。

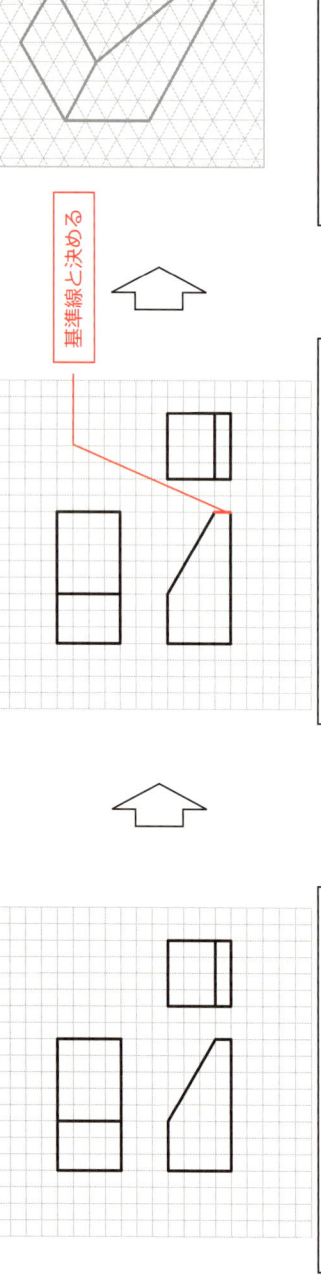

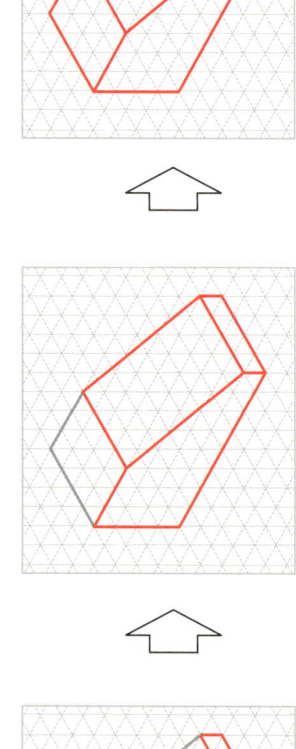

等角投影法による円の表し方

円の形状がどのように変化するのかを理解することができれば、等角投影図をマスターしやすくなります。設計検討の中でも必ず円形状が出てきます。等角投影図を描く場合に円の向きを混乱させると、最終的に立体形状の作成を断念せざるを得ません。

そのため、円を等角投影で見たときの形状は重要です。円がどのように変形し、どちらに向くのかを理解しましょう。

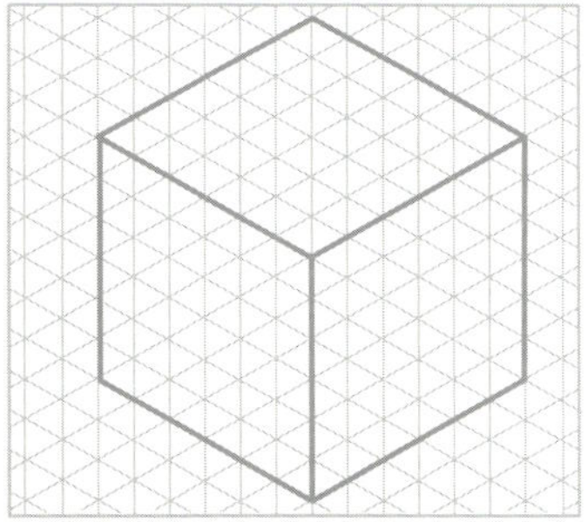

円を正確に等角投影として表したい場合、立方体を準備します

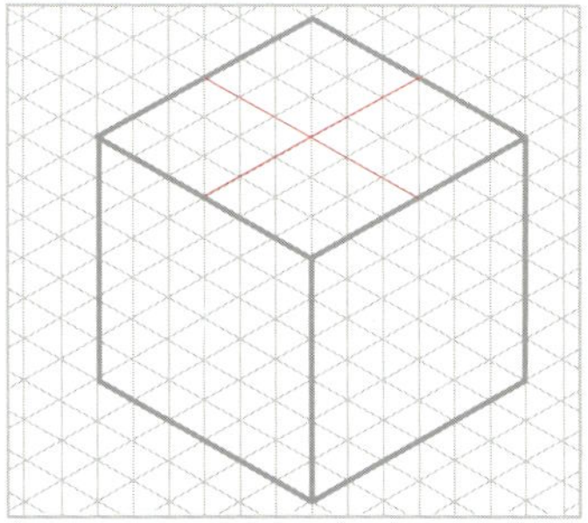

作成したい面の各辺の中心を求めます。

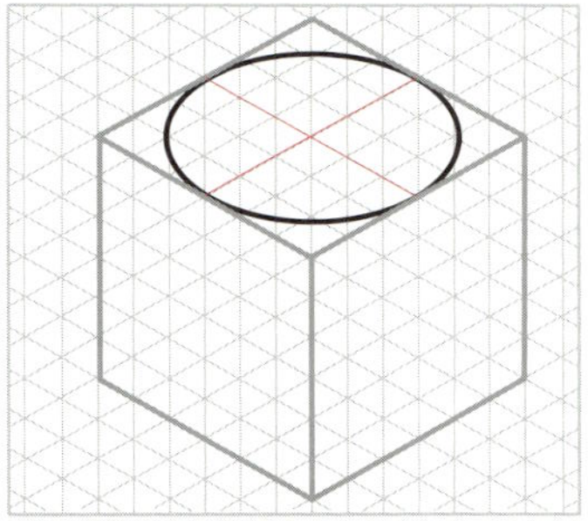

辺の中心点を通過するように楕円を描きます。

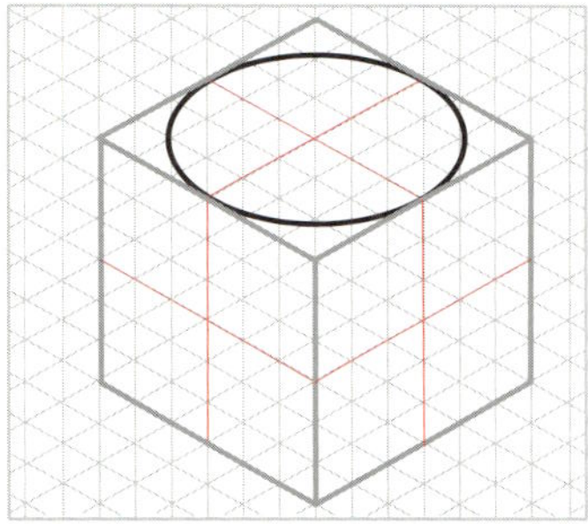

他の面も同様に、各辺の中心を求めます。

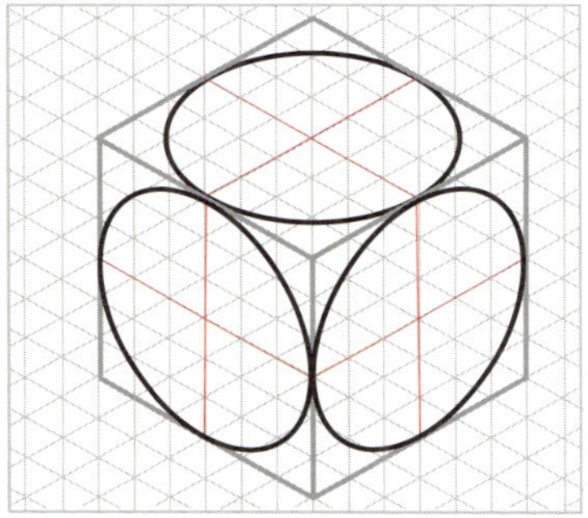

他の面も、辺の中心点を通過するように楕円を描きます。

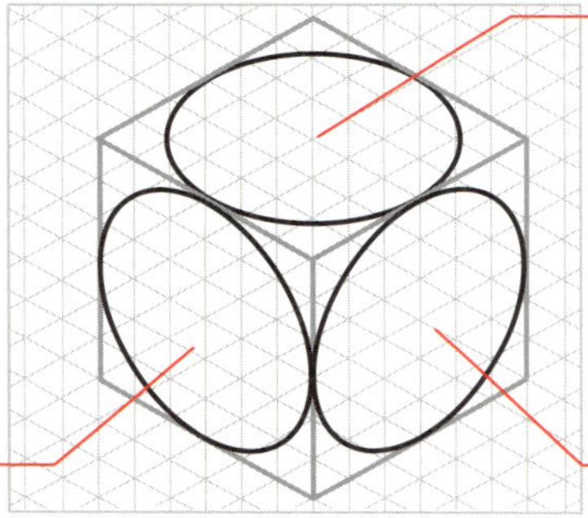

平面図は、水平方向の楕円なので描きやすい。

平面図の楕円を、時計回りに30°回転させた楕円

平面図の楕円を、反時計回りに30°回転させた楕円

☞ **時計周りとは、右回転を意味しCW（clockwise）、反時計回りは、左回転を意味しCCW（counter clockwise）と表現される。**

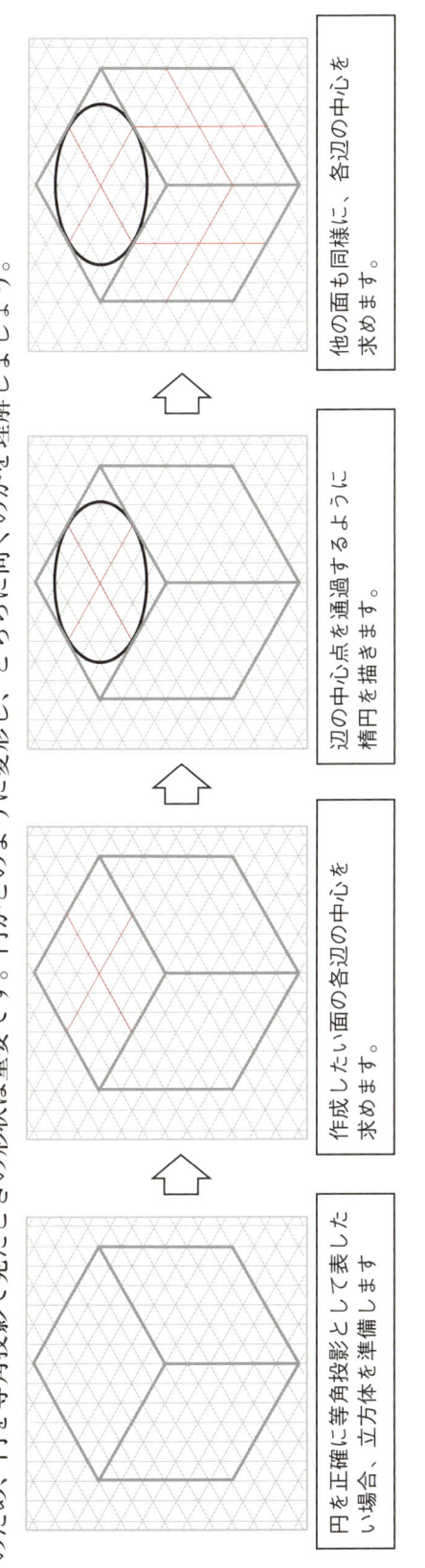

練習問題｜1-3

等角投影法で表す円を描く練習をしましょう。フリーハンドで楕円の形が崩れても気にしなくて大丈夫です。

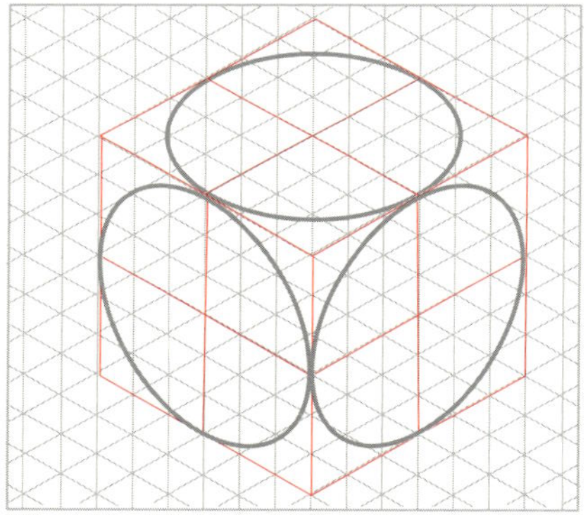

円をなぞってみましょう

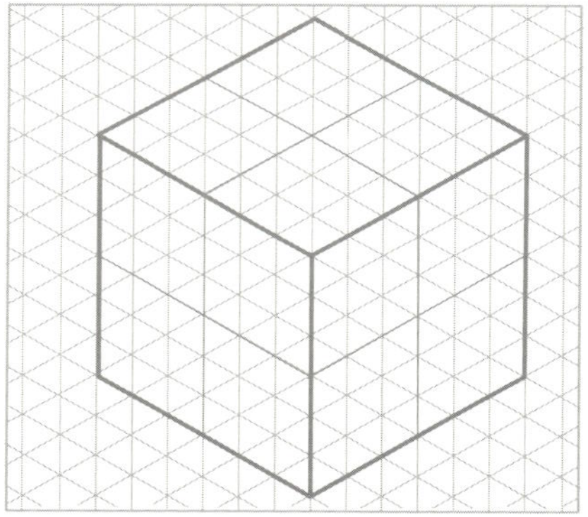

フリーハンドで描いてみましょう

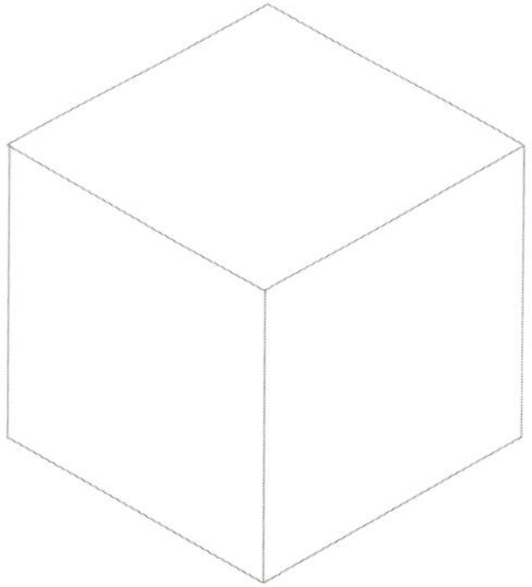

フリーハンドで描いてみましょう

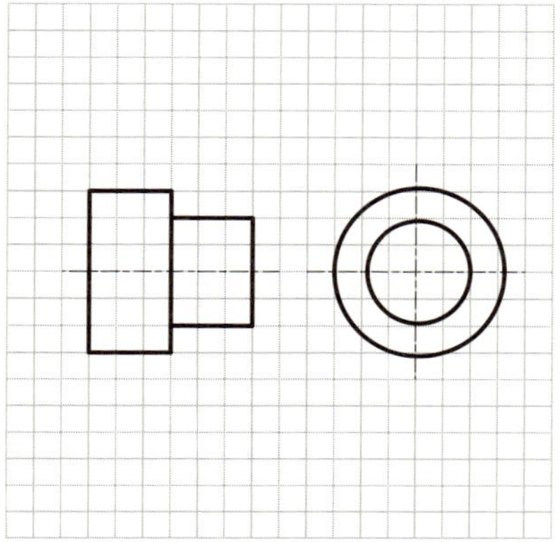

段付き軸を第三角法で表した平面の図です

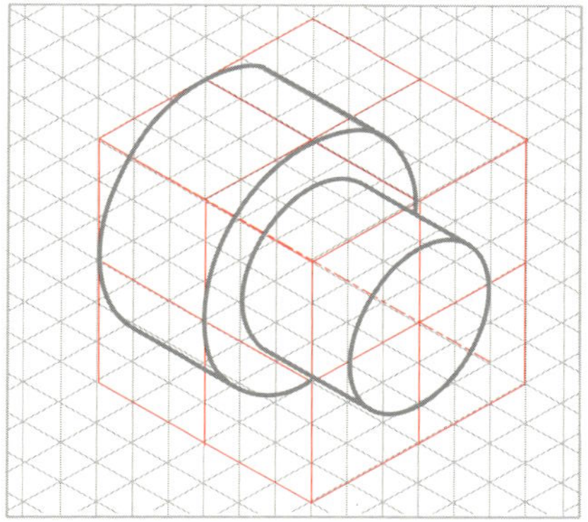

等角投影法で表した形状をなぞってみましょう

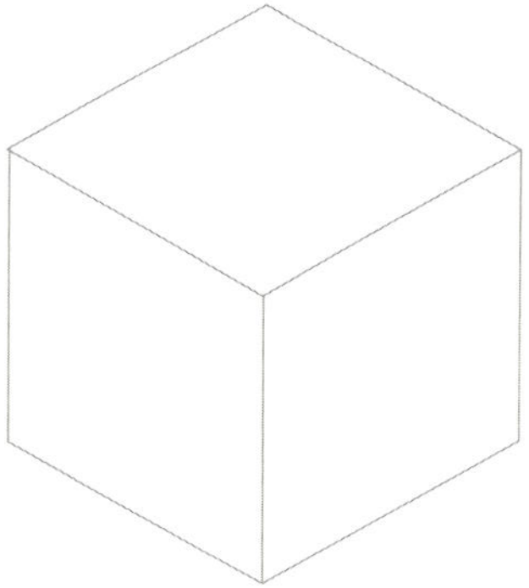

フリーハンドで描いてみましょう

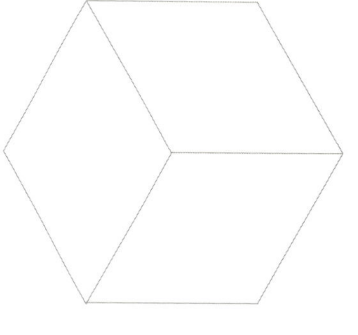

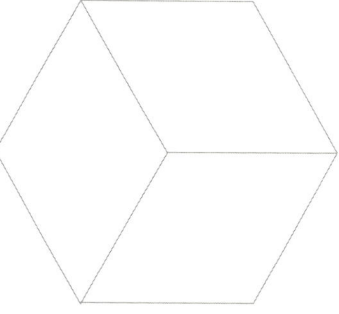

練習問題 1-4

練習問題1-3の段付き軸で、方向を変えたものも練習します。円筒形状は中心線（一点鎖線）を忘れずに描きましょう！

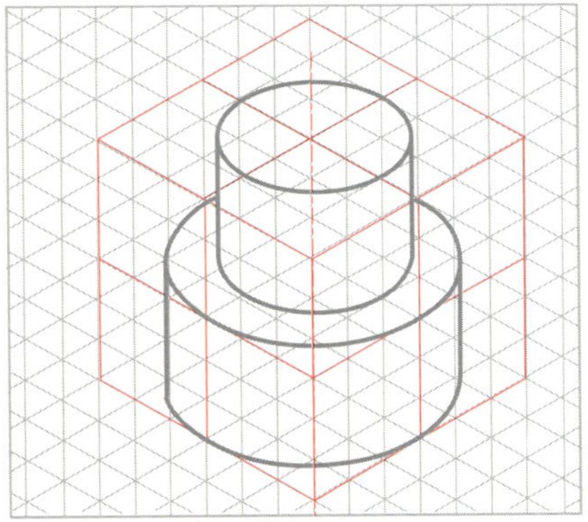

形状をなぞってみましょう

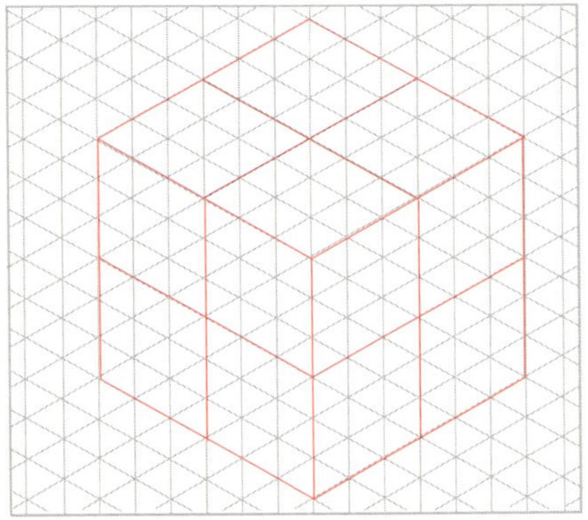

フリーハンドで描いてみましょう

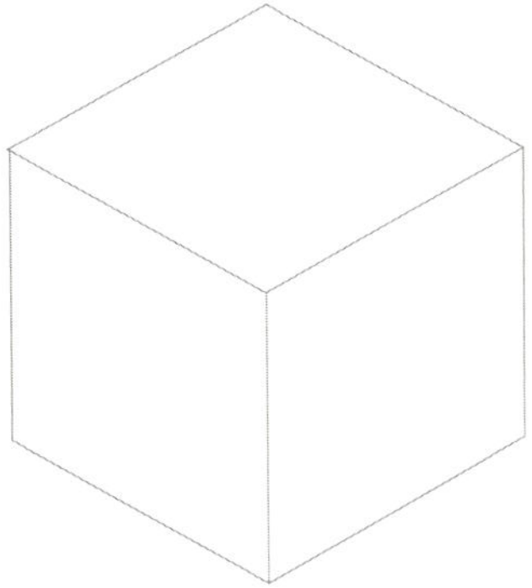

フリーハンドで描いてみましょう

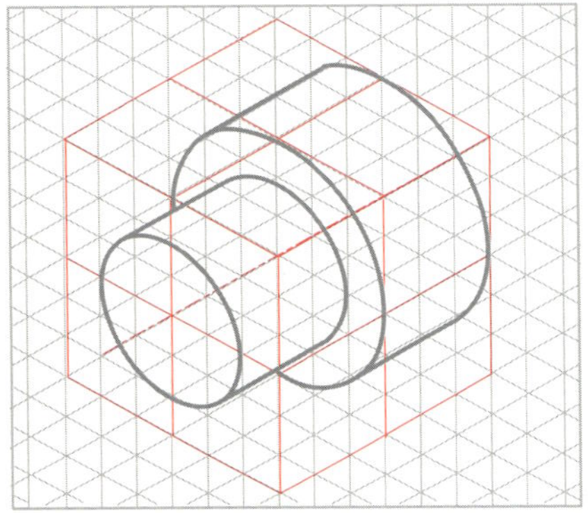

形状をなぞってみましょう

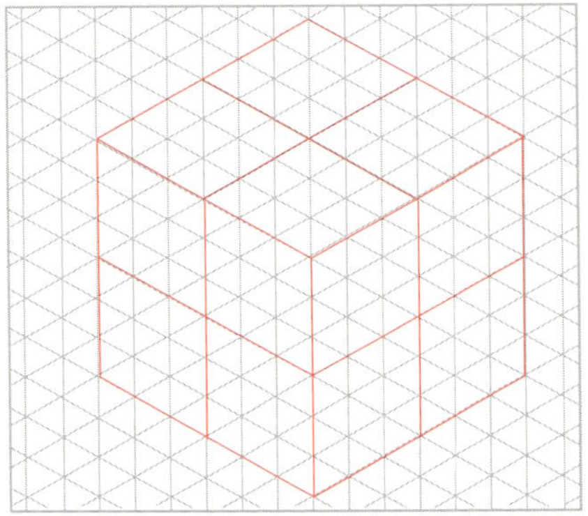

フリーハンドで描いてみましょう

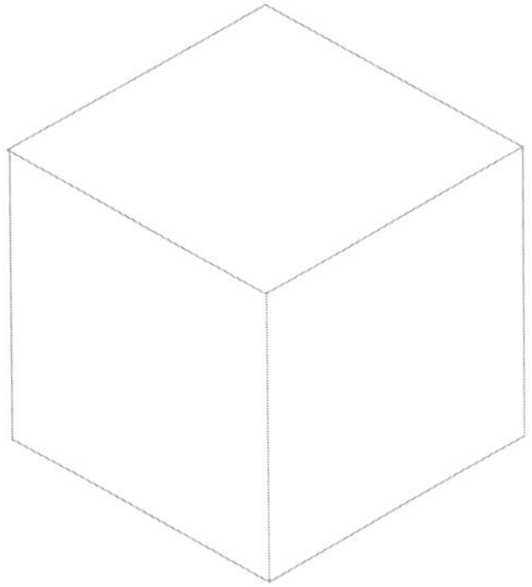

フリーハンドで描いてみましょう

練習問題　1-5

下図の第三角法で表した図形を、等角投影法として中央のアイソメ図の形状をなぞって練習しましょう。次に右側の枠に形状を描きましょう。

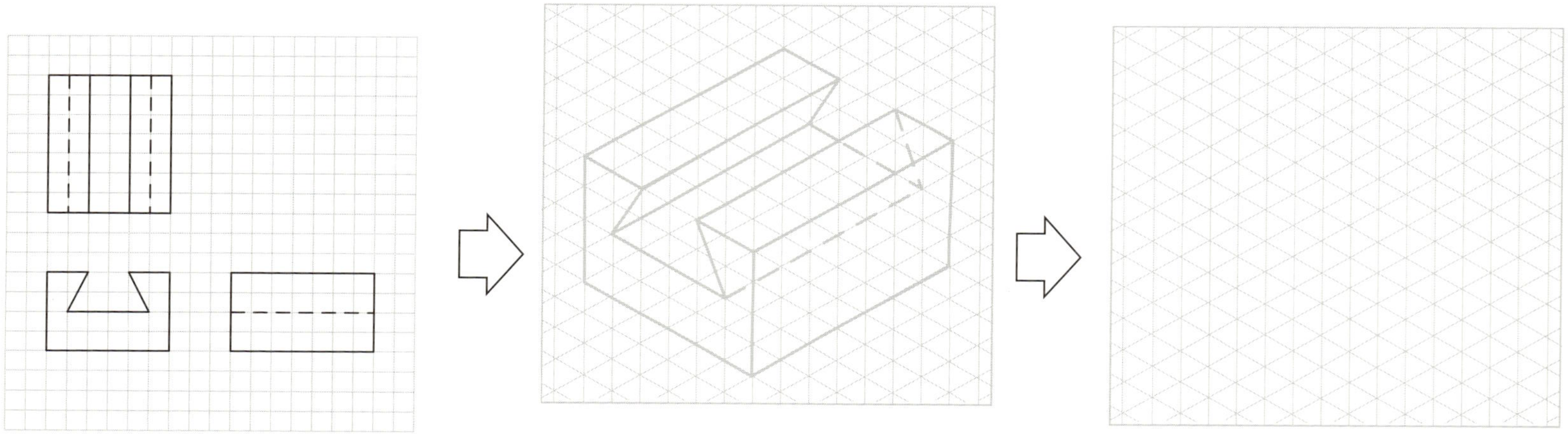

マス目を確認しながら
トレースしてください

■D（￣ー￣*）　コーヒーブレイク

「あり」とは、工作機械などに運動を与えるための案内面のうち、直線運動案内のひとつをいいます。案内面の断面がある角をなすものです。「あり」と「あり溝」の隙間を調整するかみそり状のものをジブと呼びます。英語読みのままギブと呼ぶ人もいます。

「あり」と「あり溝」の精度は、機械の精度に影響を与え、平行度や傾斜度が重要です。

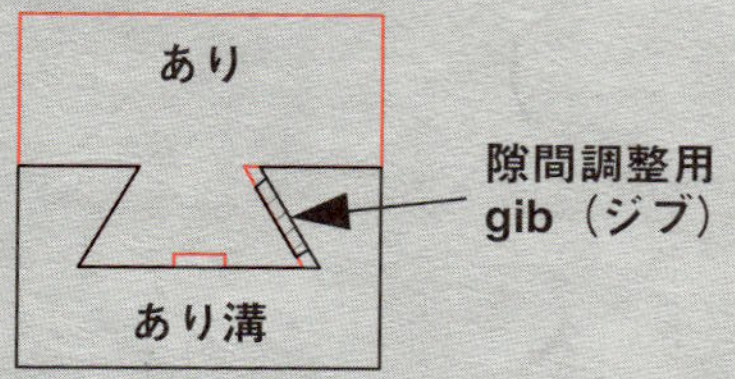
あり
あり溝
隙間調整用
gib（ジブ）

あり溝カッター

Work Shop 1-04

下図の第三角法で表した図形を、等角投影法として中央のアイソメ方眼紙に描きましょう。次に右端の枠内にフリーハンドで描きましょう。線が真っ直ぐでなくても気にしないで大丈夫です。

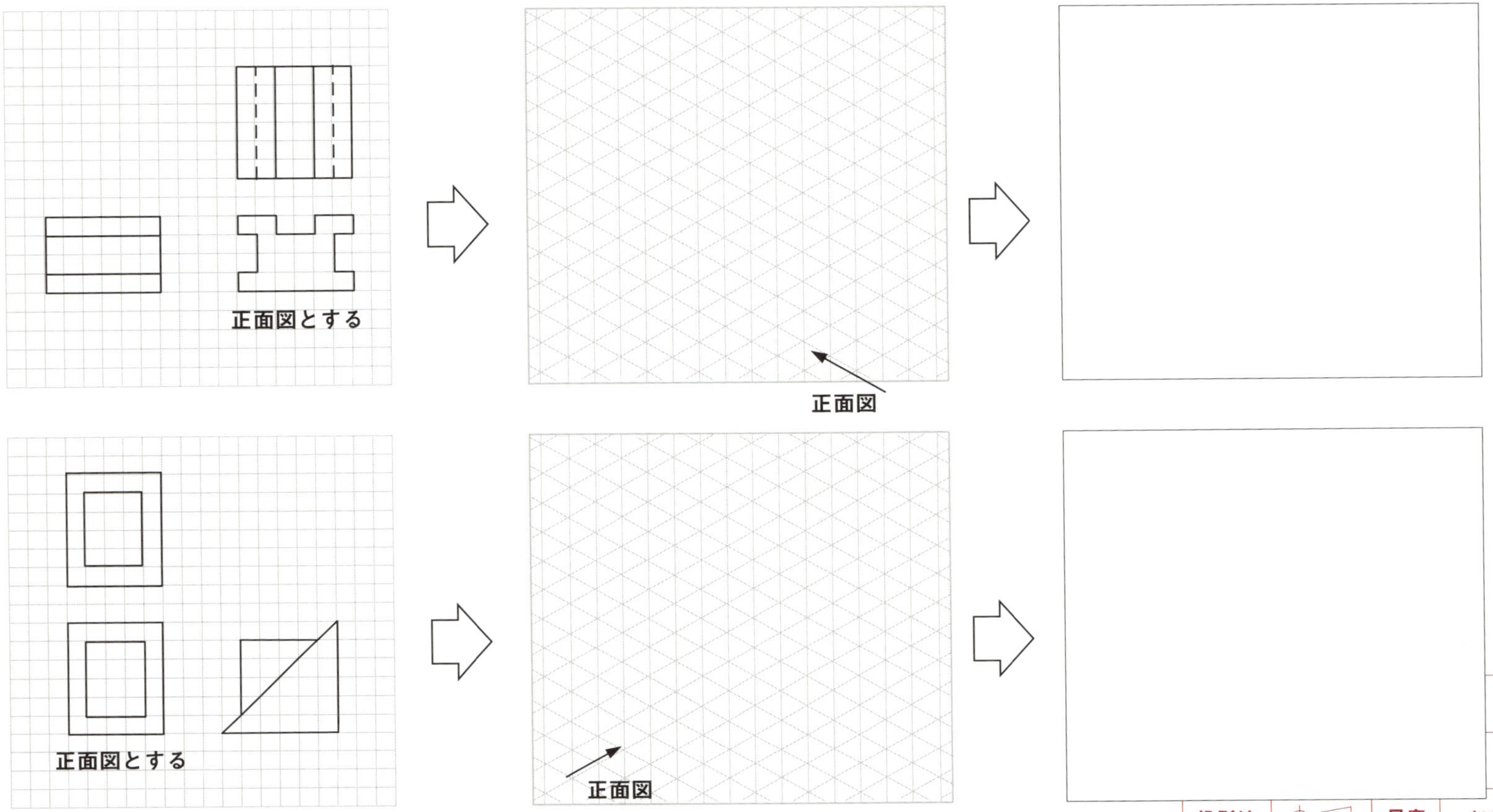

解答例は別紙参照してください

投影法 尺度 1:1

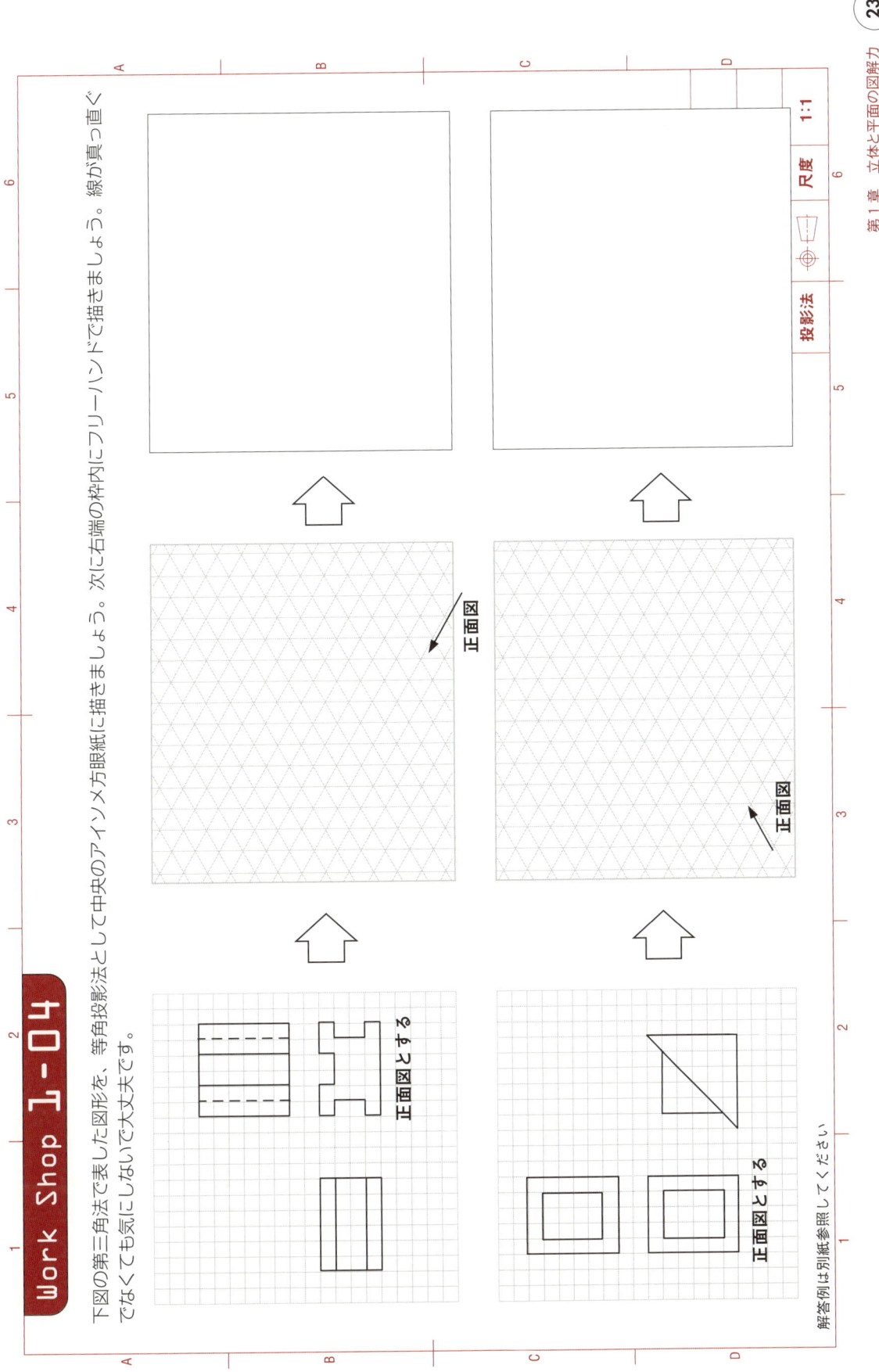

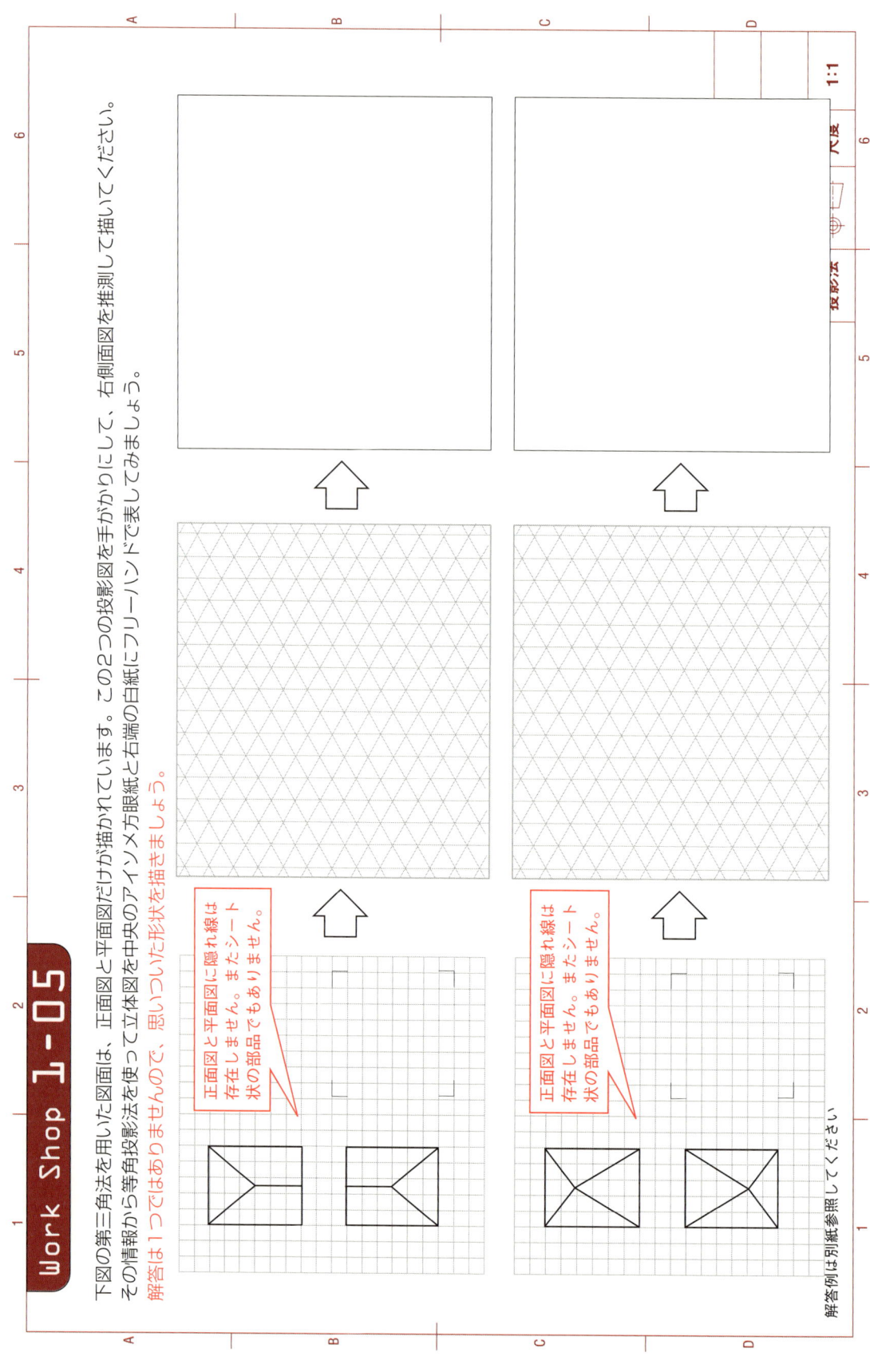

Work Shop 1-05

下図の第三角法を用いた図面は、正面図と平面図だけが描かれています。この2つの投影図を手がかりにして、右側面図を推測して描いてください。その情報から等角投影法を使って立体図を中央のアイソメ方眼紙と右端の白紙にフリーハンドで表してみましょう。

解答は１つではありませんので、思いついた形状を描きましょう。

解答例は別紙参照してください

投影法　尺度　1:1

Memo

部品名			
担当者			
投影法		尺度	1:1

板金部品の展開形状

設計で使用する部品図は、加工後の形状を表し、そこに寸法を記入します。

板金設計の場合は、最終形状を設計する際に展開形状を理解して抜き形状や寸法を決定する必要があります。まずは、折り紙の例で理解を深めましょう。

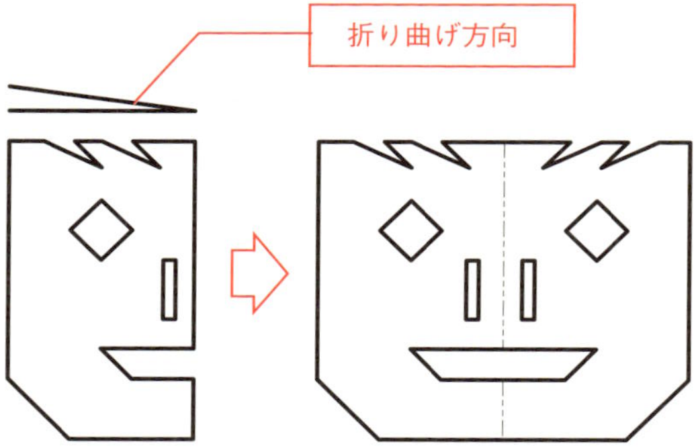
折り曲げ方向

閉じ側は右　　展開した状態

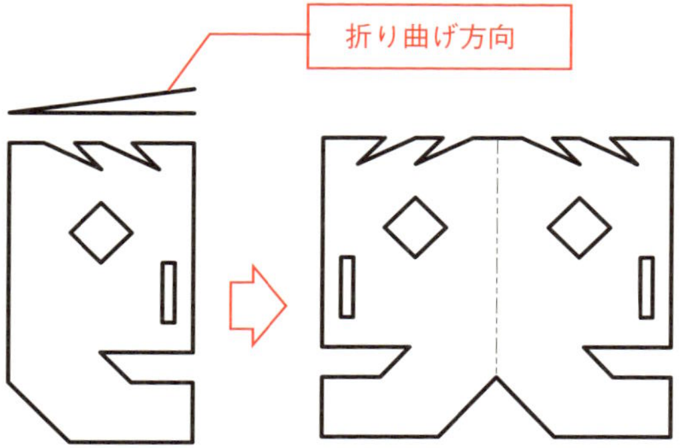
折り曲げ方向

閉じ側は左　　展開した状態

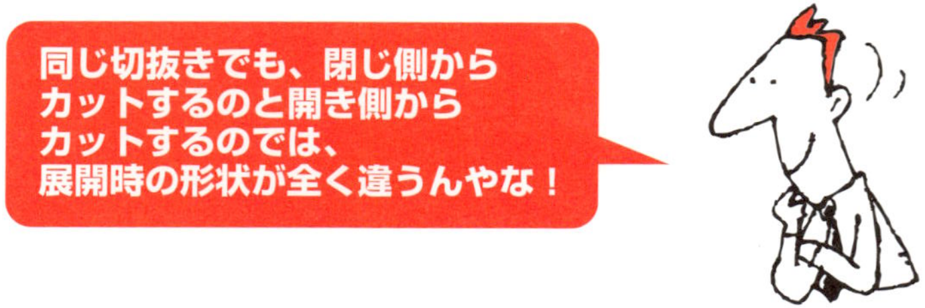
同じ切抜きでも、閉じ側から
カットするのと開き側から
カットするのでは、
展開時の形状が全く違うんやな！

■D(￣ー￣*)　コーヒーブレイク

円錐の展開図

「底面の半径：母線＝扇形の中心角：360°」を覚えていますか？

中心角は、$\theta = \dfrac{d}{2h} \times 360$ で表されます。

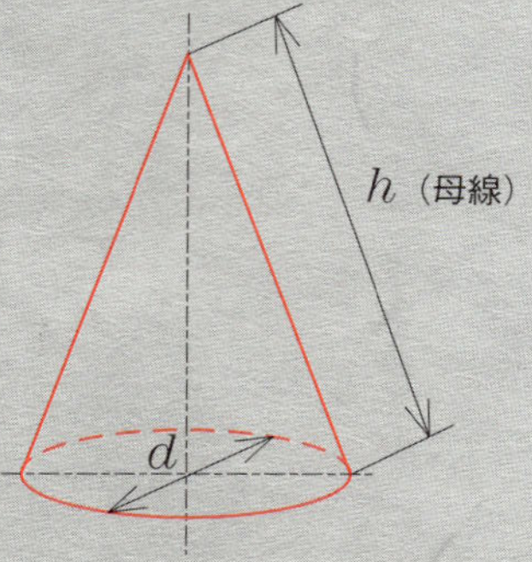
h (母線)
d

扇形の円弧の長さと、
円の全周の長さは同じ

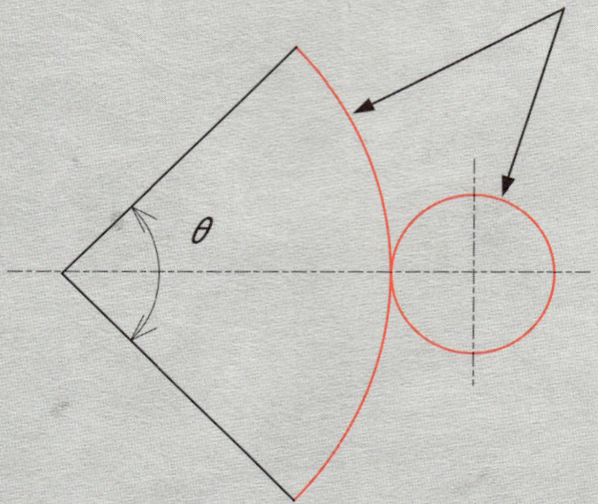
θ

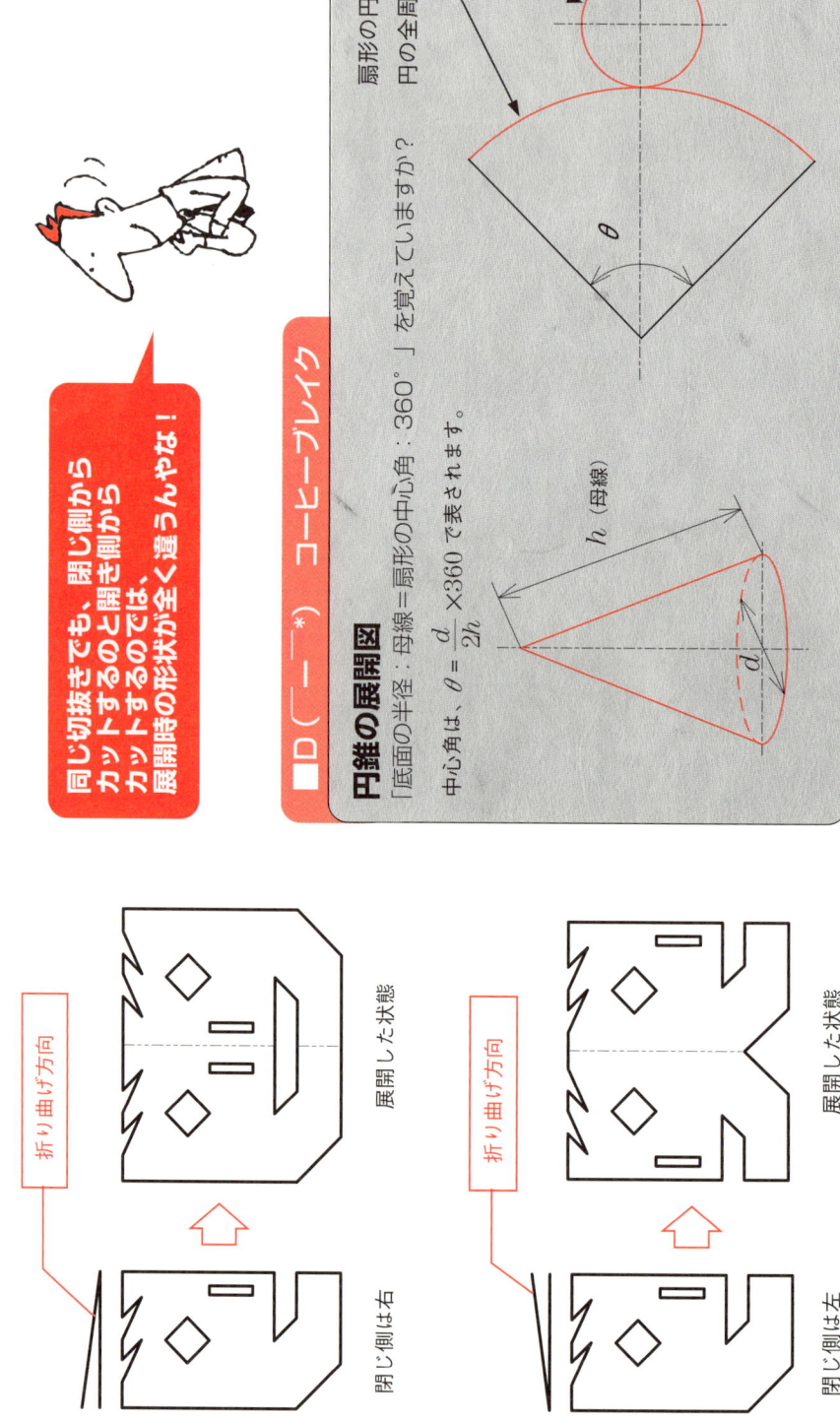

練習問題 1-6

折り紙を４つ折にして、同じ形状をカットしました。ただし、折り方がそれぞれ異なります。
次のａ）～ｄ）を展開すると、①～⑦のどれになるでしょうか？

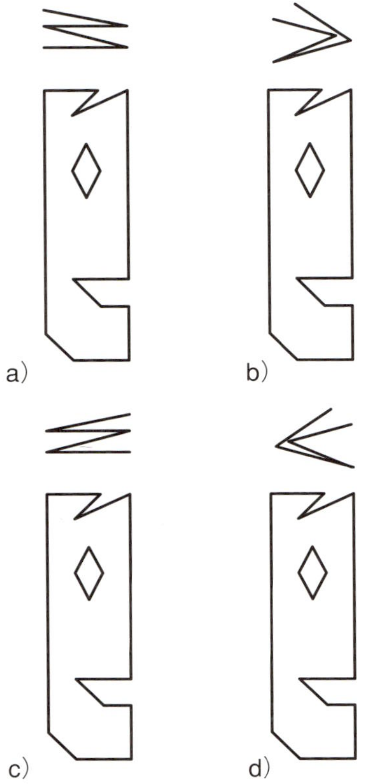

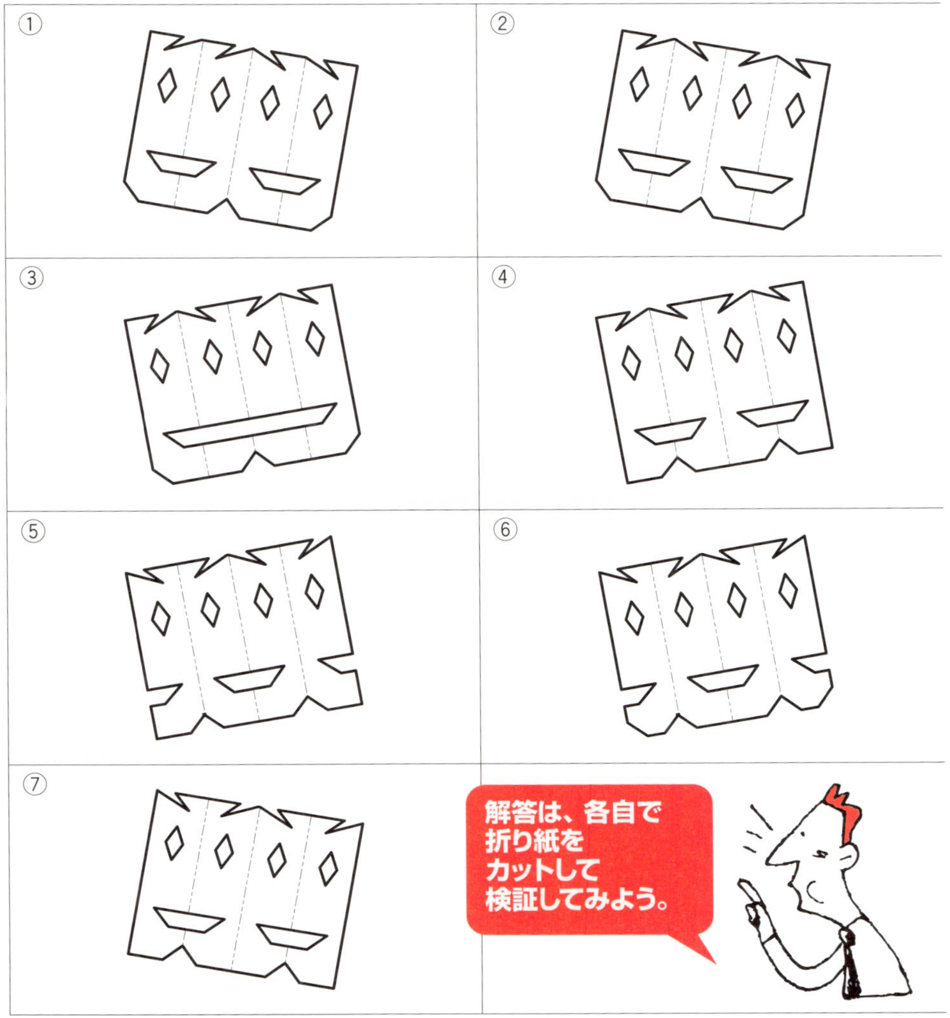

板金部品の展開

折り紙は手で折ることができますが、金属の薄い板はどのように加工するのでしょうか。設計製図には加工の知識も必要です。

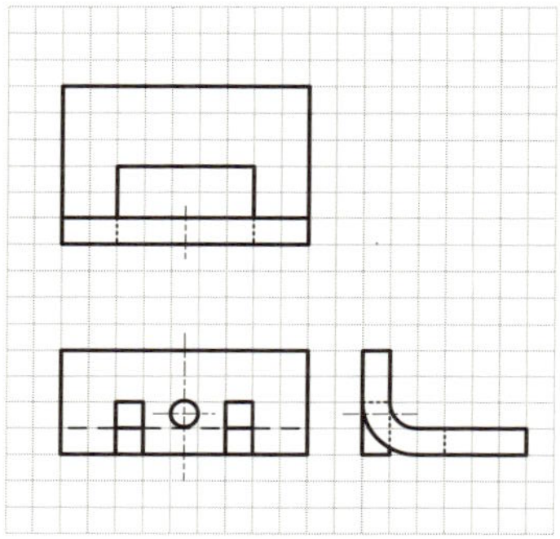

板金部品の図面

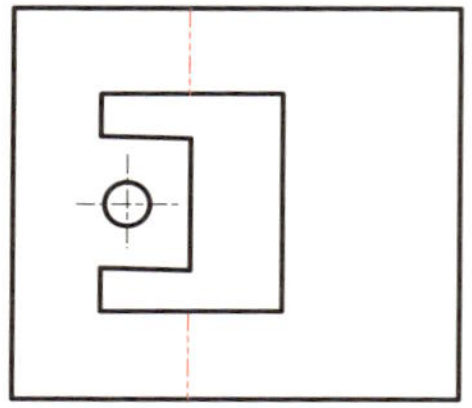

曲げ加工前のブランク製作

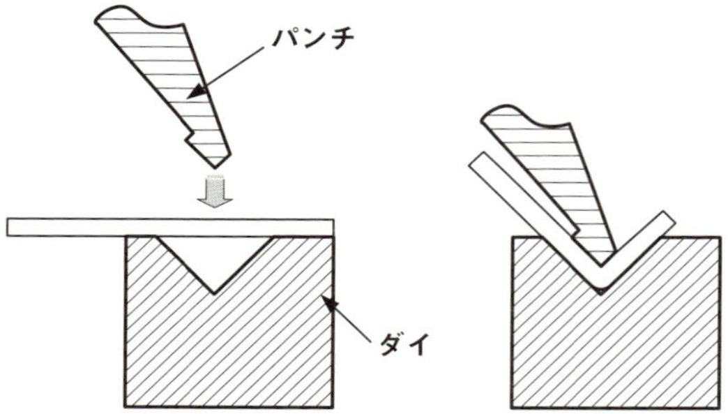
パンチ
ダイ

曲げ加工（プレスブレーキを使った場合）

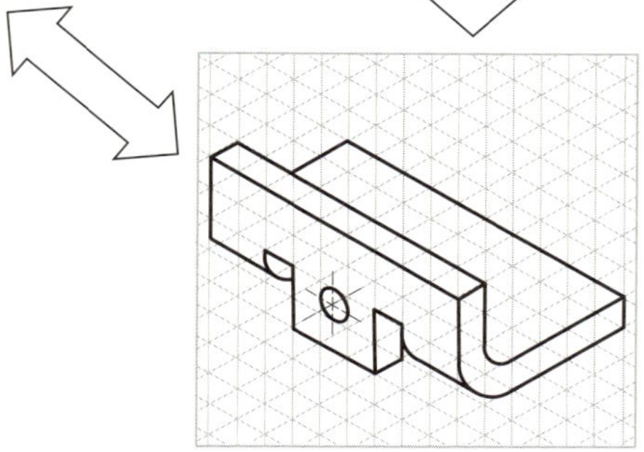

類似形状の板金部品（写真は厚さ6mmの板金）
通常は3mm以下の板金を曲げます。

曲げ加工後と曲げ加工前の
展開図の両方をイメージせんと
板金設計はでけへんのやな。

- ブランク（blank）とは、空白部分と和訳されるが、機械設計では、最終加工される前の部品の意味を持つ。板金のブランクとは、曲げ加工する直前の板金を打ち抜いた平板を指す。
- プレスブレーキ（PB）とは、主に薄板の曲げ加工に用いられ、左右の幅が広く前後の奥行きが狭い構造のプレスである。機械式と油圧式がある。

Work Shop 1-06

展開図を描こう！

折り曲げの線も二点鎖線で描いて下さい。

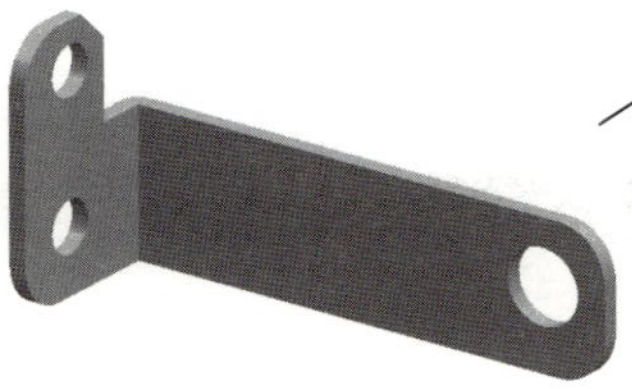

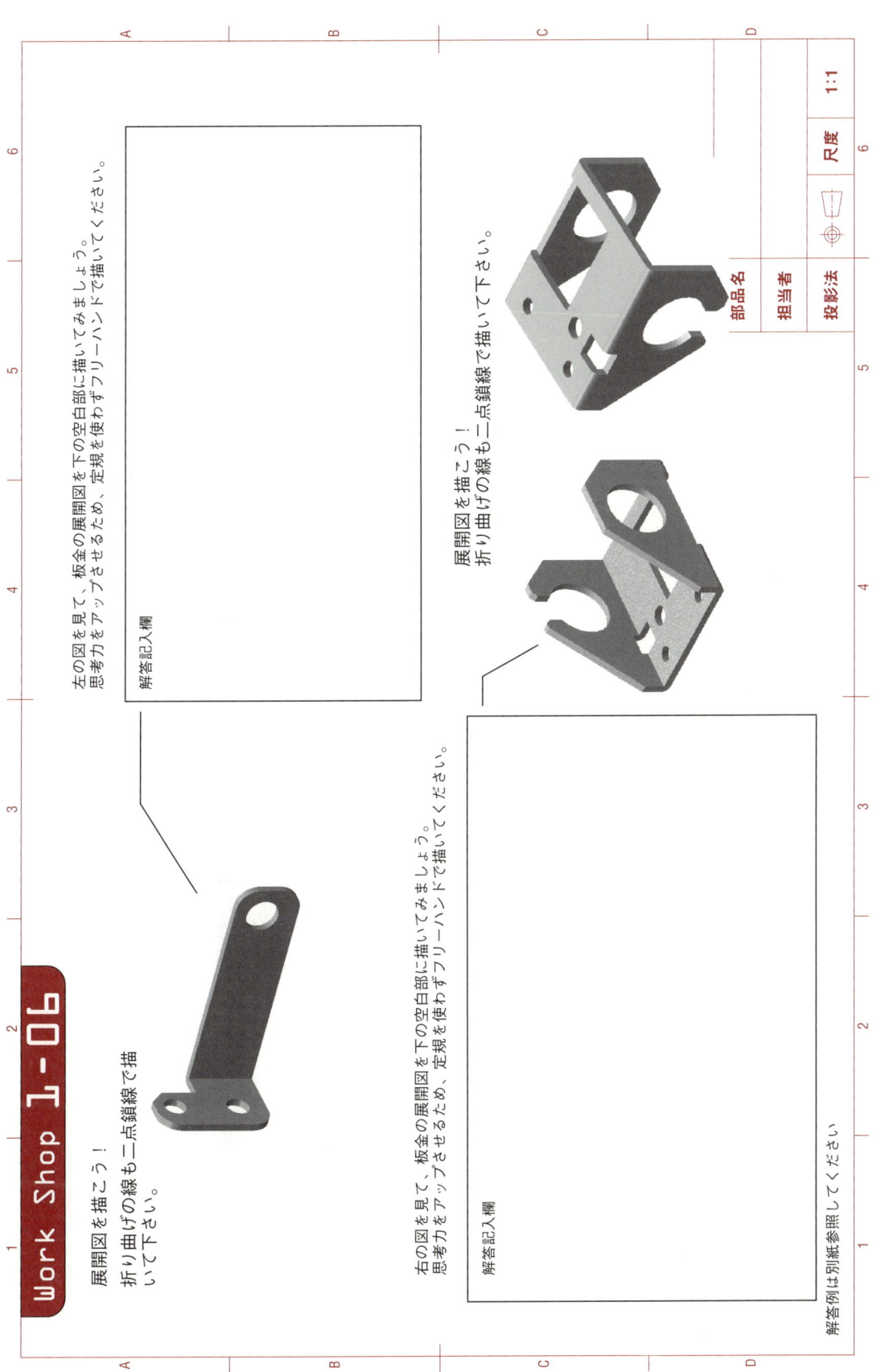

左の図を見て、板金の展開図を下の空白部に描いてみましょう。
思考力をアップさせるため、定規を使わずフリーハンドで描いてください。

解答記入欄

右の図を見て、板金の展開図を下の空白部に描いてみましょう。
思考力をアップさせるため、定規を使わずフリーハンドで描いてください。

解答記入欄

展開図を描こう！
折り曲げの線も二点鎖線で描いて下さい。

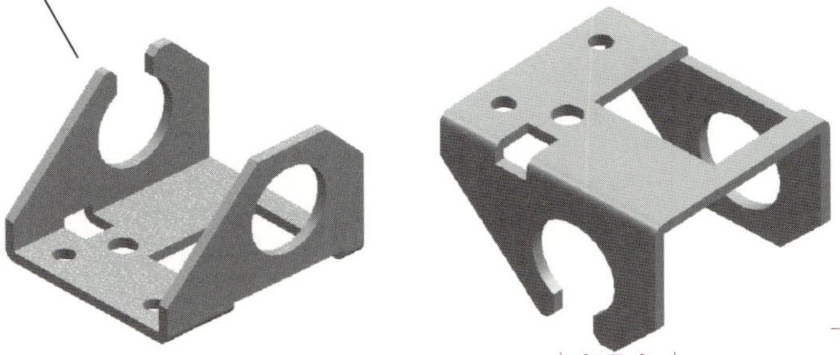

部品名			
担当者			
投影法	⊕◁	尺度	1:1

解答例は別紙参照してください

曲がった板金を伸ばしてみよう。

実務設計で板金を展開する場合は、P.34～P.35の補正が必要です。

しかし、今は理解を早めるために、下記に示すよう単純に足し算しましょう。

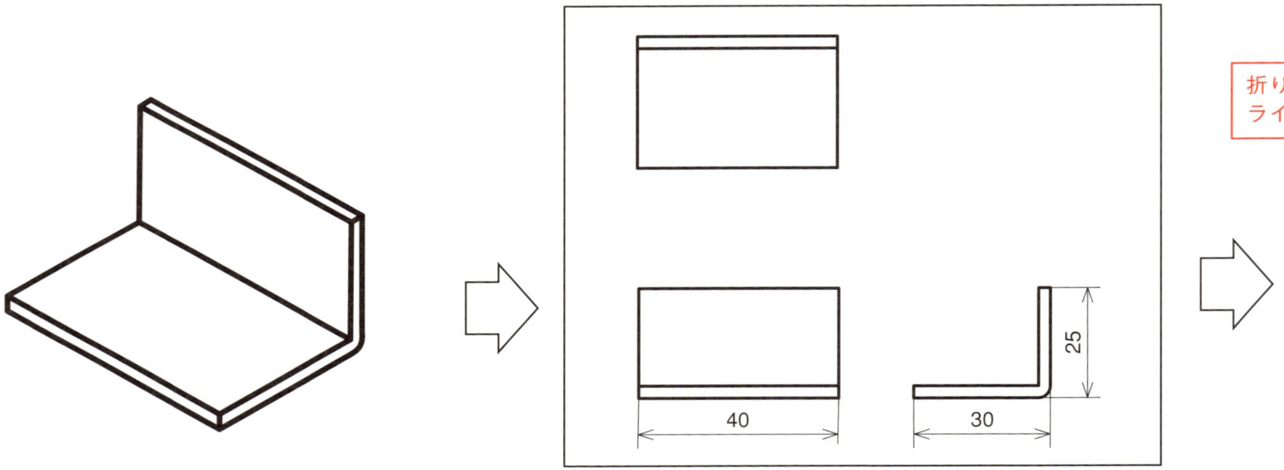

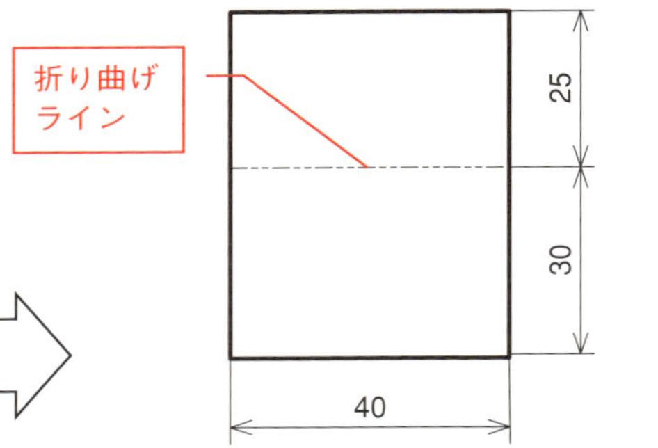

展開図と展開寸法
展開寸法値は参考程度

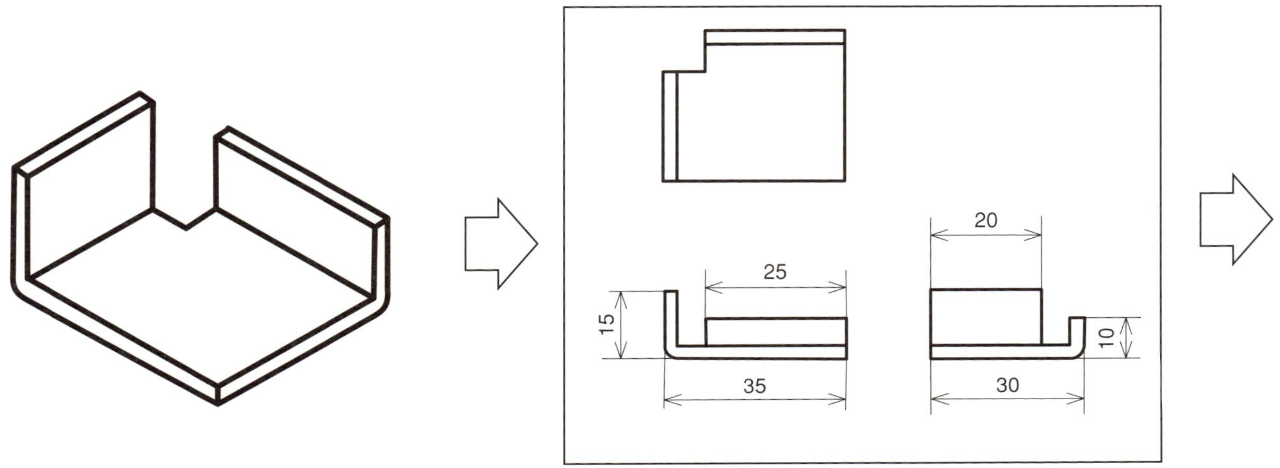

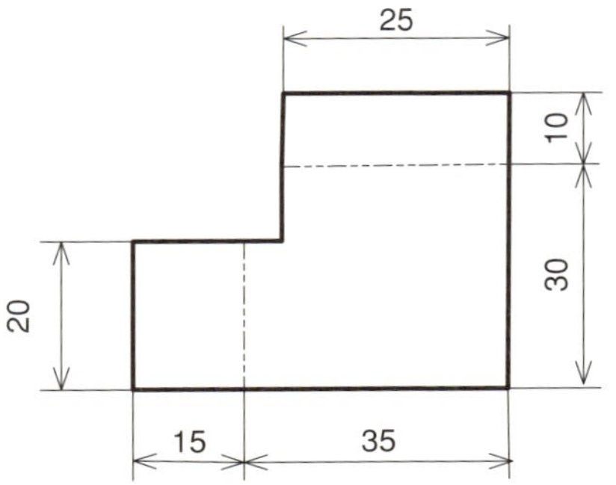

展開図と展開寸法
展開寸法値は参考程度

練習問題 1-7

板金部品設計の注意点

板金部品を製作するときは、前ページに述べたようにシート状の薄板を打ち抜いてから曲げ加工を行います。
しかし、CADの場合は、最初から曲げた状態で設計をするため、展開形状を考慮して設計しなければいけません。
下図の情報から、展開図を右側の方眼紙にトレースしてみましょう。方眼紙の１マスを5mmと換算して展開してください。
ただし、板金設計を行う上で、展開する時に材料の変形（伸びや縮み）があるため、別途補正計算が必要ですが、ここでは省略し、前ページで説明したように加工後の寸法をそのまま使用してください。

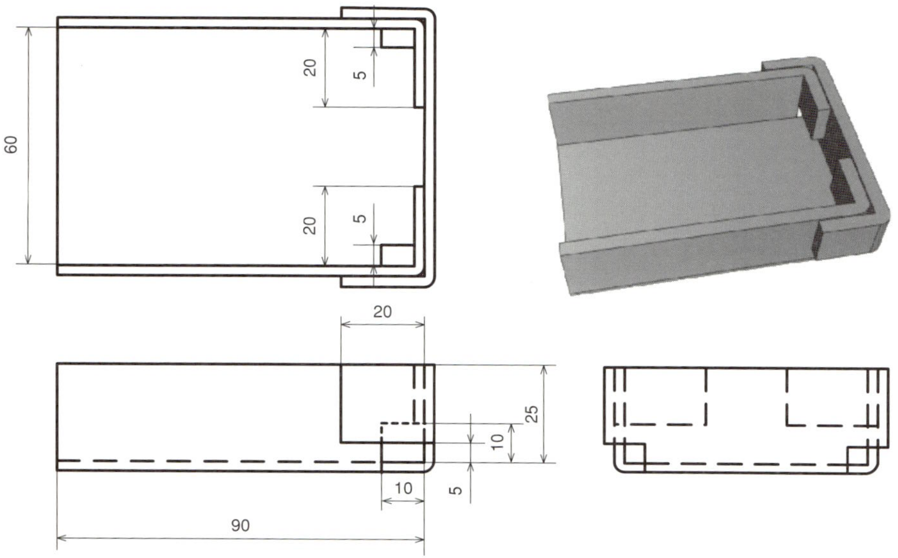

実は前ページの図面は、板金部品設計の悪い例で、下図のように展開時の材料が干渉することがわかります。

部品を展開すると、ハッチング部分が重なっているため、ブランクの状態で成り立たないのがわかります。

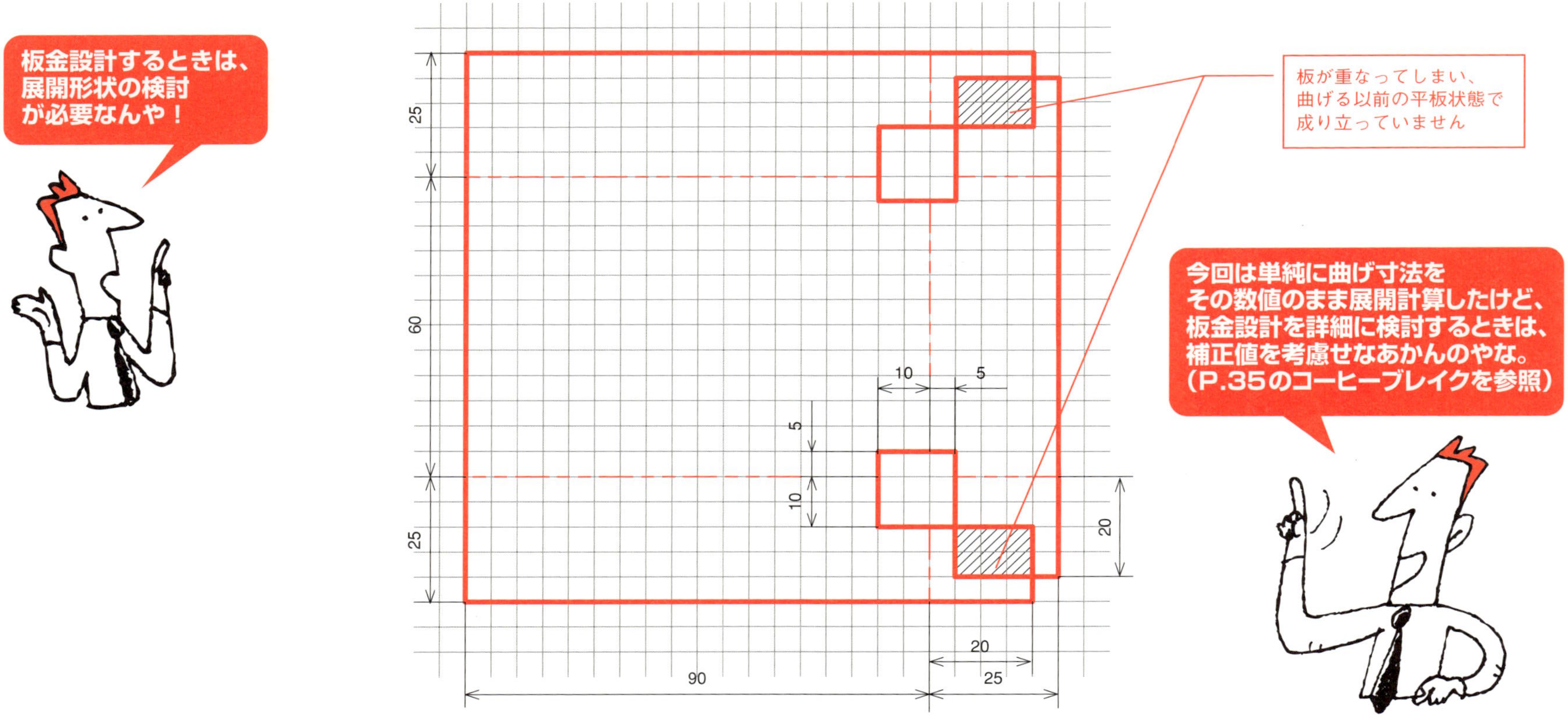
板金設計するときは、
展開形状の検討
が必要なんや！
25
60
25
10
5
5
10
20
90
20
25
板が重なってしまい、
曲げる以前の平板状態で
成り立っていません
今回は単純に曲げ寸法を
その数値のまま展開計算したけど、
板金設計を詳細に検討するときは、
補正値を考慮せなあかんのやな。
（P.35のコーヒーブレイクを参照）

☞ 板金設計では、上記のように展開時の板取りが成り立つかを検証するとともに、素材の平板の中でいかに効率よくたくさんブランクが取れるかもコストに影響するため重要な要素。

Work Shop 1-07

下図を見て、板金の展開図を描いてみましょう。
寸法はわからないので、ある程度寸法の比率を考慮しながら、イメージだけでフリーハンドによって展開図を描いてください。
さらに、展開図の折り曲げ部分に次の印を付けてください。山折りは実線（―――――――）、谷折りは破線（-------------）を記入してください。

解答記入欄

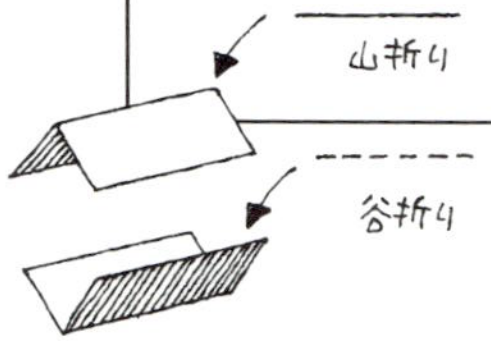

部品名			
担当者			
投影法		尺度	1:1

解答例は別紙参照してください

■D(¯ー¯*)　コーヒーブレイク

板金設計の基礎知識

板金を設計する場合、展開形状を確認しながら形状を決めていきます。

ところが、平板を曲げると、外側は引張りの変形（伸び）、内側は圧縮の変形（縮み）が働きます。これらの変形は、材質や板厚に依存しますが、最も影響が大きいのが板厚です。

一般的に、曲げの内Rが板厚の５倍よりも小さくなると、曲げられた部分の板厚が薄くなり中立面がRの内側に下がるので、板材の両端が長くなります。この影響を考慮するために展開寸法の補正が必要になります。

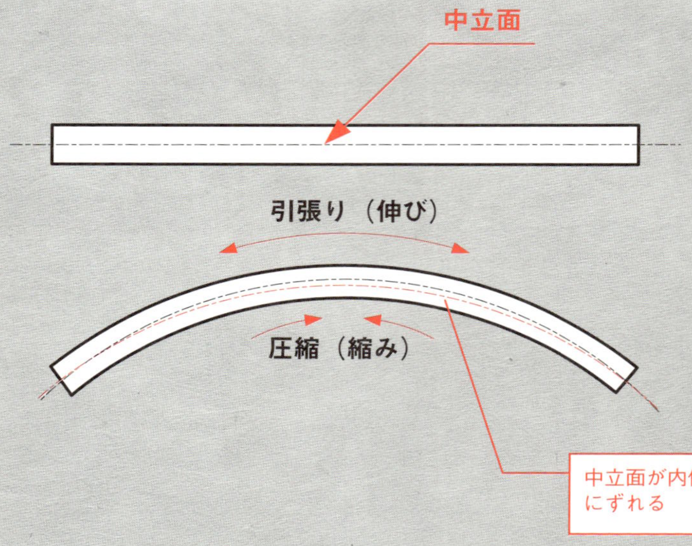
中立面
引張り（伸び）
圧縮（縮み）
中立面が内側にずれる

したがって、右図に示すような形状の場合、展開長さL＝A+B+Cという簡単な足し算で展開形状は決まりません。

板金設計の多い企業では、独自の補正表を利用しています。

ただし、企業によって経験を踏まえた数値にしている場合があり、補正値は必ずしも同じ値ではありません。

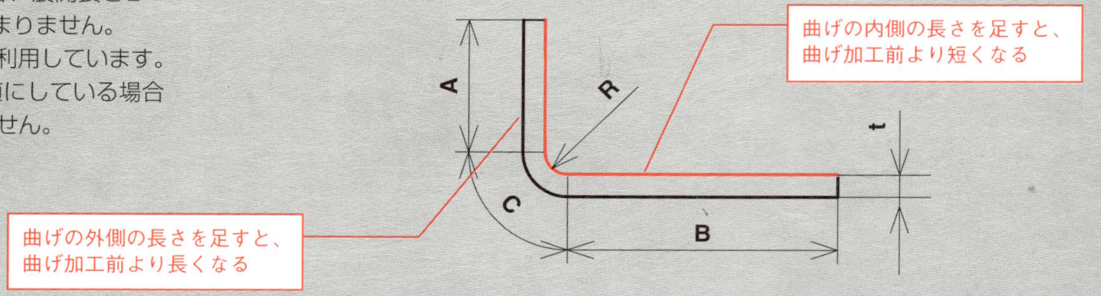
曲げの内側の長さを足すと、曲げ加工前より短くなる
A
R
t
C
B
曲げの外側の長さを足すと、曲げ加工前より長くなる

■D(￣ー￣*)　コーヒーブレイク

そこで、一般的に設計で最も多用される９０°曲げでかつ、内側の曲げＲが0.2以下の場合の補正値で覚えやすいようにまとめたものを下表に示します。

展開長さＬ＝Ａ＋Ｂ＋α　（Ａ、Ｂは内側寸法、αは補正値）

なぜ、このように詳細に展開寸法が必要かというと、曲げ部に開けた抜き穴の寸法をパンチの寸法と合わせるために管理する必要があるからです。

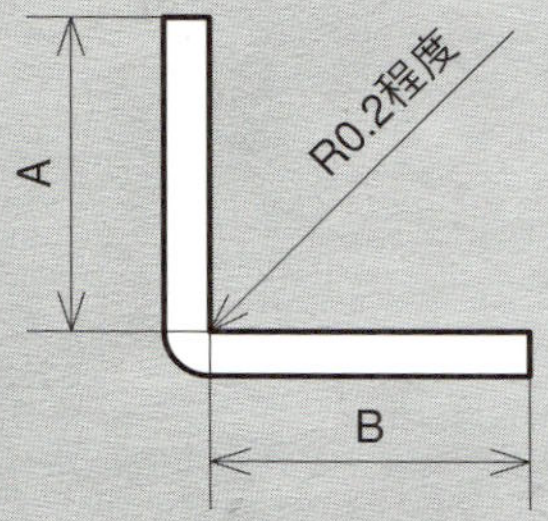

A
B
R0.2程度

板厚　t	補正値　α
0.6	0.2
0.8	0.3
1.0	0.35
1.2	0.4
1.6	0.6
2.0	0.7
2.3	0.8
3.2	1.2

この3つを覚えておくと板厚に比例して換算できます。

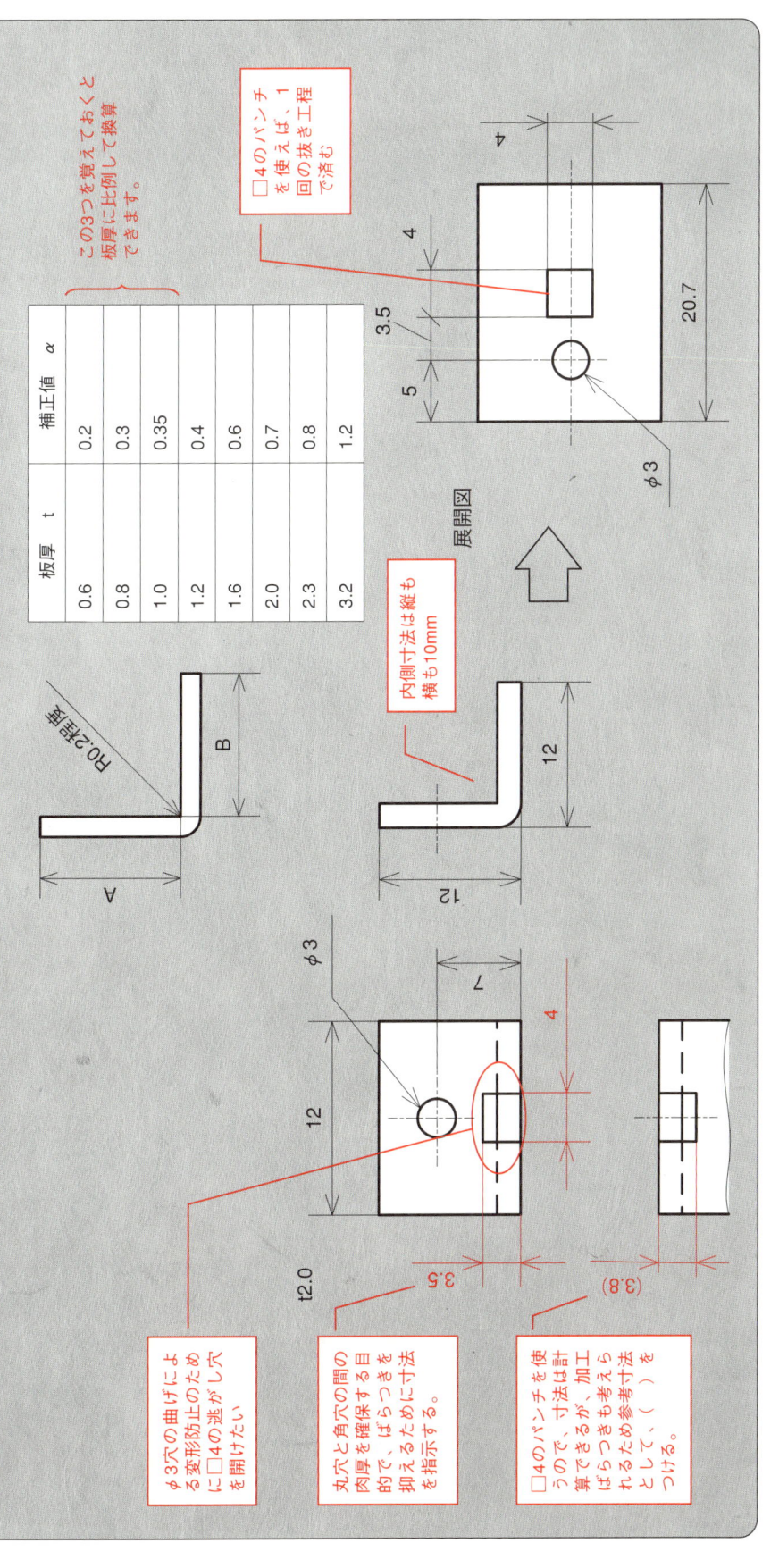

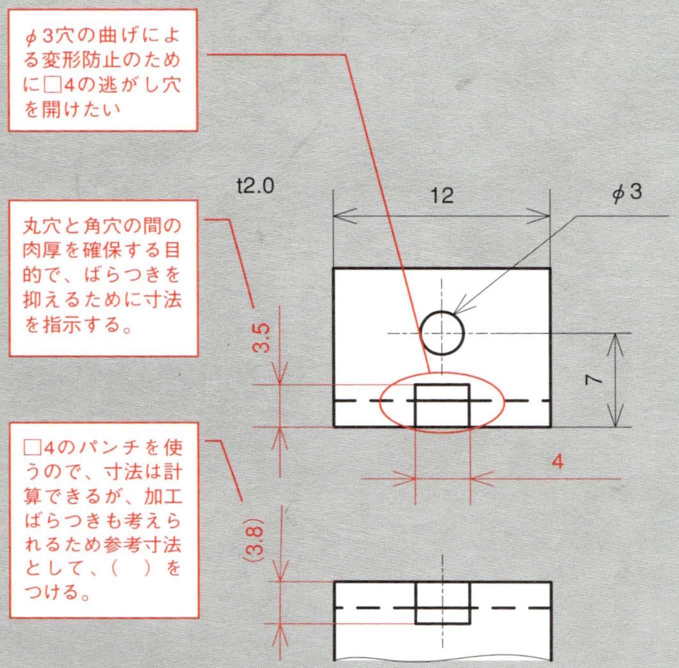

φ3穴の曲げによる変形防止のために□4の逃がし穴を開けたい
丸穴と角穴の間の肉厚を確保する目的で、ばらつきを抑えるために寸法を指示する。
□4のパンチを使うので、寸法は計算できるが、加工ばらつきも考えられるため参考寸法として、（　）をつける。
t2.0
12
φ3
7
3.5
4
(3.8)

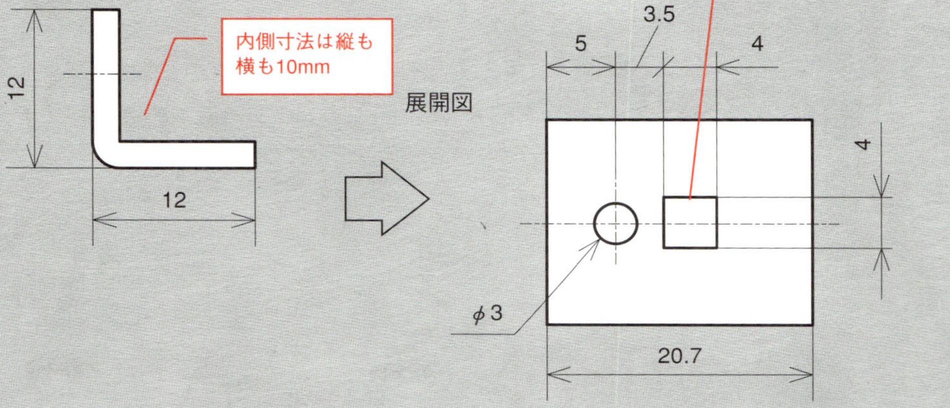

12
12
内側寸法は縦も横も10mm
展開図
5
3.5
4
4
φ3
20.7

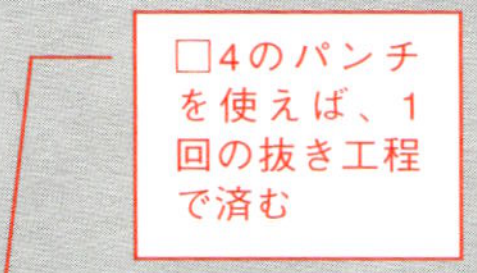

□4のパンチを使えば、1回の抜き工程で済む

第１章のまとめ

●やったこと

立体の表し方と平面の投影法の表し方を学習しました。また立体図から平面図へ、平面図から立体図へイメージを変換する練習をしました。

立体と平面の両方の特徴を持った板金の展開についても理解しました。

●わかったこと

設計の現場に拘らず、立体や平面でモノを表現できることが重要であることを知りました。

立体図から平面図へ展開する際は、正面図を決め、側面図と平面図という順に形状を理解しながら描けばよいことがわかりました。

JISには第三角法と第一角法の両方の規定がありますが、統一のため第三角法を使用していることを知りました。

平面図から立体図へ展開する際は、基準となる線を決め、そこから幅方向と奥行き、高さを描いていくことで立体イメージがかけることがわかりました。

板金設計時は、展開形状を考慮しなければ、形状として成り立たない場合やコストにも影響が出ることがわかりました。

展開時の計算は補正する必要があり、企業によってその経験から補正値が決まっていることを知りました。

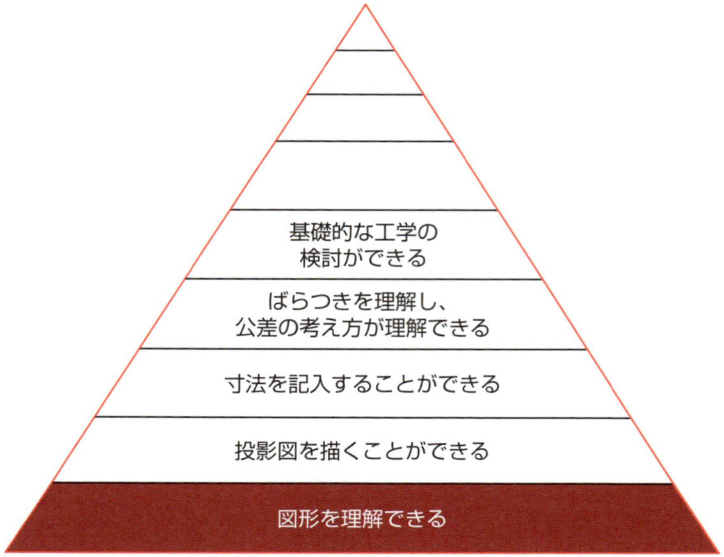
基礎的な工学の
検討ができる
ばらつきを理解し、
公差の考え方が理解できる
寸法を記入することができる
投影図を描くことができる
図形を理解できる

●次やること

モノづくりの世界では、立体を平面図として描き表します。JISが定める平面図を描くために製図の基礎知識を学習しましょう。

第2章

JIS製図の決まりごと

図面様式

現在の設計業務では、紙に設計図を描くのではなく、パソコンのCAD画面上に線を描き設計を行います。しかし寸法線を記入したり、材料や表面処理などの指示は紙に描いた図面に表すしか手段がありません。そう、図面は設計者以外の人へ、その形状と大きさ、その他の関連するすべての情報を伝える唯一の情報源なのです。

この製図に使う用紙の大きさや輪郭線、表題欄などは次のようにJISで規定されています。

呼び	短辺×長辺
A0	841×1189
A1	594×841
A2	420×594
A3	297×420
A4	210×297

用紙のサイズ：
第一優先として、A列サイズ
（A0～A4の5種類）から選定する
第二優先として特別延長サイズ、
第三優先として例外延長サイズの順に選ぶ

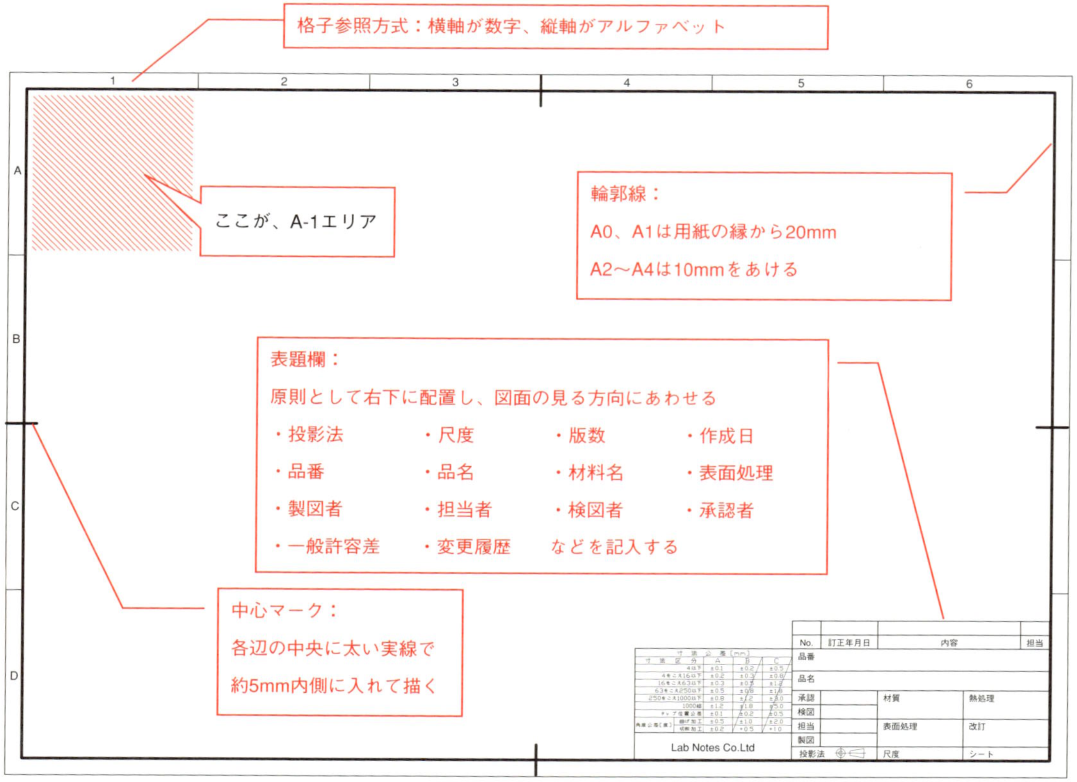
格子参照方式：横軸が数字、縦軸がアルファベット
1
2
3
4
5
6
A
B
C
D
ここが、A-1エリア
輪郭線：
A0、A1は用紙の縁から20mm
A2～A4は10mmをあける
表題欄：
原則として右下に配置し、図面の見る方向にあわせる
・投影法 ・尺度 ・版数 ・作成日
・品番 ・品名 ・材料名 ・表面処理
・製図者 ・担当者 ・検図者 ・承認者
・一般許容差 ・変更履歴 などを記入する
中心マーク：
各辺の中央に太い実線で
約5mm内側に入れて描く
No.
訂正年月日
内容
担当
品番
品名
承認
検図
担当
製図
投影法
材質
熱処理
表面処理
改訂
尺度
シート
Lab Notes Co.Ltd

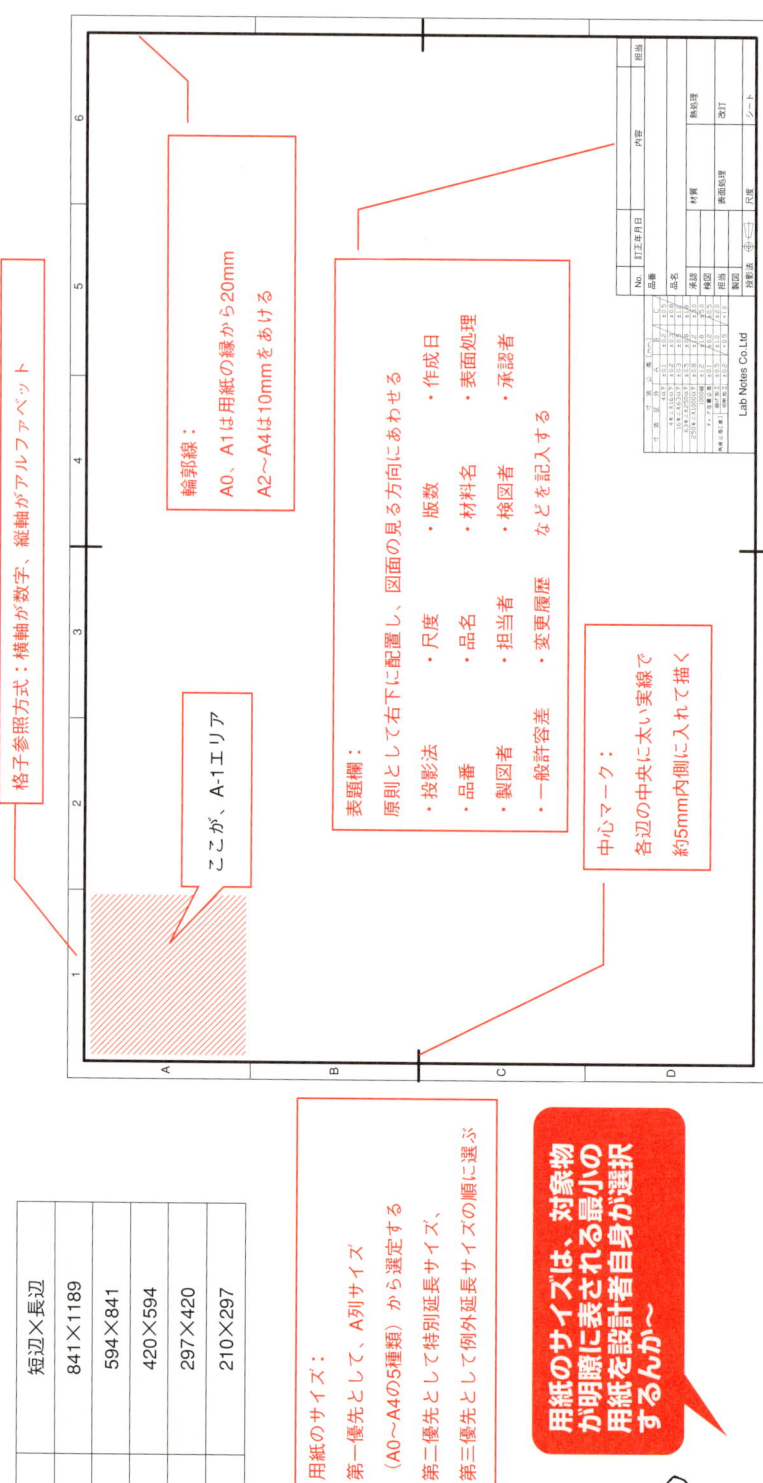

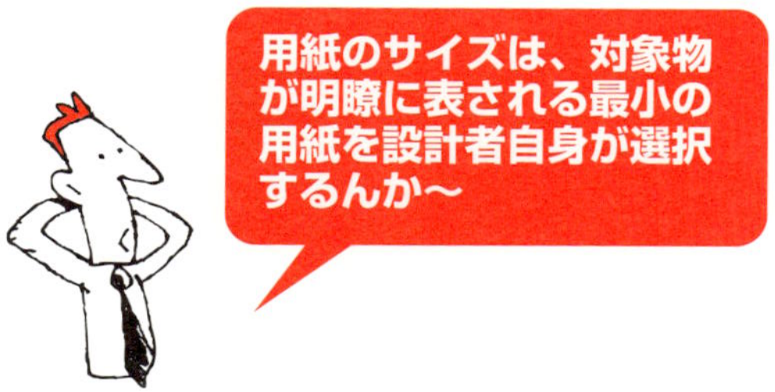
用紙のサイズは、対象物が明瞭に表される最小の用紙を設計者自身が選択するんか～

図面の折り方

最近はCADデータをPDF（電子文書のためのフォーマット）化して、関連部門などに送付することが多いのですが、紙の図面を客先などに渡す場面も必ず発生します。その時に悩むのが、大きな図面の折り方です。JISに図面の折り方が参考として記載されています。

図面の折り方には次の3種類があります。

・基本折り ………複写図を、一般的に折りたたむ方法
・ファイル折り …複写図を、綴じ代を設けて折りたたむ方法
・図面折り ………複写図を、主に綴じ穴のあるA4の袋の大きさに入るよう折りたたむ方法

※1　図面の表題欄は、全ての折り方について、最上面の右下に位置して読めるようにしなければいけません。

※2　実線は山折り、破線は谷折りを示します。

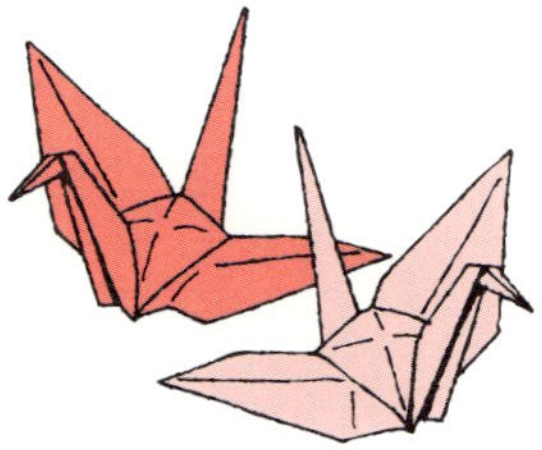

基本折り

単位 mm

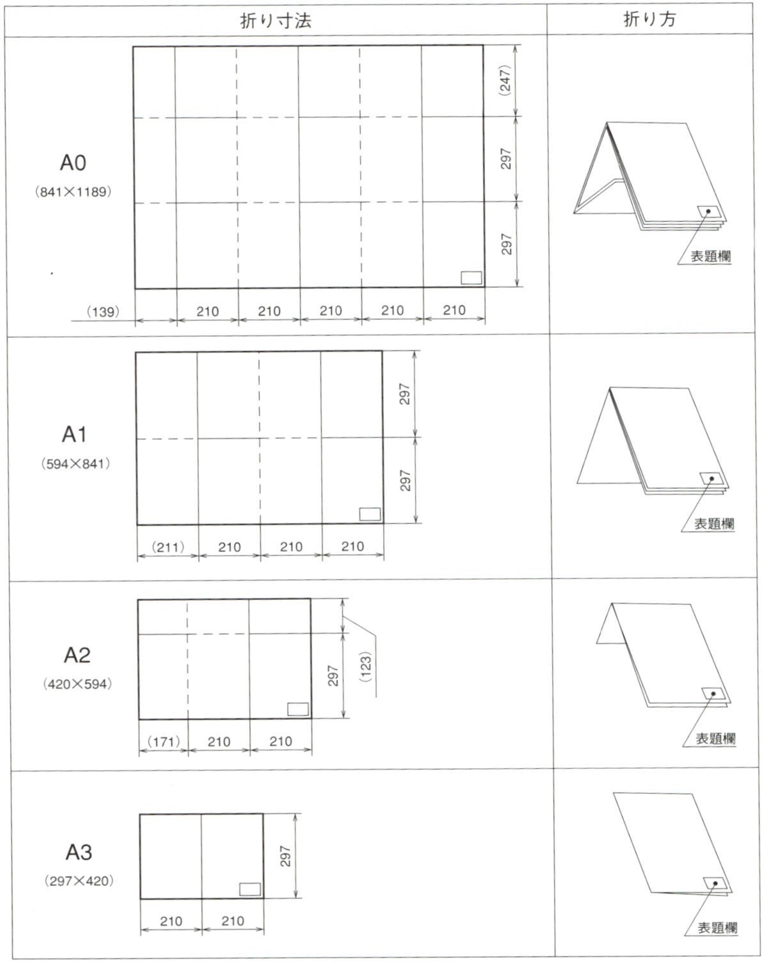
折り寸法
折り方
A0
(841×1189)
(247)
297
297
(139)
210
210
210
210
210
表題欄
A1
(594×841)
297
297
(211)
210
210
210
表題欄
A2
(420×594)
297
(123)
(171)
210
210
表題欄
A3
(297×420)
297
210
210
表題欄

備考　実線は山折り、破線は谷折りを示す。

線種の使い分け

図面に描く線は、太さによって区別され、以下の4種類があります。

・実線（じっせん）（continuous line）

・破線（はせん）（dashed line）

・一点鎖線（いってんさせん）（long dashed short dashed line）

・二点鎖線（にてんさせん）（long dashed double-short dashed line）

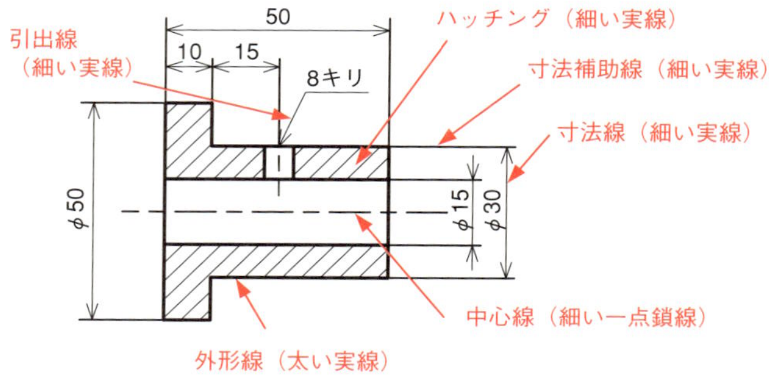

50
10
15
8キリ
φ50
φ15
φ30
引出線（細い実線）
ハッチング（細い実線）
寸法補助線（細い実線）
寸法線（細い実線）
中心線（細い一点鎖線）
外形線（太い実線）

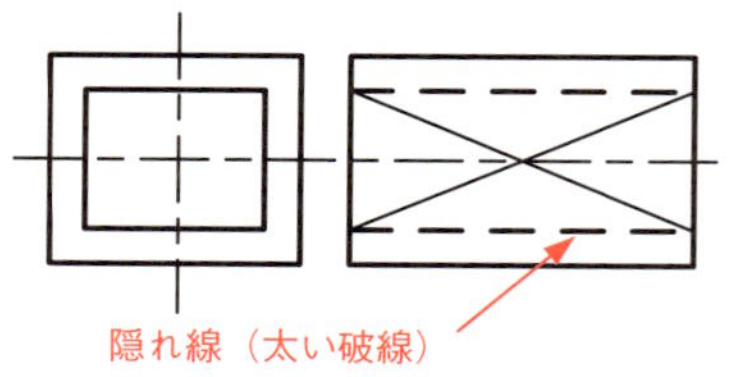

隠れ線（太い破線）

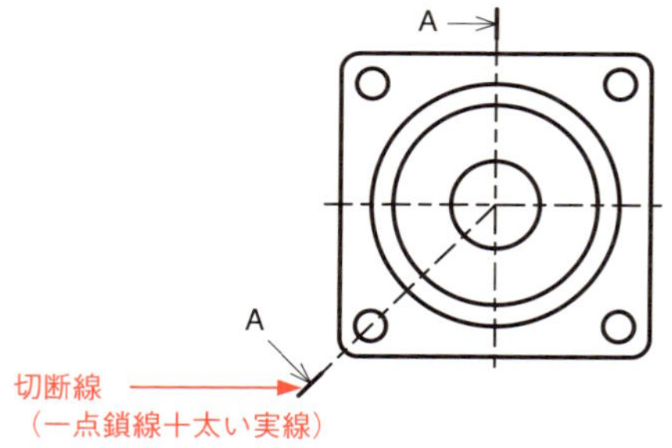

A
A
切断線
（一点鎖線＋太い実線）

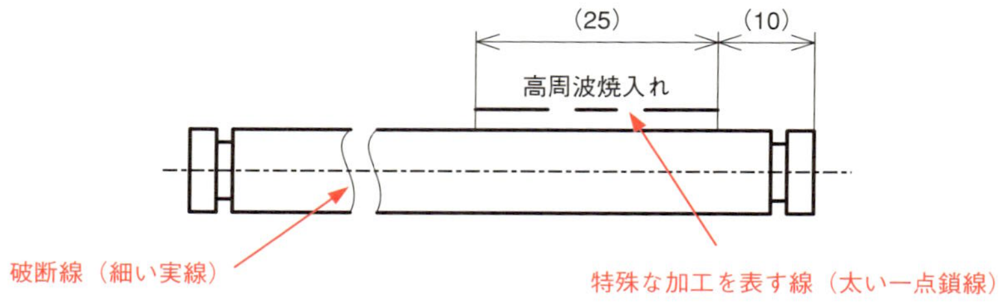

(25)
(10)
高周波焼入れ
破断線（細い実線）
特殊な加工を表す線（太い一点鎖線）

用途別による名称	線の種類		線の種用途
外形線	太い実線		対象物の見える部分の形状を表すのに用いる。
寸法線	細い実線		寸法を記入するのに用いる。
寸法補助線			寸法を記入するために図形から引出すのに用いる。
引出線			記述・記号などを示すために引出すのに用いる。
回転断面線			図形内にその部分の切り口を90度回転をして表すのに用いる。
中心線			図形の中心線を簡略に表すのに用いる。
かくれ線	細い破線又は太い破線		対象物の見えない部分の形状を表すのに用いる。
中心線	細い一点鎖線		a) 図形の中心を表すのに用いる。
			b) 中心が移動した中心軌跡を表すのに用いる。
想像線	細い二点鎖線		a) 隣接部分を参考に表すのに用いる。
			b) 工具、治具などの位置を参考に示すのに用いる。
			c) 可動部分を、移動中の特定の位置又は移動の限界の位置で表すのに用いる。
			d) 加工前又は加工後の形状を表すのに用いる。
			e) 繰り返しを示すのに用いる。
			f) 図示された断面の手前にある部分を表すのに用いる。
重心線			g) 断面の重心を連ねた線を表すのに用いる。
破断線	不規則な波形の細い実線又はジグザグ線		対象物の一部を破った境界、又は一部を取り去った境界線を表すのに用いる。
切断線	細い一点鎖線で、端部及び方向の変わる部分を太くしたもの		断面図を描く場合、その切断位置を対応する図に表すのに用いる。
ハッチング	細い実線で、規則的に並べたもの		図形の限定された特定の部分を他の部分と区別するのに用いる。例えば、断面図の切り口を示す。

文字と尺度

図面に用いる文字は、次に従います。

・常用漢字表の漢字を用いる

・仮名はひらがな又はカタカナのいずれかを用い、一連の図面において混用しない　←ただし、ひらがなで統一しても外来語はカタカナで書きます！

・文章は口語体で左横書きとする

・図面注記は簡潔明瞭に書く　←「～である」「～すること」などのように「である調」で書く！

・CADを使う場合、文字の大きさやフォントに決まりごとがない。　←初期設定されている状態で大丈夫です！

・日本語と英語を併記する場合は、日本語を最初に、次に英語を書く。

例)　Z面を除き全面仕上げのこと。

FINISH ALL OVER EXCEPT SURFACE “Z”.

練習問題 2-1

次に示したひらがなの注記をカタカナに、カタカナの注記をひらがなに変換して書いてください。

ひらがな表記をカタカナ表記へ変換して右に記入してください。

1）二点鎖線は、展開図を示す。　1）＿＿＿＿

2）一般肉厚は、3とする。　2）＿＿＿＿

3）A面を除き、全面仕上げのこと。　3）＿＿＿＿

4）ポンチでかしめること　4）＿＿＿＿

カタカナ表記をひらがなへ変換して右に記入してください。

5）カッコ内寸法ハ、インチデ表示サレル。　5）＿＿＿＿

6）ナットハ仮締メトシ、客先ニテ組ミ付ケトスル。　6）＿＿＿＿

7）スリットノ位置ハ図示ニヨル。　7）＿＿＿＿

8）ラベルハ赤色トスル。　8）＿＿＿＿

練習問題 2-1 解答

ひらがなからカタカナへ・・
1）二点鎖線は、展開図を示す。
2）一般肉厚は、３とする。
3）A面を除き、全面仕上げのこと。
4）ポンチでかしめること。
カタカナからひらがなへ・・
5）カッコ内寸法ハ、インチデ表示サレル。
6）ナットハ仮締メトシ、客先ニテ組ミ付ケトスル。
7）スリットノ位置ハ図示ニヨル。
8）ラベルハ赤色トスル。

1）二点鎖線ハ、展開図ヲ示ス。
2）一般肉厚ハ、３トスル。
3）A面ヲ除キ、全面仕上ゲノコト。
4）ポンチデカシメルコト。

5）カッコ内寸法は、インチで表示される。
6）ナットは仮締めとし、客先にて組み付けとする。
7）スリットの位置は図示による。
8）ラベルは赤色とする。

図面に用いる注記は、命令形を使うんやな
ひらがなで統一しても外来語はカタカナを使わなあかんのか～
かな
カナ

尺度

図面に描く図形は、部品のイメージがつかみやすいため、原寸大で描くほうがよいとされます。

しかし、設計する部品の性質上、図面サイズに対して投影対象物が小さすぎたり大きすぎたりすることがあります。

・実物より拡大して描く尺度を「倍尺」
・縮小して描く尺度を「縮尺」
・実物と同じ尺度を「現尺」

と呼び、尺度を変更して図面を描くことができます。

右表にJISの推奨する尺度の一覧を確認して、ちょうどよい尺度がなければ、最適な尺度を自分で決めても問題はありません。

JISの推奨する尺度

種類	推奨尺度		
倍尺	50：1 5：1	20：1 2：1	10：1
現尺	1：1		
縮尺	1：2 1：20 1：200 1：2000	1：5 1：50 1：500 1：5000	1：10 1：100 1：1000 1：10000

推奨やから、強制力はないねんな。この表を参考にしてから尺度を決めたらええんか～

第2章 5
特殊な図示法

第1章で解説した投影法は、いわゆる投影図の正攻法です。紙面を省スペース化しつつ、対象物の形状を効率よく理解しやすくする図示法が特殊な図示法です。以下に様々な図示法テクニックを紹介しますので、積極的に図面に取り入れることができるよう、作法を理解しましょう。

1 図形の省略

上下または左右対称の部品の中心線の片側だけを描いて、残りの片側を省略する手法です。

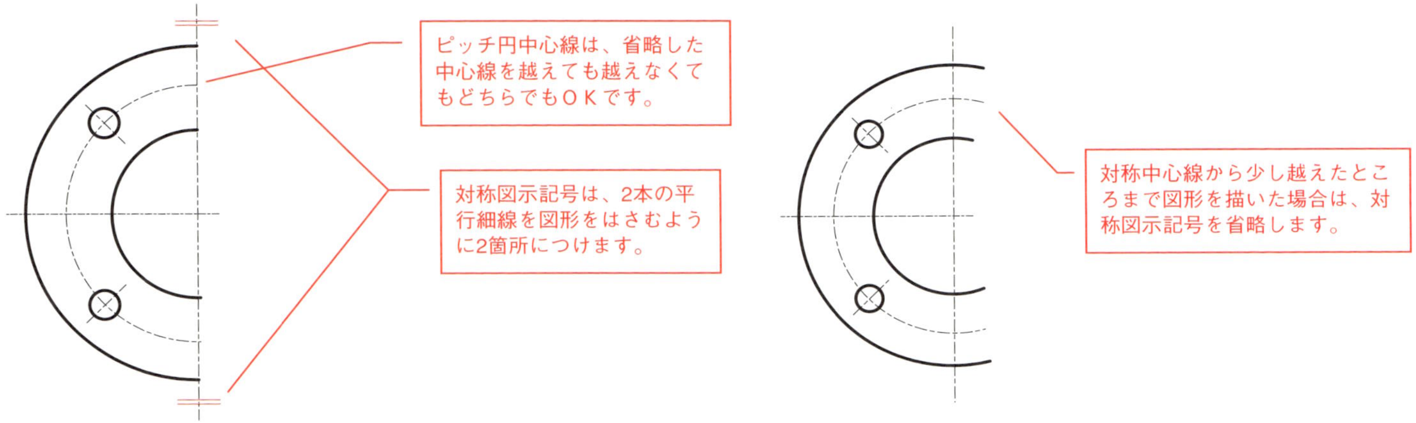
ピッチ円中心線は、省略した中心線を越えても越えなくてもどちらでもＯＫです。
対称図示記号は、2本の平行細線を図形をはさむように2箇所につけます。
対称中心線から少し越えたところまで図形を描いた場合は、対称図示記号を省略します。

同一断面形をもつ長い軸や管、形鋼、テーパ軸などは、紙面を効率よく使えるよう中間部を省略して使うことができます。ただし、切り取った端部は破断線で示します。ただし、紛らわしくなければ破断線は省略しても構いません。

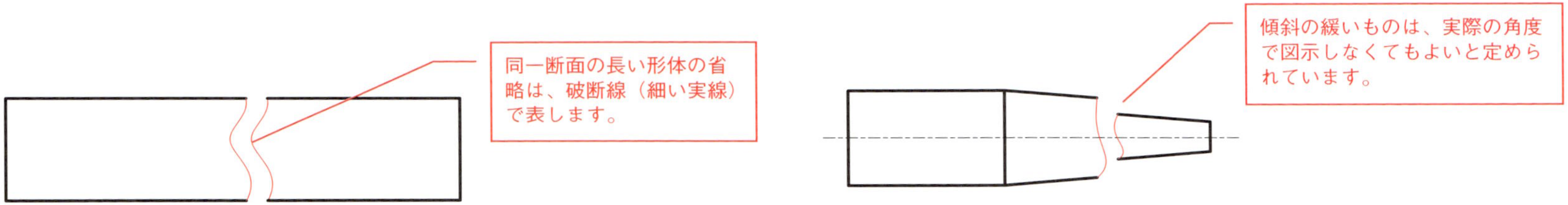
同一断面の長い形体の省略は、破断線（細い実線）で表します。
傾斜の緩いものは、実際の角度で図示しなくてもよいと定められています。

2　断面図

物体を外形から見たときに、隠れた部分をわかりやすくするために、断面図として図示することができます。対象物をより理解しやすくするために最もよく使うテクニックのひとつです。決まりごともたくさんありますので、断面図の作法を理解しましょう。

・全断面図（対称図形の場合）

対象物の基本的な形状を最もよく表すように切断面を決めて描きます。

一般的に対称図形など基本中心線が明確な場合、切断線は記入しません。

平面図を外形図として描いた場合　　**平面図を断面図として描いた場合**

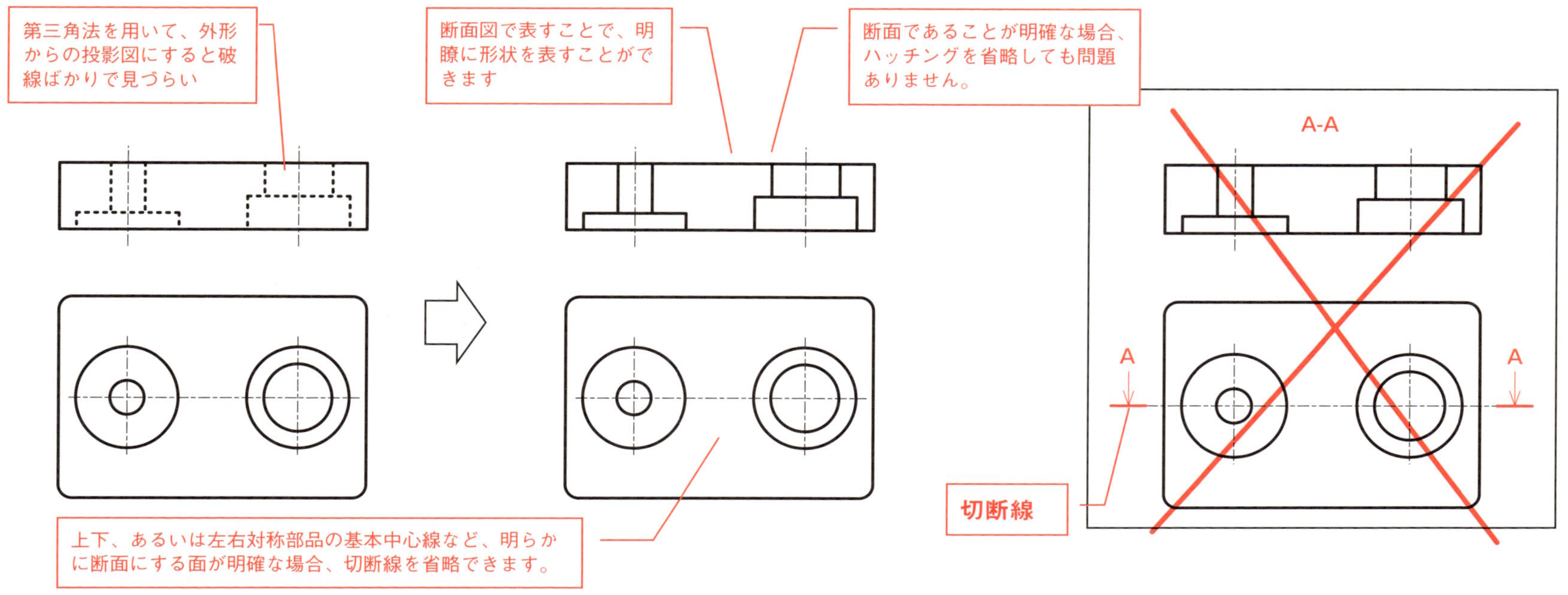
第三角法を用いて、外形からの投影図にすると破線ばかりで見づらい
断面図で表すことで、明瞭に形状を表すことができます
断面であることが明確な場合、ハッチングを省略しても問題ありません。
A-A
A
A
切断線
上下、あるいは左右対称部品の基本中心線など、明らかに断面にする面が明確な場合、切断線を省略できます。

・全断面図（2つの平行平面による断面の例）

必要がある場合には、特定の部分の形をよく表すように切断線を決め、切断線によって切断の位置を示します。

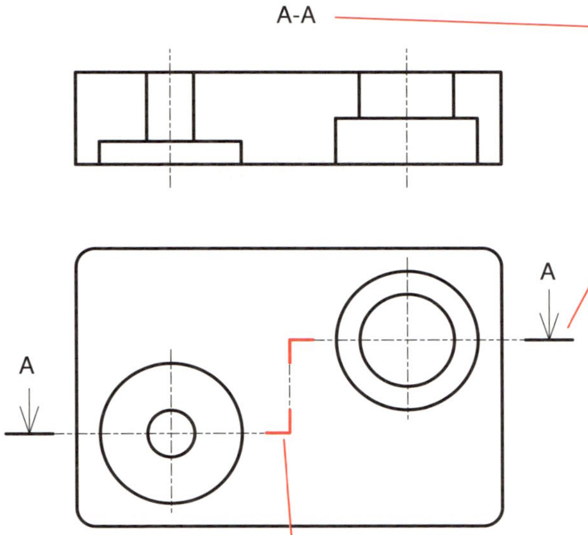

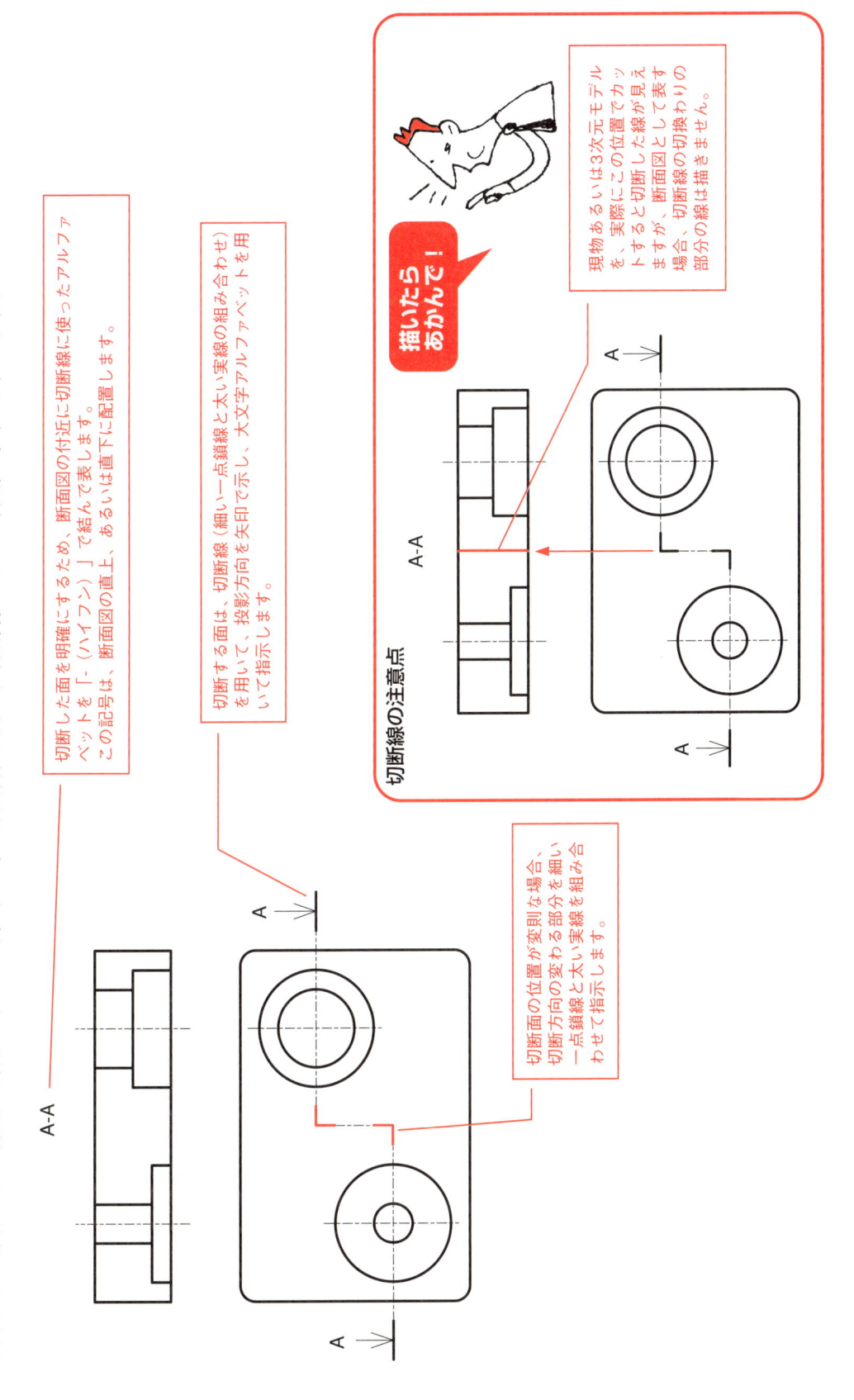

切断した面を明確にするため、断面図の付近に切断線に使ったアルファベットを「-（ハイフン）」で結んで表します。
この記号は、断面図の直上、あるいは直下に配置します。

切断する面は、切断線（細い一点鎖線と太い実線の組み合わせ）を用いて、投影方向を矢印で示し、大文字アルファベットを用いて指示します。

切断面の位置が変則な場合、切断方向の変わる部分を細い一点鎖線と太い実線を組み合わせて指示します。

切断線の注意点

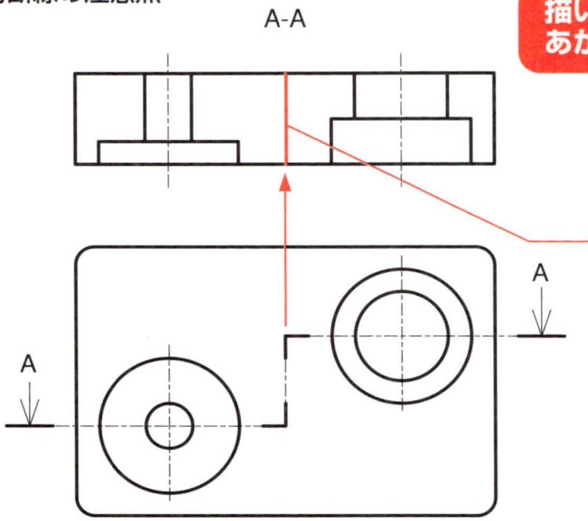

現物あるいは3次元モデルを、実際にこの位置でカットすると切断した線が見えますが、断面図として表す場合、切断線の切換わりの部分の線は描きません。

・組合せ断面図（鋭角断面図の例）

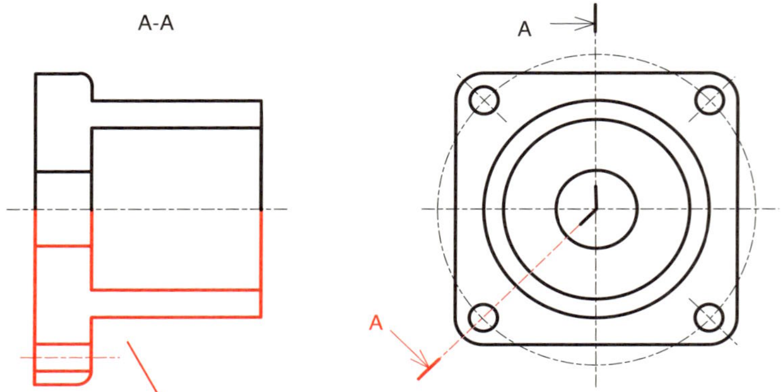
A-A
A
A
切断面が中心線に対して、ある角度を持って切断することもできます。

・片側断面図

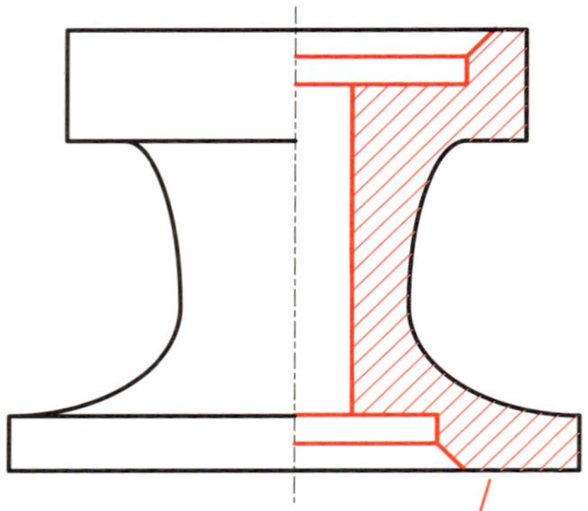
対称形状の部品において、中心線の一方を外形図、もう一方を断面図として表すこともできます。

ハッチングの描き方

切断面または切り口を表すハッチングは、切断面または切り口の軸及び輪郭に対して45°の角度で描きます。ただし、形状に合わせて、角度を変更するのがよいとされています。

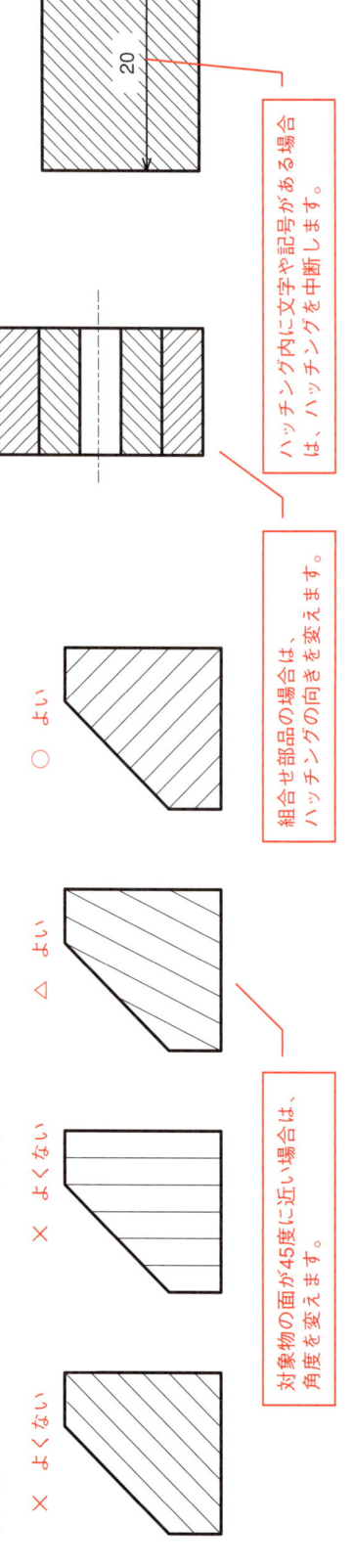

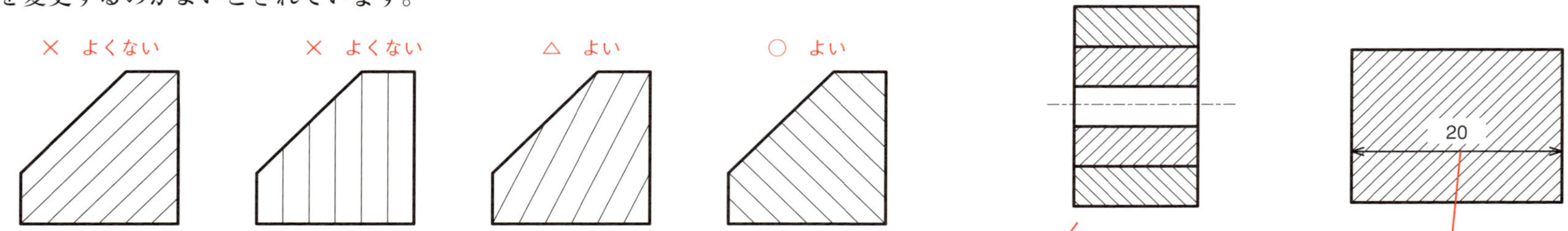
× よくない
× よくない
△ よい
○ よい
20
対象物の面が45度に近い場合は、角度を変えます。
組合せ部品の場合は、ハッチングの向きを変えます。
ハッチング内に文字や記号がある場合は、ハッチングを中断します。

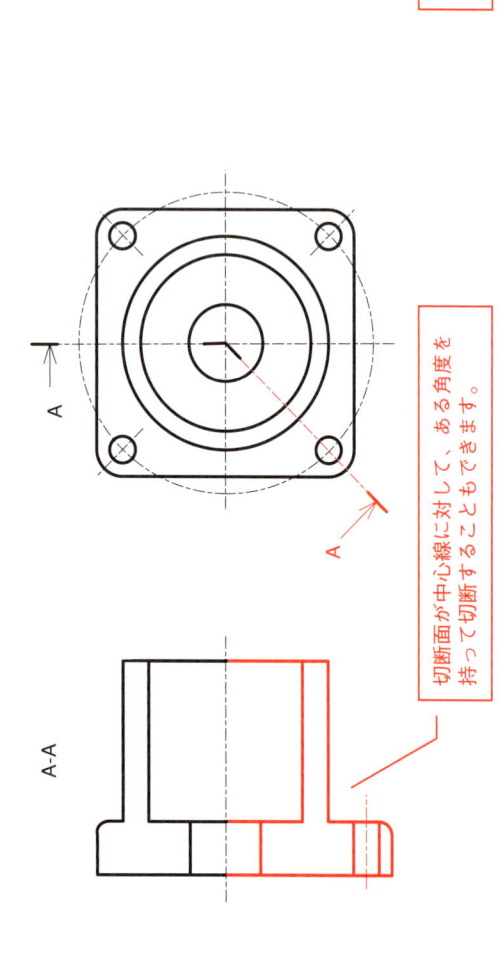

・**回転図示断面図**

ハンドルや車のアーム及びリム、リブ、フック、軸、構造物の部材などの切り口は、次のように90度回転させて表すことができます。

a）切断箇所の前後を破断して、その間に描く場合

長尺部品で側面図を描くとスペースが足りない場合に便利です。

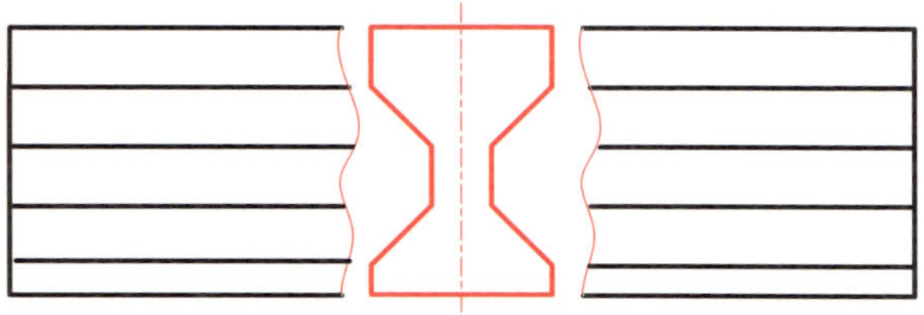

b）切断線の延長線上に描く場合

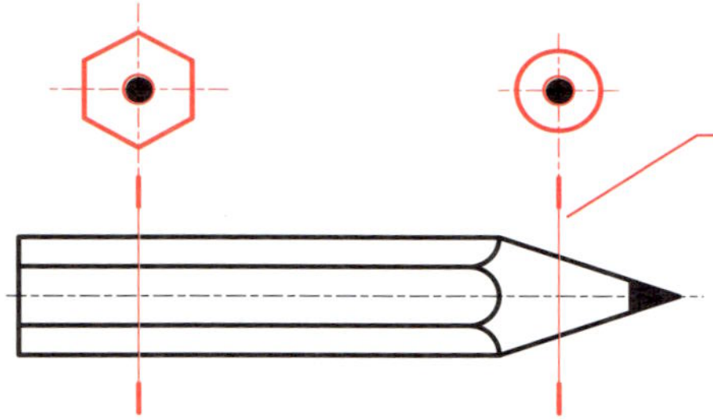
切断線

c）図形内の切断箇所に重ねて描く場合

鋳物などの補強に使うリブは、リブの角に必ず丸み（R）があります。このリブの角の丸みを表現するには、側面図や平面図に表れないため、断面図として表すしか手段がありません。

正攻法で図面を描くと、下図の左側のように切断線を用いて描かなければいけませんが、右側のように**その場で回転させて細線を用いて図示することができます。**

切断線を使ってリブを表す場合

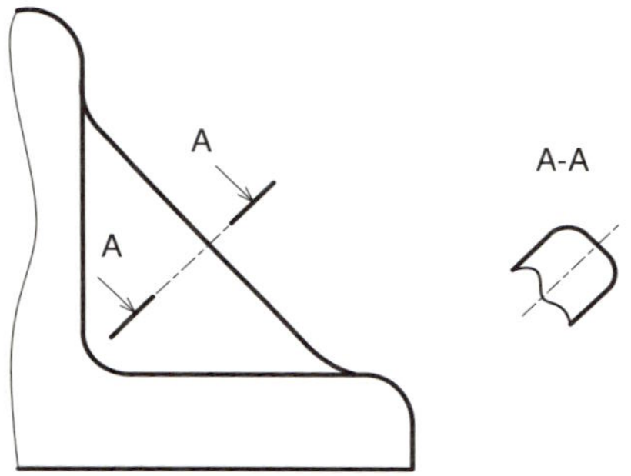
A
A
A-A

回転図示断面を使うと・・

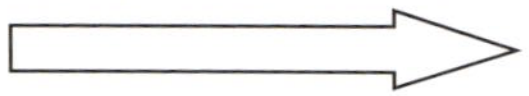

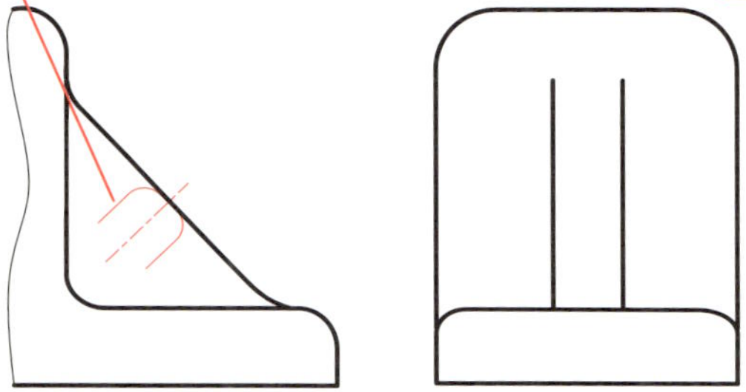

リブやハンドルアームの切り口は、切断線を使わずに、図形内で細い実線を用いて表すことができます。

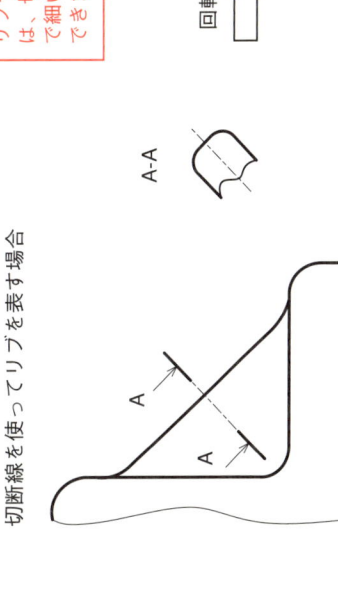

こっちの方が断然簡単やん！

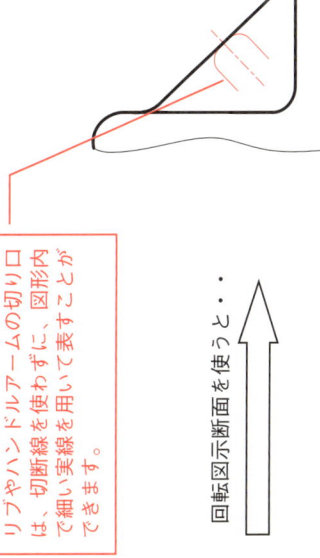

・断面にしてはいけないもの

断面図を使う場合に注意しなければいけない作法があります。その作法とは、切断したために理解を妨げるもの、または切断しても意味のないもの（軸、ピン、ボルト、ナット、ワッシャ、キー、リブ、歯車の歯など）は長手方向に切断しないということです。

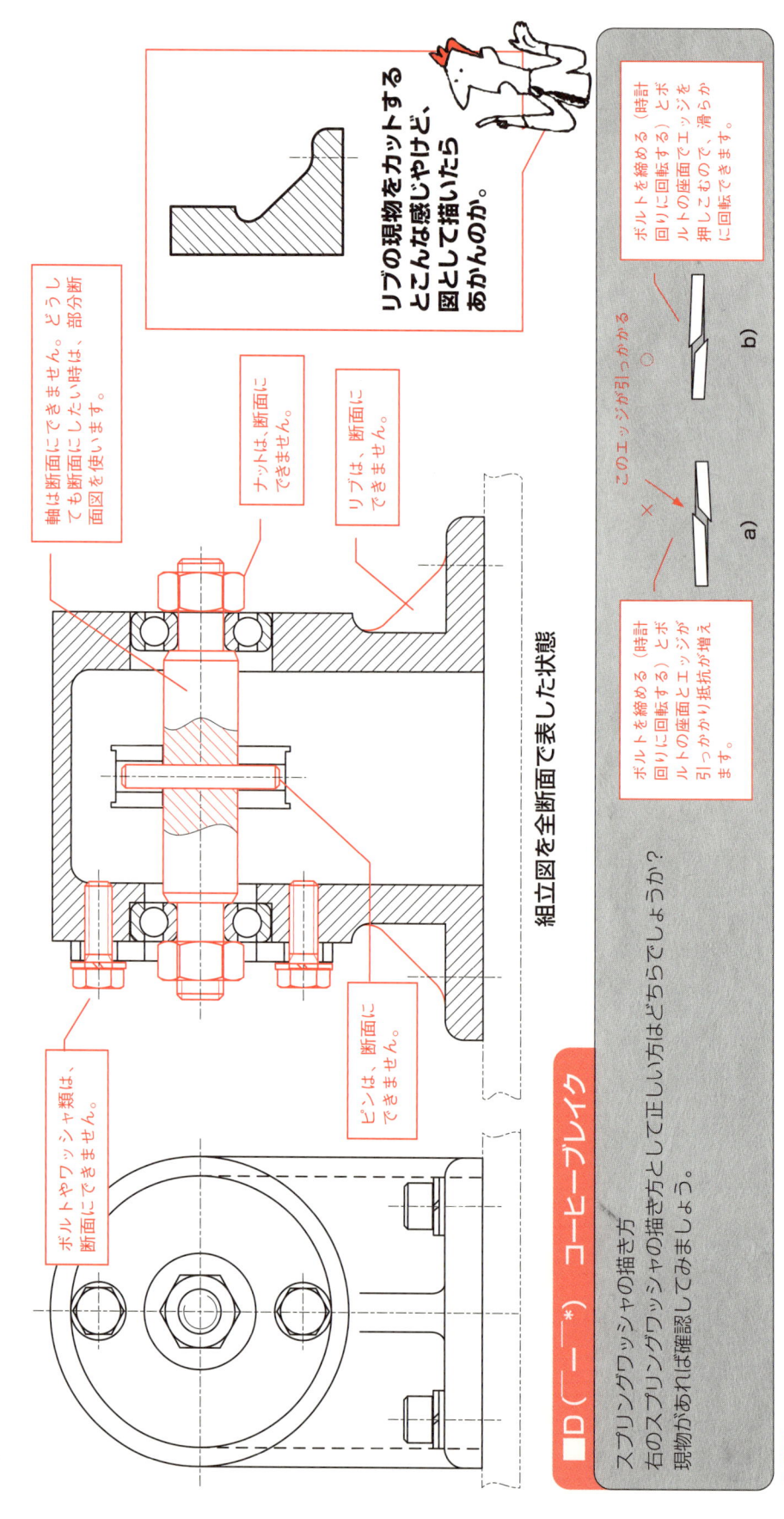

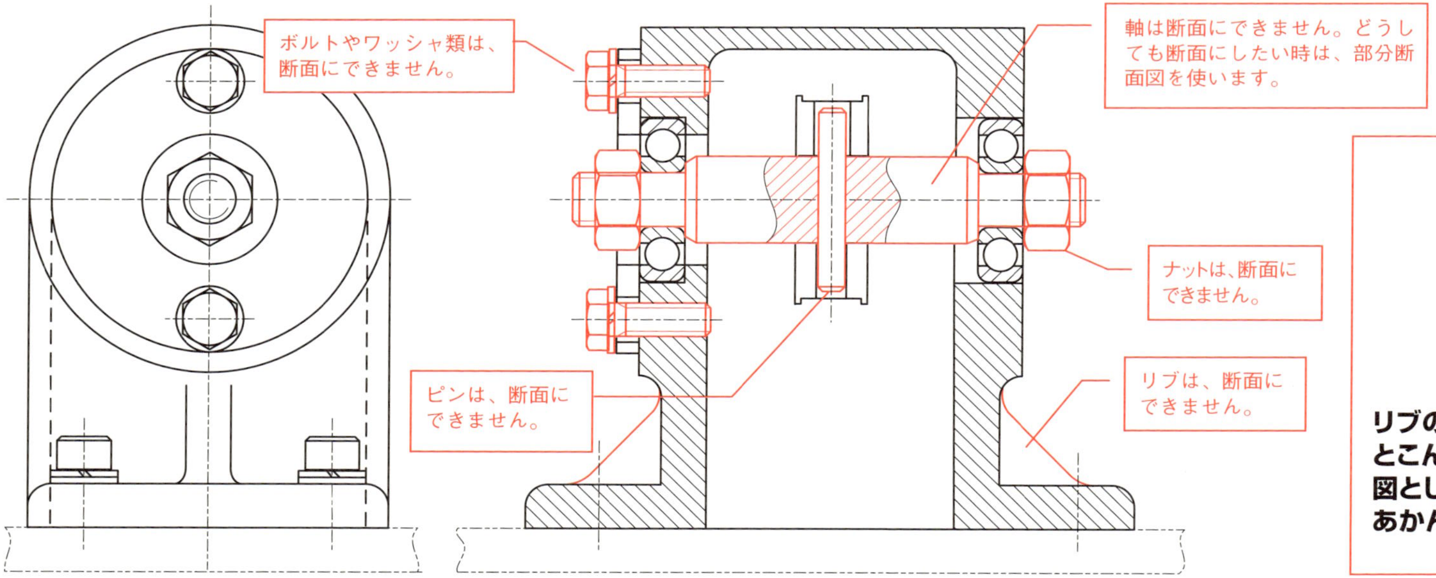
ボルトやワッシャ類は、断面にできません。
軸は断面にできません。どうしても断面にしたい時は、部分断面図を使います。
ナットは、断面にできません。
ピンは、断面にできません。
リブは、断面にできません。

組立図を全断面で表した状態

リブの現物をカットするとこんな感じやけど、図として描いたらあかんのか。

■D（￣ー￣*）　コーヒーブレイク

スプリングワッシャの描き方
右のスプリングワッシャの描き方として正しい方はどちらでしょうか？
現物があれば確認してみましょう。

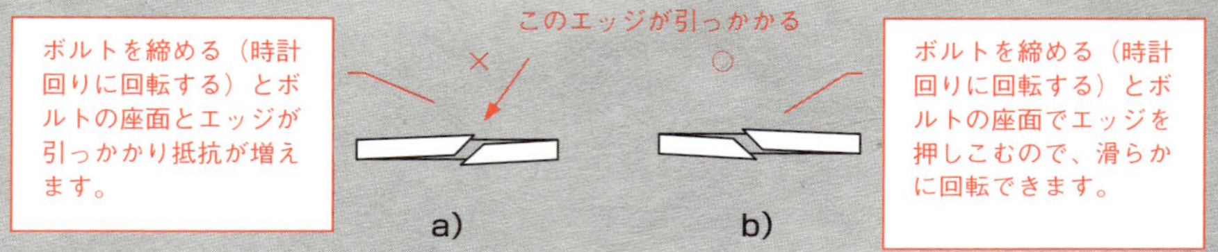
ボルトを締める（時計回りに回転する）とボルトの座面とエッジが引っかかり抵抗が増えます。
このエッジが引っかかる
×
○
a)
b)
ボルトを締める（時計回りに回転する）とボルトの座面でエッジを押しこむので、滑らかに回転できます。

☞ スプリングワッシャー（spring washer）とは、切り込みを入れてばねのように反発する力でねじの緩みを防ぐ座金をいう。

3　部分投影図

対象物全てを投影しなくても、図の一部だけを示せば充分な場合、必要な部分のみを描く手法です。

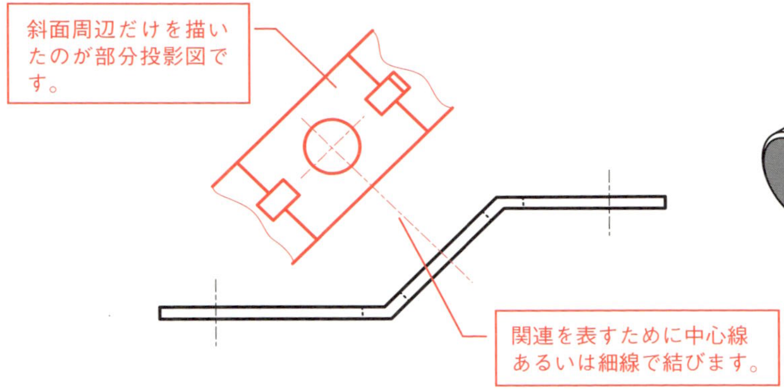
斜面周辺だけを描いたのが部分投影図です。
関連を表すために中心線あるいは細線で結びます。

4　局部投影図

対象物の穴や溝など、その部分だけを示せば充分な場合、その局部だけを描く手法です。キー溝などによく用いられます。

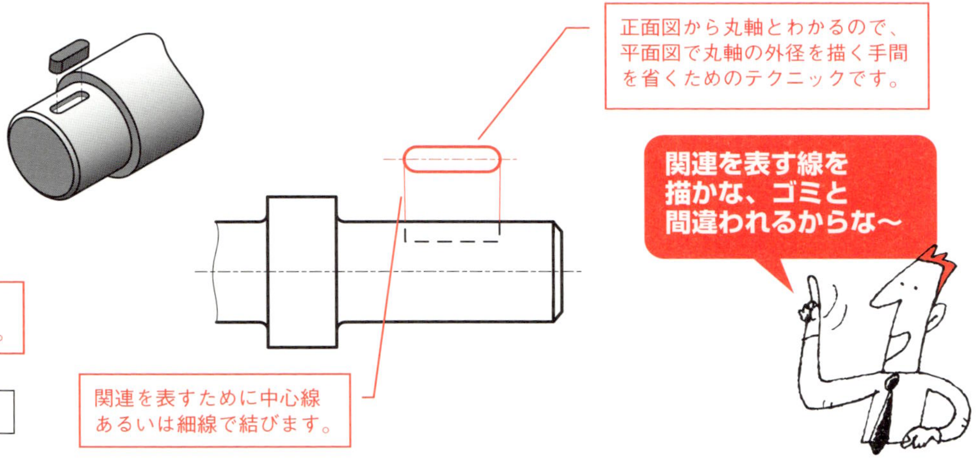
正面図から丸軸とわかるので、平面図で丸軸の外径を描く手間を省くためのテクニックです。
関連を表す線を描かな、ゴミと間違われるからな〜
関連を表すために中心線あるいは細線で結びます。

5　補助投影図

傾斜部のある対象物を第三角法で正面図に水平垂直な面から投影したのでは、斜面部の実形を表すことができません。そこで、その傾斜面に平行となるように、その斜面のみを投影して描く手法です。

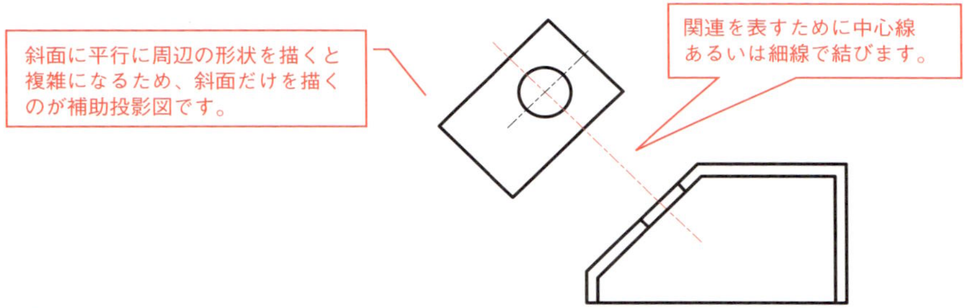
斜面に平行に周辺の形状を描くと複雑になるため、斜面だけを描くのが補助投影図です。
関連を表すために中心線あるいは細線で結びます。

■D（￣ー￣*）　コーヒーブレイク

部分とは、全体の中のある部分。わずかな部分。
（形状として完結していない）
局部とは、全体の内のある限られた部分。
（形状として完結している）
補助とは、足りないものを補い助けること。
（形状として完結している）

キー溝（key seat）とは、キーを収める溝をいう。キーとは歯車等を軸に固定して動力を伝えるために用いられる機械要素である。

Work Shop 2-01

下図のホイールの全断面図を右図に完成させてください。フリーハンドで描きましょう。

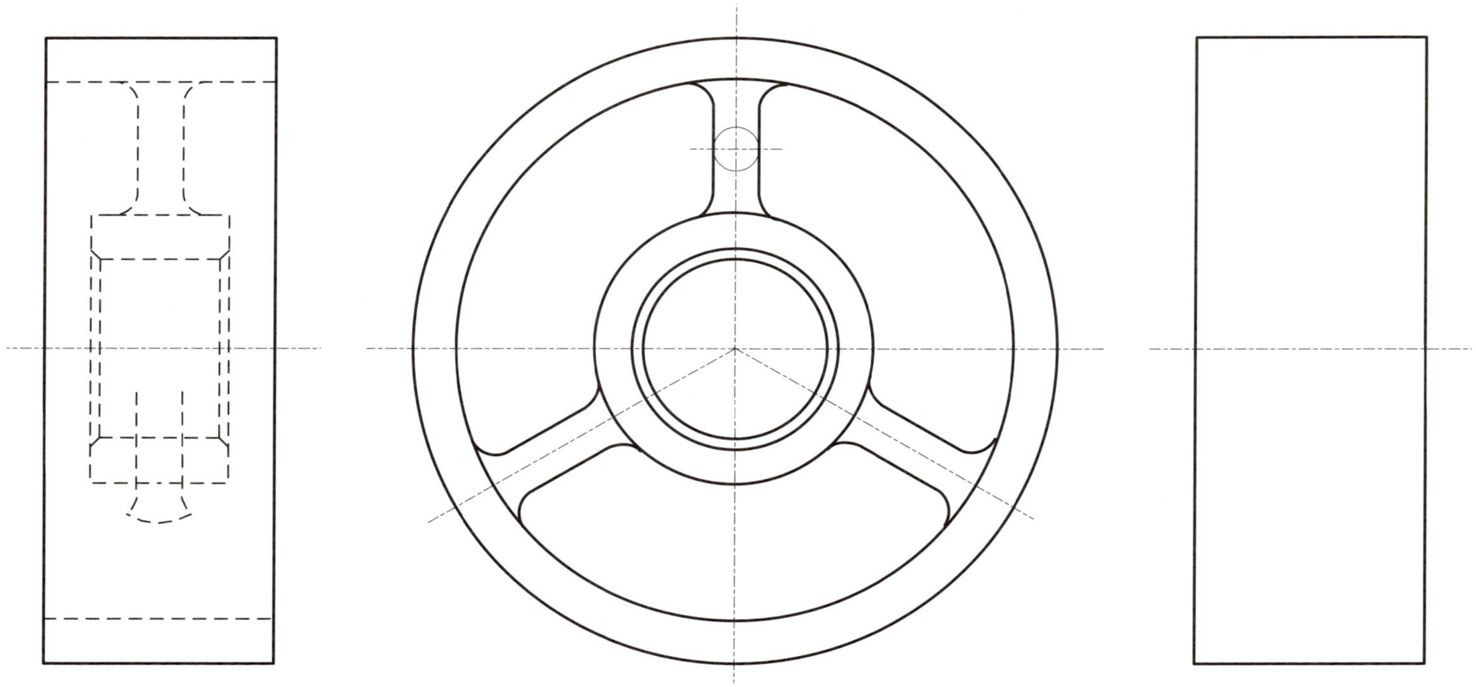

部品名			
担当者			
投影法	⌖	尺度	1:1

Work Shop 2-02

下図のブロックのA-A断面を右図に完成させてください。フリーハンドで描きましょう。

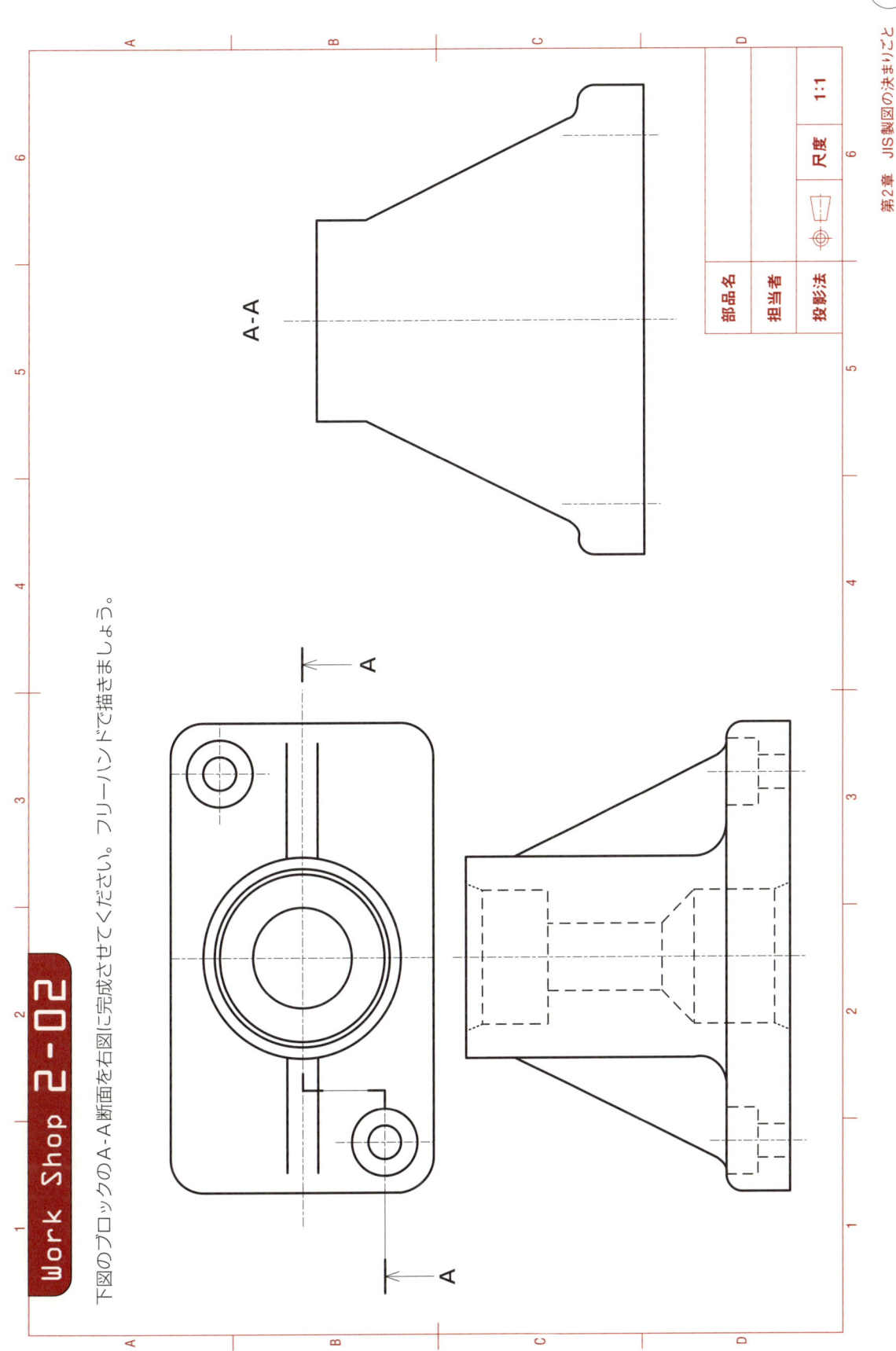

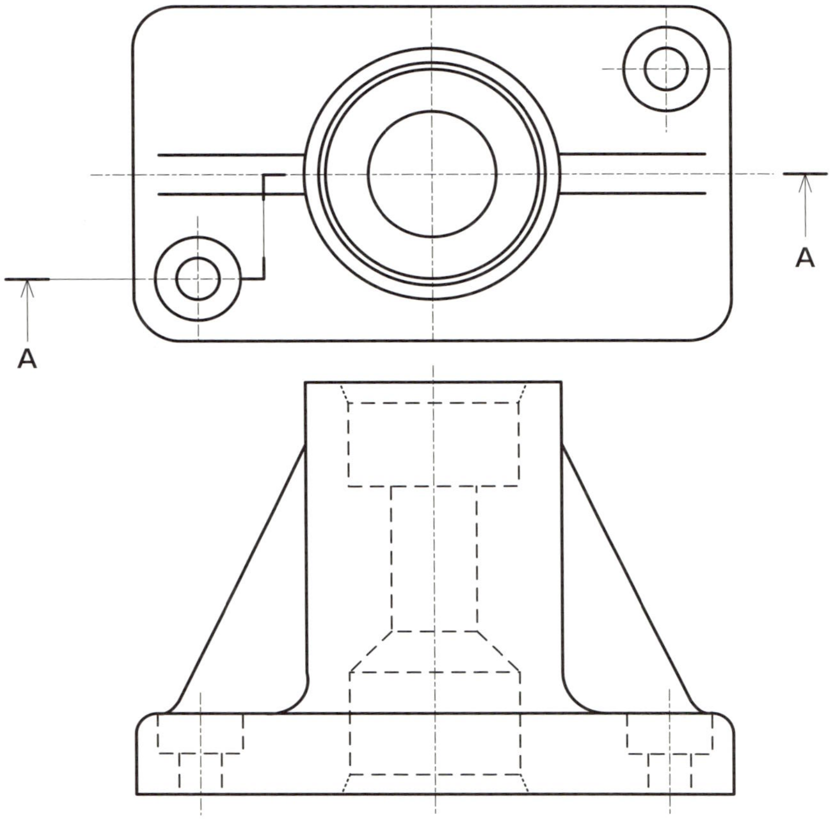

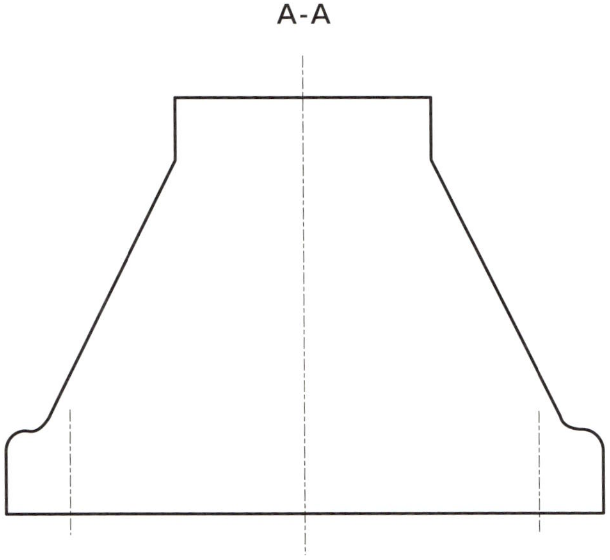

部品名			
担当者			
投影法		尺度	1:1

6　矢示法

紙面の都合上、第三角法の正しい配列に並べることができない場合は、矢示法を用います。

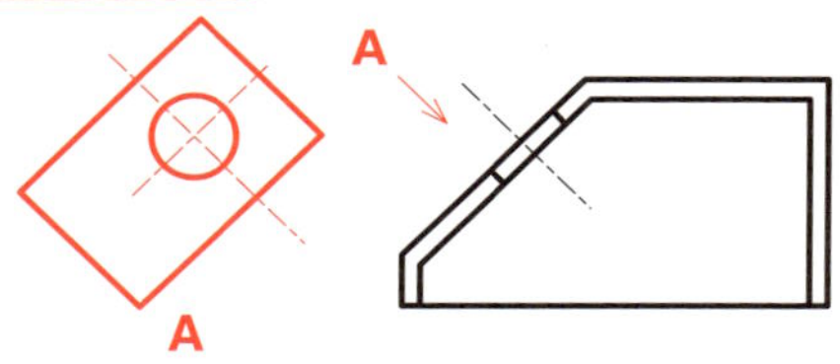
矢の向きに合わせた投影図を使うんか〜。向きに注意しようっと。
矢示法とは、厳密な投影にとらわれず、矢印と大文字のアルファベットを用いて紙面の任意の余白部に形状を投影させる手法です。
A
A

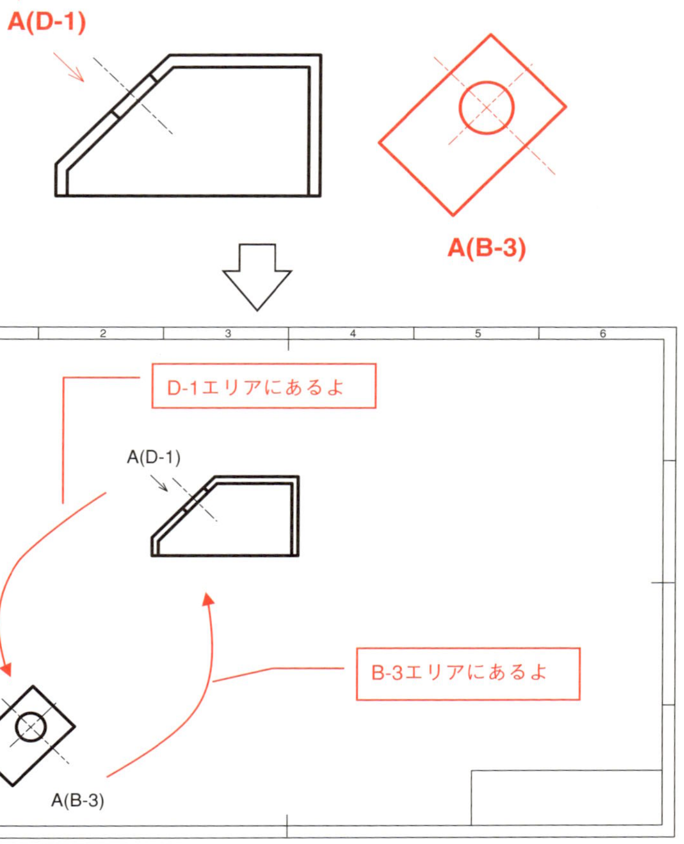
大きな図面で、補助投影図を離れた位置に配置する場合は、格子参照方式を利用することができます。
（例：D-1エリアに投影図があるよという意味）
A(D-1)
A(B-3)
D-1エリアにあるよ
A(D-1)
B-3エリアにあるよ
A(B-3)

7　部分拡大図

対象物のある特定部分が小さいために、その部分の詳細な図示や寸法の記入が難しい場合、その部分を細い実線で囲み、かつアルファベットの大文字で表示すると共に、該当部分を適当な場所に適当な尺度で拡大して描く手法です。

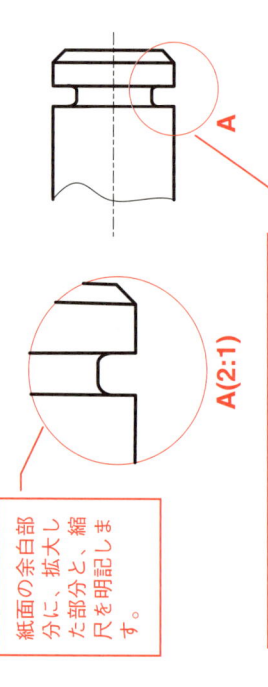

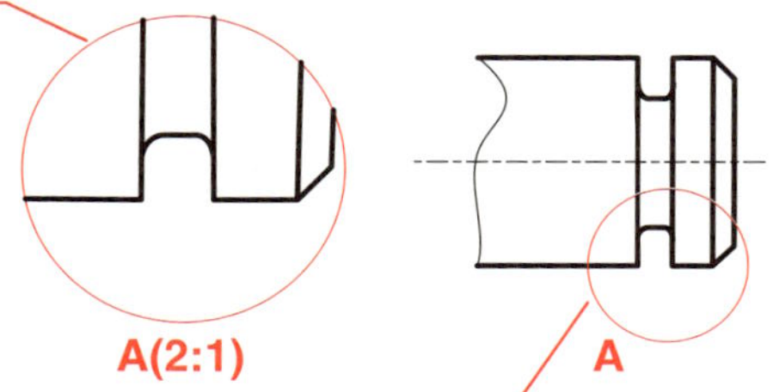
紙面の余白部分に、拡大した部分と、縮尺を明記します。
A(2:1)
A
拡大したい部分を細い実線で囲み、アルファベットの大文字で記号を表示します。

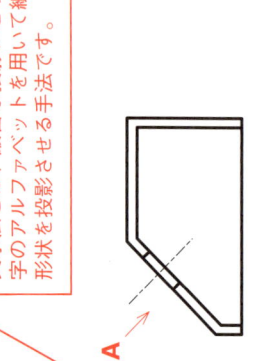

8　相貫線

漢字を「相関」と
間違えるんや！
ワープロの誤変換に
注意せなあかんな…

相貫線とは、2つの面が交差してできる交線です。JISでは、「幾何学的に得られる実際の相貫線は、それが見える場合には太い実線で、また隠れている場合には破線で描く」とあります。平面と曲面がぶつかる時の表し方と、曲面同士がぶつかる時では、相貫線が異なります。

JISでは、相貫線の簡略も認めていますので、必ずしも正確に描く必要はありません。イメージとして覚えておきましょう。

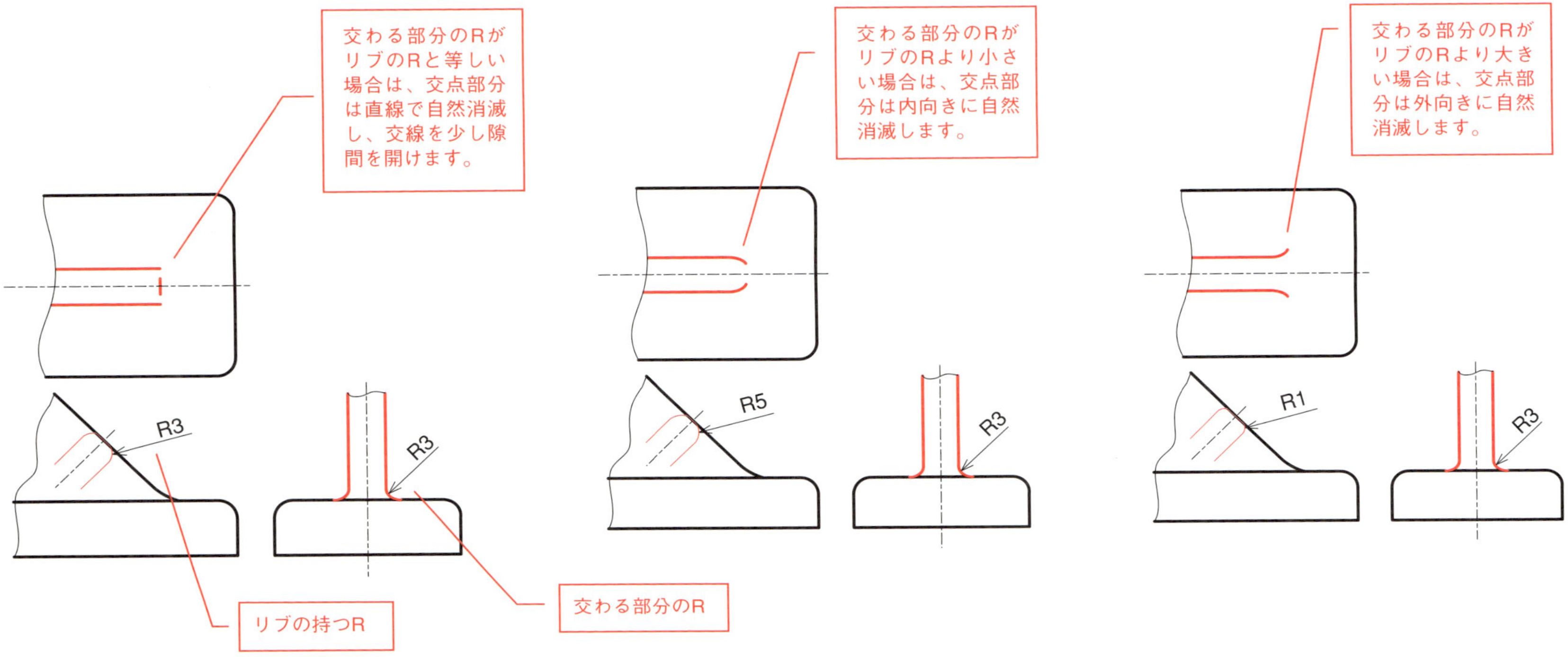

交わる部分のRがリブのRと等しい場合は、交点部分は直線で自然消滅し、交線を少し隙間を開けます。
交わる部分のRがリブのRより小さい場合は、交点部分は内向きに自然消滅します。
交わる部分のRがリブのRより大きい場合は、交点部分は外向きに自然消滅します。
R3
R3
R5
R3
R1
R3
リブの持つR
交わる部分のR

リブ（rib）とは、剛性アップなど補強のために面と面をつなぐ細い突起物をいう。

相貫線は、イメージがわかればええから、フリーハンドのラフな線で充分なんや〜

・相貫線の描き方

①

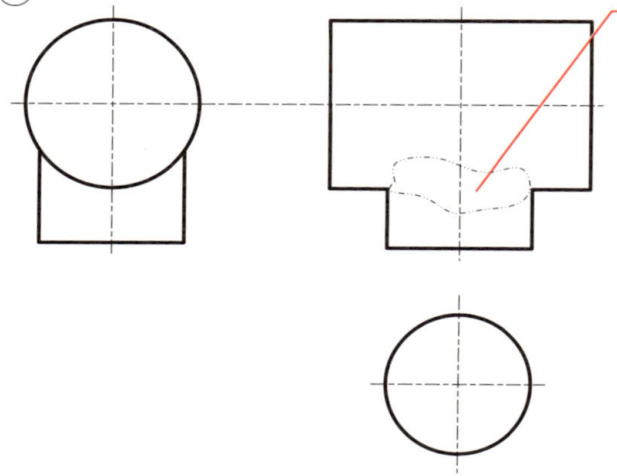

直径の異なる円柱が交差する面はどうなるのでしょうか？

②

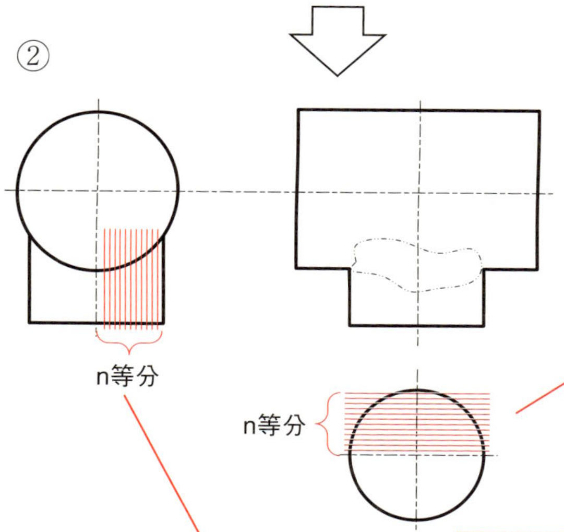
n等分
n等分

細い円柱は中心線より上の全てが相貫線に関係するので上半分全てをn等分します。

太い円柱は細い円柱が交差した点より左から中心線までが相貫線に関係するのでその部分をn等分します。

③

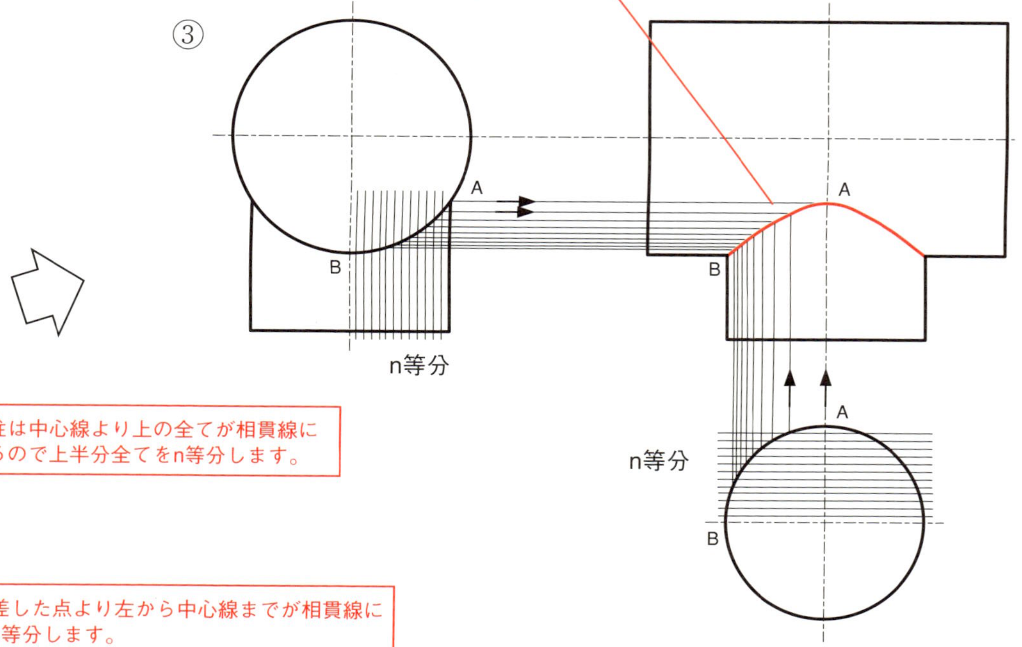
A
B
n等分
A
B
A
B
n等分

等分線と実形の交点をそれぞれＸＹ方向に導き、それらの交点を結ぶと相貫線の出来上がりです。

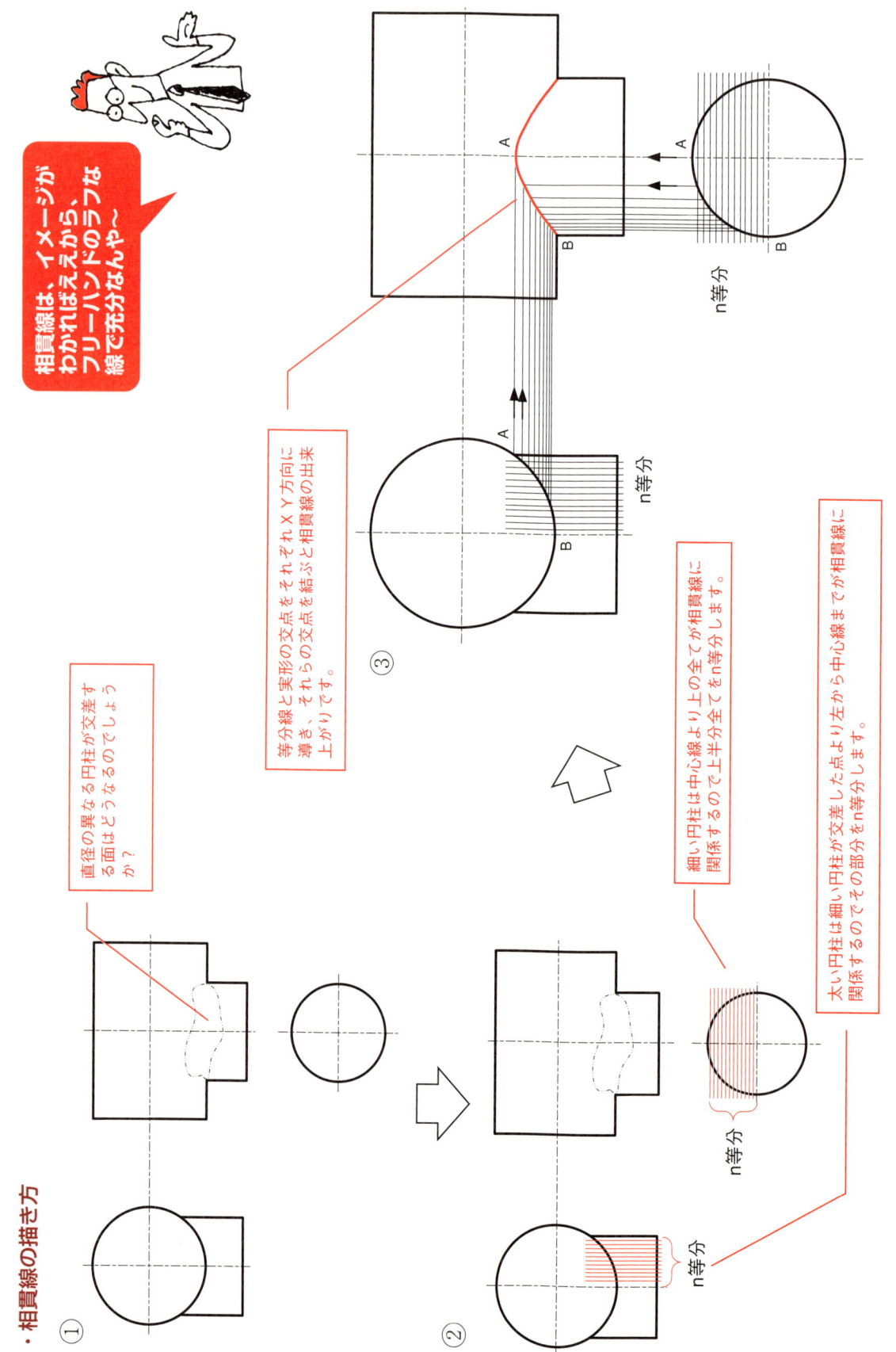

Work Shop 2-03

右図のように２本のパイプが交差したものがあります。平面図、右側面図、左側面図の情報から正面図に相貫線を描いてください。ただし、正面図の中心線から右側を外形図とし、中心線から左側をA-A断面図とします。

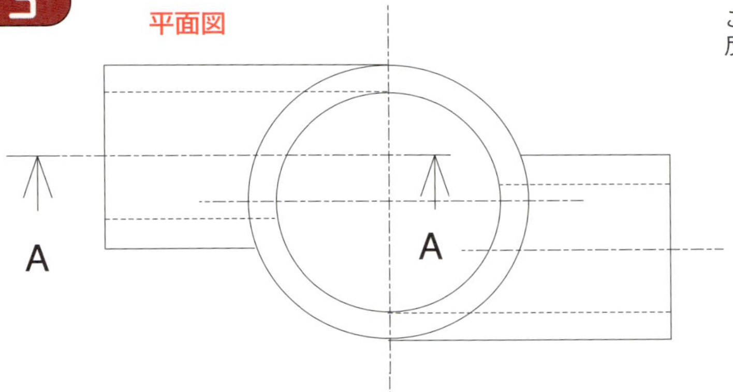

このモデルはイジワルして
反対から見ています

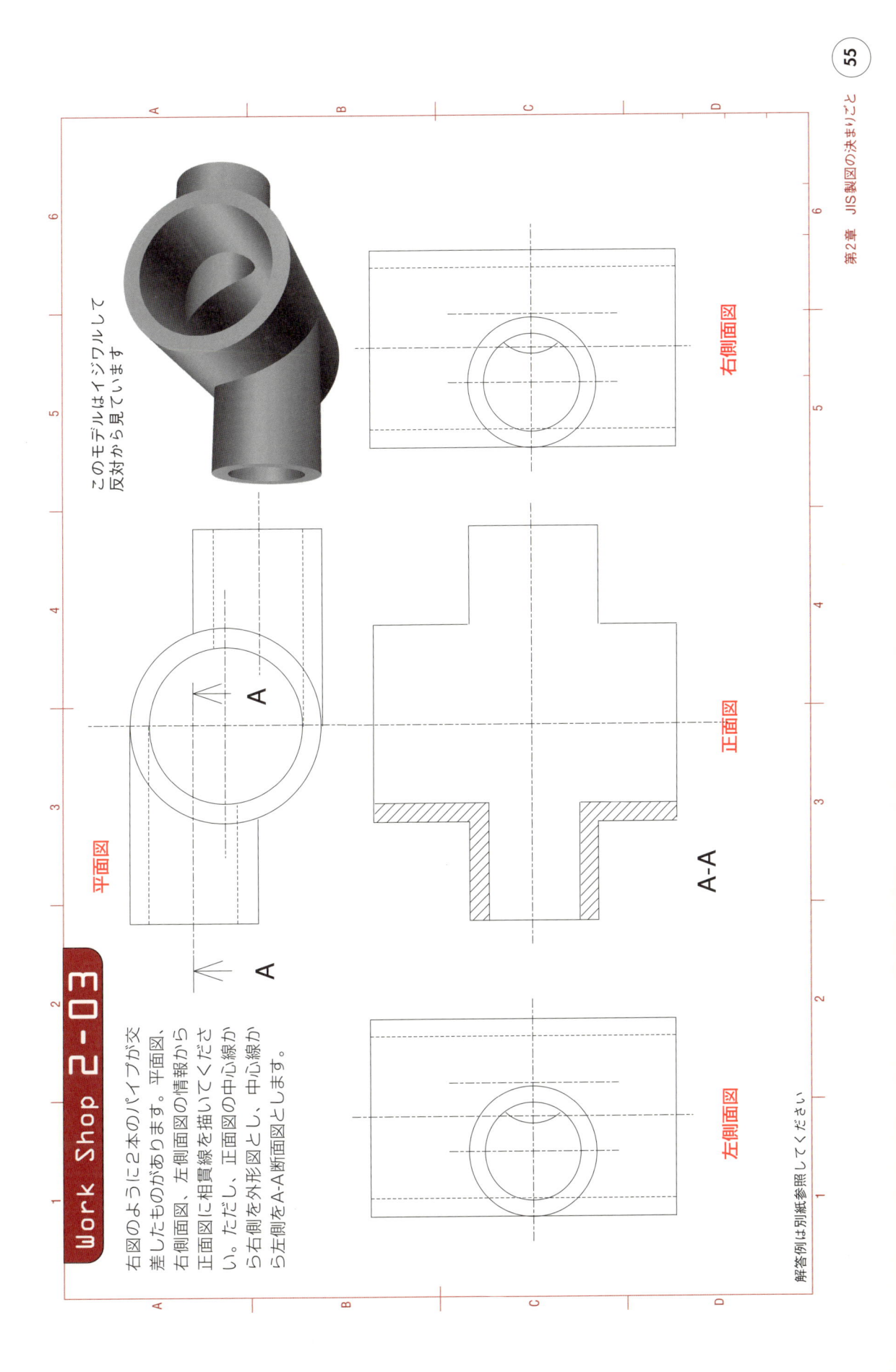

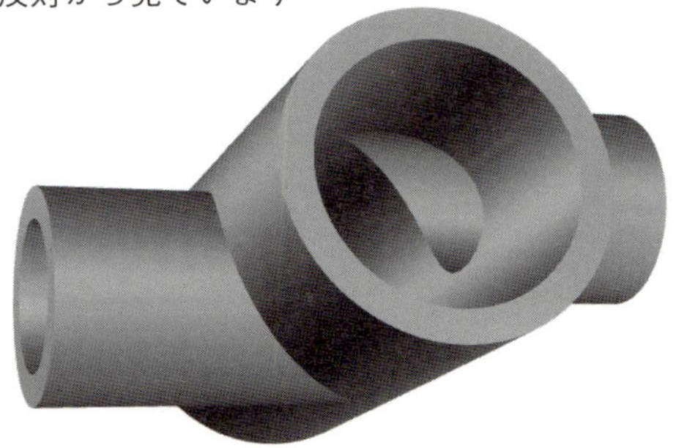

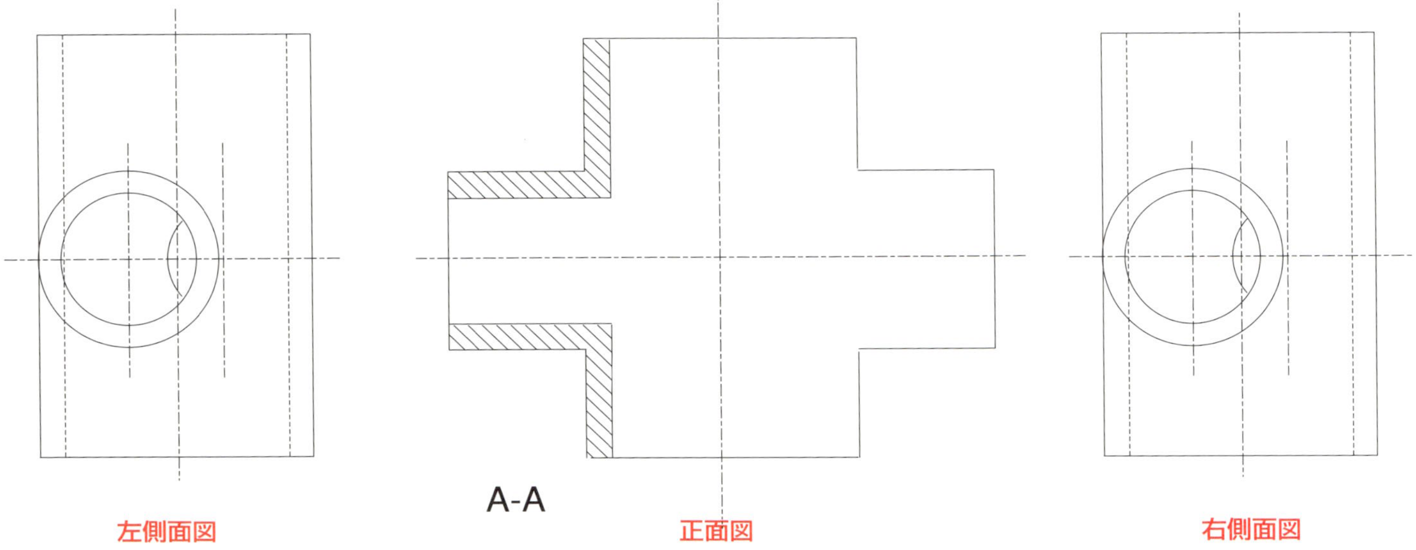

解答例は別紙参照してください

相貫線を厳密に描くテクニックはP.54で学習しましたが、必ずしも厳密に描く必要はなく、近似した形状で表しても問題ありません。イメージとしてわかりやすく描ければよいのです。

したがって、相貫線をイメージとして覚えておきましょう。

・円柱同士の相貫線

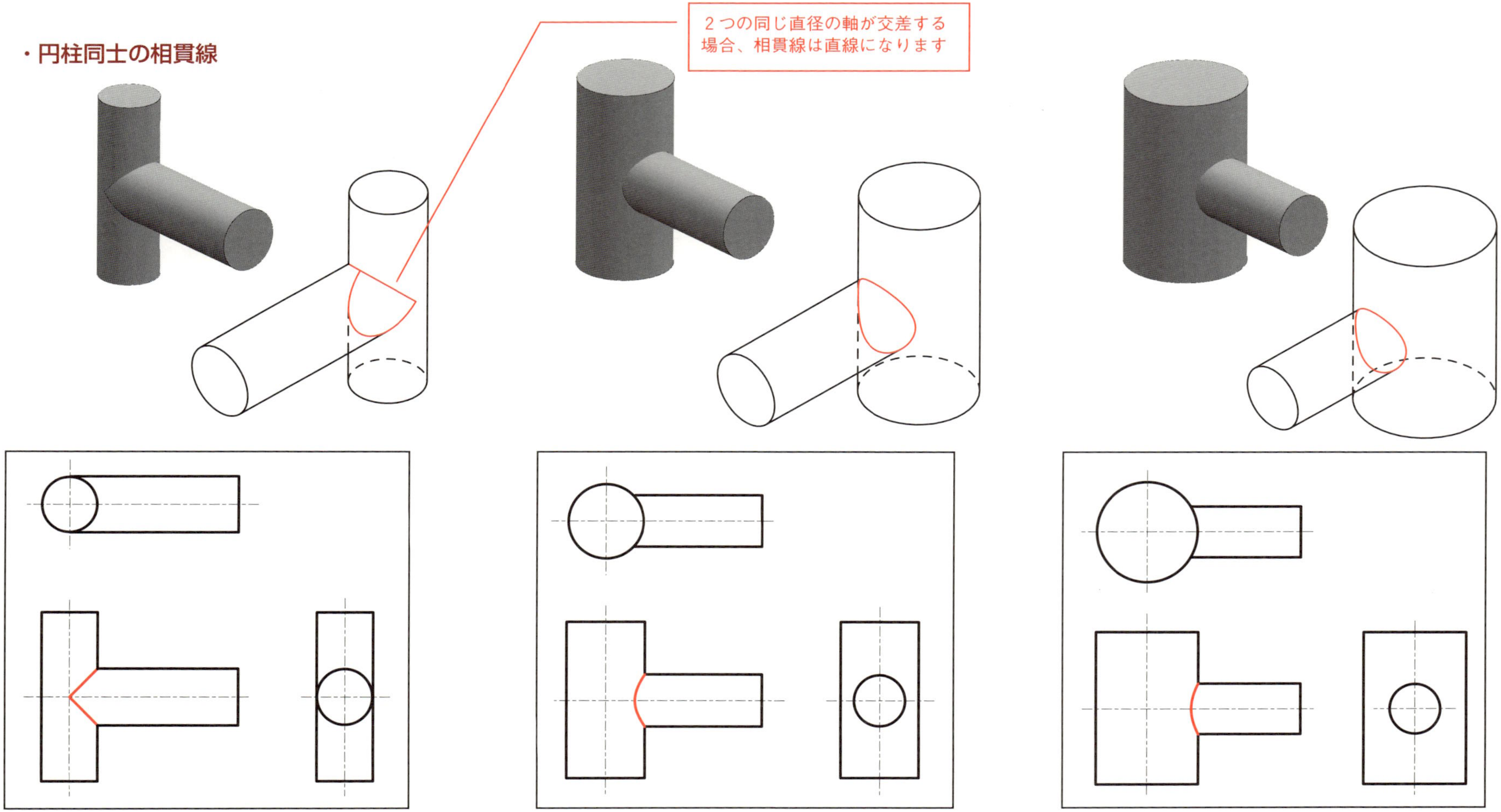
2つの同じ直径の軸が交差する
場合、相貫線は直線になります

2つの球が交わる場合の相貫線

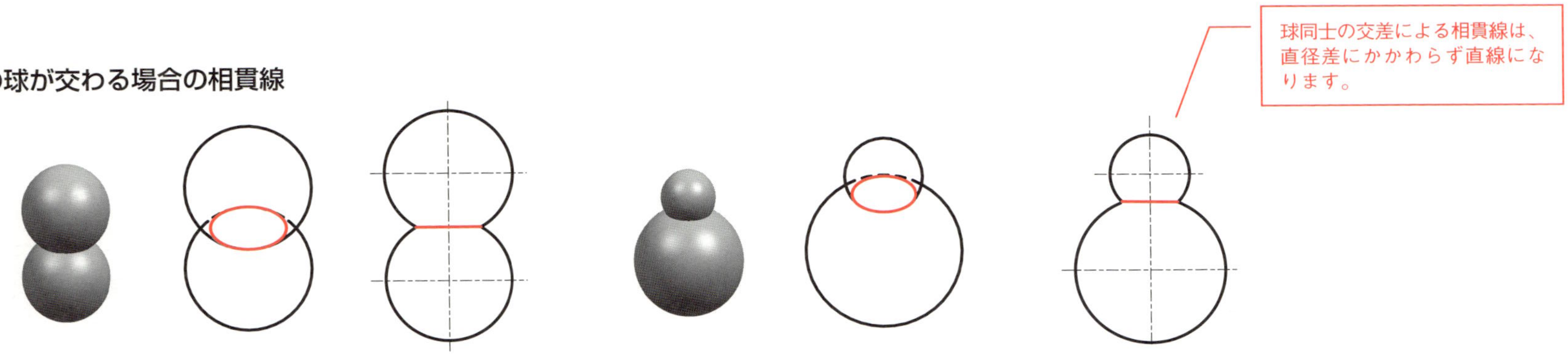
球同士の交差による相貫線は、直径差にかかわらず直線になります。

球と円柱が交わる場合の相貫線

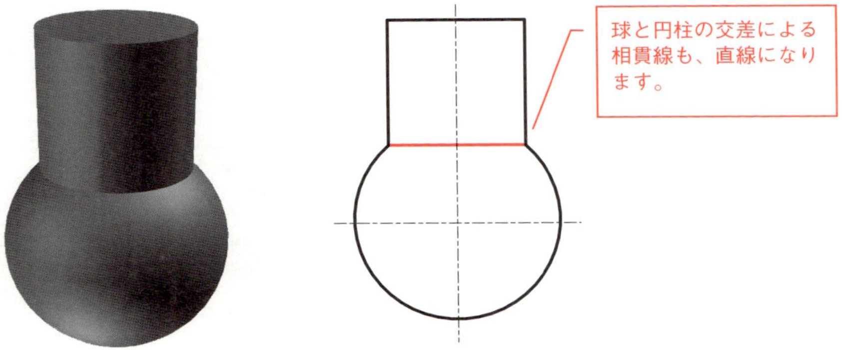
球と円柱の交差による相貫線も、直線になります。

球と角柱が交わる場合の相貫線

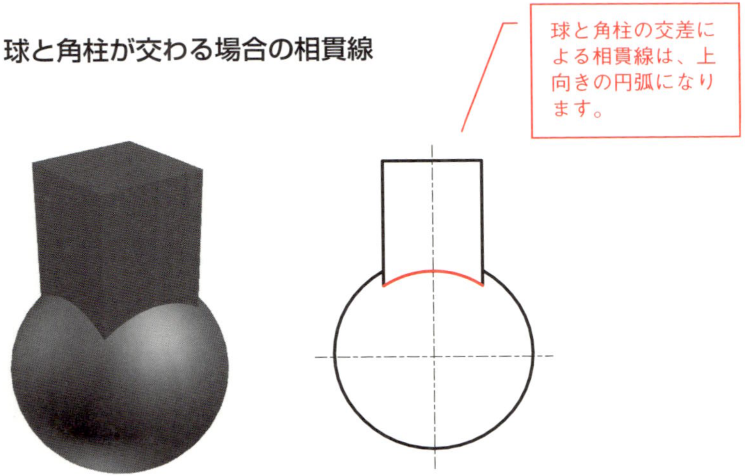
球と角柱の交差による相貫線は、上向きの円弧になります。

平面部分の指示は、
隠れ線にせんでも
ええんやな

9　平面部分の指示

対象物に一部分だけが平面であることを示す場合、細い実線を対角線上に記入する手法です。

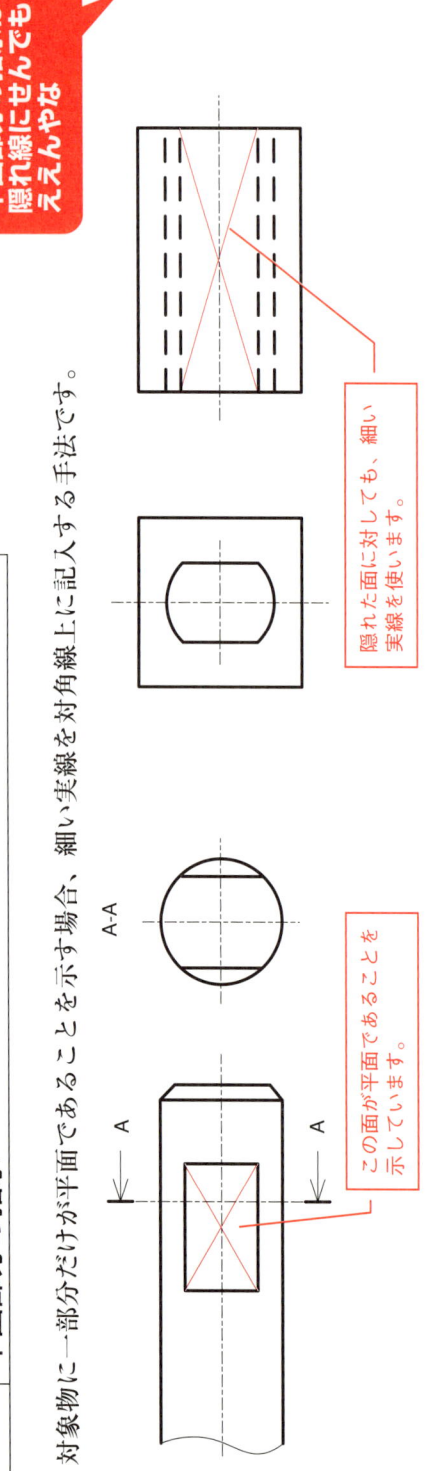

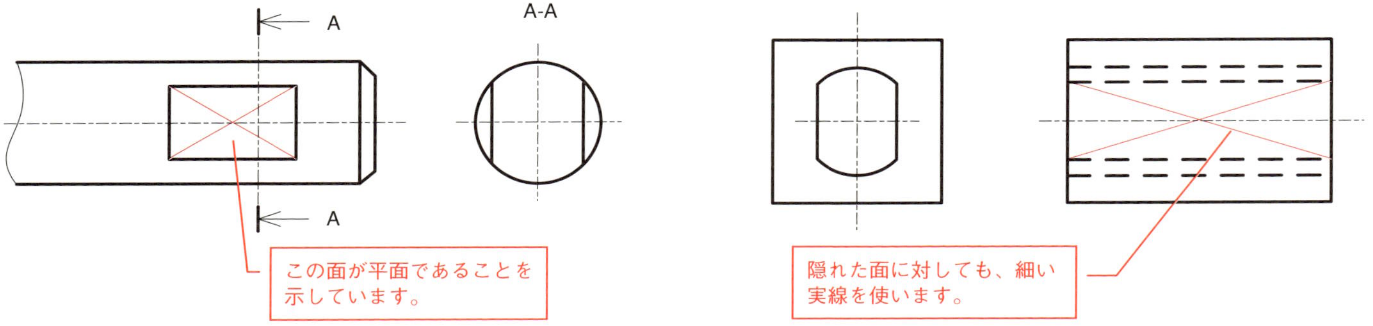
A
A-A
A
この面が平面であることを示しています。
隠れた面に対しても、細い実線を使います。

10　ピッチ円上の穴の指示

フランジなどのように、ピッチ円上に配置する穴は、側面に投影する断面図において、そのピッチ円が作る円筒を表す細い一点鎖線と、投影関係にかかわらずその片側だけに1個の穴を図示し、他の穴を省略します。

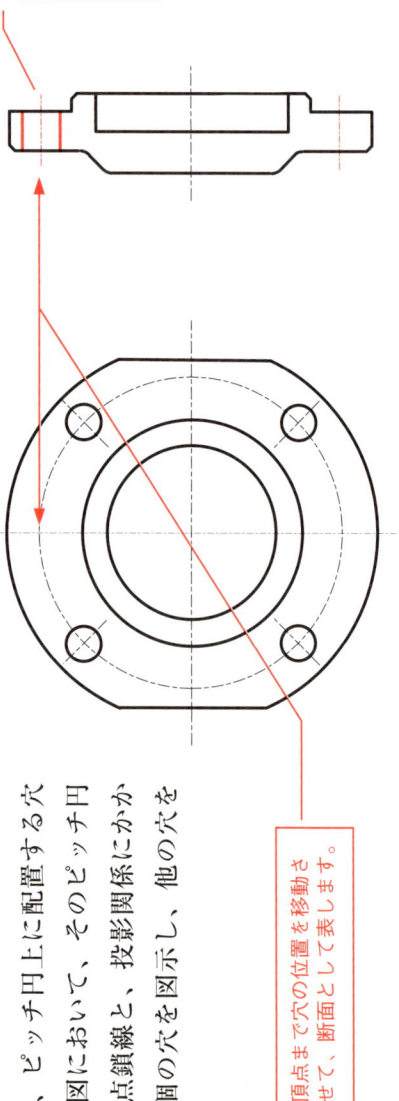

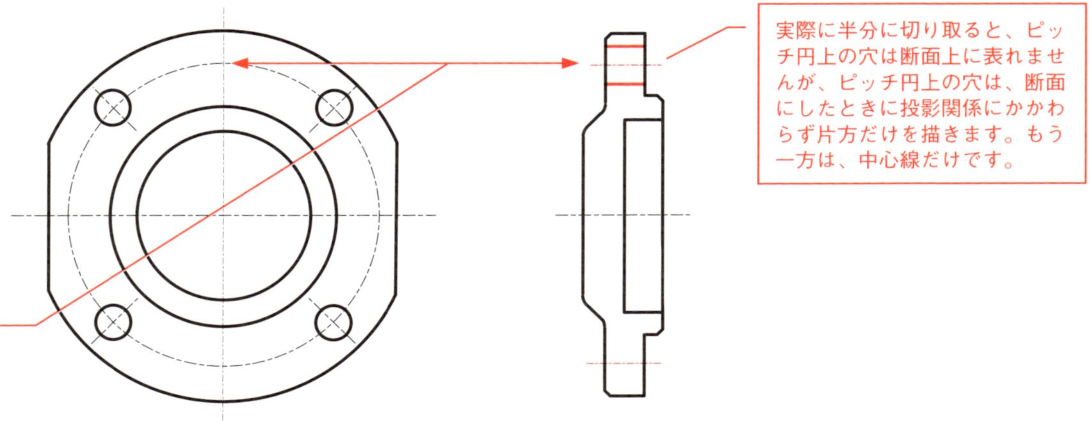
頂点まで穴の位置を移動させて、断面として表します。
実際に半分に切り取ると、ピッチ円上の穴は断面上に表れませんが、ピッチ円上の穴は、断面にしたときに投影関係にかかわらず片方だけを描きます。もう一方は、中心線だけです。

☞ フランジ（flange）とは、軸や管などの円周上につけられた縁や出っ張り、つば状のものをいう。

11 加工部の表示

加工前や加工後の形を表す場合、細い二点鎖線で表します。

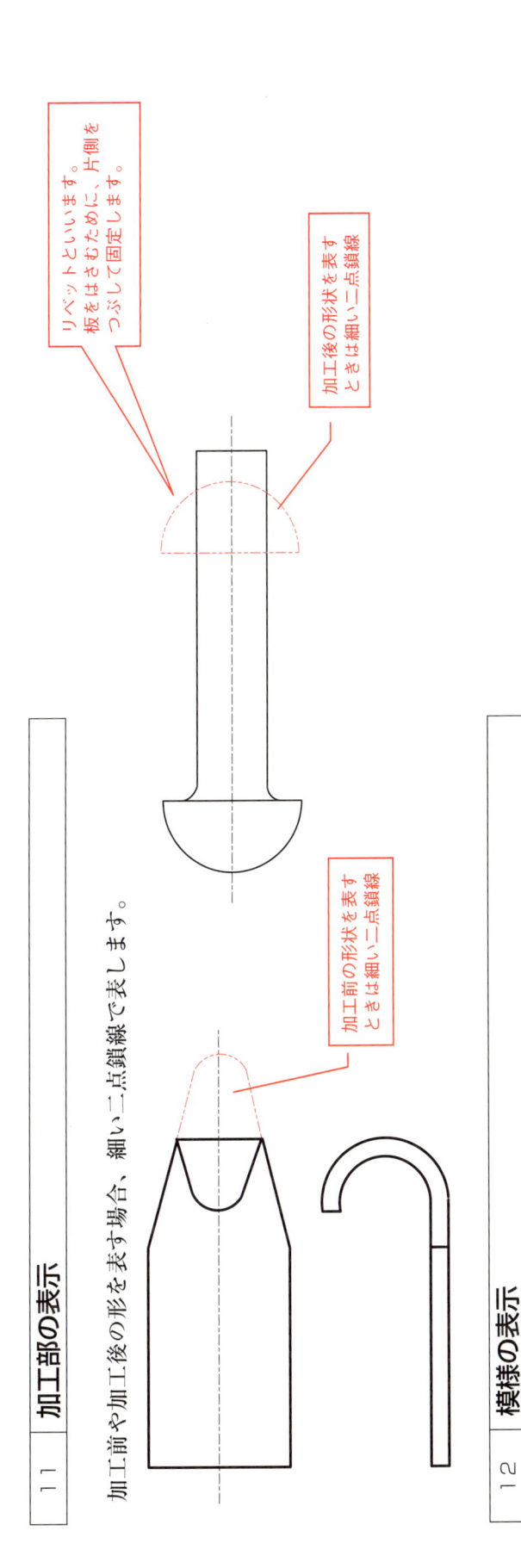

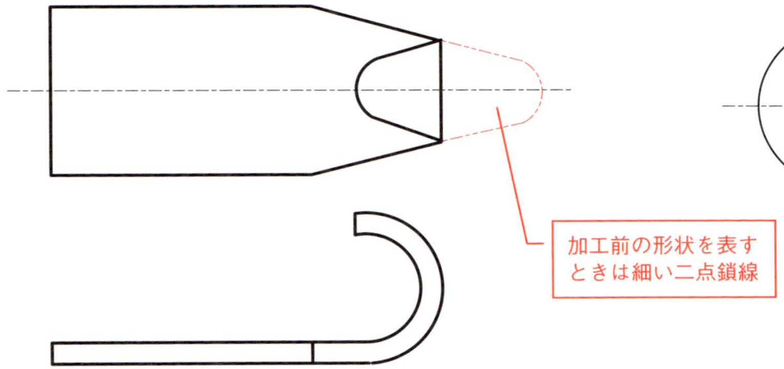

加工前の形状を表すときは細い二点鎖線

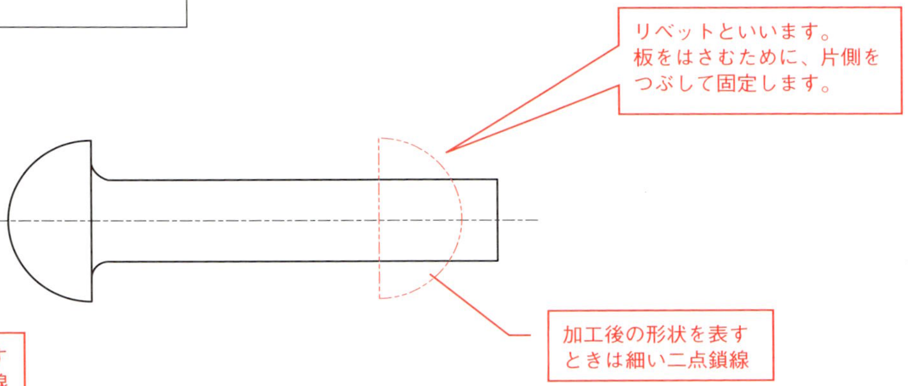

リベットといいます。板をはさむために、片側をつぶして固定します。
加工後の形状を表すときは細い二点鎖線

12 模様の表示

ローレット加工（丸軸に凸凹のギザギザの切れ込みを入れる加工法）や金網など、加工や素材の形状を描き表す手法です。

ローレット加工は、操作時に人の手が滑りにくいようにする場合と、樹脂成型時の周り止めとして使用する場合があります。

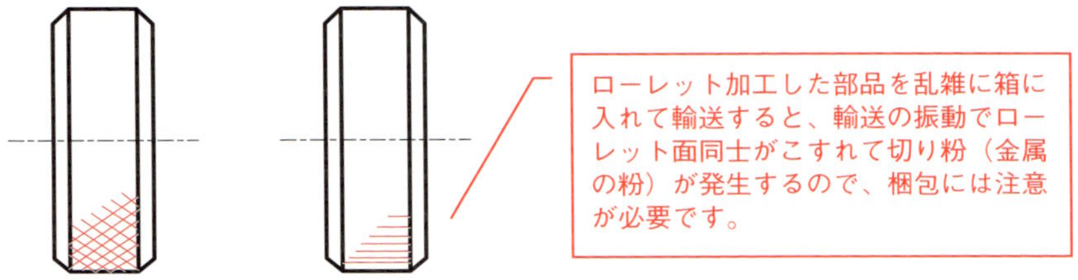

ローレット加工した部品を乱雑に箱に入れて輸送すると、輸送の振動でローレット面同士がこすれて切り粉（金属の粉）が発生するので、梱包には注意が必要です。

a）あや目　　b）平目

ローレット加工の表示

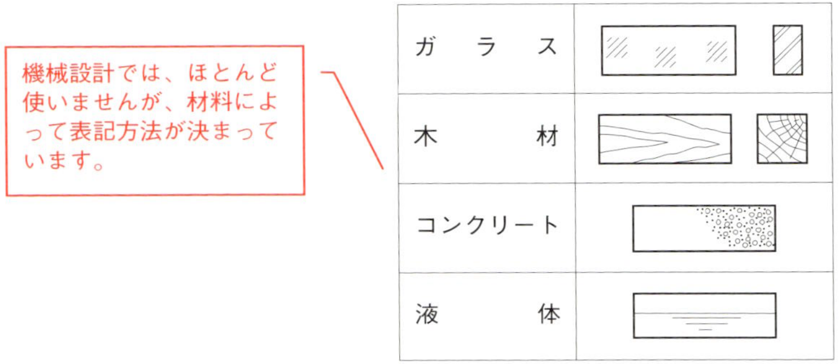

機械設計では、ほとんど使いませんが、材料によって表記方法が決まっています。
ガ　ラ　ス
木　　材
コンクリート
液　　体

リベット（rivet）とは、ねじ部を持たない頭付きの部品で、穴をあけた2枚の締結部材に軸部を差し込み、端面をかしめて締結するものをいう。

13　その他の表示

図示した対象物の動作範囲や隣接物、工具や治具など、本来であれば図面に表れないものを参考に示しておきたい場合に、細い二点鎖線で表します。

a）動作範囲

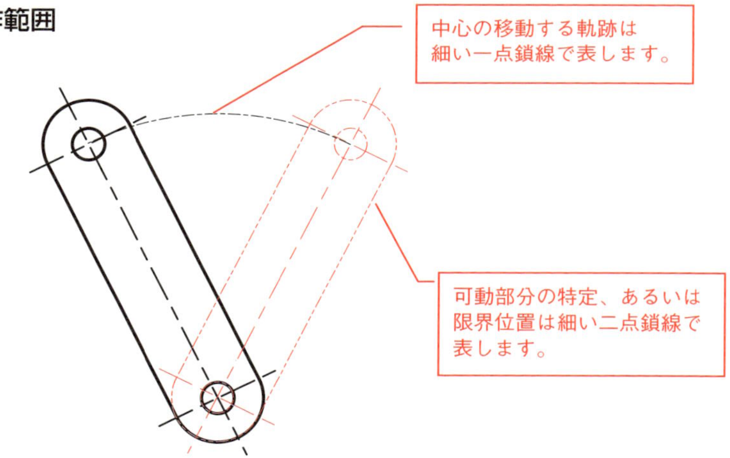
中心の移動する軌跡は
細い一点鎖線で表します。
可動部分の特定、あるいは
限界位置は細い二点鎖線で
表します。

b）隣接物

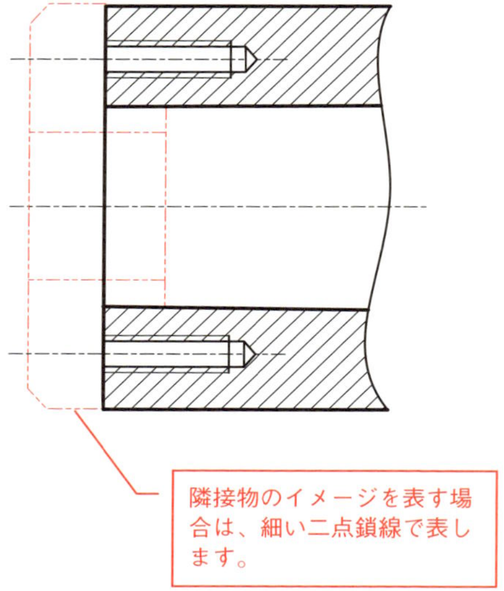
隣接物のイメージを表す場
合は、細い二点鎖線で表し
ます。

c）工具など組立検証

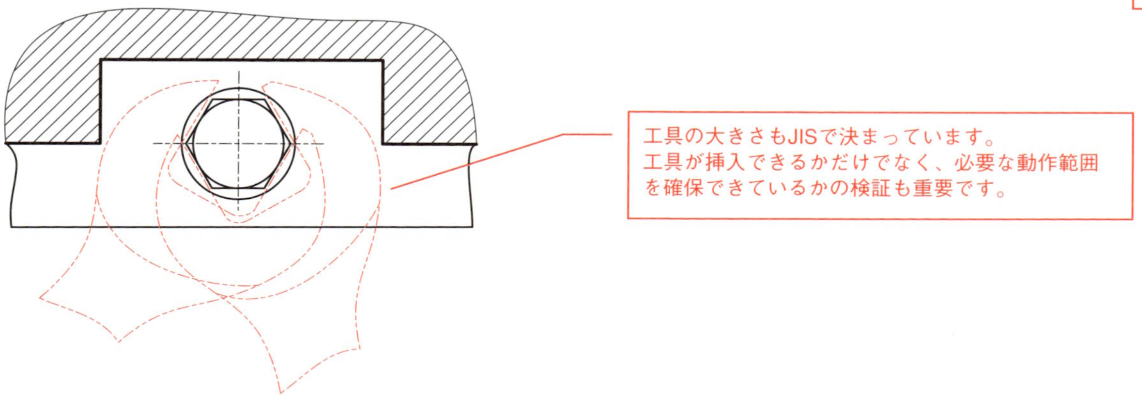
工具の大きさもJISで決まっています。
工具が挿入できるかだけでなく、必要な動作範囲
を確保できているかの検証も重要です。

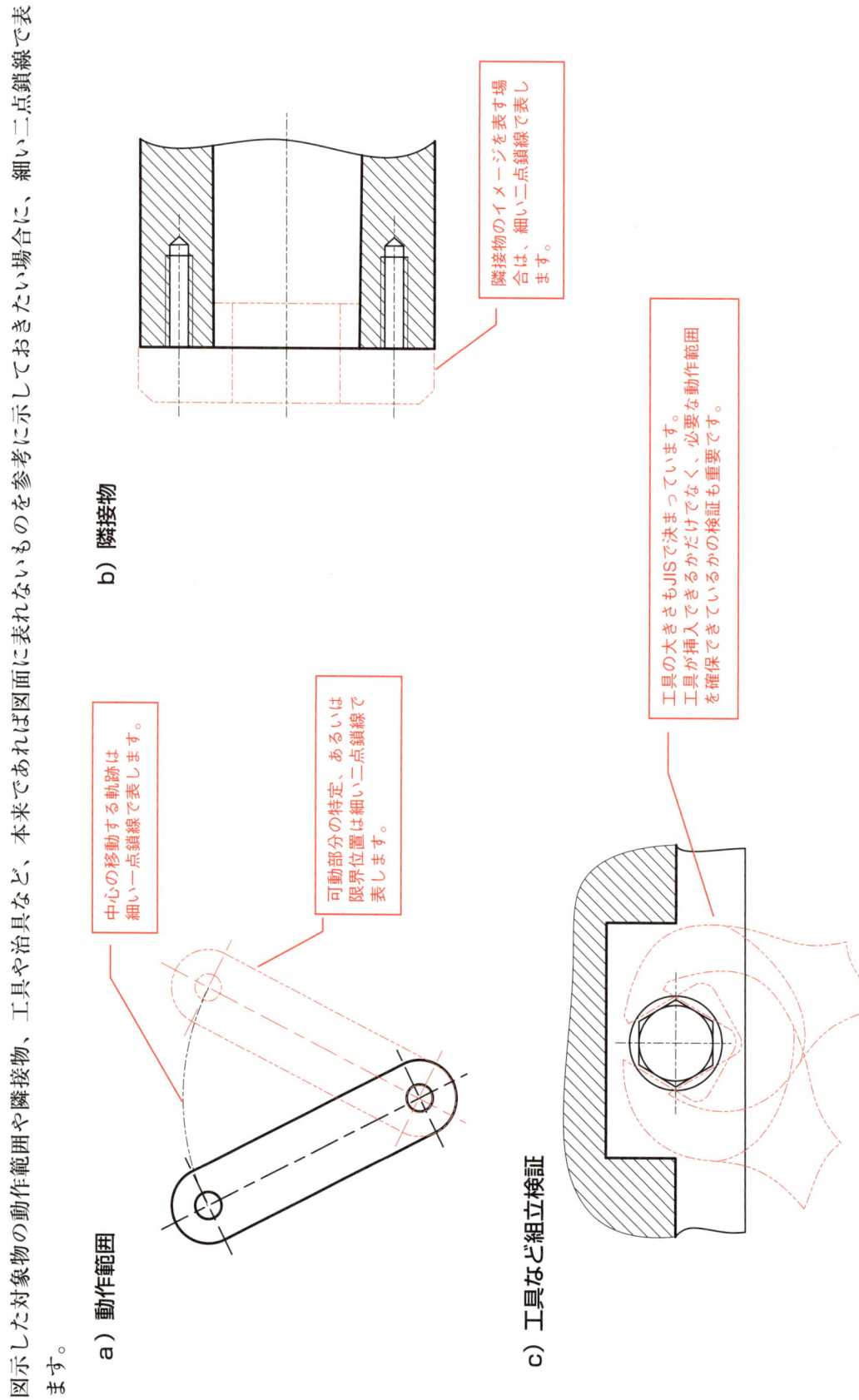

Memo

部品名			
担当者			
投影法		尺度	1:1

機械要素の表し方

機械要素とは、ボルト、ナット、歯車、キー、軸受などのように機械を構成する分解可能な最小単位の部分をいいます。

機械要素には、小ねじ、ボルト、ナット、座金、ピン・止め輪、スプライン、キー、セレーション、軸継手、ボールねじ、軸受、歯車、ローラチェーン・スプロケット、ベルト車・ベルト、ばね、シール（パッキン）類などがあります。

これらの機械要素図面のなかでも、「ボルトやナットなどのねじ」、「歯車」、「ばね」は、製図する上で決まりごとがあります。

これらは、形状の細部まで忠実に図形を描くと、手間がかかるため簡略図を用いて投影図として表します。

ねじ（ボルト・ナットなど）	歯車	ばね
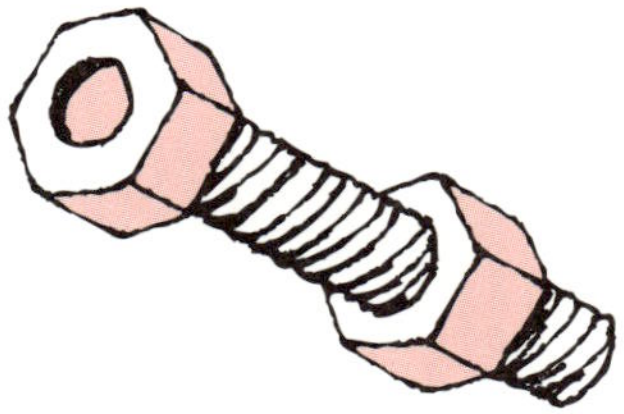		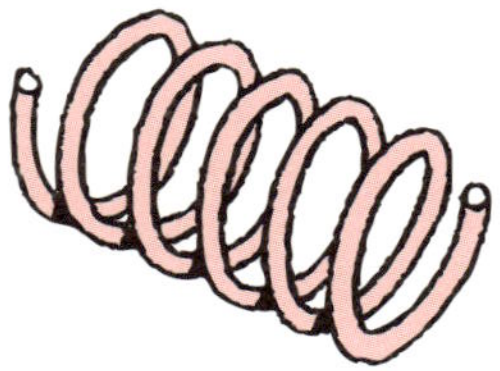
ねじとは、コイル状に断面の一様ならせん状の突起（ねじ山）を持った円筒部分をいいます。外側にねじ山を持つものをおねじ、内側にねじ山があるものをめねじと呼び、一般的に右に回転させると締め込まれ、これを右ねじと呼びます。逆に左に回転させると締め込まれるねじを左ねじと呼びます。 ちなみに、おねじ（外径ねじ）を作る道具をダイス、めねじ（内径ねじ）を作る道具をタップといいます。	歯車とは、回転できる二軸に固定する剛体に凹凸面（歯）を設け、一方の凸面が相手の凹面に次々に入り込んで、すべり接触を行うことによって、一つの軸から他の軸に回転運動（一方が直進運動を行うラックも含む）を伝えるものをいいます。	ばねとは、金属やゴムなどの材料が持っている弾性を有効に利用できるような形にしたものをいいます。しかも変形を受けても元の形に復元する特徴を持ちます。 金属材料を円筒形状に巻きつけたものをコイルばねと呼び、圧縮ばね、引張りばね、ねじりばねに大別されます。

1　ねじの表し方

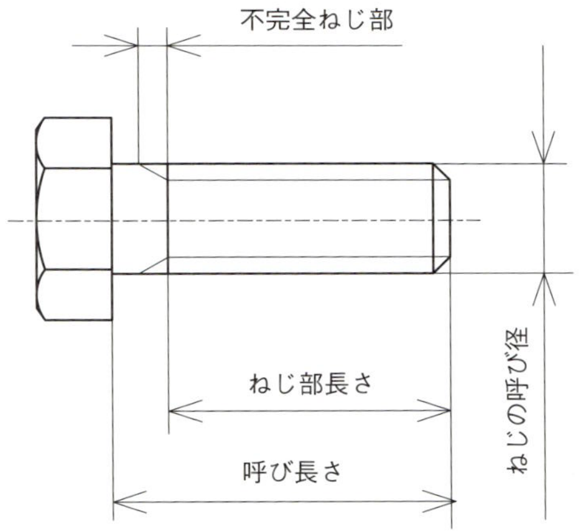

不完全ねじ部
ねじ部長さ
呼び長さ
ねじの呼び径

ねじは、一般的に軸に直角な方向から見た図を正面図とし、JISによって図示方法が決まっています。右図に、ねじ部の名称を示します。

呼び長さとねじ部長さに違いがあることを理解しておきましょう。

呼び長さを「L（エル）長さ」ともいいます。

ねじの簡略図

ねじ部は、一般的に三角の螺旋状の突起がありますが、機械製図ではこの詳細な形状は描きません。そこで、詳細形状の代わりに下記のような簡略図を用います。

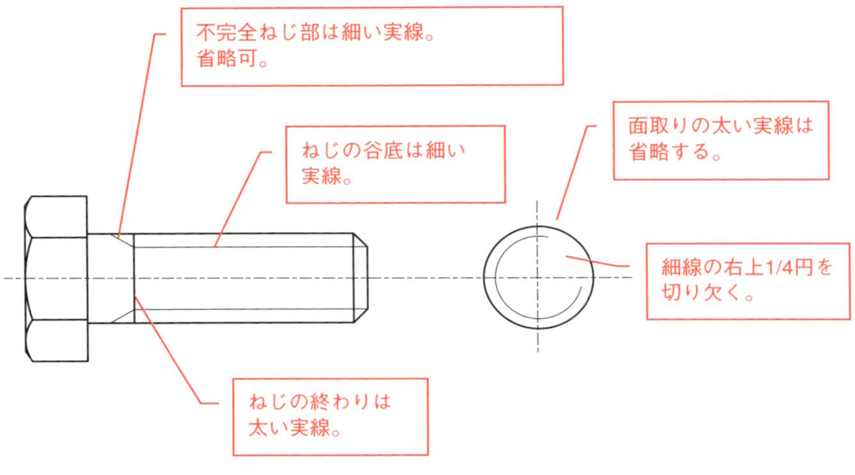

不完全ねじ部は細い実線。
省略可。
ねじの谷底は細い
実線。
ねじの終わりは
太い実線。
面取りの太い実線は
省略する。
細線の右上1/4円を
切り欠く。

正面図　　補助投影図

■D（￣ー￣*）　コーヒーブレイク

ねじ部の長さ

ボルトの場合、下図のように頭の根元までねじ山は加工できません。また、貫通しないめねじの場合も同様に、ドリルで開けた下穴深さすべてをねじ加工することができません。

左図のように、不完全ねじ部の存在を認識しましょう。

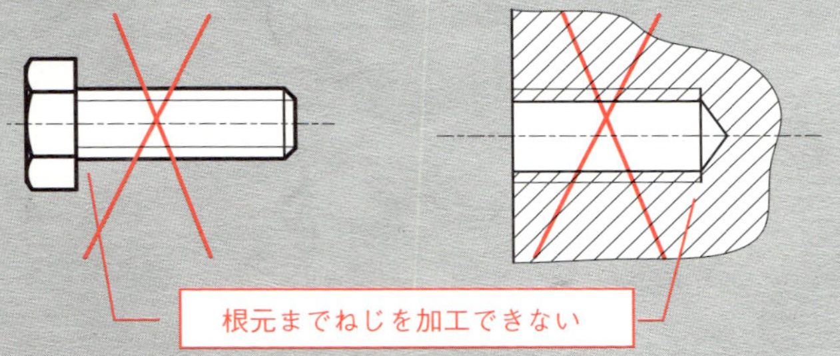

根元までねじを加工できない

ねじの谷底の細い実線の描き方

ねじの谷底は、細い実線で描いた円周の３／４にほぼ等しい円の一部で表し、やむをえない場合を除いて、右上方に１／４円を開けます。

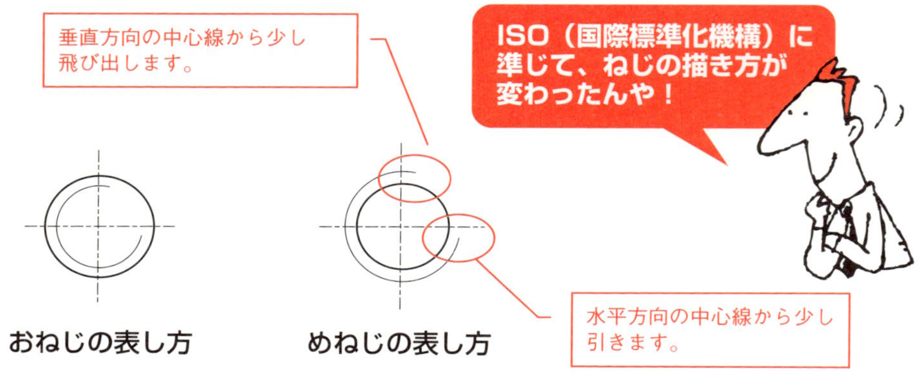
垂直方向の中心線から少し
飛び出します。
水平方向の中心線から少し
引きます。
ISO（国際標準化機構）に
準じて、ねじの描き方が
変わったんや！

おねじの表し方　　めねじの表し方

■D（￣ー￣*）　コーヒーブレイク

おねじは細い実線が内側、めねじは細い実線が外側になるので、描くときに混乱します。ねじ加工の方法を理解すれば間違いません。
ポイントは、ねじ加工する前の形状が太い実線です。

おねじ ………円筒軸の外形をねじの呼び径に切削します。
その後、軸の内側にねじを加工します。
⇒外側が太い実線、内側が細い実線

めねじ ………ドリルでねじの下穴径を加工します。
その後、穴の外側にねじを加工します。
⇒内側が太い実線、外側が細い実線

隠れたねじを表す時は、山の頂および谷底は、共に細い破線で表します。

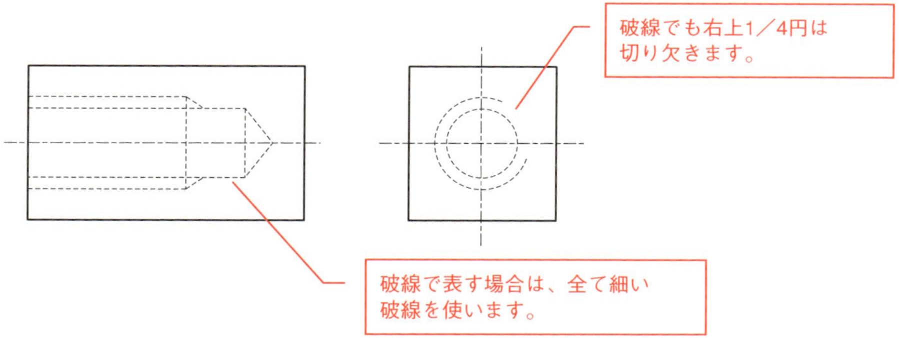
破線でも右上1／4円は
切り欠きます。
破線で表す場合は、全て細い
破線を使います。

断面図で表すねじにハッチングを施す場合は、ねじの山の頂を示す線まで延ばして描きます。

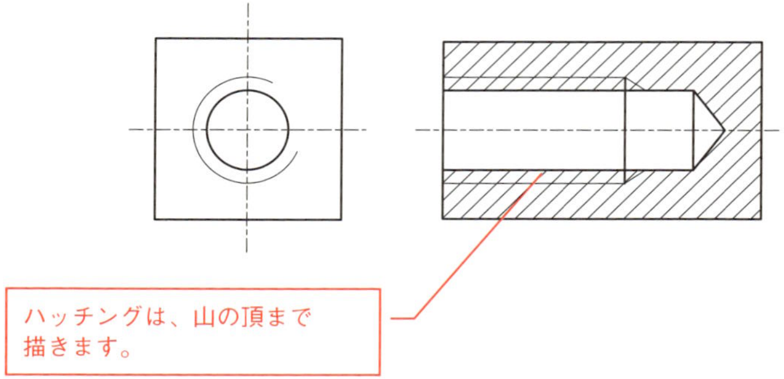
ハッチングは、山の頂まで
描きます。

組立図には、おねじとめねじが重なって描かれます。

そのため、「どこまでがおねじで、どこまでがめねじか？」混乱するかもしれませんが、太い実線と細い実線の関係をじっくりと見れば、おねじとめねじの区別がつくのです。

ボルトの組立図

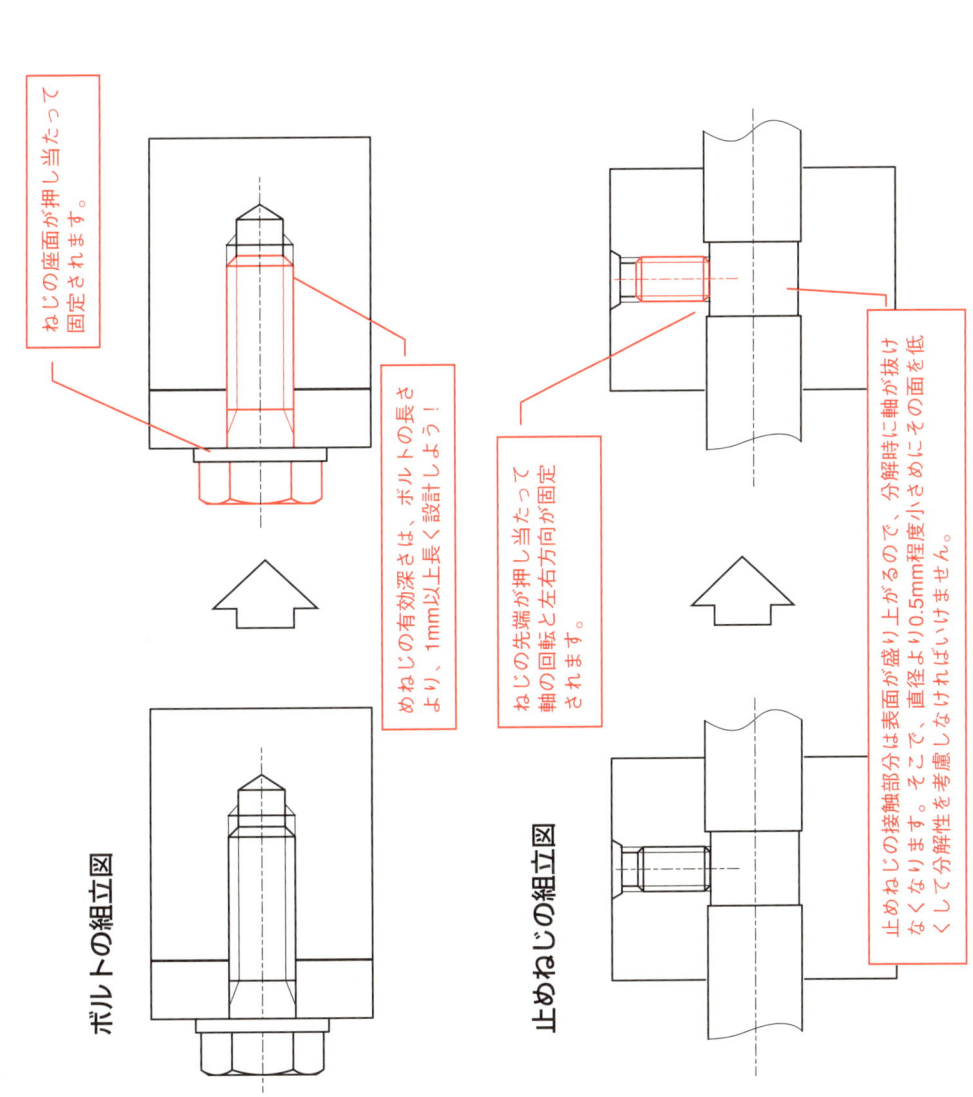

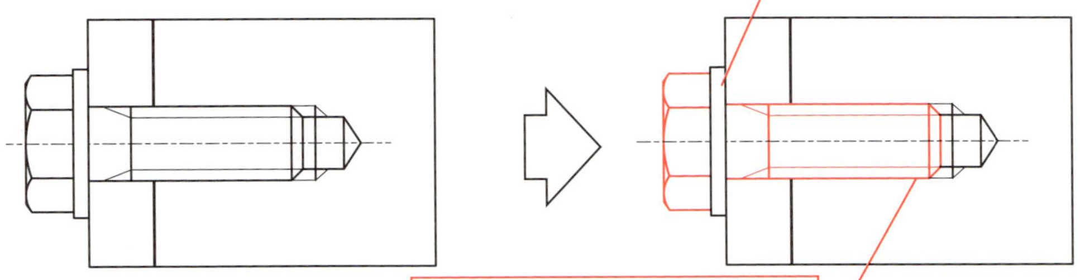
ねじの座面が押し当たって固定されます。
めねじの有効深さは、ボルトの長さより、1mm以上長く設計しよう！

止めねじの組立図

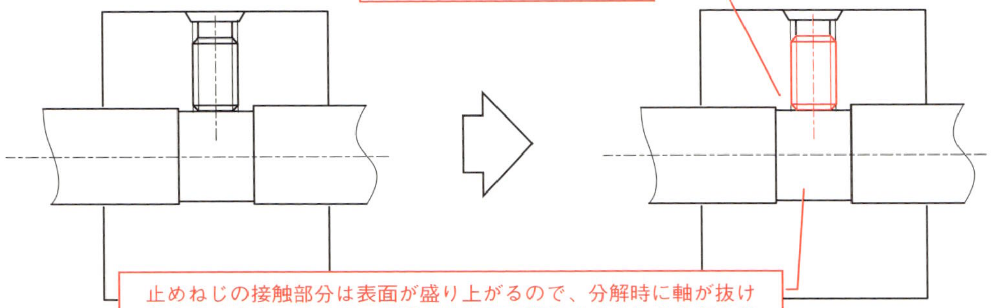
ねじの先端が押し当たって軸の回転と左右方向が固定されます。
止めねじの接触部分は表面が盛り上がるので、分解時に軸が抜けなくなります。そこで、直径より0.5mm程度小さめにその面を低くして分解性を考慮しなければいけません。

■D(￣ー￣*)　コーヒーブレイク

ねじの種類

・小ねじ･･･比較的軸径の小さい頭付きのねじのことをいい、頭の形状には、チーズ、なべ、皿、丸皿の4種類があります。

・止めねじ･･･ねじの先端を利用して機械部品間の動きを止めるねじで、先端形状は、平先、とがり先、棒先、くぼみ先、丸先などがあります。

・タッピンねじ･･･ねじ部が素材に食い込みねじ加工しながら固定するねじの総称です。

・ボルト･･･小ねじよりも軸径が大きく、頭の形状が六角形や六角の凹みになっているものがあります。

・ナット･･･ボルトと組み合わせて2つの部品を締結するもので、一般的に六角形の外形のものがよく使われます。

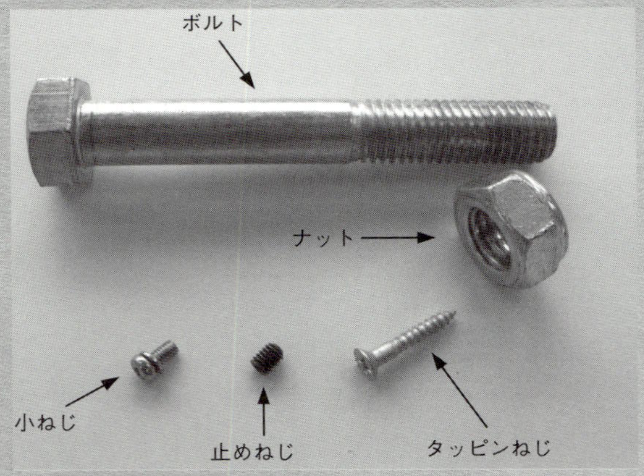
ボルト
ナット
小ねじ
止めねじ
タッピンねじ

Work Shop 2-04

下図に３つの部品で構成される組立図があります。右側に薄い色で示した組立図にめねじが加工された部品全体を赤鉛筆でトレースしてください。どこからどこまでがめねじの加工された部品か、しっかりと見極めましょう。

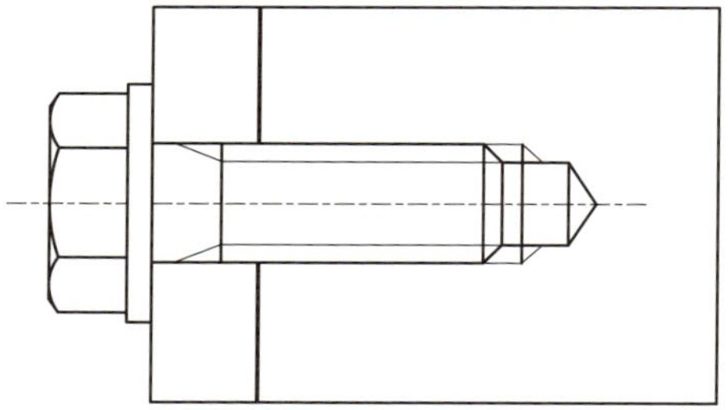

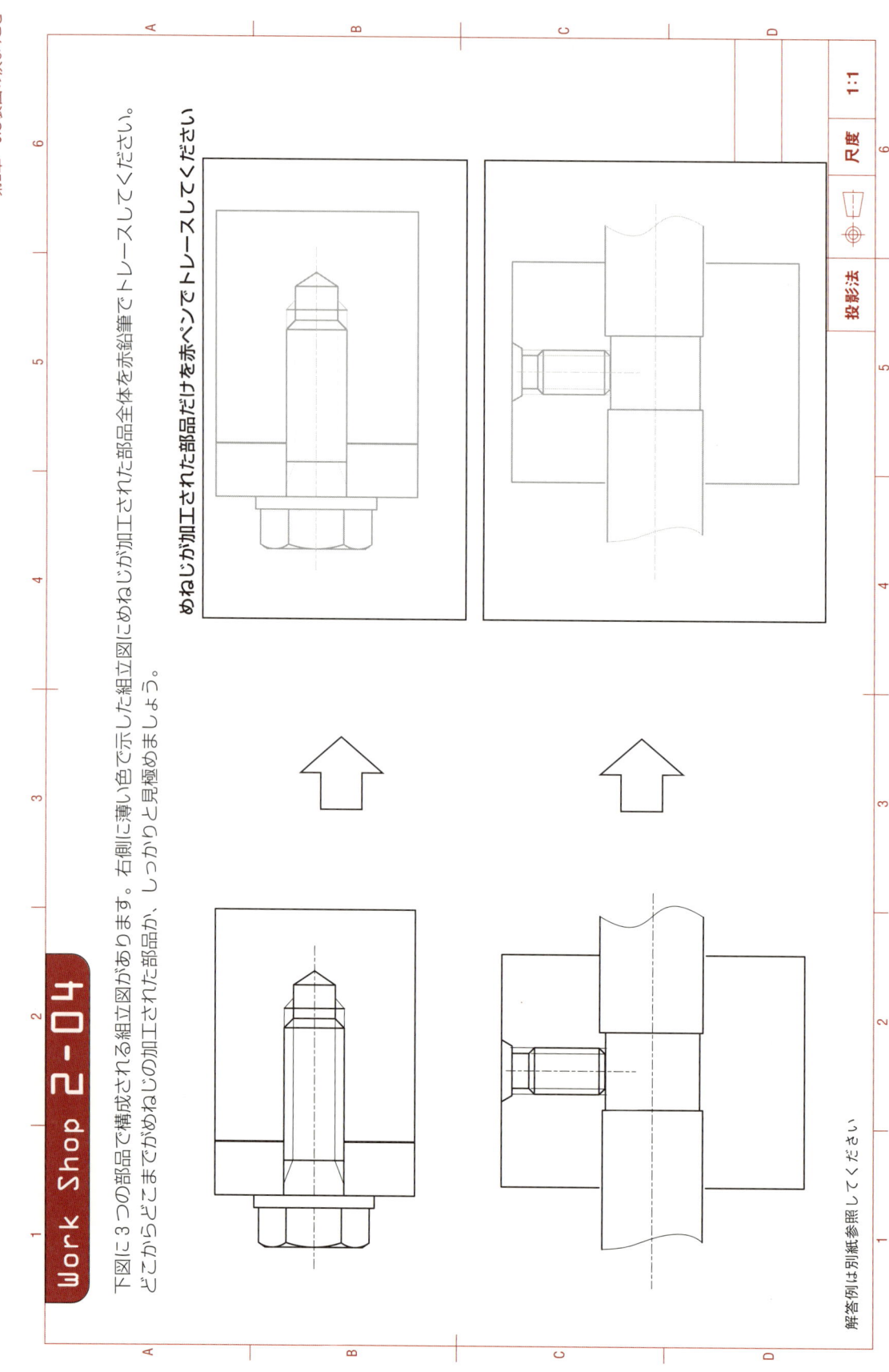

めねじが加工された部品だけを赤ペンでトレースしてください

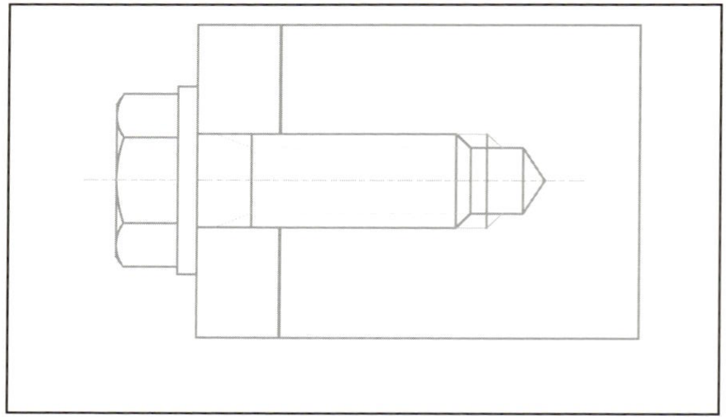

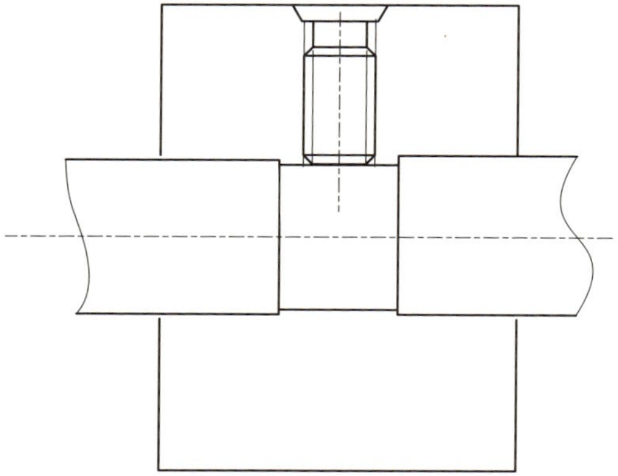

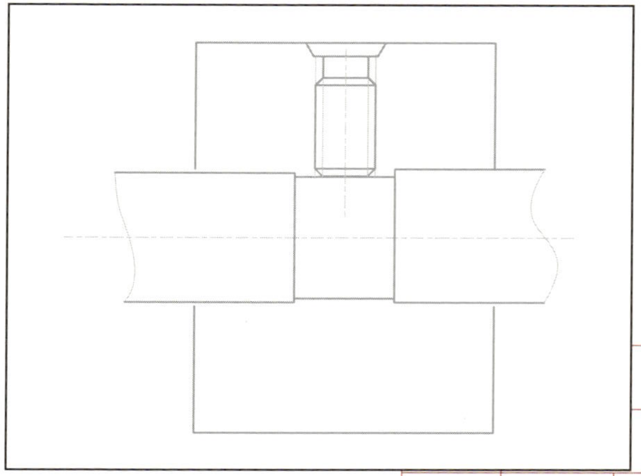

解答例は別紙参照してください

投影法	⊕	尺度	1:1

歯車の表し方

歯車は、一般的に軸に直角な方向（歯すじが見える方向）から見た図を正面図とし、軸線を水平に配置します。JISによって図示方法が決まっています。

歯車の簡略図

歯車の歯の部分は、左側の図のように円周上にインボリュート歯形という突起がありますが、機械製図ではこの詳細な形状は描きません。そこで、詳細形状の代わりに下記のような簡略図を用います。

・歯先円は、太い実線で表します。
・ピッチ円は、細い一点鎖線で表します。
・歯底円は、細い実線で表します。ただし、軸に直角な方向から見た図（正面図）を断面図で図示するときは、歯底の線は太い実線で表します。
なお、歯底円は記入を省略しても構いません。

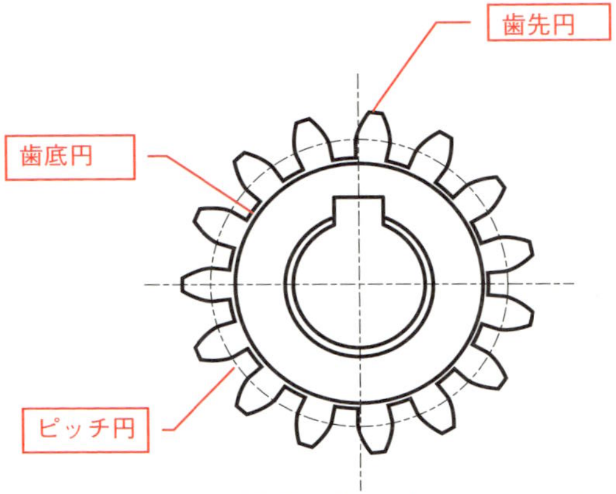

歯先円
歯底円
ピッチ円

歯車を軸方向から見た図

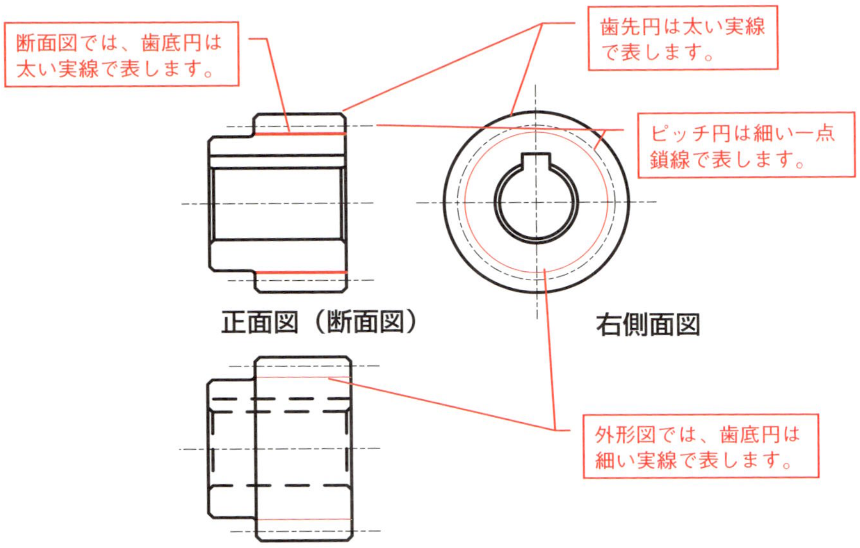

断面図では、歯底円は太い実線で表します。
歯先円は太い実線で表します。
ピッチ円は細い一点鎖線で表します。
外形図では、歯底円は細い実線で表します。

正面図（断面図）　右側面図

正面図（外形図）

歯すじの描き方

直歯（すぐば）歯車（歯が軸線に対して平行なもの、一般的に平歯車ともいう）は、歯すじ方向は図面に表しません。諸元表にねじれ角が記入されていなければ、直歯歯車と判断します。

はすば歯車（歯が軸線に対して傾いているもの）の歯すじ方向は、外形図で歯車を投影した場合、3本の細い実線で表します。

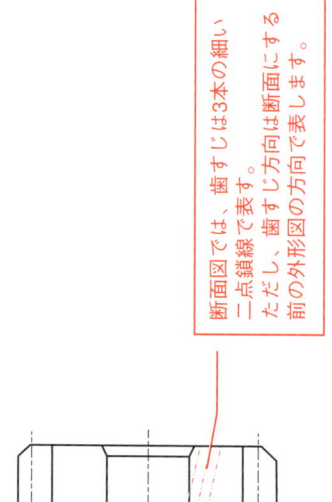

主投影図を断面で図示するときは、はすば歯車の歯すじ方向は、紙面から手前の歯の歯すじ方向を3本の細い二点鎖線で表します。

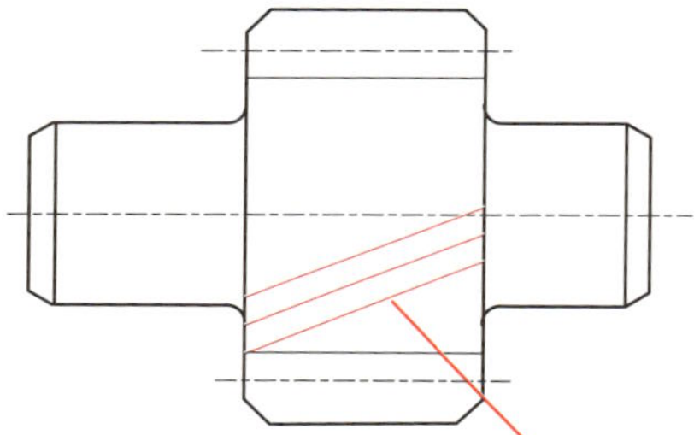

外形図では、歯筋は3本の細い実線で表します。

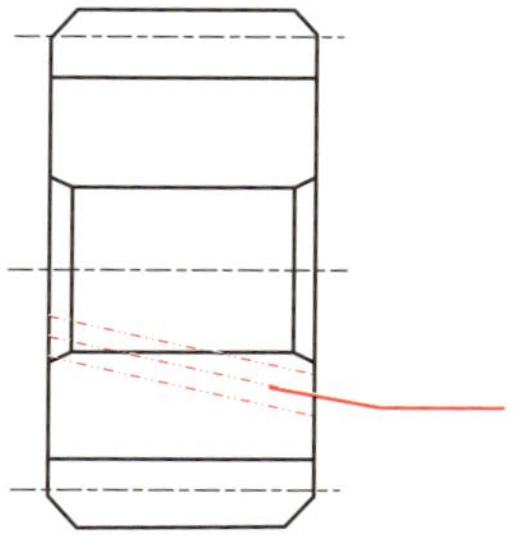

断面図では、歯すじは3本の細い二点鎖線で表す。
ただし、歯すじ方向は断面にする前の外形図の方向で表します。

■D（￣ー￣*）　コーヒーブレイク

歯すじ方向（歯のねじれ方向）

歯車の歯が真っ直ぐなものを「直歯（すぐば）」といいます。これに対して、歯がある角度を持ったものを「斜歯（はすば）」といいます。

はすば歯車は、左の図のような円筒歯車だけでなく、かさ歯車にもあり、かさ歯車では「曲がり歯かさ歯車」といいます。

はすばにすることで、噛み合い率が向上し、歯の強度が増し、且つ噛み合い時の振動が小さくなることから騒音対策にも用いられます。

歯すじ方向は、歯車の軸線を垂直方向に立てて、歯の傾いた方向が歯すじ方向になります。

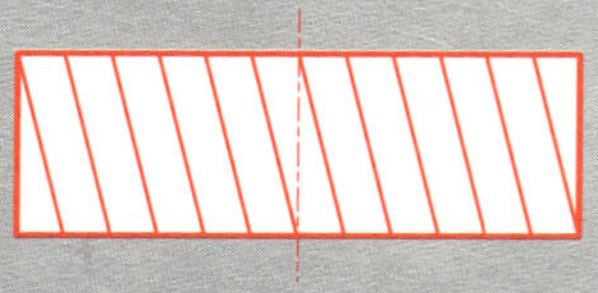

ねじれ方向＝左

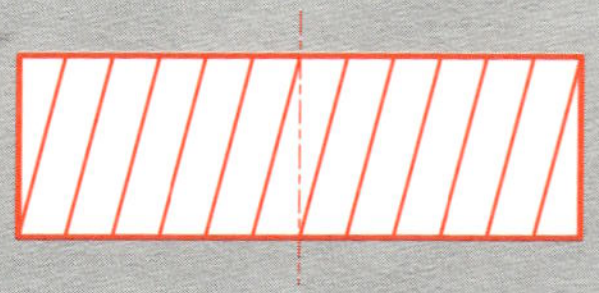

ねじれ方向＝右

一対のはすば歯車は、左ねじれと右ねじれのものがかみ合います。
同じねじれ方向の歯は噛みあうことができません。

歯車の図面例

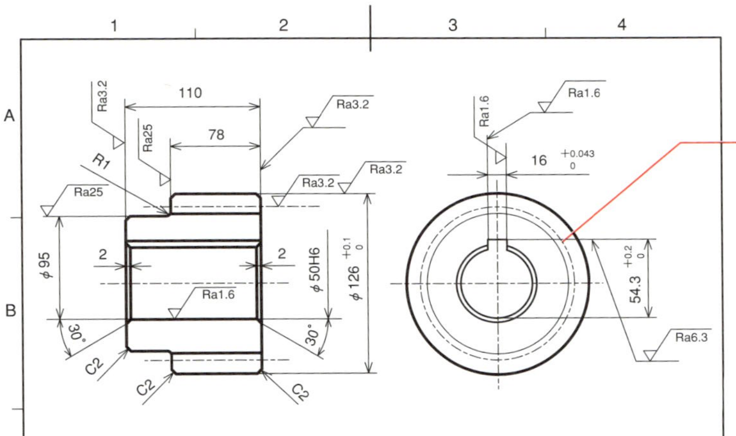

図形は、歯の詳細形状以外を表します。ブランクに歯のピッチ円や歯底の線を追加することで歯車と認識できます。

歯車諸元		
歯車歯形		転位
基準ラック	歯形	並歯
	モジュール	6
	工具圧力角	20°
歯数		18
基準ピッチ円直径		108
転位量		＋3.16
全歯たけ		13.34
歯厚	またぎ歯厚	$47.96^{-0.06}_{-0.38}$
	またぎ歯数	Z＝3
仕上げ方法		ホブ切り
精度		JIS B 1702 5級

歯の詳細形状は、諸元表として、同じ図面内に記入します。

承認	図面番号			
照査	品名	平歯車（SPUR GEAR）		
担当	サイズ A4	材質	表面処理／熱処理	改訂 0
	縮尺 1：2		シート	1／1

歯車の材質や熱処理などは、表題欄に記入します。

☞ ブランク（blank）とは、空白部分と和訳されるが、機械設計では、最終加工される前の部品の意味を持つ。歯車のブランクとは、歯を加工する直前の円筒軸を指す。

3　ばねの表し方

ばねは、一般的に軸に直角な方向（全長が見える方向）から見た図を正面図とし、軸線を水平に配置します。JISによって図示方法が決まっています。

ばねの簡略図

ばねの種類及び形状だけを簡略図で表す場合は、ばね材料の中心線だけを太い実線で描きます。（右端の図）

しかし、製図に用いる場合は、ばねの全てを描くか、一部省略図を用いるのが一般的です。

ばねの全てを描く場合、コイルばねの正面図は、正確にはらせん状となりますが、直線として表します。

一部省略図のように、両端を除いた同一形状部分を省略する場合は、省略する部分の線径の中心線を細い一点鎖線で表します。

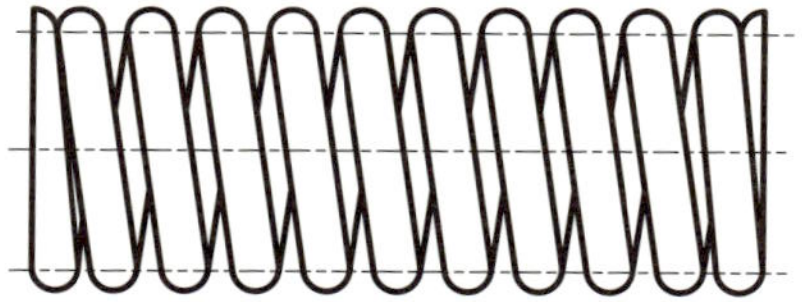

ばねの全てを表した場合

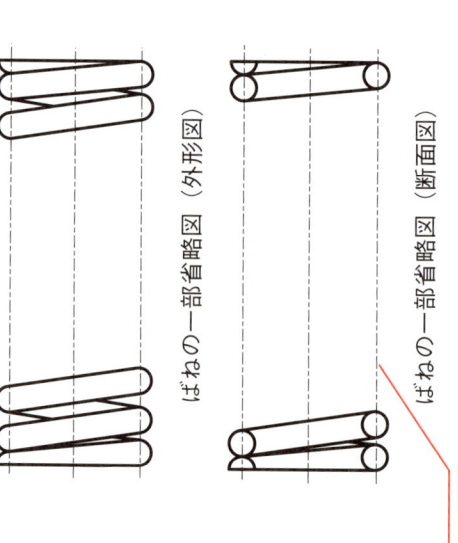

ばねの一部省略図（外形図）

ばねの一部省略図（断面図）

一部省略図では、線径の中心線を細い一点鎖線で表します。

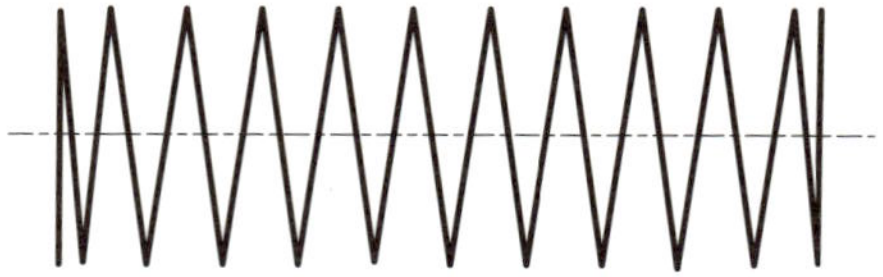

簡略図

簡略図の場合は、ばね材料の中心線を太い実線だけで表します。製図ではあまり使いません。

コイルばねの種類

圧縮ばね	引張りばね	ねじりばね

・形状が小さくまとまり製作費が安い。 ・引張りばねと異なり、端末部に応力集中がない。 ・異常時に全圧縮まで使うことでストッパの役目を果たす。	・製作費が圧縮ばねに比べて高い。 ・端末の処理が面倒である。 ・破損した場合、そのシステムは直ちに機能を失う。	・巻き方向のトルクを発する。 ・コンパクトな設計に対応できる。 ・巻き込み方向と巻き戻し方向にトルクを発することができるが、巻き戻しで使う場合は破損の注意が必要。

■D(￣ー￣*)　コーヒーブレイク

コイルばねの巻き方向

コイルばねの巻き方向は、要目表に記入します。要目表に断りがない限り、コイルばねは全て右巻きを表します。コイルばねの巻き方向は、ばねの軸線を垂直に立てて、手前の線の持ち上がった方向が巻き方向になります。ねじりばねは、一方向から見て時計回りであれば巻き方向は右です。

一般的に、圧縮ばねや引張りばねの巻き方向は、機能に大きな影響を与えないため、右巻きが用いられます。

これに対し、ねじりばねは巻き込む方向に荷重を与えるのが一般的なため、機能にあわせて巻き方向を決める必要があります。

ねじりばねを巻き戻す方向に荷重をかける場合は、強度は弱くなるので巻き戻し専用の強度計算をしなければ、破損の不具合が発生します。

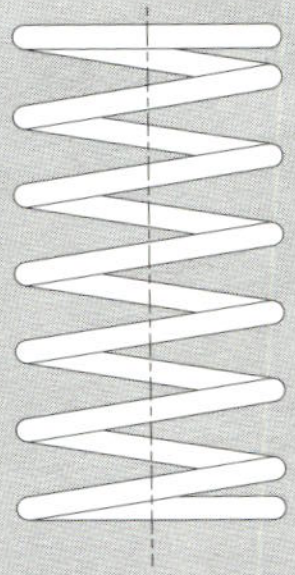
巻き方向＝右

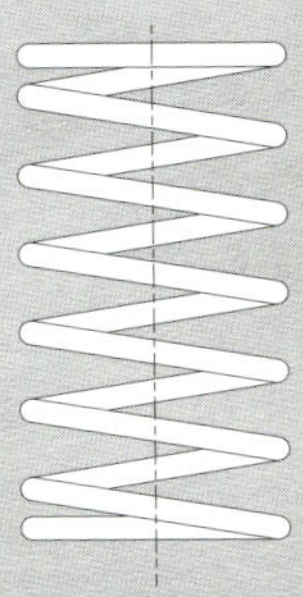
巻き方向＝左

(1)圧縮ばねの図面例

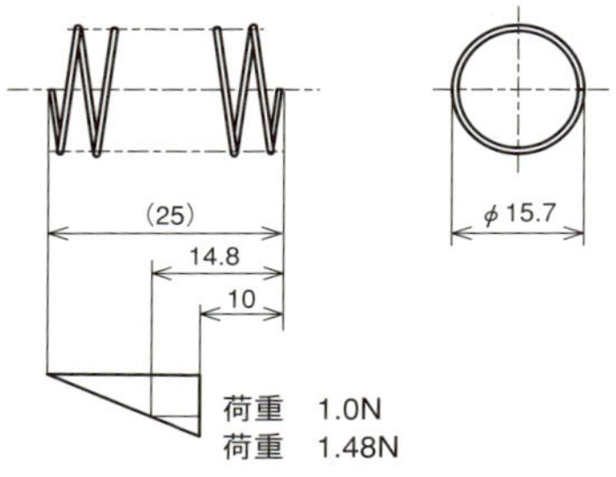
(25)
14.8
10
荷重　1.0N
荷重　1.48N
φ15.7

要目表		
材料		SUS304-WPB
材料の直径	mm	0.7
コイル平均径	mm	15
コイル外径	mm	15.7
座巻数		—
有効巻数		5
巻方向		右
自由長さ	mm	25
常用　荷重時の長さ	mm	14.8
常用　荷重	N	1.0
動作　荷重時の長さ	mm	10
動作　荷重	N	1.48
密着高さ	mm	—
コイル端部の形状		オープンエンド（無研削）
表面処理		—
熱処理		焼きなまし

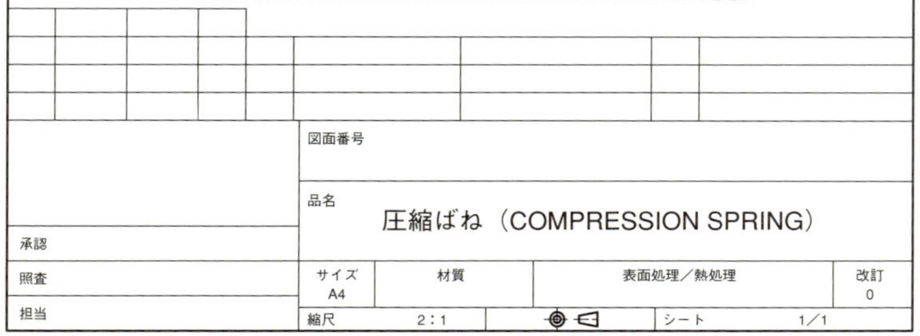
図面番号
品名
圧縮ばね（COMPRESSION SPRING）
承認
照査
担当
サイズ
A4
材質
表面処理／熱処理
改訂
0
縮尺
2：1
シート
1／1

(2) 引張りばねの図面例

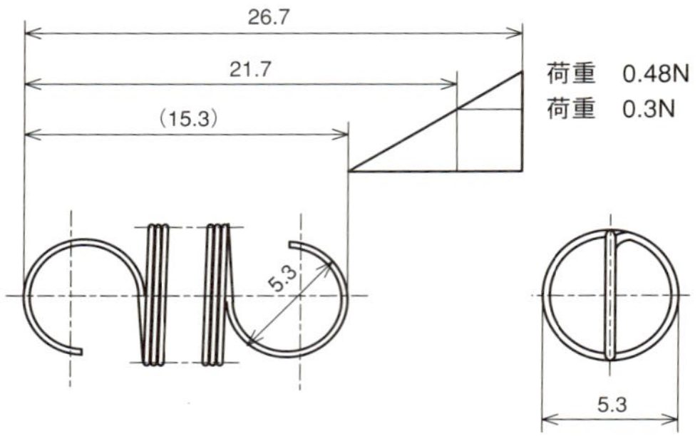
26.7
21.7
(15.3)
荷重　0.48N
荷重　0.3N
5.3
5.3

要目表		
材料		SUS304-WPB
材料の直径	mm	0.3
コイル平均径	mm	5
コイル外径	mm	5.3
有効巻数		15.5
巻方向		右
自由長さ	mm	(15.3)
初張力	N	0.07
常用　荷重時の長さ	mm	21.7
常用　荷重	N	0.3
動作　荷重時の長さ	mm	26.7
動作　荷重	N	0.48
フックの形状		丸フック
表面処理		—
熱処理		焼きなまし

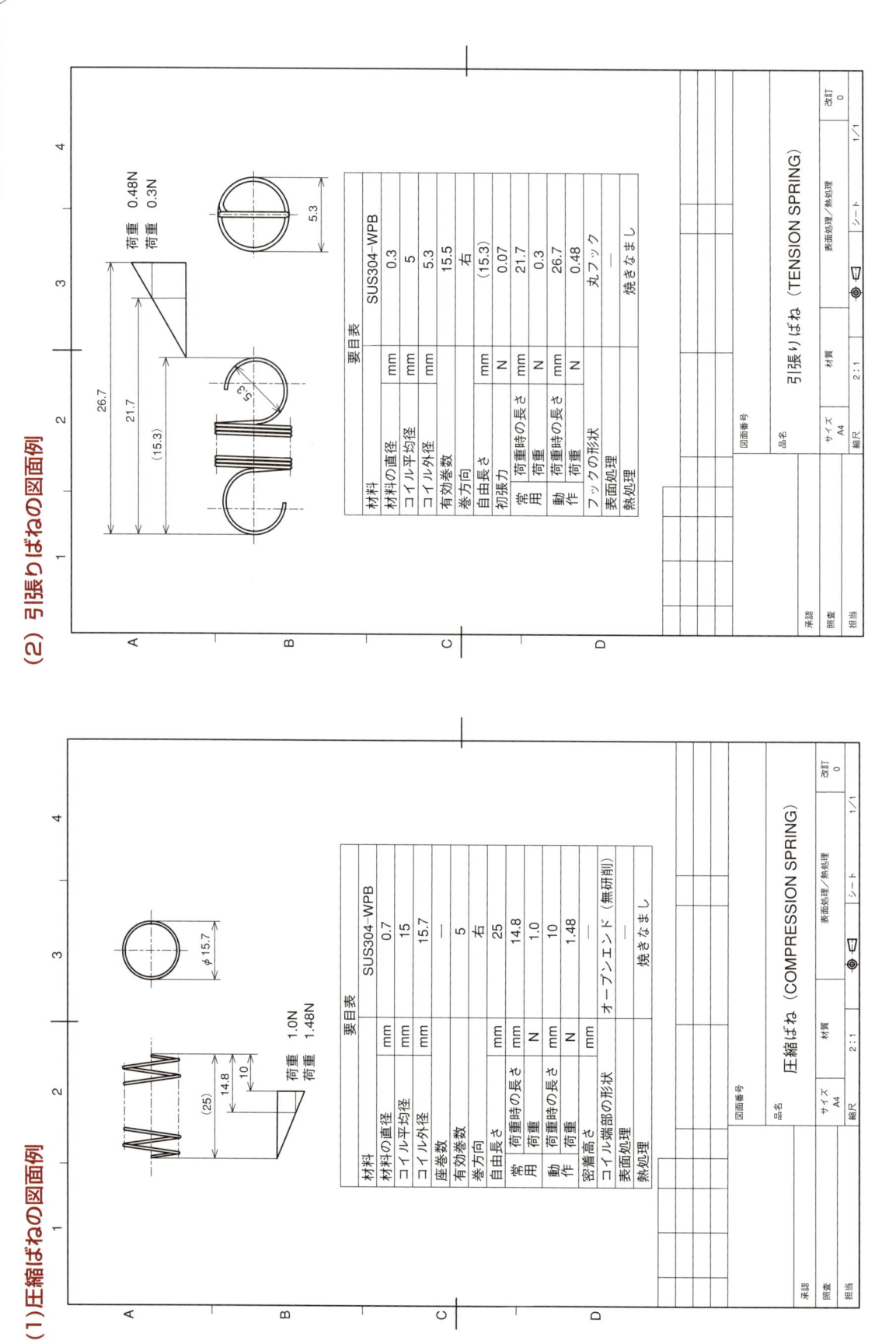

図面番号
品名
引張りばね（TENSION SPRING）
承認
照査
担当
サイズ
A4
材質
表面処理／熱処理
改訂
0
縮尺
2：1
シート
1／1

(3)ねじりばねの図面例

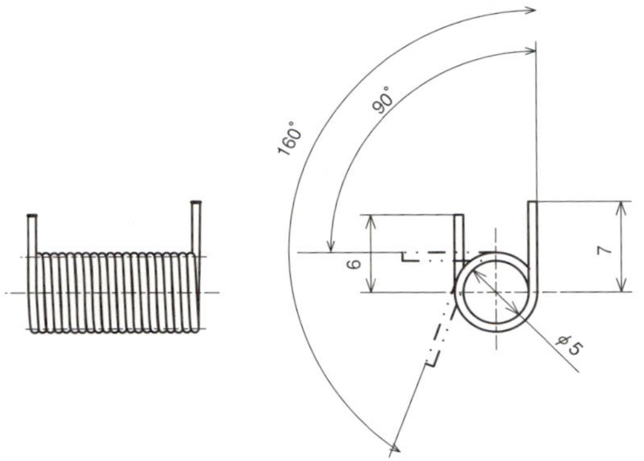

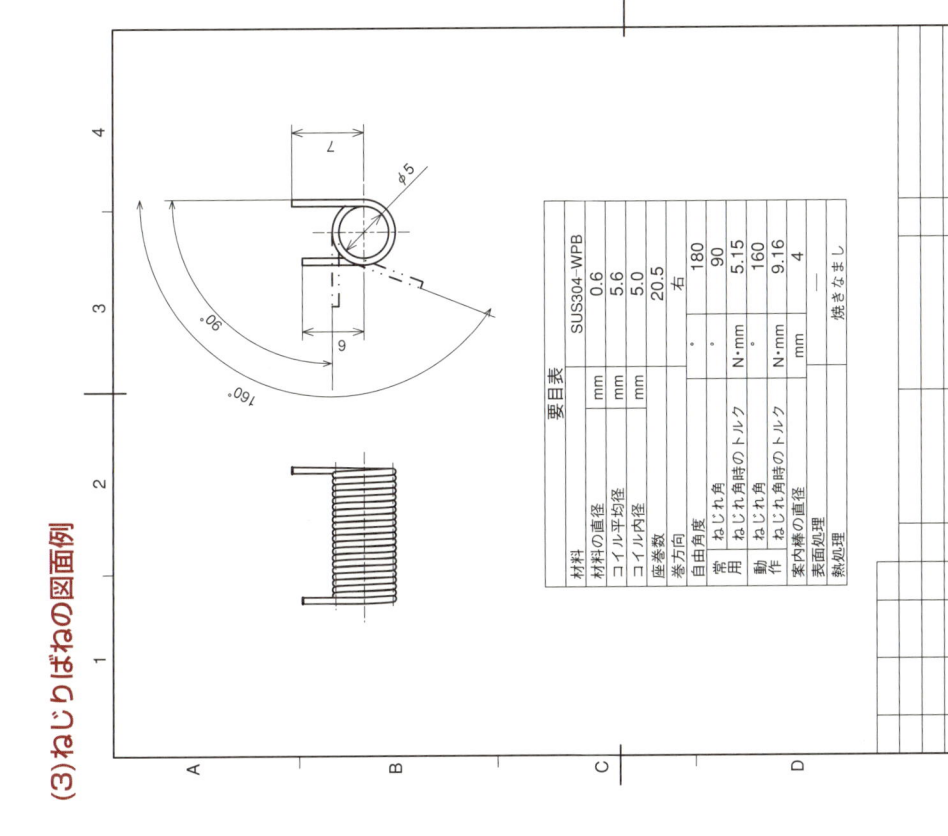

要目表		
材料		SUS304-WPB
材料の直径	mm	0.6
コイル平均径	mm	5.6
コイル内径	mm	5.0
座巻数		20.5
巻方向		右
自由角度	°	180
常用 ねじれ角	°	90
常用 ねじれ角時のトルク	N・mm	5.15
動作 ねじれ角	°	160
動作 ねじれ角時のトルク	N・mm	9.16
案内棒の直径	mm	4
表面処理		—
熱処理		焼きなまし

承認	図面番号			
照査	品名 ねじりばね（TORSION SPRING）			
担当	サイズ A4	材質	表面処理／熱処理	改訂 0
	縮尺 2：1		シート 1／1	

■D(￣ー￣*)　コーヒーブレイク

ばね定数

ばね定数とは、１mmあたりのばねが発生する荷重のことで、単位は[N／mm]で表されます。例えば、10mm圧縮（引っ張り）したときの荷重は、「10[mm]×ばね定数」で求められます。

ばね定数は下式によって求めることができます。

$$k = \frac{P}{\delta} = \frac{Gd^4}{8N_aD^3}$$

分子が小さくなると、ばね定数は小さくなります。
例）材料を弱いものにする。
線径を細いものにする。

分母が大きくなると、ばね定数は小さくなります。
例）巻き数を多くする。
コイル径を大きくする。

k：ばね定数 (N/mm)
P：荷重 (N)
δ：変位 (mm)
G:ばね材料の横弾性係数(N/mm^2=MPa)
d：ばねの線径 (mm)
N_a：有効巻き数
D：平均コイル径 (mm)

この公式からわかることは、ばねの線径を細く、あるいは平均コイル径や巻き数を大きくするとばね定数が下がり、弱いばねに調整できることです。

設計の中で、ばねをもう少し強くしたい、あるいは弱くしたい場合には、これらのパラメータ（変数）を変化させればよいのです。

第2章のまとめ

●やったこと

JISの基本的な部品図を描く前の準備段階の決まりごとから、JISの定める投影図の描き方の作法、機械要素図面の製図について学習しました。

●わかったこと

単純に外形だけを描き表すのではなく、各種投影法を使い分けることで、読み手と共に描き手も形状を理解しやすくなることがわかりました。

機械要素図面では、簡略図を用い、歯車やばねの詳細形状を表すには、別表に記入して表すことがわかりました。

●次やること

投影図のテクニックは理解しましたが、図面作成には最適な投影図を選定する必要があります。

最適な投影図の選定には、見やすさ理解しやすさの他に寸法で補助することで投影図を省略することも可能です。

最適な投影図の選定と寸法線の関係、そして寸法記入法について学習しましょう。

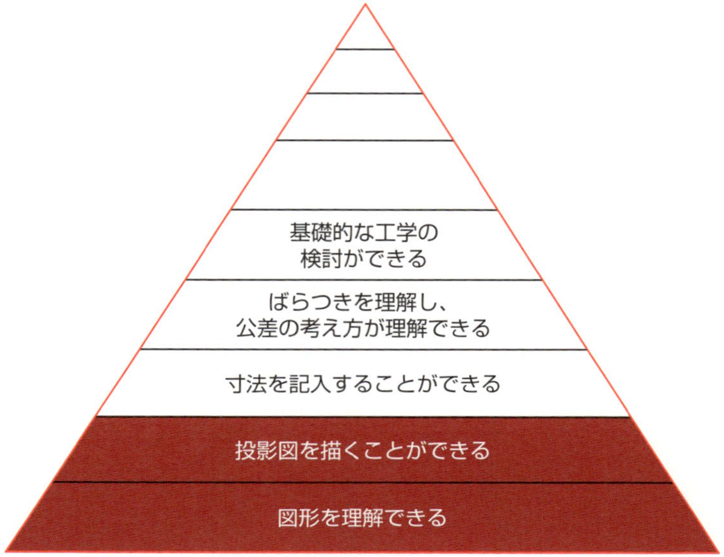
基礎的な工学の
検討ができる
ばらつきを理解し、
公差の考え方が理解できる
寸法を記入することができる
投影図を描くことができる
図形を理解できる

第3章

寸法記入と最適な投影図

第3章　1　寸法線

前章までで、対象物の投影図、つまりどんな形をした物体なのかを表すテクニックを学びました。投影図を使うことでどんな形かをイメージすることはできますが、詳細な大きさまでは全くわかりません。そこで具体的な大きさを指示するのが寸法です。

寸法とは、「決められた方向での、対象部分の長さ、距離、位置、角度、大きさを表す量」とJISでは定義されています。つまり、対象物の形状を定義するために、長さや角度を寸法によって指示します。

寸法は主に、次の6つの要素から成り立ちます。

- 横方向
- 縦方向
- 任意方向
- 直径
- 半径
- 球

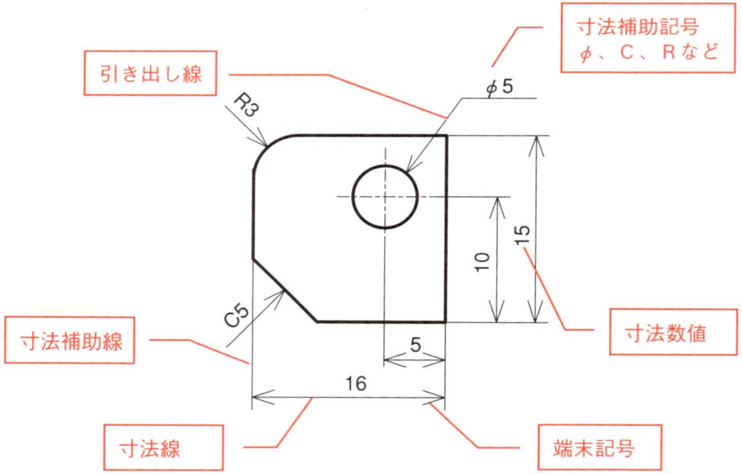

対象物に寸法を記入する場合は、細い実線で描いた寸法補助線を用いて寸法線と対象物を結びます。さらに寸法線の上に寸法数値を記入します。

寸法記入要素には、次のものがあります。

- 寸法補助線　←投影図の外側に寸法を導く細い実線です。一般的に投影図の線と接して描きますが、JISにはわずかに離してもよいとあります。
- 寸法線　←寸法数値を表すための細い実線です。一般的に両端に端末記号がついて寸法範囲を明確にします。
- 引き出し線　←穴やねじなどの形状から引き出す細い実線です。寸法補助線と寸法線を合体させたイメージのものです。
- 寸法線の端末記号　←寸法線の両端につく、いわゆる矢印ですが、条件によって矢印以外の記号を使うことがあります。
- 寸法数値　←寸法線の端末記号で挟まれた領域の大きさを数字で表します。一般的に単位はmmを用い、寸法線の上に配置します。
- 寸法補助記号　←寸法数値の前につける記号で、寸法に形状の意味を持たせます。

1　寸法補助線

一般的に寸法補助線は図形と接して引き出し、寸法線を1～2mm延長したところまで描きます。また、図形線と寸法補助線を接せずに少し隙間を空けて引き出すことも、JISでは認められています。一般的な寸法補助線は前ページの図に示していますが、下記に特殊な例を示します。

a) 寸法補助線省略例

寸法補助線を引き出して描くと図が紛らわしくなる場合は、寸法補助線を省略することができます。

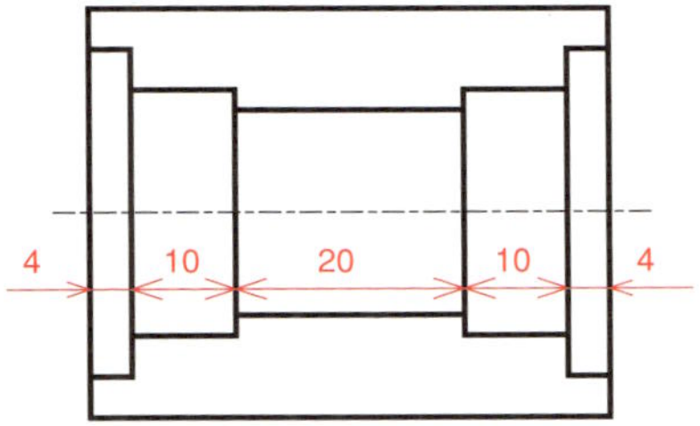

4
10
20
10
4

b) 寸法補助線が形状線と重なる場合

寸法線が形状線と重なり、線が明確にできない場合は、寸法線に対して適当な角度をもつ互いに平行な寸法補助線を用いることができます。

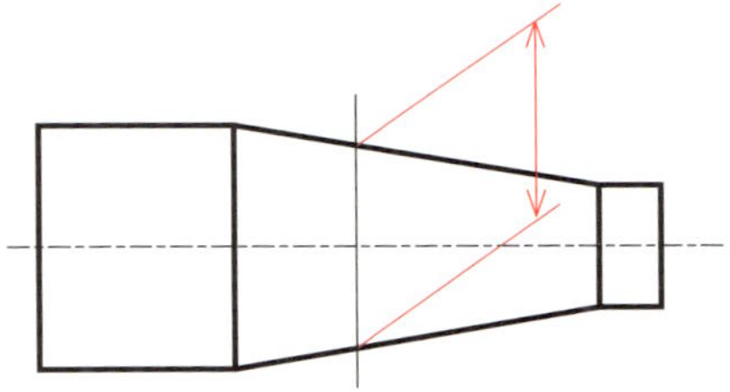

2　寸法補助記号

寸法補助記号とは、寸法数値に付与して寸法に形状の意味を持たせる記号をいいます。

項目	記号	呼び方
直径	φ	まる
半径	R	あーる
球の直径	Sφ	えすまる
球の半径	SR	えすあーる
正方形の辺	□	かく
円弧の長さ	⌒	えんこ
板の厚さ	t	てぃー
45°の面取り	C	しー

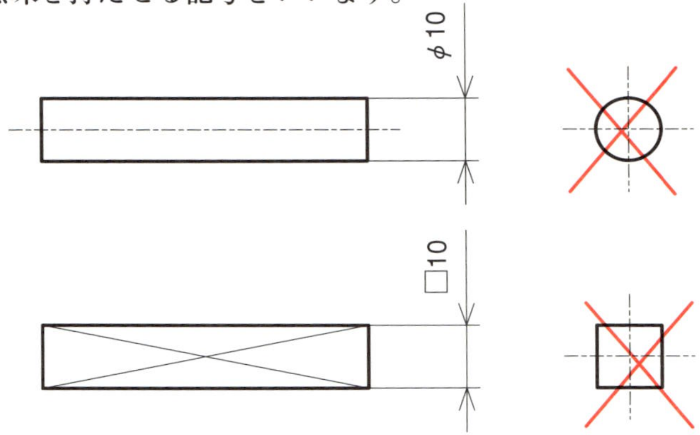

φ10
□10

補助記号だけで形状を表すことができる場合は、側面から見た投影図は省略するんや～

3　端末記号と引き出し線

寸法線の先端は、通常は端末を表す矢印をつけます。ただし、領域が狭くて端末記号を記入する余地がない場合は、矢印の代わりに斜線あるいは黒丸をつけます。ただし、国内では一般的に黒丸を使うことが多いようですが、国際規格には黒丸印による表示例はありません。

CADでは、端末記号の種類を選択できるようになっていますが、1枚の図面の中で斜線と黒丸を混用しないように注意しましょう。

また、下図のように寸法数値を書くスペースがない場合は、引き出し線を用いて寸法線から斜め方向に引き出し、その端に寸法数値を記入します。この時、引き出した線に矢印などの端末記号はつけません。

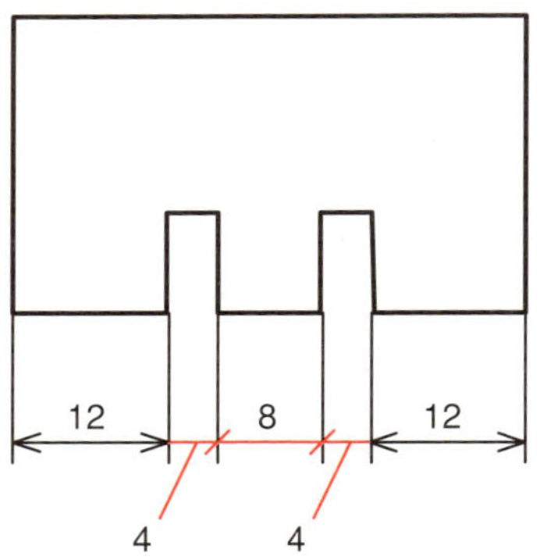
12
8
12
4
4

斜線を用いて表した場合

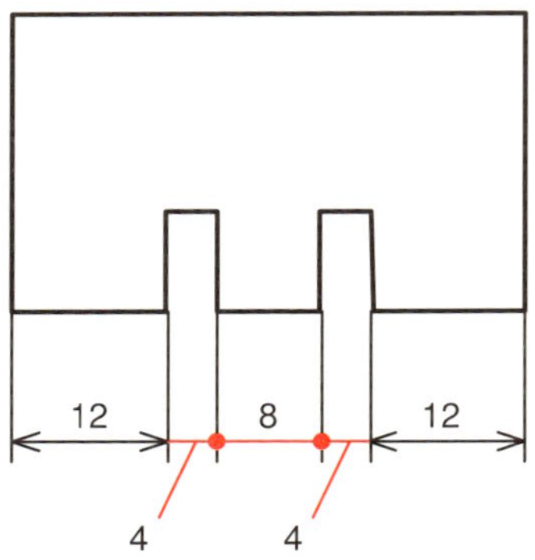
12
8
12
4
4

黒丸を用いて表した場合

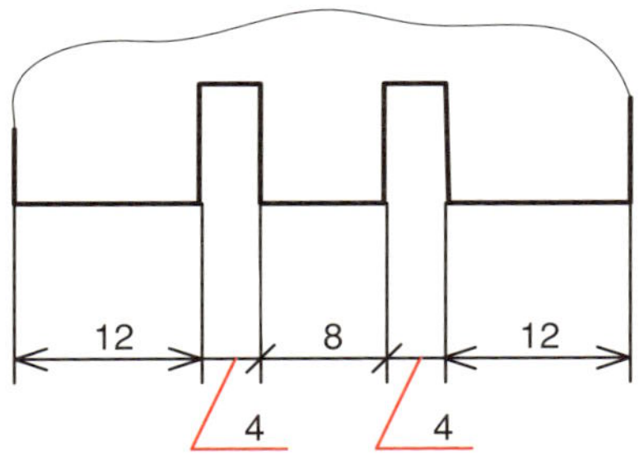
12
8
12
4
4

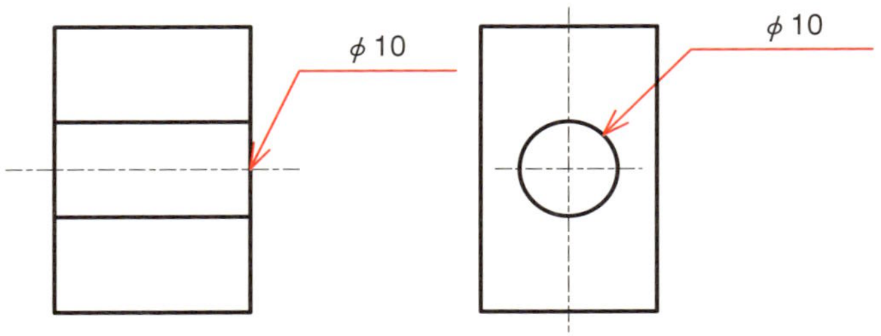
φ10
φ10

■D(￣ー￣*)　コーヒーブレイク

スラッシュとバックスラッシュ

寸法線の端末記号には、「／（スラッシュ）」を用います。
「＼（バックスラッシュ）」はスラッシュの逆という意味です。
機械設計の世界で、注意ラベルの禁止記号にバックスラッシュが用いられます。
これは、禁止を意味する「NO!」のNをイメージしているからです。

左記のように
寸法引き出し線から
水平線を引きその上に
寸法数値を描いても
問題ないねんな

4　寸法数値

寸法数値には、以下に示すように２つの方法が規定されており、一般的に方法１を用います。なお、これらの２つの方法は同一図面内で混用してはいけません。

【方法１】

寸法数値は水平方向の寸法線に対しては図面の下辺を下にして、垂直方向の寸法線に対しては図面の右辺を下にして読めるように書きます。斜め方向の寸法についてもこれに準じて書きます。

【方法2】

寸法数値は図面の下辺を下にして読めるように書きます。水平方向以外の方向の寸法線は寸法数値を挟むために中断し、その位置は寸法線のほぼ中央に配置します。

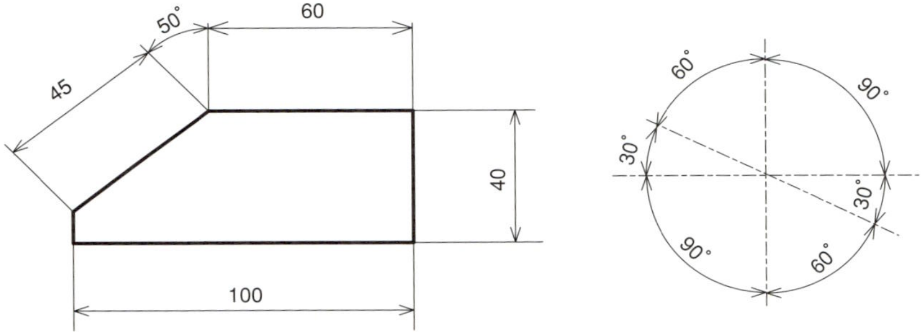

50°
60
45
40
100
60°
90°
30°
30°
90°
60°

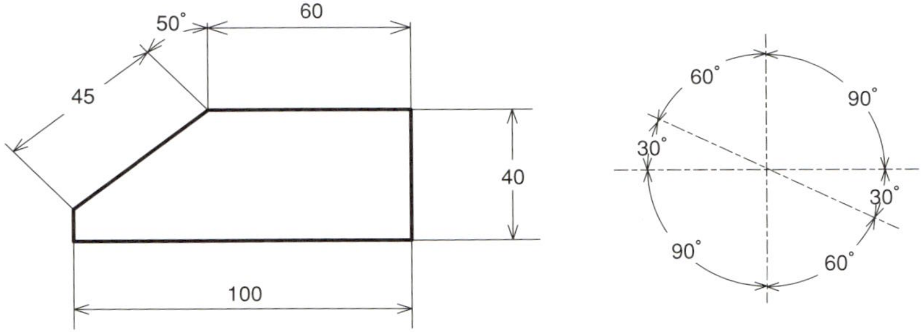

50°
60
45
40
100
60°
90°
30°
30°
90°
60°

一般的に、方法１の
記入法を使うねんな！
CADを使えば、
自動的に数字の向きを
決めてくれるんや～

2 寸法基本要素

1 辺の長さの指示

寸法線は指示する長さを測定する方向に平行に引き、線の両端には端末記号をつけます。しかし、ありとあらゆる辺に対して寸法線を記入するわけではありません。

次に示す２つの図はどちらも同じ形状で、寸法の配置に意味の違いがあり、寸法が漏れているわけではないのです。

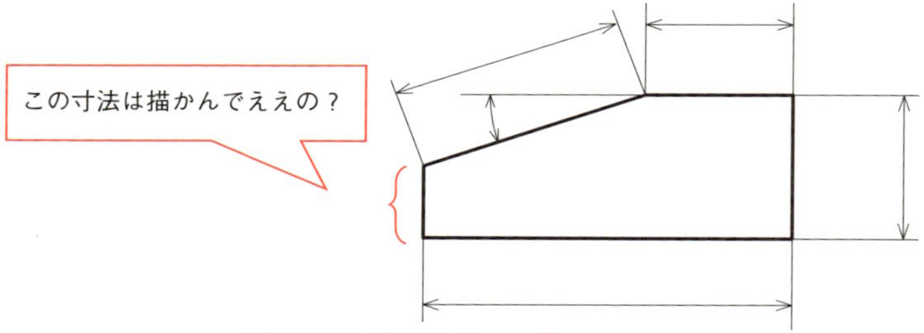
この寸法は描かんでええの？

左辺の長さが重要でないとき

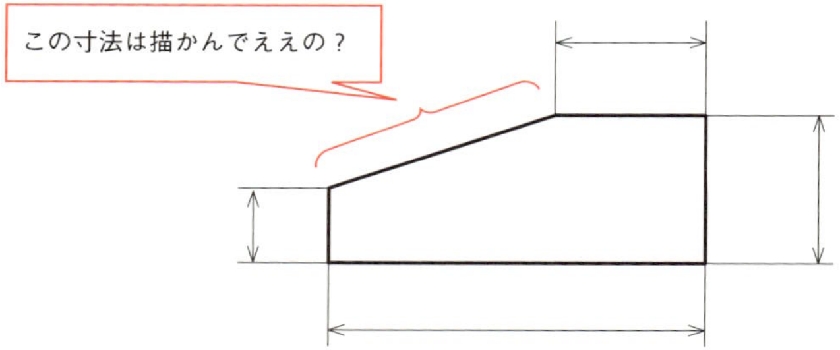
この寸法は描かんでええの？

斜面の長さが重要でないとき

設計意図を盛り込むために機能的に必要な寸法（重要機能寸法）から寸法線を記入し、形状を理解できる必要最小限の寸法線を記入します。したがって、最終的に2つの点の座標までがわかれば、最後の辺の長さは自動的に決まります。この自動的に決まってしまう寸法は記入しません。なぜ記入しないかは、本章の第4項以降を参照ください。

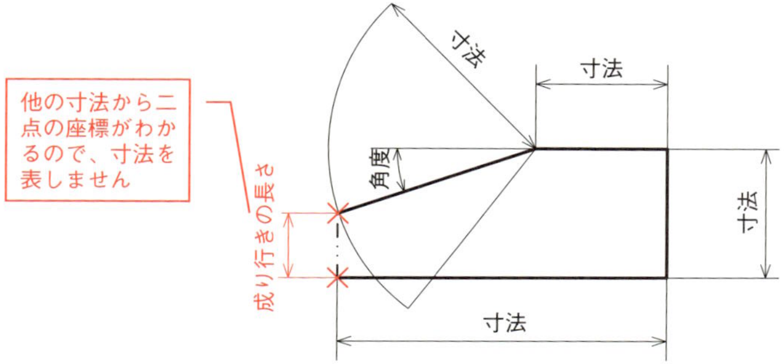
他の寸法から二点の座標がわかるので、寸法を表しません
成り行きの長さ
寸法
角度
寸法
寸法
寸法

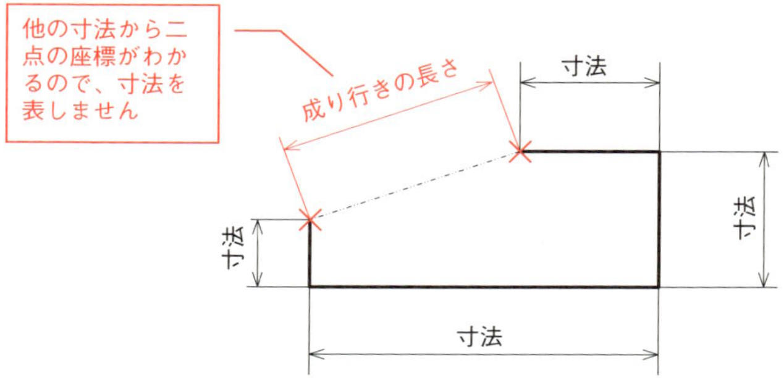
他の寸法から二点の座標がわかるので、寸法を表しません
成り行きの長さ
寸法
寸法
寸法
寸法

座標とは、平面や空間で任意の点の位置を表す数、または数の組をいう。平面上では、X軸とY軸上の2つの値（x、y）で表される。

その他の例として、下図に示す２つの円の径と中心間距離（ピッチ）がわかっている場合は、円の接線に寸法線を記入する必要がありません。

したがって、下図のように左側の小さな半径と、右側の大きな半径、そしてその２円の中心間距離の３つの情報だけで形状を表すことができるのです。

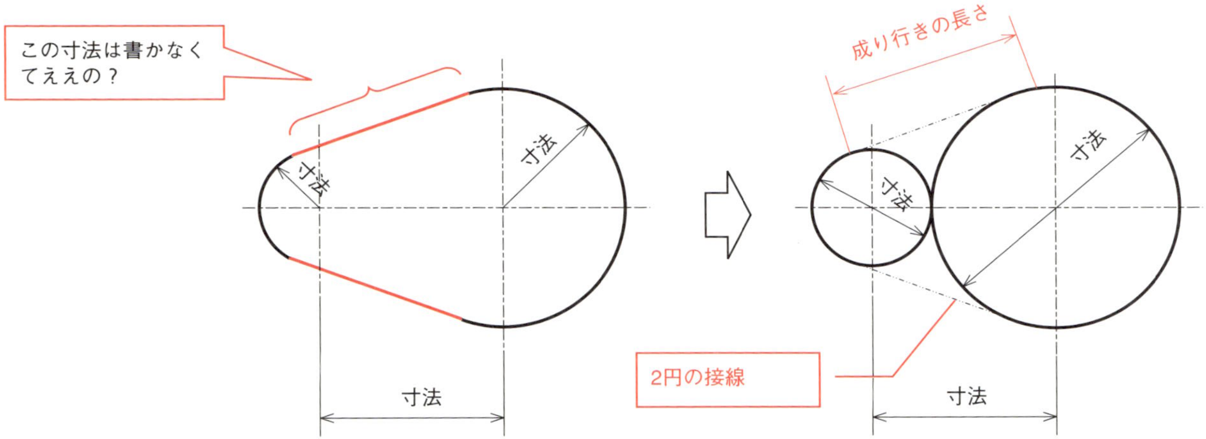
この寸法は書かなくてええの？
寸法
寸法
寸法
成り行きの長さ
寸法
寸法
寸法
2円の接線

描くべき寸法と描かない寸法は、その部品の形状の重要性から決めなあかんな！

その他の辺の長さの表し方として、弦の長さと弧の長さがあります。

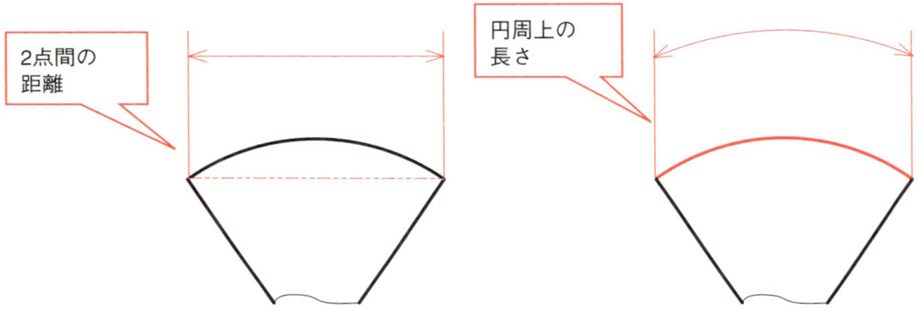
2点間の距離
円周上の長さ

弦の長さを指示する場合　　弧の長さを指示する場合

■D(￣ー￣*)　コーヒーブレイク

円周角の定理

弧 *AB* に対する円周角は常に一定の大きさをもち、中心角 *AOB* の半分となります。

特に弦 *AB* が直径（中心点を通る直線）である場合は、弧 *AB* に対する円周角は直角になります。

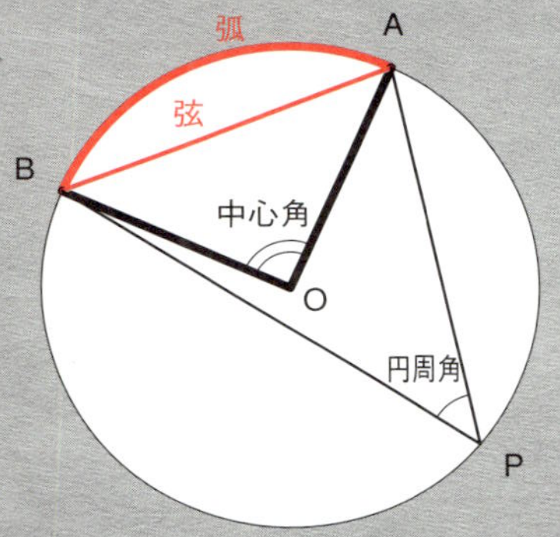
弧
A
弦
B
中心角
O
円周角
P

2　直径の指示

円形である対象部を側面から見た図や断面で表した場合、円の直径であることを示すために、寸法数値の前に“φ”を記入します。

しかし、**円を正面から見た図に直径寸法を指示する場合において、両端に端末記号がつく場合は、直径の寸法数値の前に直径の記号“φ”は記入しません。**

完全円ではない図形で、寸法線の端末記号が片側にしかない場合は、半径寸法と誤解されないように、直径の寸法数値の前に“φ”を記入します。

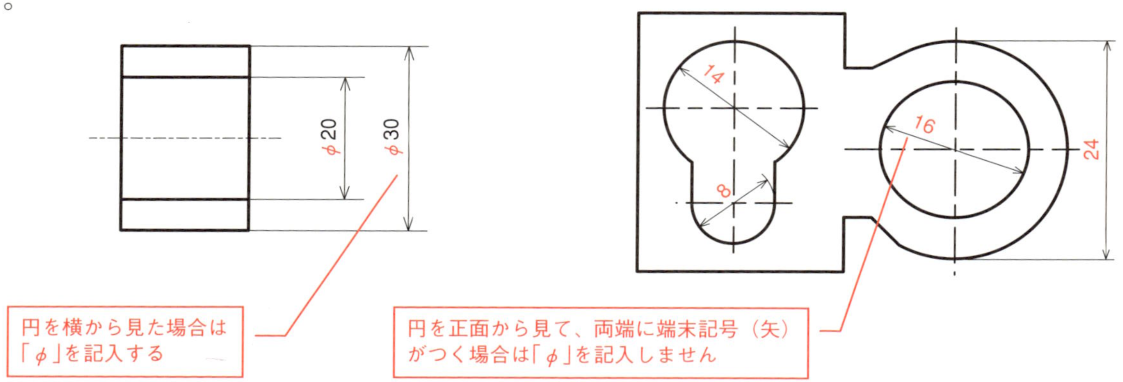
φ20
φ30
円を横から見た場合は「φ」を記入する
14
8
16
24
円を正面から見て、両端に端末記号（矢）がつく場合は「φ」を記入しません

多くの企業で、「φ」をつけてるけど、JIS製図では、円を正面から見た図に「φ」をつけたらあかんのか。
忠実にJIS製図を守っている企業もあるけどな・・。

同様に側面から円を見た図で、中心点から引き出し線を使って寸法を指示することもできます。

ここで、**円を正面から見た図であっても、引き出し線を用いて寸法を指示した場合は“φ”を記入します。**

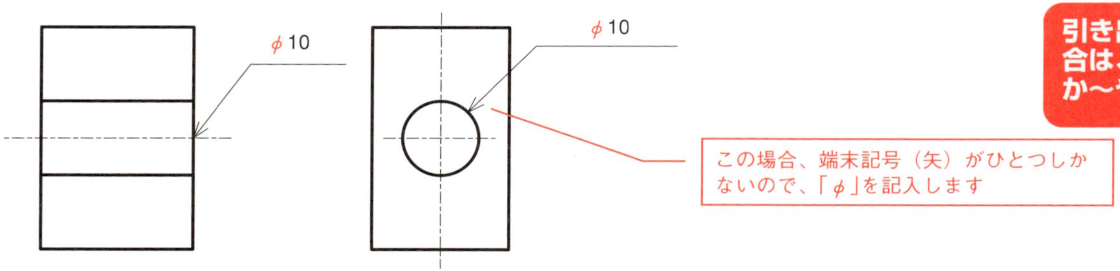
φ10
φ10
この場合、端末記号（矢）がひとつしかないので、「φ」を記入します

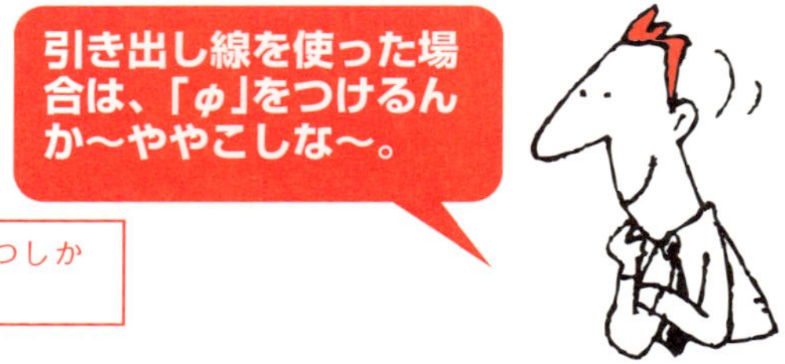
引き出し線を使った場合は、「φ」をつけるんか〜ややこしな〜。

3 半径の指示

円弧の半径を示す寸法線は、円弧の側にだけ矢印をつけ、中心側には何もつけず、寸法数値の前に半径の記号“R”を記入します。矢印や寸法数値を記入する余地がない場合は、右図に示す記入法も使用することができます。

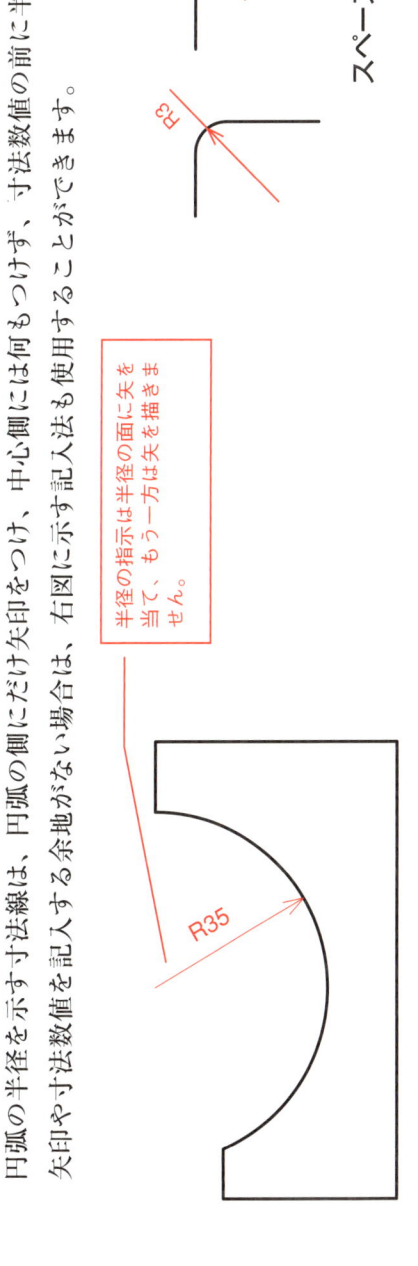

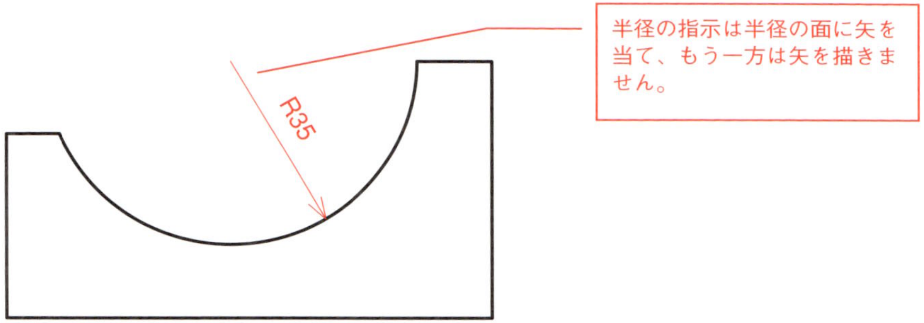
R35
半径の指示は半径の面に矢を当て、もう一方は矢を描きません。

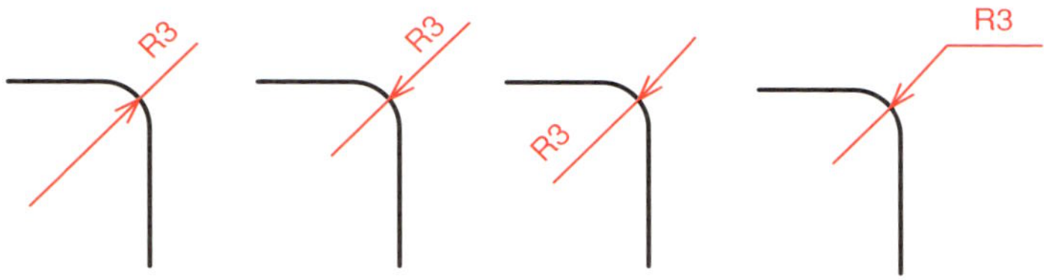
R3
R3
R3
R3

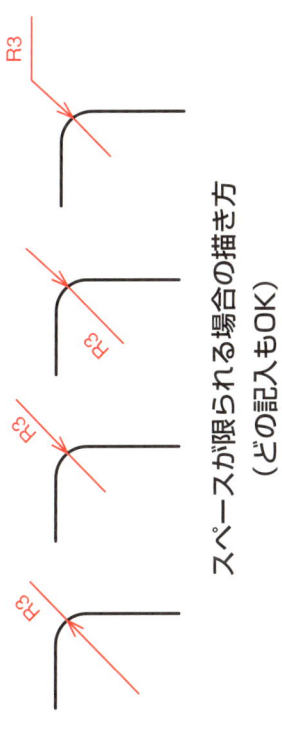

スペースが限られる場合の描き方
（どの記入もOK）

■D（¯ー¯*）　コーヒーブレイク

寸法記入における直径指示と半径指示の使い分け

円弧図形の寸法指示において、180°以下は半径で指示し、180°を超える場合は直径で指示します。ただし、機能上あるいは加工上、直径の寸法を必要とする場合はこの限りではありません。

対称図形の省略により、図面が半分しかなくても実形が180°を超える場合や、明らかに機能上必要な場合は直径で表します。

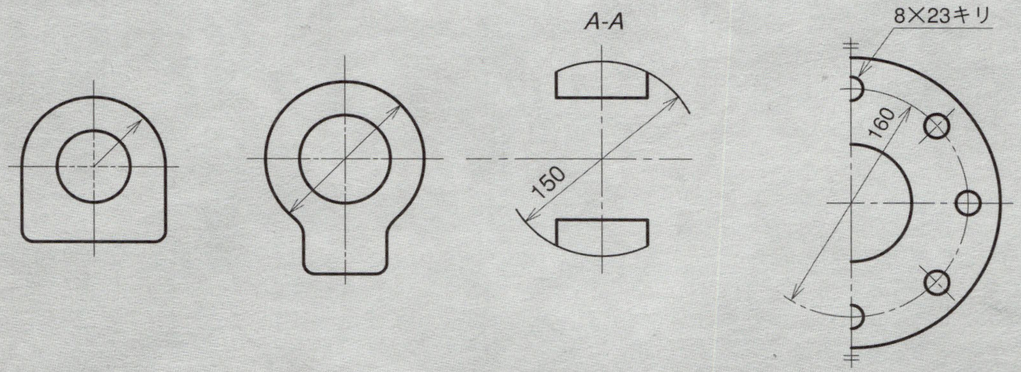
A-A
150
8×23キリ
160

半径指示　　直径指示　　機能上必要な場合　　実形が180度以上

4　角度の指示

角度を記入する寸法線は、角度を構成する2辺またはその延長線（寸法補助線）の交点を中心として両辺またはその延長線の間に描いた円弧で表します。

角度指示において、公差の付かない90°や180°の面、またはピッチ円周上の穴などで明らかに等分に配置されている場合は暗黙の了解のもと角度寸法は省略します。

角度は、片側指示でも両側指示でも同じです。

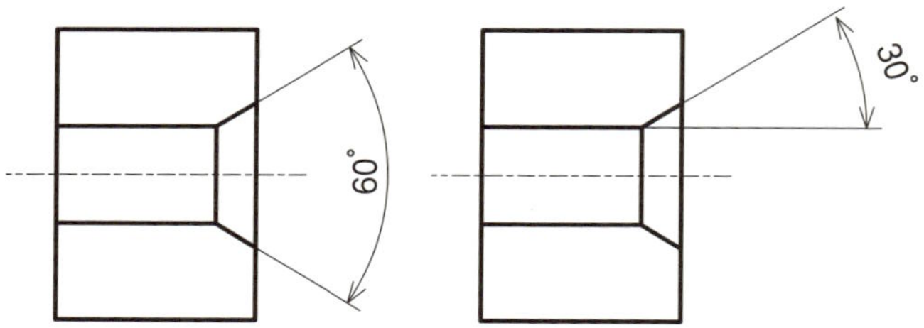
60°
30°

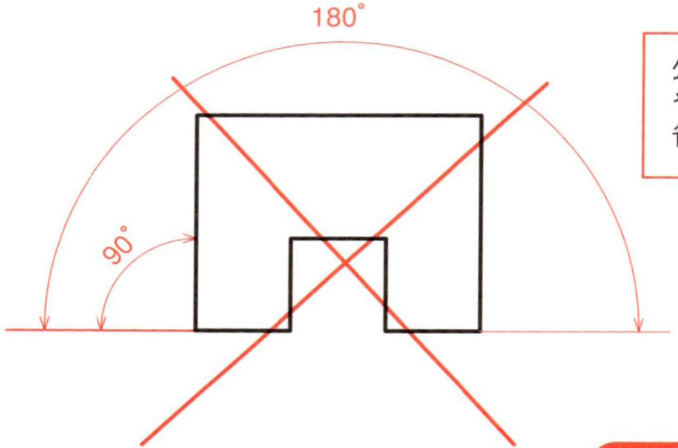
180°
90°

公差のない直角（90°）や水平は寸法指示を省略します！

角度寸法の記入がないってことは、ここを基点として、5等分＝72°と判断します

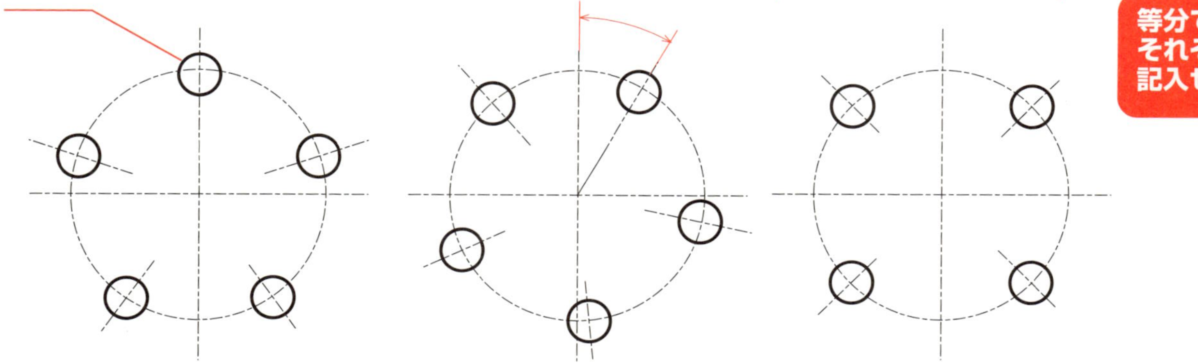

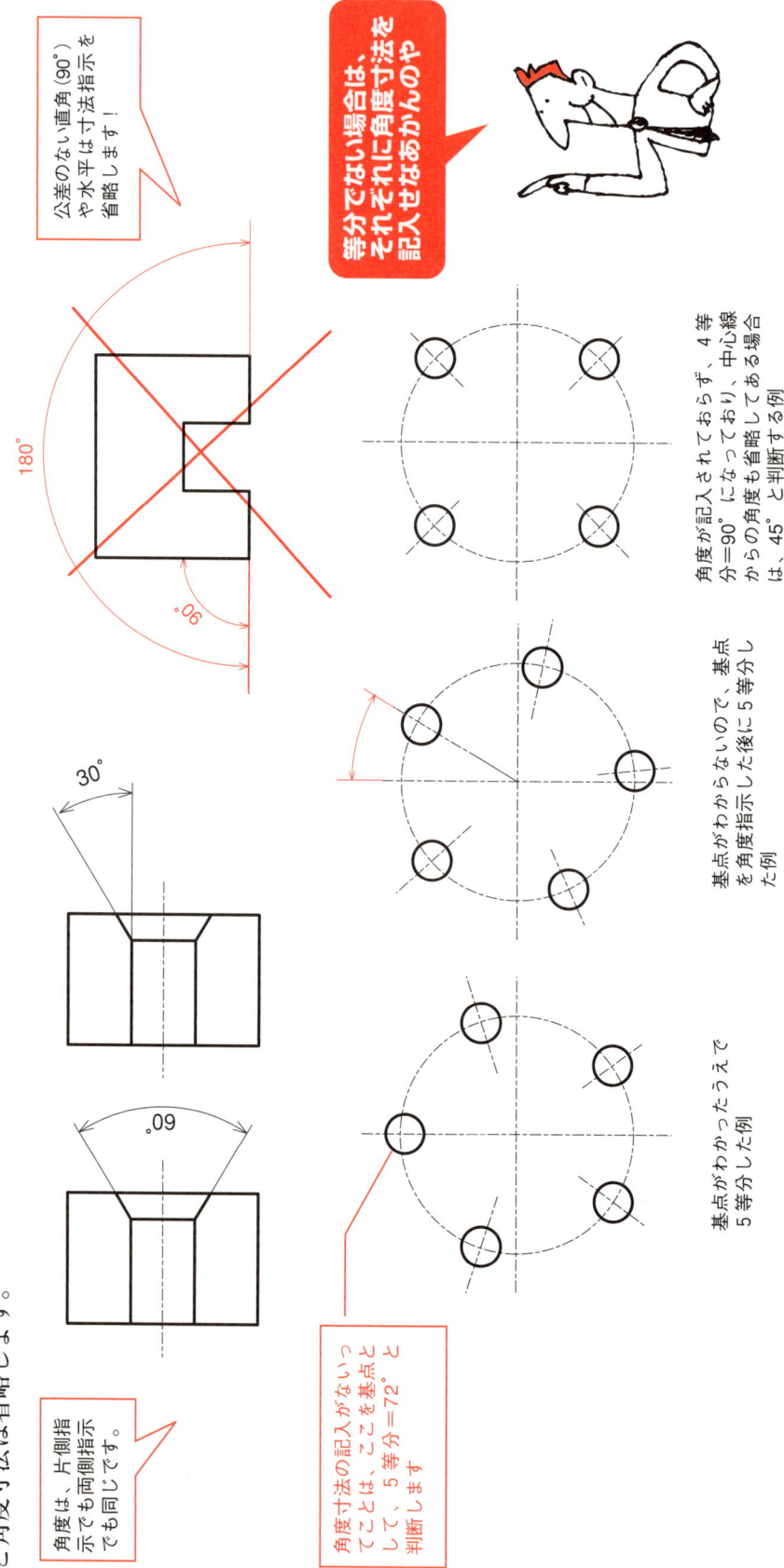

基点がわかったうえで5等分した例

基点がわからないので、基点を角度指示した後に5等分した例

角度が記入されておらず、4等分＝90°になっており、中心線からの角度も省略してある場合は、45°と判断する例

等分でない場合は、
それぞれに角度寸法を
記入せなあかんのや

本章第4項以降で詳細に説明していますが、角度寸法にもばらつきが発生するため、角度の基準となる点に対し、基準点の反対側は角度のばらつきで長さ寸法に影響がでます。

そのため、辺の長さと同様に設計意図として、どこの座標を基点として形状が必要なのかを考えて寸法を記入しなければいけません。

1）基準Aから角度寸法を指示した例

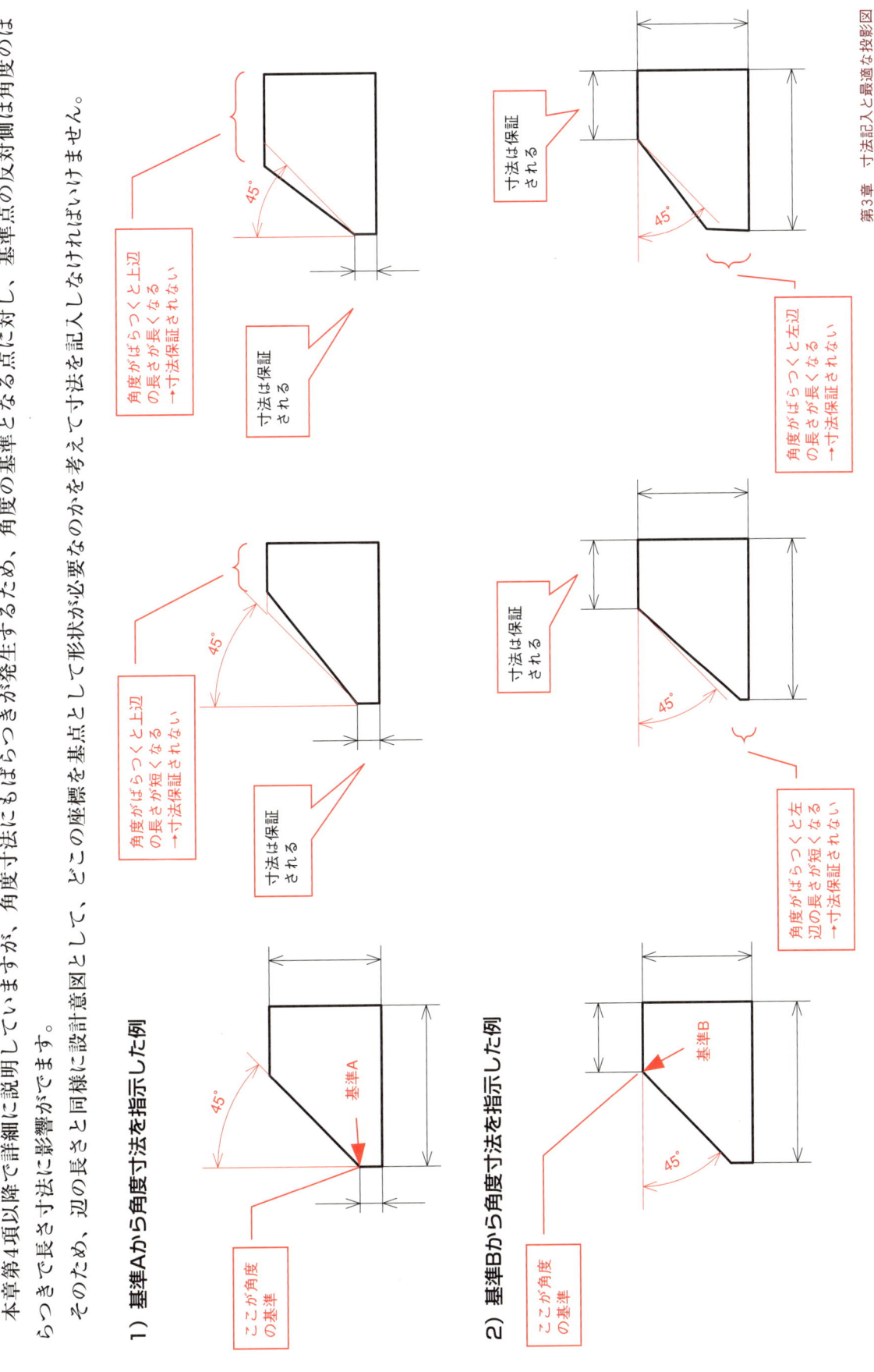

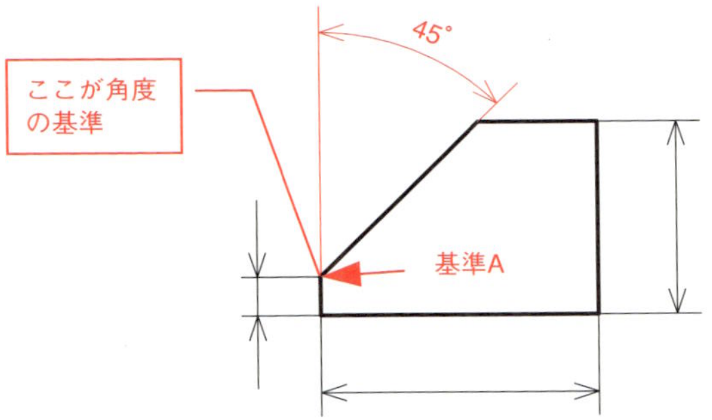

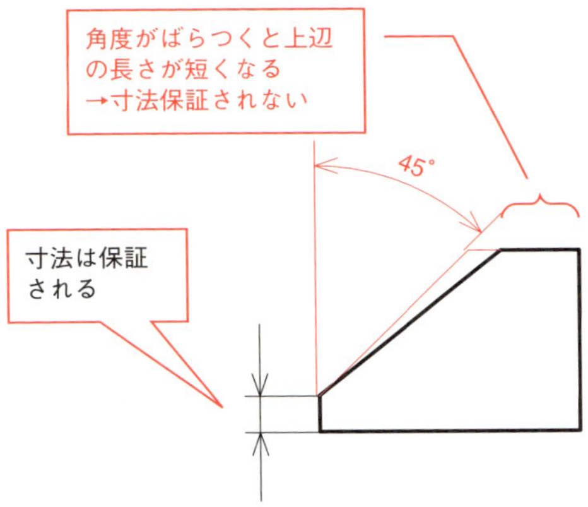

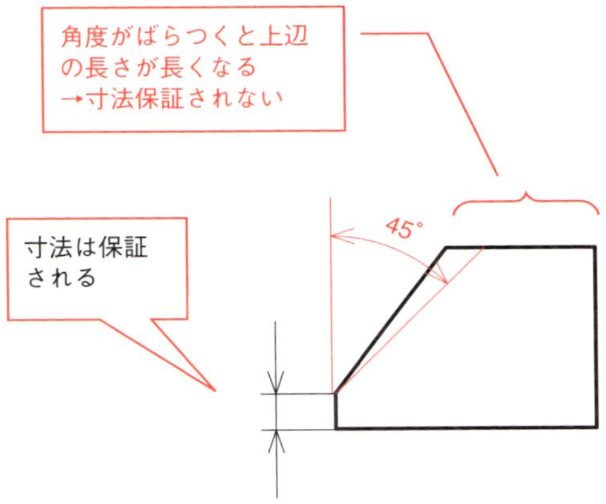

2）基準Bから角度寸法を指示した例

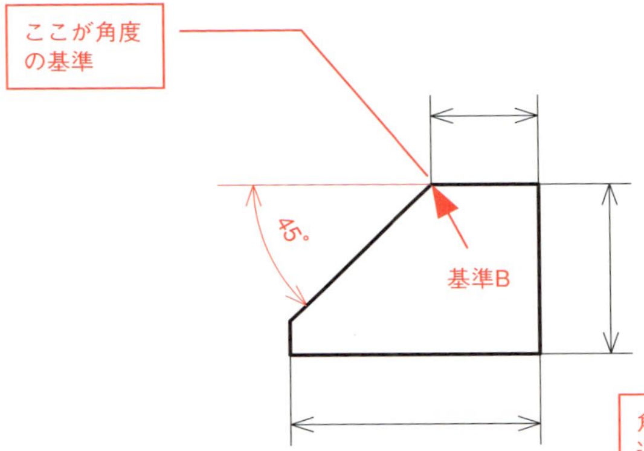

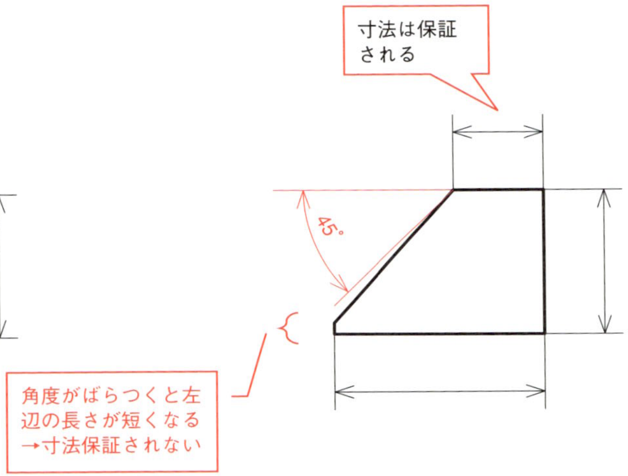

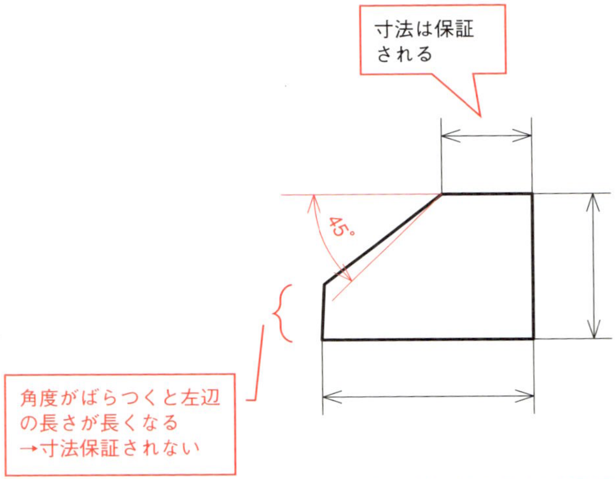

5　一群の同一寸法の指示

同一寸法の穴や形状が多数整列した状態の寸法を記入する場合、その穴や形状のひとつから引き出し線を引き出し、その総数を表す数字の次に“×”を記入します。**穴の場合は“総数×穴の寸法”を記入します。**

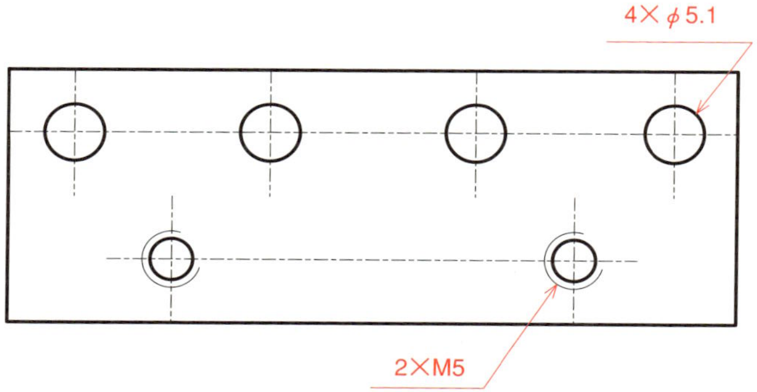
4×φ5.1
2×M5

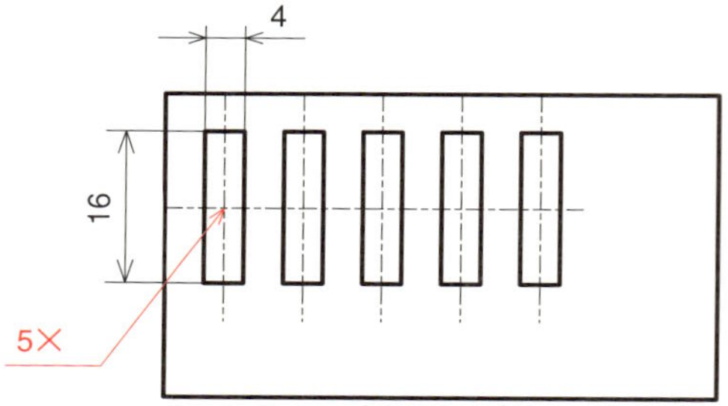
4
16
5×

丸い形状以外に、
角穴や長穴、切り欠きにも
使えるんや！

同一寸法の要素群で等間隔ではない場合、同じ寸法数値の繰り返しを省くため、要素の総数で表しても構いません。

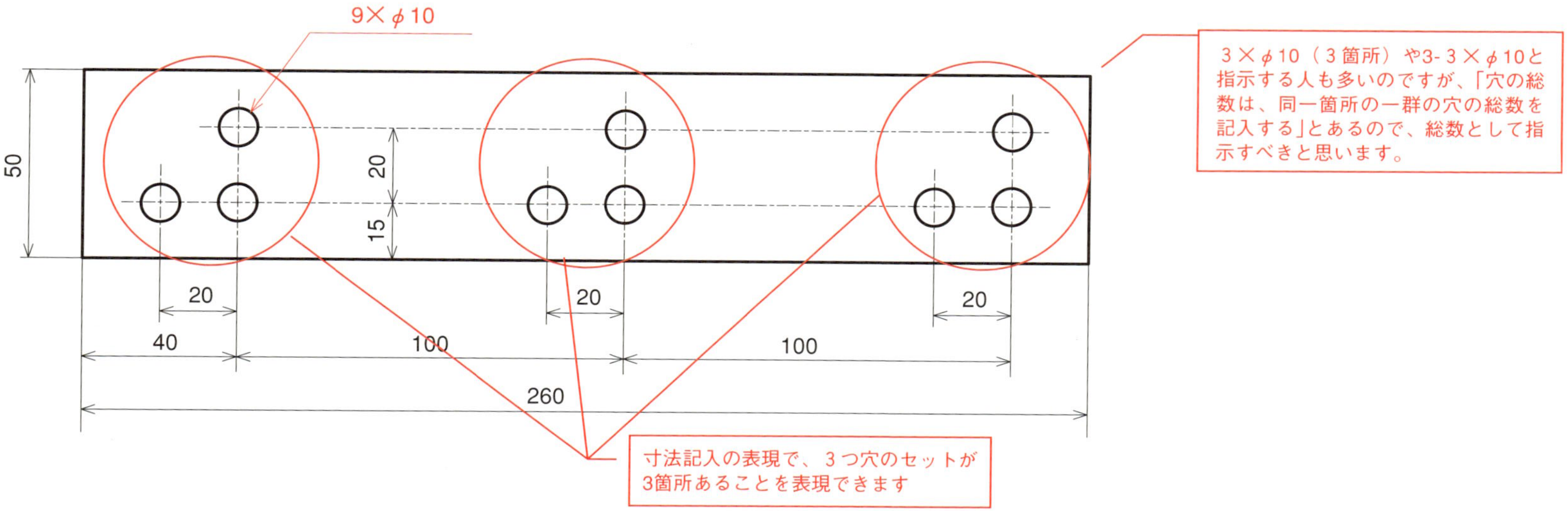
9×φ10
50
20
15
20
20
20
40
100
100
260
3×φ10（3箇所）や3-3×φ10と指示する人も多いのですが、「穴の総数は、同一箇所の一群の穴の総数を記入する」とあるので、総数として指示すべきと思います。
寸法記入の表現で、3つ穴のセットが3箇所あることを表現できます穴の総数は、同一箇所の一群の穴の総数を記入します。

例えば、コの字曲げのブラケットで両側の曲げ部に同じ穴を持つ場合は、それぞれ片側の面についての総数で表します。

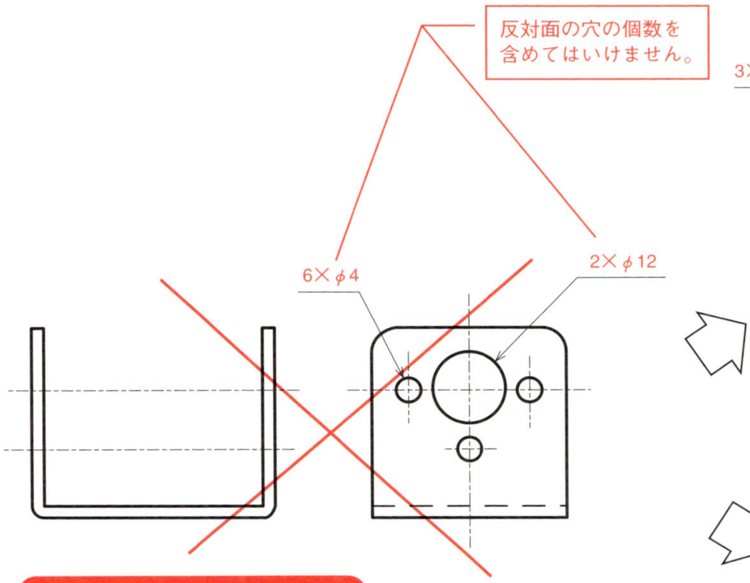

反対面の穴の個数を含めてはいけません。
6×φ4
2×φ12

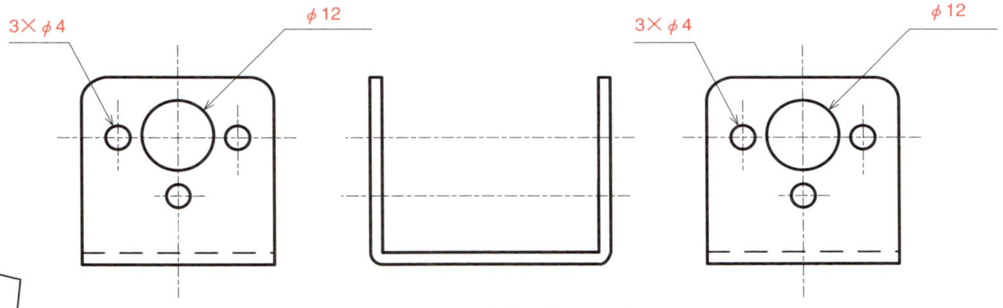

3×φ4
φ12
3×φ4
φ12

投影図を忠実に描いた例

ひとつの部品に全く同一寸法の形状がある場合には、寸法をそのひとつにまとめて記入し、記入した方に代表の記号を指示し、もう一方にはそれと同一であることを指示することができます。

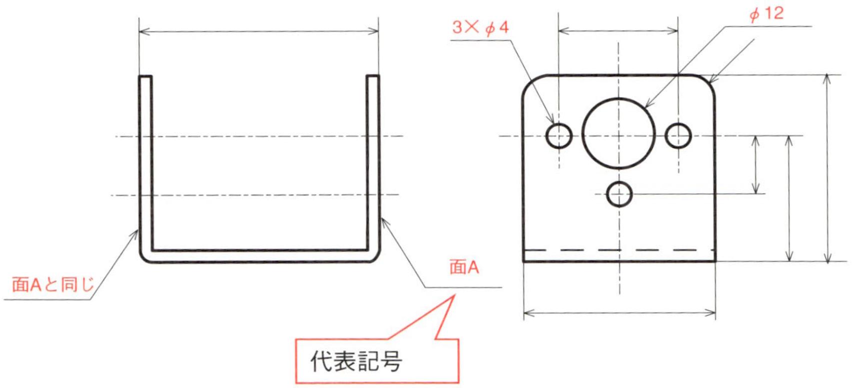

面Aと同じ
面A
3×φ4
φ12
代表記号

代表記号を使って投影図を省略した例

同一箇所とは、同じ面と理解しすればええんか〜

ブラケットとは、機械設計の分野では板金でできた取り付け用の部品をいう。取り付け板や支え板とも呼ばれる。

6　等間隔に配置された形体の指示

等間隔の形体または一様に配置された要素は、次のように省略して寸法を記入しても構いません。

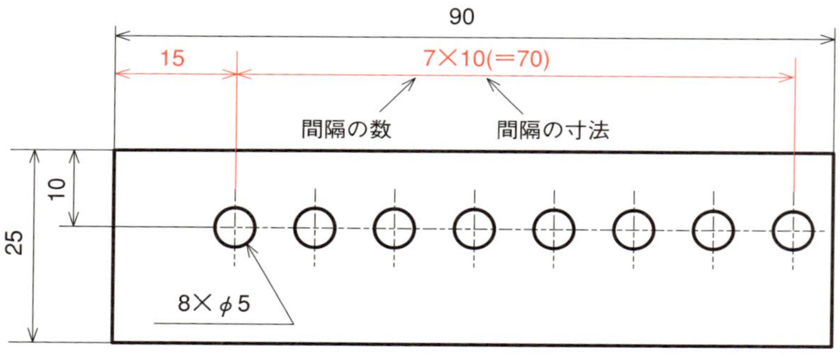
90
15
7×10(=70)
間隔の数
間隔の寸法
10
25
8×φ5

直列に配置された穴の配置

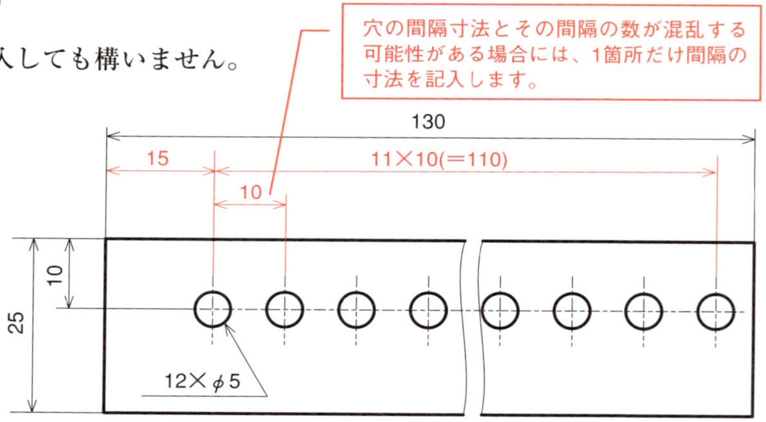
穴の間隔寸法とその間隔の数が混乱する可能性がある場合には、1箇所だけ間隔の寸法を記入します。
130
15
11×10(=110)
10
10
25
12×φ5

穴の間隔とその間隔の個数が混乱する場合

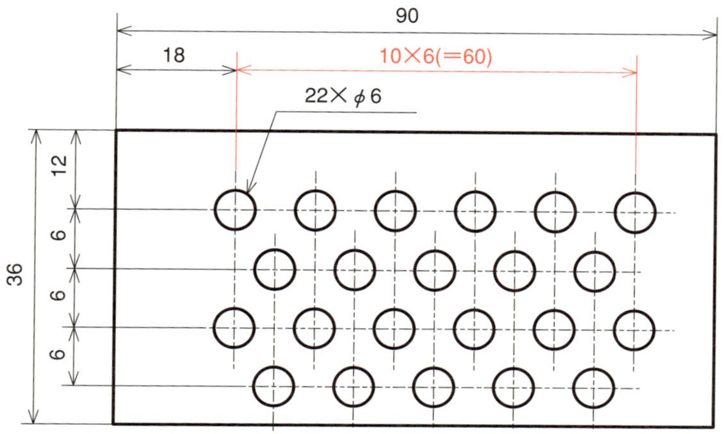
90
18
10×6(=60)
22×φ6
12
6
6
6
36

一様に配置された穴の配置

直列ではないが、
一様に整列している場合は、
同様に寸法を省略しても
ええんや

7	面取りの指示

面取りには、エッジをなくす安全性の確保や、傷防止目的の45°面取りと、はめ合わせ部分の挿入性目的のテーパ面取りがあります。**Cによる表示は、日本国内ではごく一般的に使われますが、原国際規格では規定していません。**

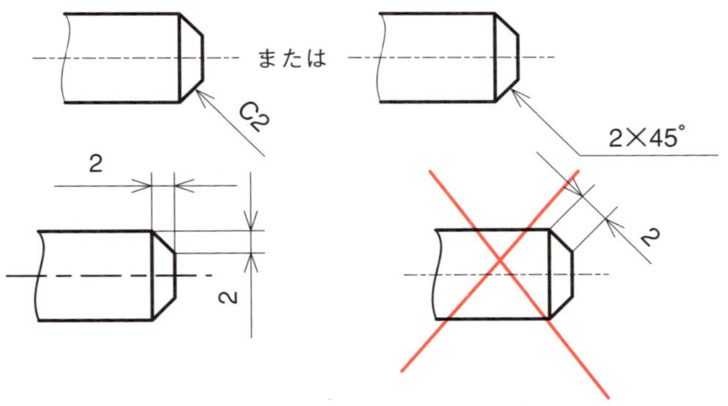

または
C2
2×45°
2
2
2

45° 面取り（C面取りともいう）

Cは「chamfer（面取りを施す）」という意味の頭文字なんや。Cに続く数値が面取りの深さで、斜面の長さとちゃうんや～

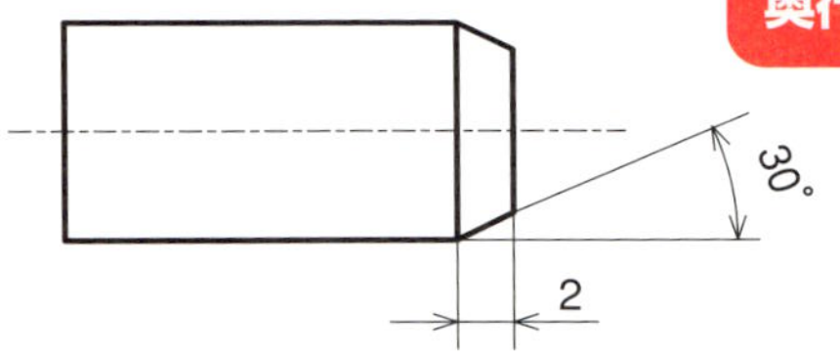

30°
2

テーパ面取り

テーパの寸法では、奥行きが定義されへんから、角度と奥行きが必ずペアになるんやな。

本章第5項で説明したように、穴やネジなどは“総数×寸法”で表すことができますが、**C面取りやR面取りは総数で表すことはできません。**また、円筒形に面取り指示をする場合は、1箇所指示することで全周（360°）を指示できますので、勘違いしてその反対側にも指示しないよう注意してください。

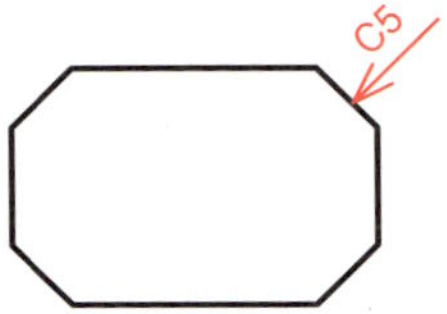

C5

上下左右対称とみなし、残り3箇所もＣ５と判断する

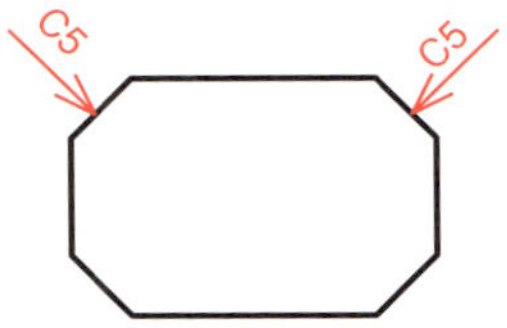

C5
C5

上下対称とみなし、下2箇所もＣ５と判断する

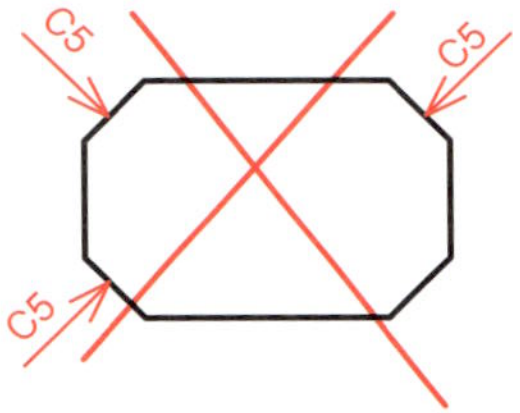

C5
C5
C5

右下の面取りの寸法漏れと判断される

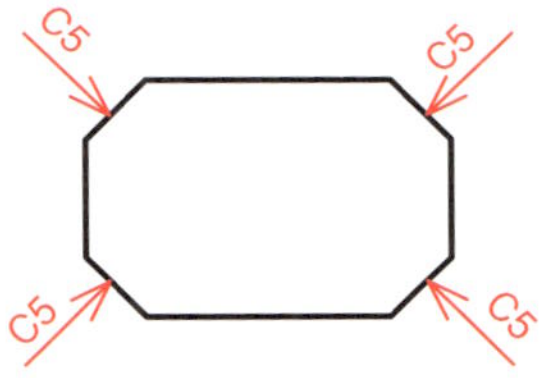

C5
C5
C5
C5

寸法漏れはないため、問題なし

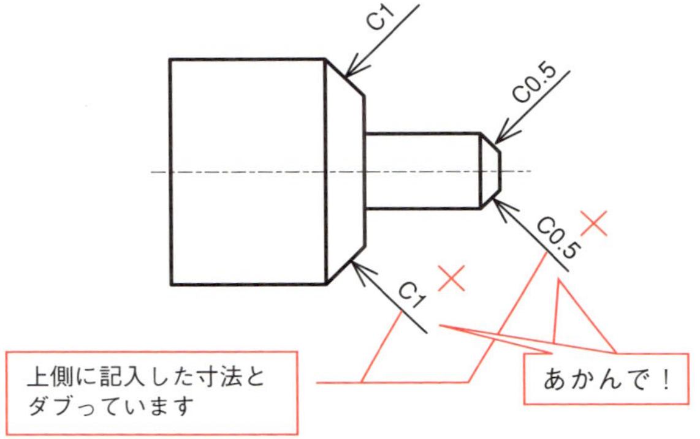

C1
C0.5
C0.5
C1
上側に記入した寸法とダブっています
あかんで！

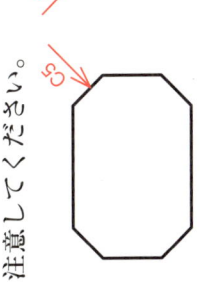

8　正方形の指示

正方形である対象部を側面から見た図や断面で表した場合、その形を図に表さないで、辺の長さを表す寸法数値の前に“□（カク）”を記入します。**しかし、正方形を正面から見た投影図では、“□”をつけずに、両辺の寸法を記入しなければいけません。**つまり、直径「ϕ」と同じ論理です。

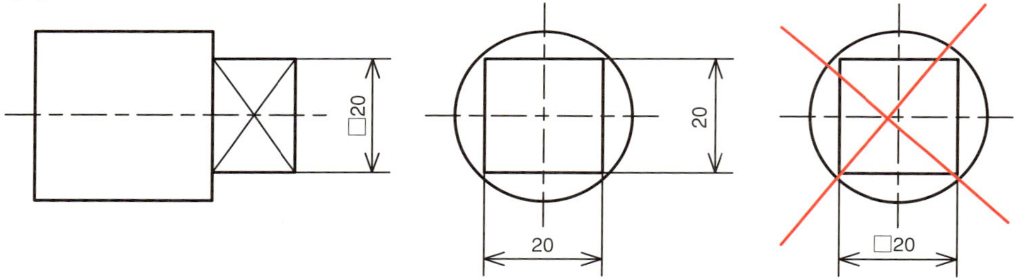
□20
20
20
□20

正方形を正面から見た図に
「□」は使えへんのか～！

9　長穴の指示

長円の穴の寸法記入は、その穴の持つ機能を重視した寸法の入れ方や、加工方法を重視した記入方法などがあります。

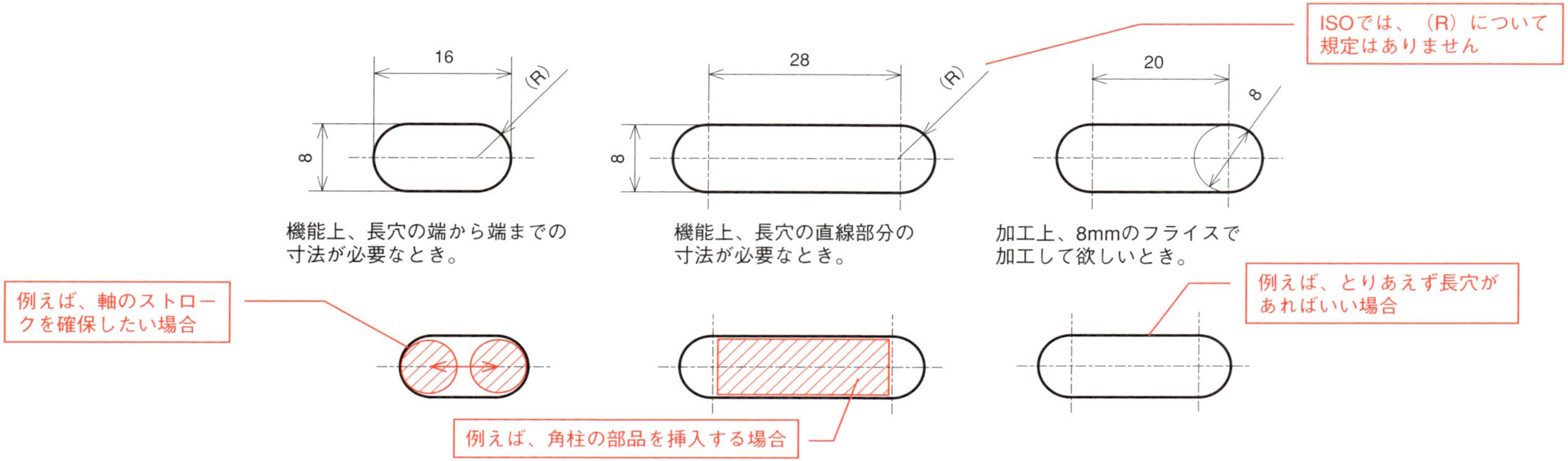
16
(R)
8
28
(R)
8
20
8
ISOでは、(R) について
規定はありません
機能上、長穴の端から端までの
寸法が必要なとき。
機能上、長穴の直線部分の
寸法が必要なとき。
加工上、8mmのフライスで
加工して欲しいとき。
例えば、軸のストロー
クを確保したい場合
例えば、角柱の部品を挿入する場合
例えば、とりあえず長穴が
あればいい場合

10　こう配・テーパの指示

品物の**片面だけが傾斜しているものをこう配（こうばい）**といい、**相対する両側面が対称的に傾斜しているものをテーパ**と呼びます。

こう配は、傾斜面から引き出し線により導き、こう配を持つ投影対象物の中心線と平行に参照線を用いて表します。こう配の向きを明らかに表したい場合には、こう配の向きを示す図記号をこう配の方向にあわせて描きます。

テーパは、傾斜面から引き出し線により導き、テーパを持つ投影対象物の中心線と平行に参照線を用いて表します。テーパの向きを明らかに表したい場合には、テーパの向きを示す図記号をテーパの方向にあわせて描きます。

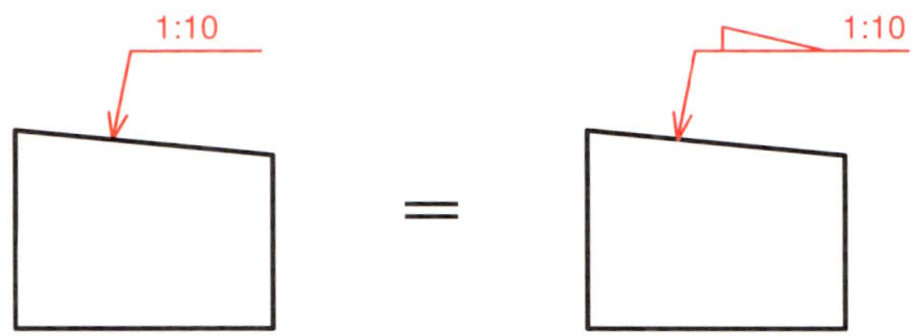
1:10
＝
1:10

こう配の寸法指示

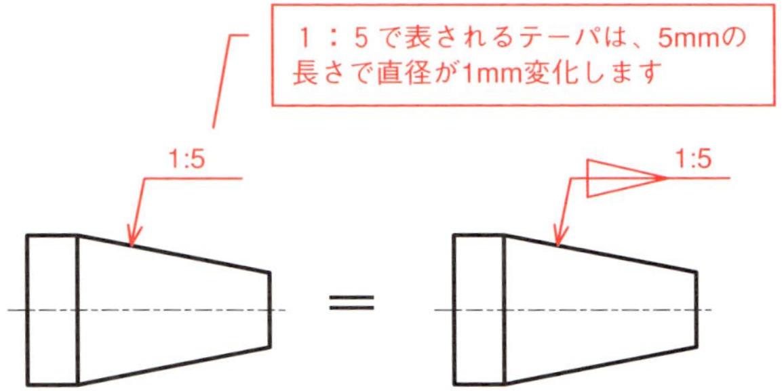
1：5で表されるテーパは、5mmの長さで直径が1mm変化します
1:5
＝
1:5

テーパの寸法指示

こう配やテーパの指示で、
傾きの記号を使っても
使わなくても同じ意味なんや

11　加工や処理範囲の指示

加工・処理範囲を指示する場合は、特殊な加工を示す太い一点鎖線を用いて位置及び範囲を示し、その領域を寸法で記入します。

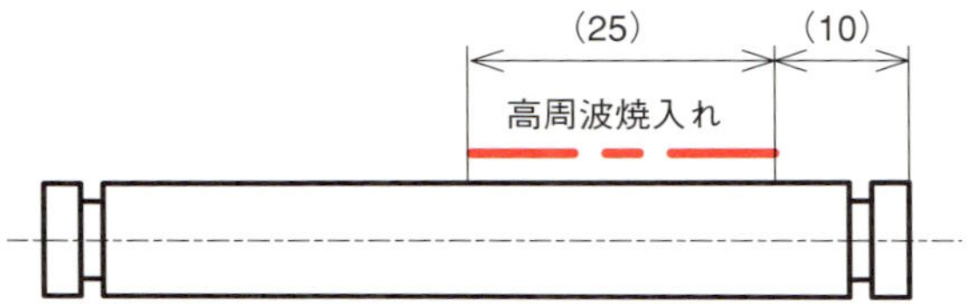
(25)
(10)
高周波焼入れ

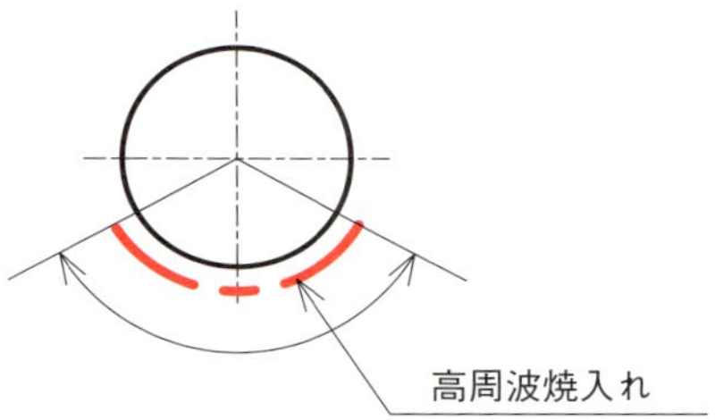
高周波焼入れ

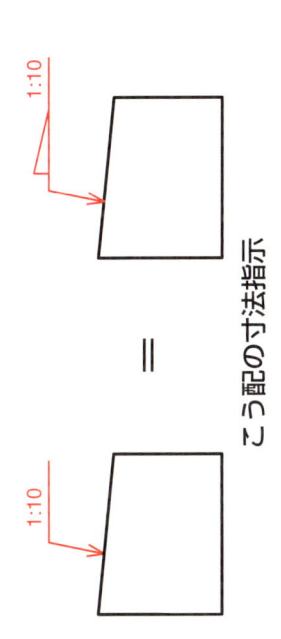

3 寸法記入の考え方

個別の形状に対する寸法線記入の作法はわかりましたが、具体的に図面に寸法をどうやって記入していくのでしょうか？
例えば、下図に示すように、U字形の板金ブラケットに取り付けられた段付きのピンに寸法を記入してみましょう。

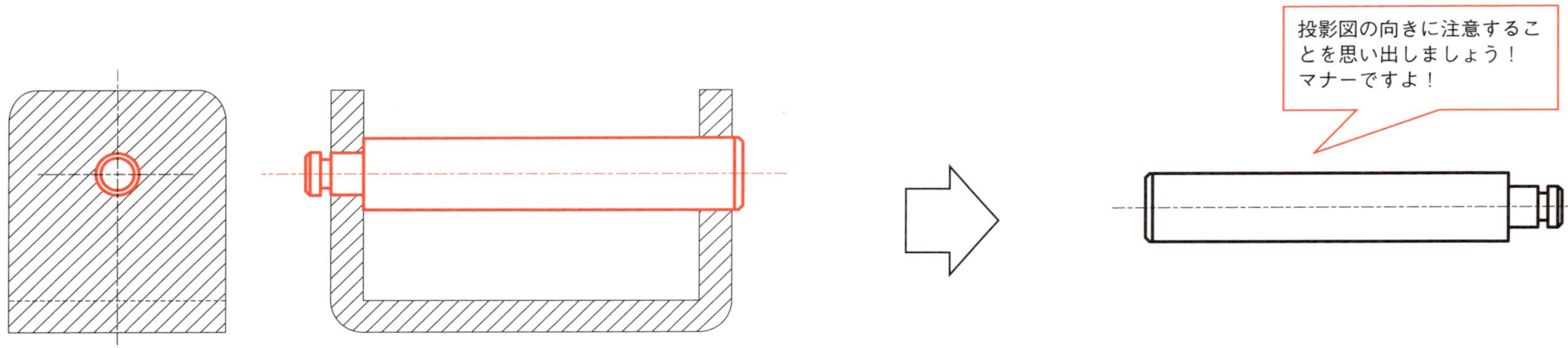
投影図の向きに注意すること
を思い出しましょう！
マナーですよ！

寸法を記入する際に、設計者自身が加工者になってその部品を作っていけば、基本的に寸法漏れは発生しません。

加工の気持ちになってみる	設計者として図面に寸法線を記入する
①まず、素材を準備します 	①まず、どのような素材を準備すればいいのかを表現します 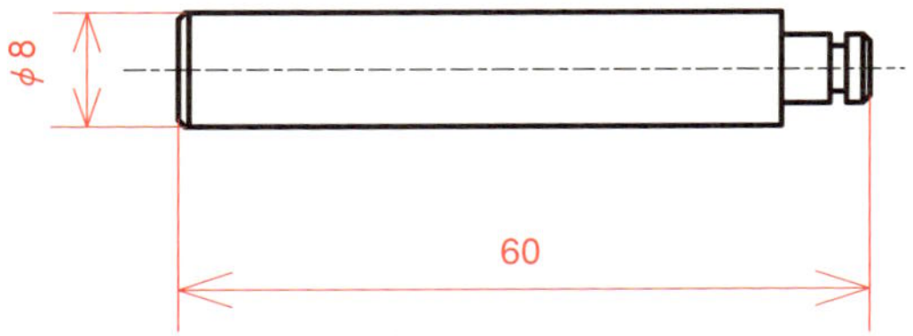 φ8 60

②旋盤にセットして、右側の段付き部分を加工します

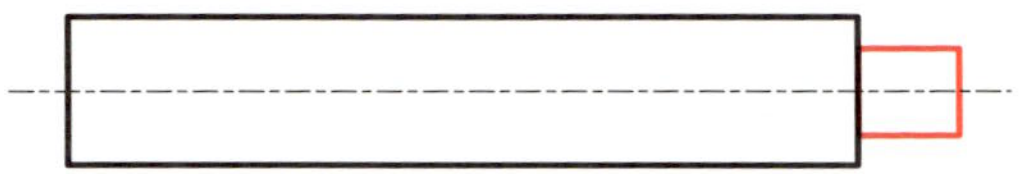

※旋盤は左側をつかんで右側を切削します

②段付き部分の寸法を表現します

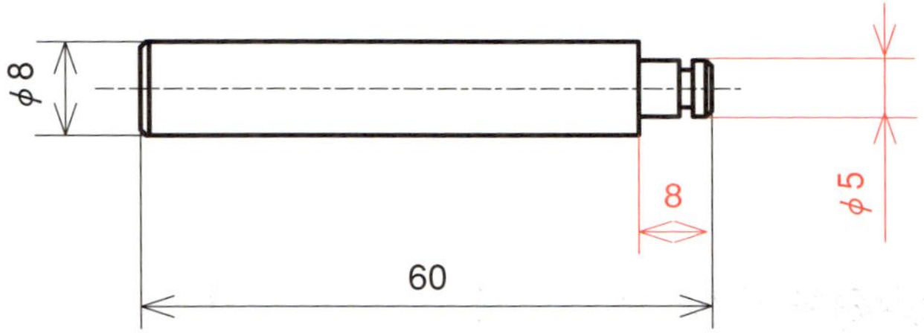

③段付き部分のEリング溝を加工します

③段付き部分のEリング溝を表現します

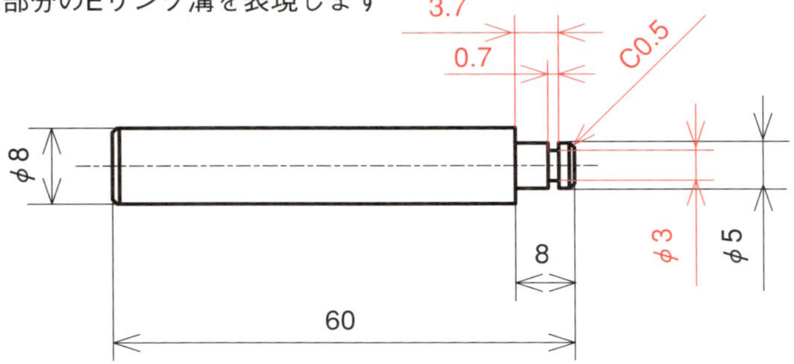

④軸を反転させて取りつけ、反対側の面取りを加工して完成です

④左側の面取りを表現します

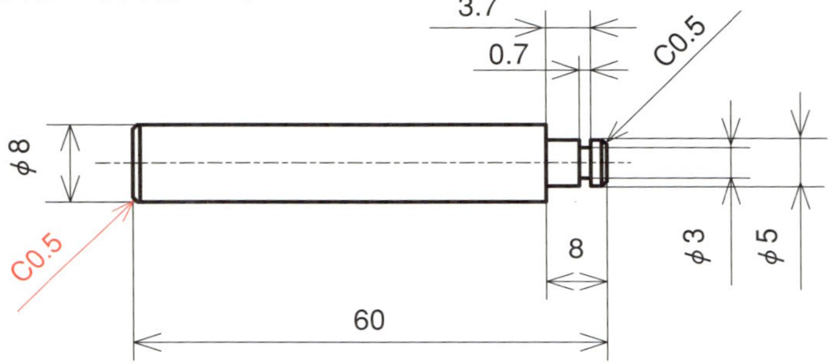

Work Shop 3-01

ひとマス5mmとして寸法数値を算出し、右側の投影図に寸法を記入してみましょう。寸法線はフリーハンドで記入してください。

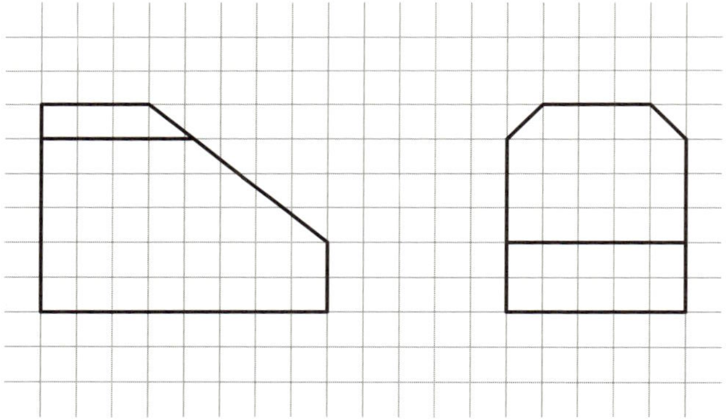

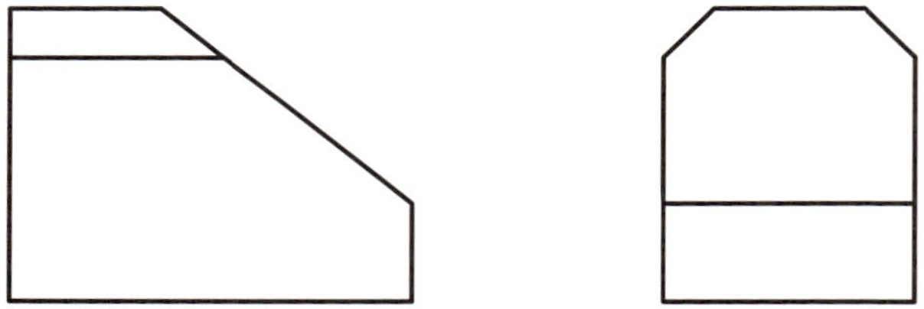

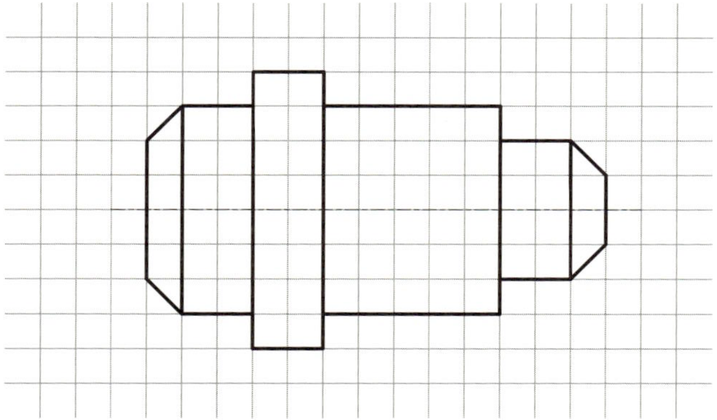

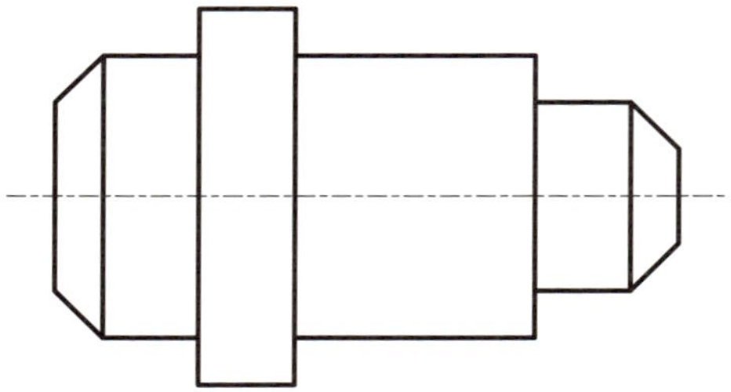

Work Shop 3-02

ひとマス5mmとして寸法数値を算出し、右下の投影図に寸法を記入してみましょう。寸法線はフリーハンドで記入してください。

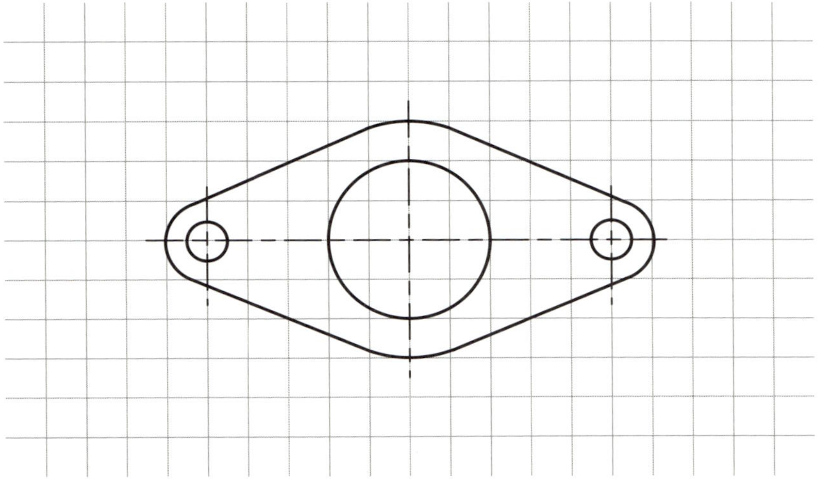

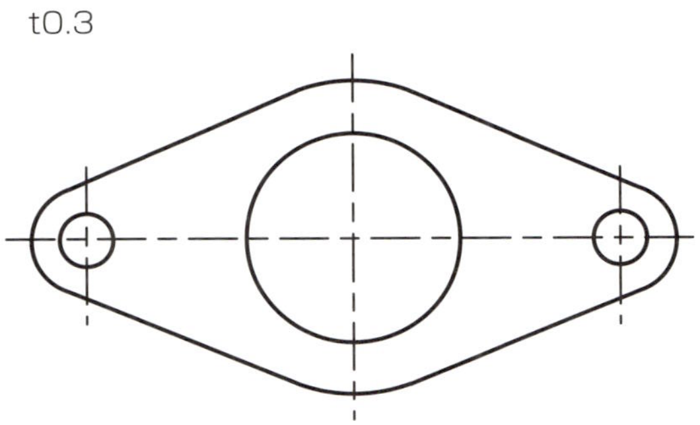

Work Shop 3-03

ひとマス5mmとして寸法数値を算出し、右下の投影図に寸法を記入してみましょう。寸法線はフリーハンドで記入してください。

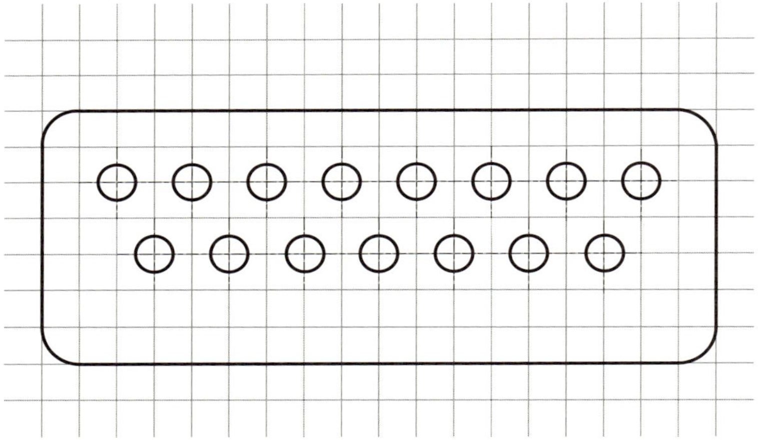

t 1.0

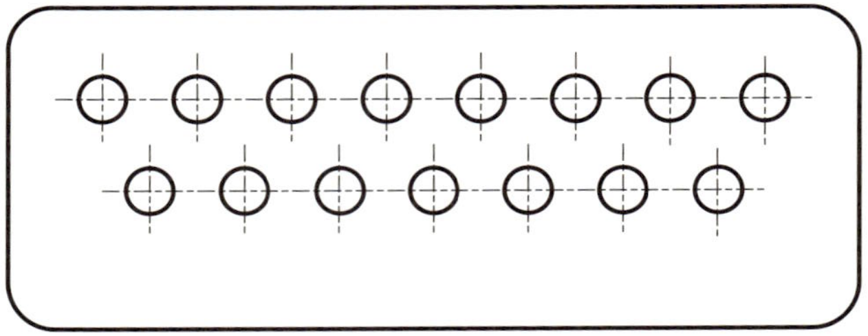

Memo

部品名			
担当者			
投影法		尺度	1:1

寸法の配置

これまでに、ひとつの形状に対する寸法記入を学習しましたが、実際の製図では複合する形状の関連を見極めながら寸法を記入しなければいけません。

複合する形状に寸法をいくつか並べて記入する方法には、下記の4つの種類があります。

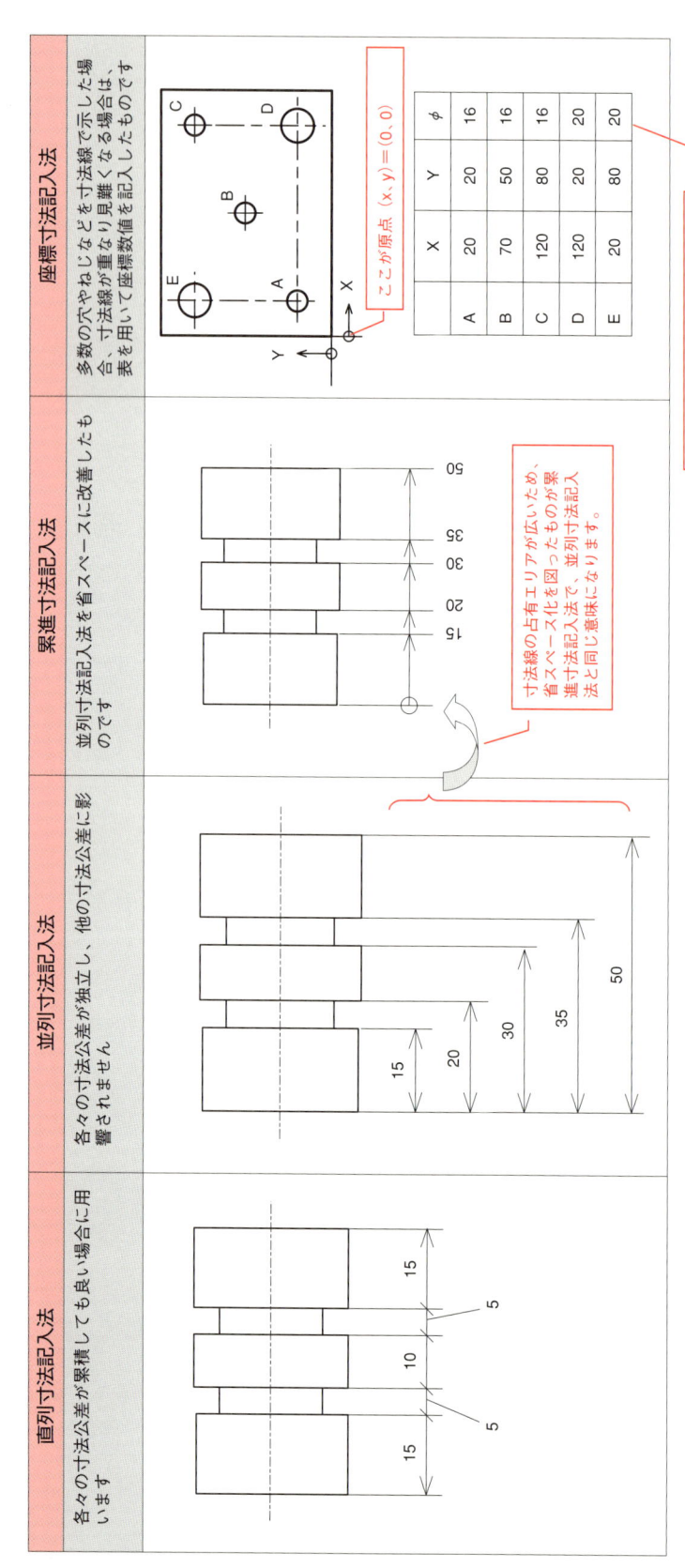

直列寸法記入法	並列寸法記入法	累進寸法記入法	座標寸法記入法
各々の寸法公差が累積しても良い場合に用います	各々の寸法公差が独立し、他の寸法公差に影響されません	並列寸法記入法を省スペースに改善したものです	多数の穴やねじなどを寸法線で示した場合、寸法線が重なり見難くなる場合は、表を用いて座標数値を記入したものです

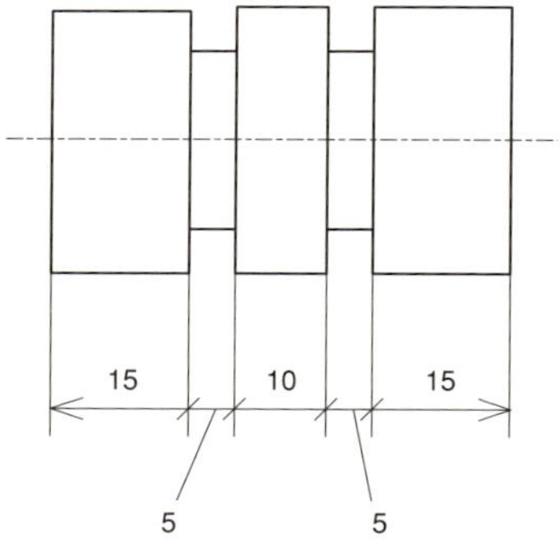

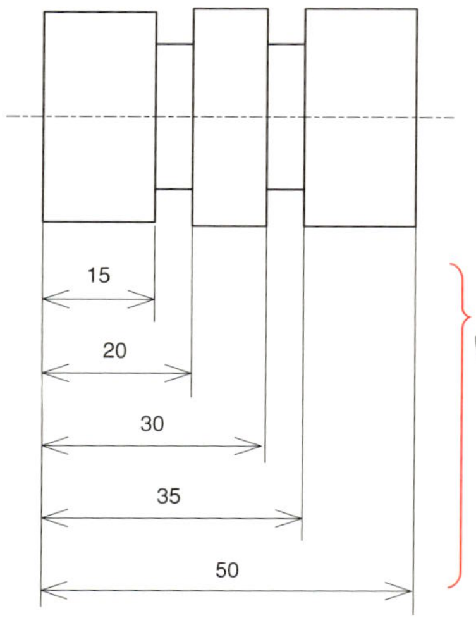

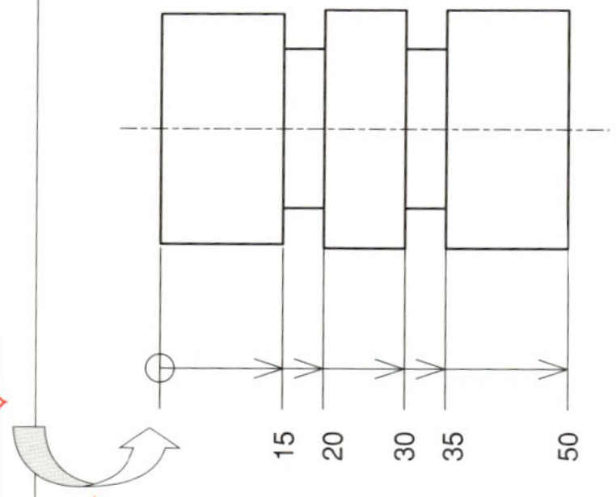

寸法線の占有エリアが広いため、省スペース化を図ったものが累進寸法記入法で、並列寸法記入法と同じ意味になります。

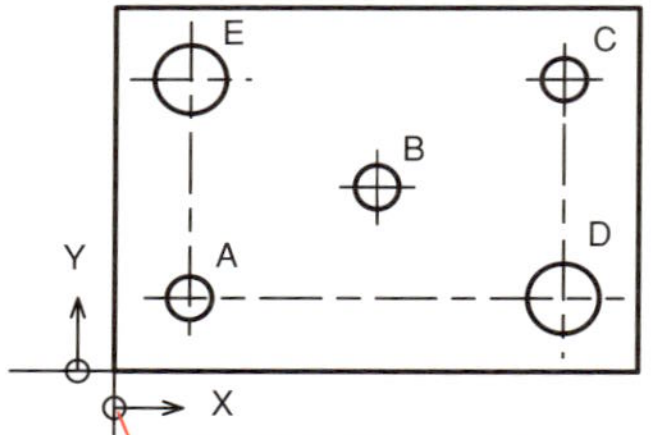

ここが原点 (x、y)＝(0、0)

	X	Y	φ
A	20	20	16
B	70	50	16
C	120	80	16
D	120	20	20
E	20	80	20

大きな板金部品にたくさんの穴が開いている場合に使います。

直列とは、複数のものが一直線上に並ぶこと。並列とは、複数のものが並べつらねること。

第3章 5

普通許容差

寸法記入法の中で、最もよく使われるものが直列寸法記入法と並列寸法記入法で、これらを組み合わせて表現することが一般的です。

それでは、直列寸法記入法と並列寸法記入法にはどのような違いがあるのでしょうか？その答えは、普通許容差にあるのですが、その前に寸法のばらつきを理解しましょう。

図面に寸法数値を記入しても、実際に加工した場合は寸法数値と全く同じ寸法に仕上げることはできません。

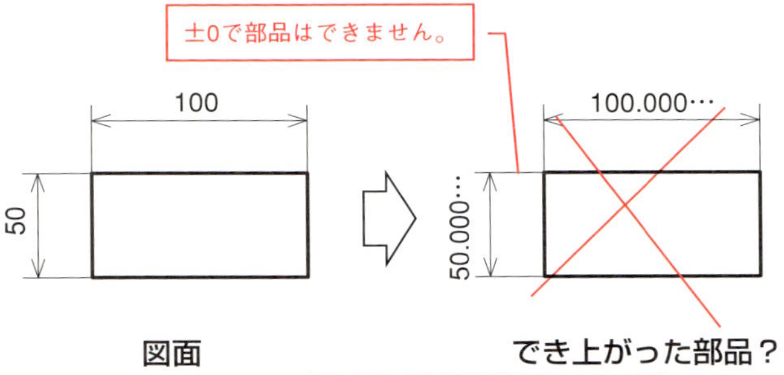

±0で部品はできません。
100
50
100.000…
50.000…
図面
でき上がった部品？

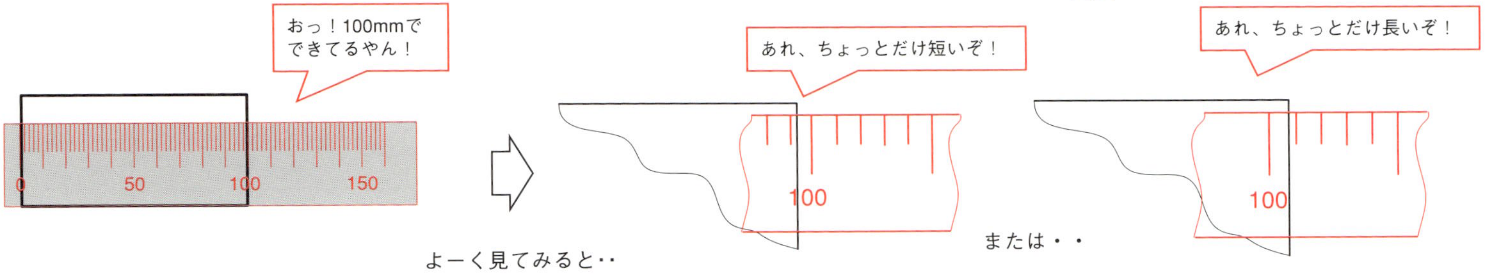

おっ！100mmでできてるやん！
0
50
100
150
よーく見てみると‥
あれ、ちょっとだけ短いぞ！
100
または・・
あれ、ちょっとだけ長いぞ！
100

そう、寸法数値はあくまでも加工の目標値で、寸法±0に加工はできないのです。

そこで、**寸法に応じて実際の寸法として許される最大値と最小値が決められており、その差を寸法公差といいます。**

寸法公差が明確に指示されていれば、部品不良かどうかの判断が可能ですが、寸法公差を書いていない場合、判断基準が必要です。

その基準として、**図面に寸法公差の表示がない場合に普通許容差を適用するのです。**

つまり、寸法に何の表示もない場合，通常は寸法数値として書かれた基準寸法を中心としてプラス側とマイナス側に同じだけの寸法公差があり、許される範囲内でプラス側に作ってもマイナス側に作っても構わないという決め事です。

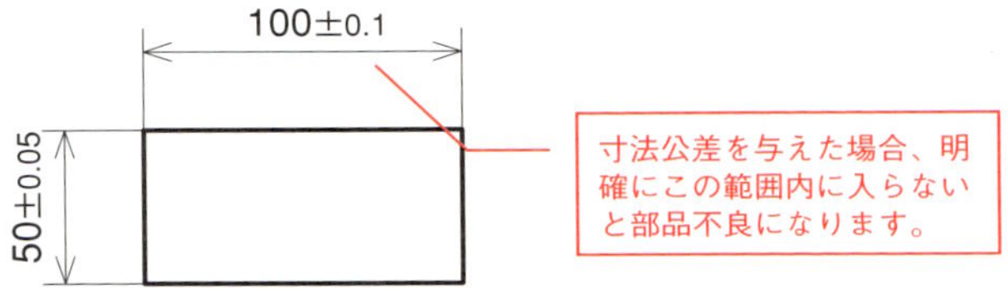

100±0.1
50±0.05
寸法公差を与えた場合、明確にこの範囲内に入らないと部品不良になります。

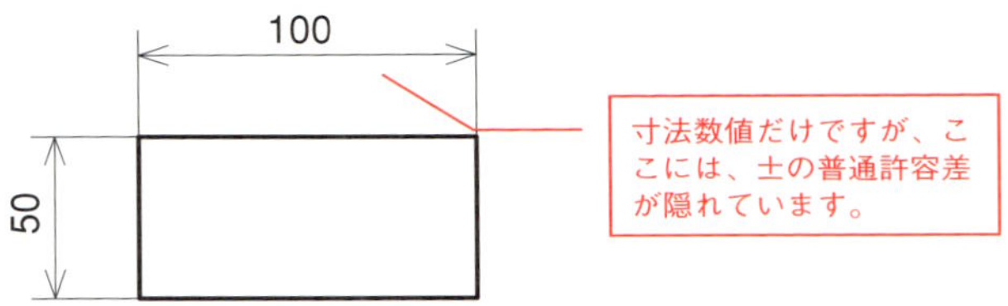

100
50
寸法数値だけですが、ここには、±の普通許容差が隠れています。

加工方法によって普通許容差は変わりますが、一般的によく使う切削加工の普通許容差を下表に紹介します。

切削加工の普通許容差には、精級（f）、中級（m）、粗級（c）、極粗級（v）の4段階の公差等級があり、長さ寸法、面取り長さ寸法、基準寸法に対するそれぞれの許容公差が定められています。

どの公差等級を
適用するかは、
業種などで異なるんで、
会社の技術資料を
確認せなあかんな。

面取りを除く長さ寸法の普通許容差

公差等級	基準寸法の区分							
説明	0.5以上 3以下	3を超え 6以下	6を超え 30以下	30を超え 120以下	120を超え 400以下	400を超え 1000以下	1000を超え 2000以下	2000を超え 4000以下
	許容差							
精級	±0.05	±0.05	±0.1	±0.15	±0.2	±0.3	±0.5	—
中級	±0.1	±0.1	±0.2	±0.3	±0.5	±0.8	±1.2	±2
粗級	±0.2	±0.3	±0.5	±0.8	±1.2	±2	±3	±4
極粗級	—	±0.5	±1	±1.5	±2.5	±4	±6	±8

注）0.5mm未満の基準寸法に対しては、その基準寸法に続けて許容差を個々に指示する。

面取り部分の長さ寸法に対する許容差

<table>
<tr><th>公差等級</th><th colspan="3">基準寸法の区分</th></tr>
<tr><td rowspan="2">説明</td><td>0.5以上
3以下</td><td>3より上
6以下</td><td>6より上</td></tr>
<tr><td colspan="3">許容差</td></tr>
<tr><td>精級</td><td rowspan="2">±0.2</td><td rowspan="2">±0.5</td><td rowspan="2">±1</td></tr>
<tr><td>中級</td></tr>
<tr><td>粗級</td><td rowspan="2">±0.4</td><td rowspan="2">±1</td><td rowspan="2">±2</td></tr>
<tr><td>極粗級</td></tr>
</table>

角度寸法の許容差

<table>
<tr><th>公差等級</th><th colspan="5">対象とする角度の短い方の辺の長さの区分</th></tr>
<tr><td rowspan="2">説明</td><td>10以下</td><td>10より上
50以下</td><td>50より上
120以下</td><td>120より上
400以下</td><td>400より上</td></tr>
<tr><td colspan="5">許容差</td></tr>
<tr><td>精級</td><td rowspan="2">±1°</td><td rowspan="2">±30′</td><td rowspan="2">±20′</td><td rowspan="2">±10′</td><td rowspan="2">±5′</td></tr>
<tr><td>中級</td></tr>
<tr><td>粗級</td><td>±1° 30′</td><td>±1°</td><td>±30′</td><td>±15′</td><td>±10′</td></tr>
<tr><td>極粗級</td><td>±3°</td><td>±2°</td><td>±1°</td><td>±30′</td><td>±20′</td></tr>
</table>

寸法公差の記入法

①長さ寸法の指示

長さ寸法の許容限界の記入は数値によって表す方法が一般的です。

この場合、寸法数値の次に寸法許容差を上段に上の寸法許容差、下段に下の寸法許容差を重ねて記入します。

寸法公差の文字の大きさは、特に規定がありません。ちなみに、JISハンドブックには寸法数値と同じ大きさの文字で寸法許容差を書いています。

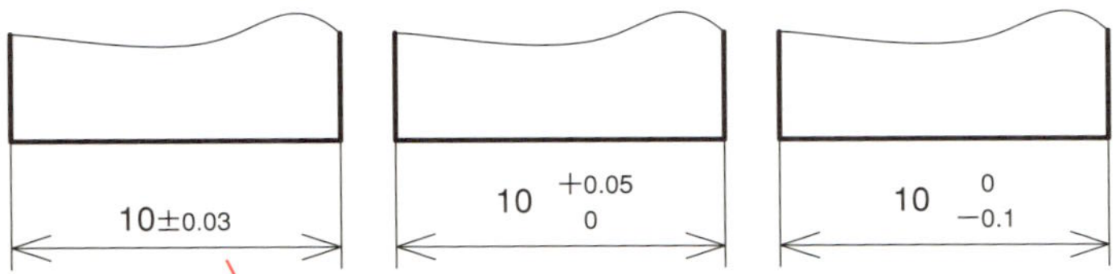

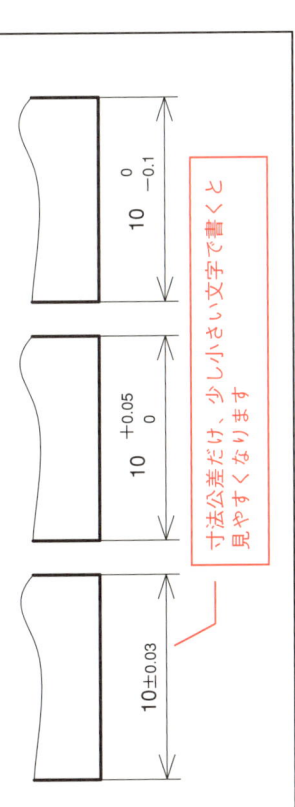

寸法公差だけ、少し小さい文字で書くと見やすくなります

②角度寸法の指示

角度寸法の許容限界の記入は長さの寸法公差と同じと考えて結構です。

ただし、角度の単位記号が必要ですので、忘れないように気をつけましょう。

角度の単位は、一般的に度数法（° 度、′ 分、″ 秒）を用いて表します。

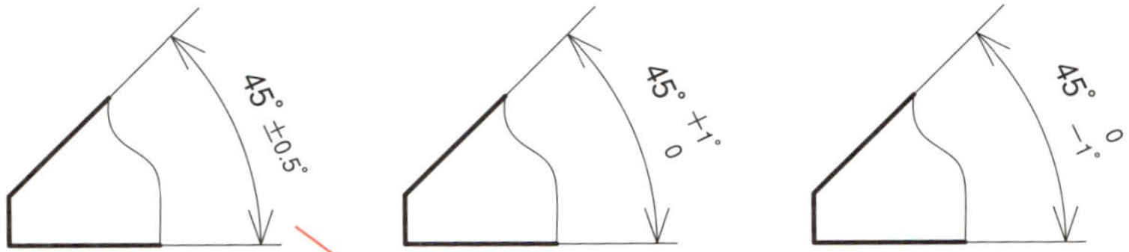

1 分は、1/60 度
1 秒は、1/60 分　です。

参考：弧度法ではラジアンを用い、
製図でも使うことができます。
2 π ラジアン＝360°

寸法公差は、ある形体の局部実寸法（2点測定）だけを規制します。したがって、その幾何学的な形状公差（例えば円筒の真円度や真直度など）を規制しません。

つまり、円筒軸を例にすると、寸法公差とソリは別々に評価されます。

例えば、直径φ10 ± 0.1mmの寸法公差を与えた部品では、下記のような曲がった軸ができても、2点測定で公差内に収まっていれば良品になります。

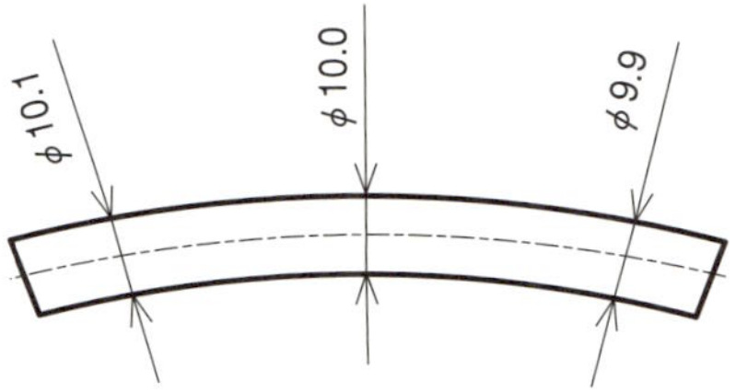

寸法公差だけで指示された図面では、ソリなどの形状を規制でけへんから、厳密に指示するには幾何公差が必要なんか！

■D(￣ー￣*)　コーヒーブレイク

アメリカで描かれる図面は、ANSI（アメリカ規格協会）/ASME（アメリカ機械学会）に準じて描かれるため、寸法や寸法公差の表し方が若干異なります。

右の例は、アメリカから来た図面によく見られるパターンです。基準寸法に対して公差を割り当てるのではなく、範囲を表す上下の寸法数値を描いた例です。

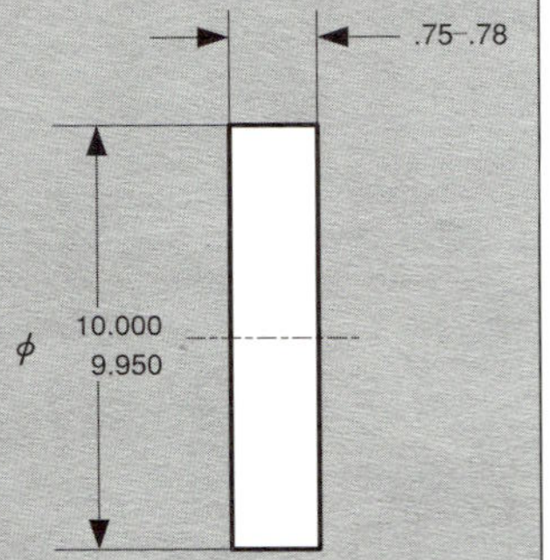

寸法配置によるばらつきの違い

少し前置きが長くなりましたが、直列寸法記入法と並列寸法記入法に普通許容差がもたらす影響を検証します。ここでは、公差等級が中級として普通許容差を考えてみます。

P.100ページの「面取りを除く長さ寸法の普通許容差」の表で中級の行とサイズの列を確認してみましょう。

例えば、長さ寸法「5」の場合は、「3を超え6以下」の列と、中級の行が交差する位置にある「± 0.1」が適用されます。

その他の寸法も同様に、表から寸法公差を選び、寸法公差を寸法に追加してみました。

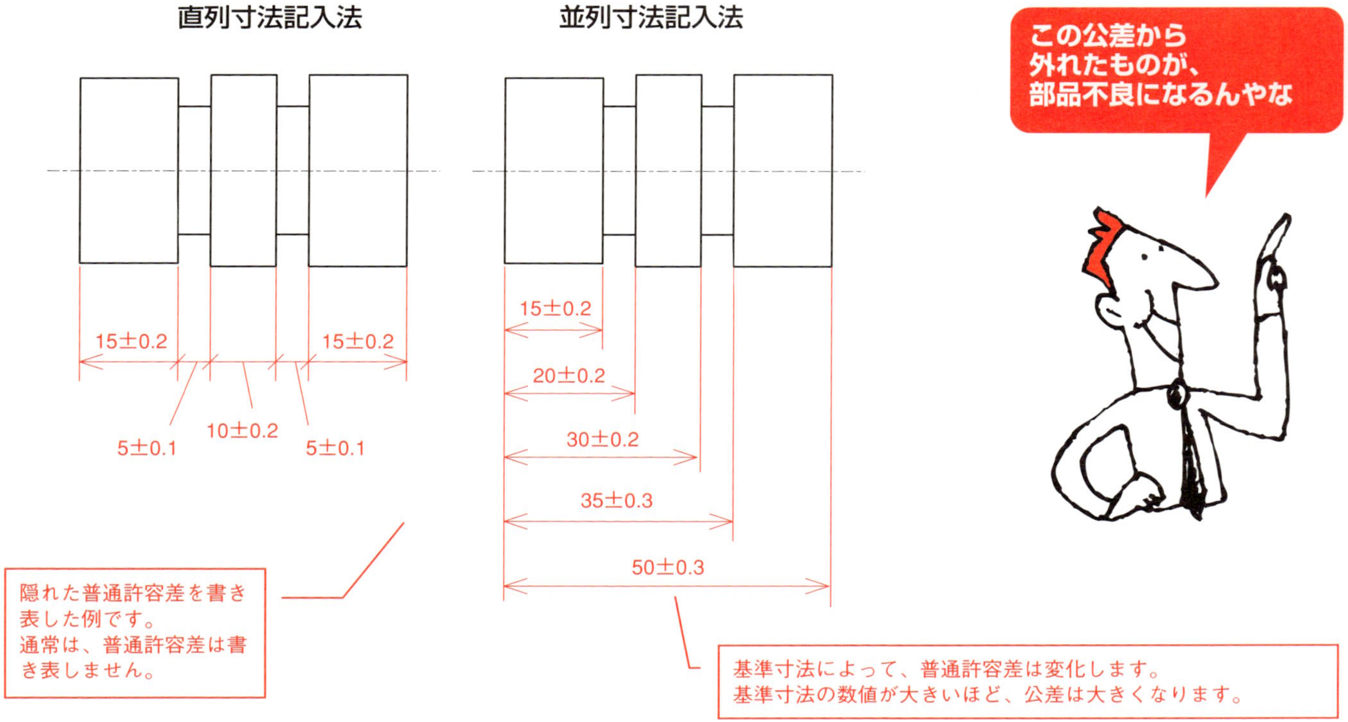

直列寸法記入法
15±0.2
15±0.2
5±0.1
10±0.2
5±0.1
並列寸法記入法
15±0.2
20±0.2
30±0.2
35±0.3
50±0.3
隠れた普通許容差を書き表した例です。
通常は、普通許容差は書き表しません。
基準寸法によって、普通許容差は変化します。
基準寸法の数値が大きいほど、公差は大きくなります。

この公差から外れたものが、部品不良になるんやな
寸法が大きくなるほど、公差も広げないと加工が難しくなるんや

例えば、右図における右側の溝部（ハッチング部）の長さに注目します。
左側の直列寸法記入法は、ダイレクトに溝の寸法「5」を指示しています。
右側の並列寸法記入法は、左端基準の寸法「35」から「30」を引き算すると、溝の寸法「5」を導き出せます。
このように、寸法数値だけをみると、寸法記入法の違いは出てきません。

ところが、隠れている普通許容差を書き出して、寸法記入法の違いを検証してみると、次のように結果が異なります。

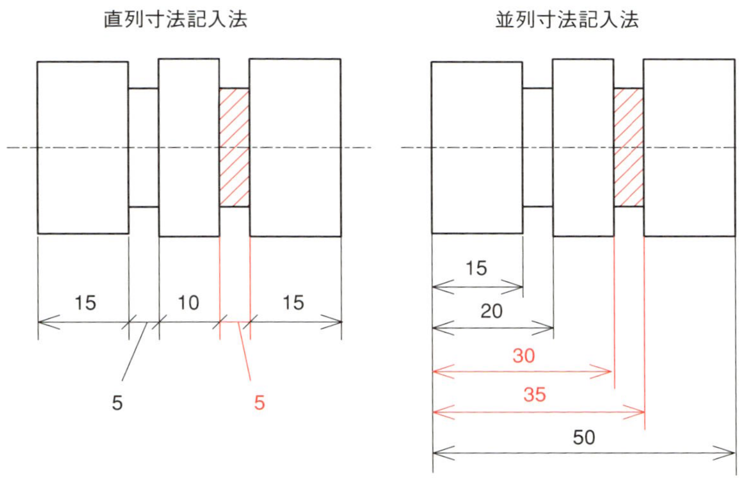

例１）右側の溝寸法のばらつき検証

直列寸法記入法

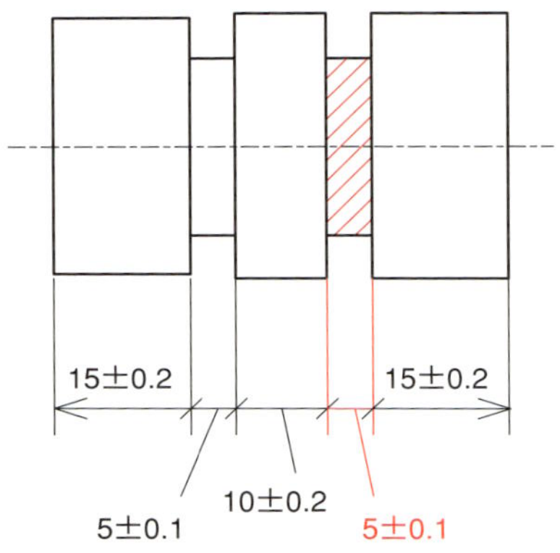

右側の溝部（ハッチング部）の許容される寸法公差は、寸法線でダイレクトに右側の溝を示しているので、表から 5 ±0.1です。つまり、4.9〜5.1のバラツキを許します。

並列寸法記入法

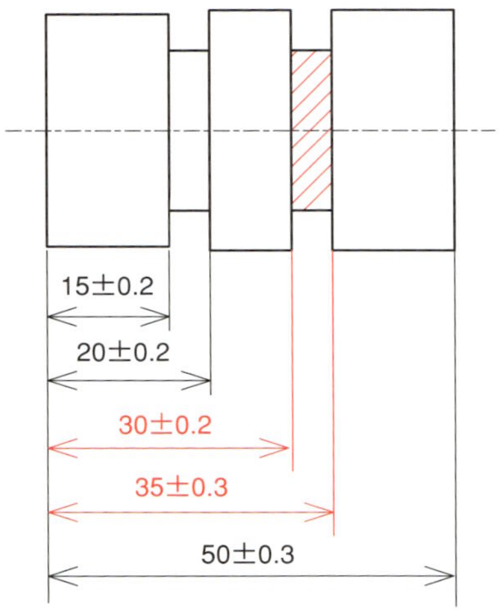

右側の溝部（ハッチング部）の許容される寸法公差は､「35」と「30」の公差を表から選びそれらを引き算したものになります。
（35±0.3）ー（30±0.2）
＝5±0.5です。
つまり、4.5〜5.5のバラツキを許します。

この例では、直列寸法記入法で溝の寸法がダイレクトに指示されているため、並列寸法記入法より溝幅の寸法ばらつきは少ないことがわかりました。

次に同じ部品で、全長を比較してみます。

左側の直列寸法記入法は、並んでいる寸法数値の「15」「5」「10」「5」「15」をすべて足し算すると合計「50」が導かれます。

右側の並列寸法記入法は、ダイレクトに全長寸法「50」が指示されています。

ここで、隠れている普通許容差を書き出して、寸法記入法の違いを検証してみます。

直列寸法記入法

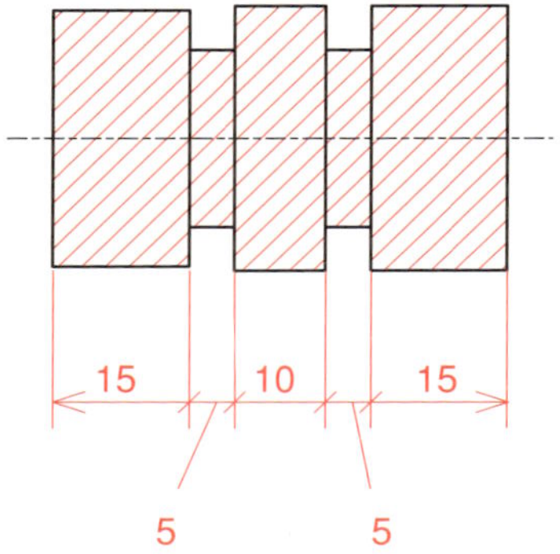

並列寸法記入法

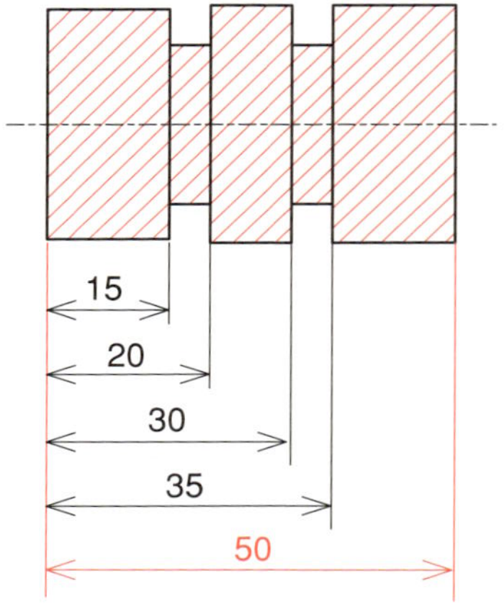

例2）全長寸法のばらつき検証

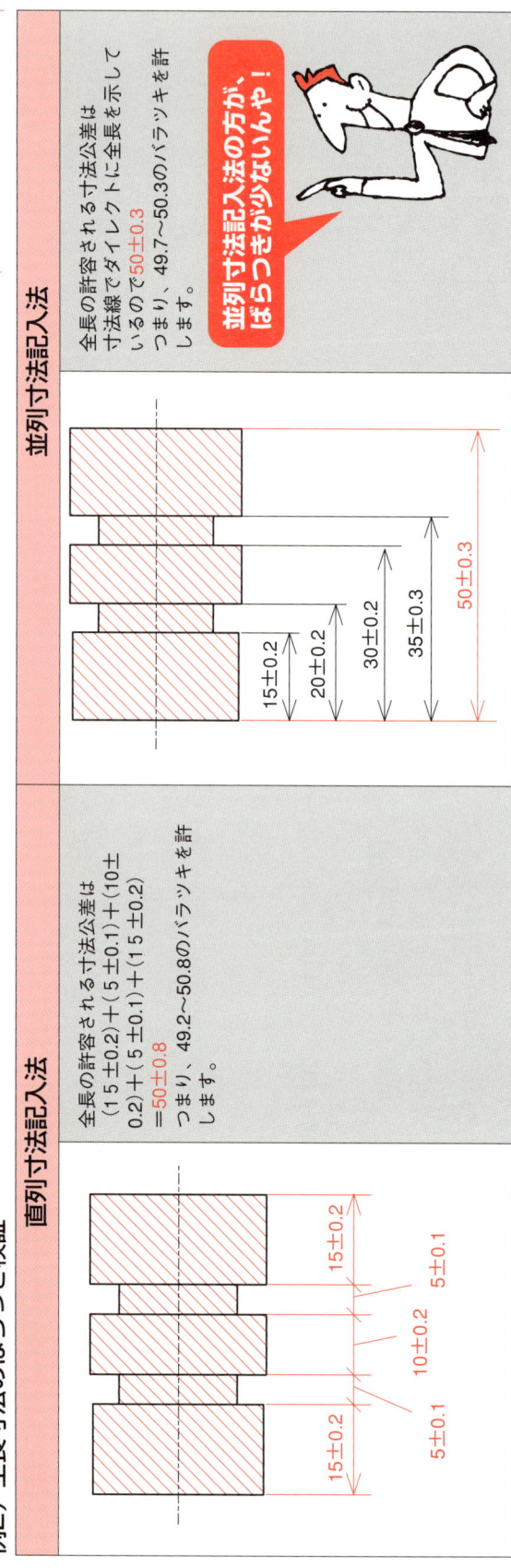

直列寸法記入法

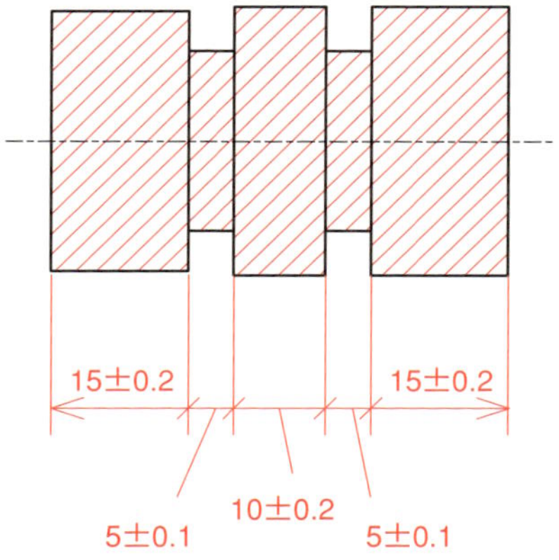

全長の許容される寸法公差は
（15 ±0.2）＋（5 ±0.1）＋（10±0.2）＋（5 ±0.1）＋（15 ±0.2）
＝50±0.8
つまり、49.2～50.8のバラツキを許します。

並列寸法記入法

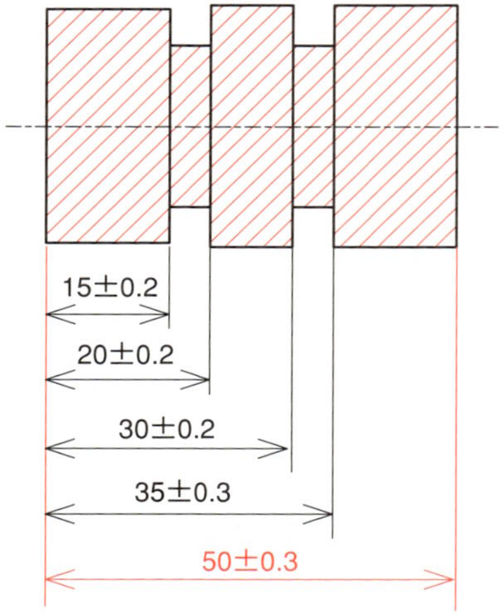

全長の許容される寸法公差は
寸法線でダイレクトに全長を示しているので50±0.3
つまり、49.7～50.3のバラツキを許します。

この例では、並列寸法記入法で全長の寸法がダイレクトに指示されているため、直列寸法記入法より全長の寸法ばらつきは少ないことがわかりました。

このように、直列寸法記入法と並列寸法記入法でどちらが良いとは、一概にいえません。

わかったことは、**ダイレクトに寸法を記入する方がばらつきを小さく抑えることができること。寸法が累積すればするほど、ばらつきが大きくなることです。**つまり、欲しい寸法に寸法線を入れることは、設計意図を図面に盛り込むための基本なのです。

普通許容差は、加工精度に比べると充分広い範囲を設定してあります。したがって、通常では普通許容差の限界付近まで寸法がばらつくことはありません。

ところが、部品の製作数が1万個、10万個と増えれば増えるほど、偶発的に寸法がばらつくモノが出てきます。

この時、部品不良かどうかを確認するのですが、いい加減な寸法記入をしているとばらつきの許容範囲が大きいため、部品不良にすることができません。

部品不良でないのに「機能が出ない」、「組立ができない」ってことは、設計不良といわれても仕方ないのです。

部品不良なら部品を取り替えればすむ話ですが、部品不良でないものは捨てるわけにはいきません。そこで、設計と製造で押し問答となり、論理的に話をすると設計者に勝ち目はありません・・。そう、1万個、10万個に1個くらいだから、設計者が「1個くらい交換してよ！」といってすまされないのです。

10万個に1個くらい、
部品交換すれば
ええやん！
どあほ！
生産ラインが
止まっとるやないか！
他にも同じような
部品が出てきたら
どないすんねん！
原因を解明して
大至急設計変更せー！
すいません！
寸法の入れ方が
悪かったみたいです・・

図面が悪いとわかると設計者は責められ、大至急でその原因と対策を考えて図面変更処理をしなければいけません。たった1本の寸法線のせいで徹夜作業もありえるのです。

図面が悪いといわれないためにも、寸法を記入する場合は、ばらつきを小さく抑えたいところを優先して寸法を記入していきます。

つまり、**図面の品質（きっちりと設計意図をもって製図すること）を向上させることが、製品の信頼性を高めることになるのです。**

☞ 品質とは、顧客要求を満たす判断基準の程度のことです。信頼性とは、継続的に必要なときに必要な機能を果たす程度のことです。

寸法記入原則

寸法を記入する場合には、JISで次のように決められています。

— ＪＩＳ一般原則（PRINCIPLES）— （寸法記入方法）

① 対象物の機能・製作・組立などを考えて、必要と思われる寸法を明瞭に図面に指示する。
② 寸法は、対象物の大きさ、姿勢及び位置を最も明らかに表すのに必要で十分なものを記入する。
③ 対象物の機能上必要な寸法（機能寸法）は必ず記入する。
④ 寸法は、寸法線・寸法補助線・寸法補助記号などを用いて、寸法数値によって示す。
⑤ 寸法は、なるべく主投影図に集中する。
⑥ 図面に示す寸法は、特に明示しない限り、その図面に図示した対象物の仕上がり寸法を示す。
⑦ 寸法は、なるべく計算して求める必要がないように記入する。
⑧ 寸法は、なるべく工程ごとに配列を分けて記入する。
⑨ 関連する寸法は、なるべく１ヵ所にまとめて記入する。
⑩ 寸法は、必要に応じて基準とする点、線又は面を基にして記入する。
⑪ 寸法は重複記入を避ける。
⑫ 寸法には、機能上（互換性を含む）必要な場合、JIS Z 8318によって寸法の許容限界を指示する。ただし、理論的に正しい寸法を除く。
⑬ 寸法のうち、参考寸法については、寸法数値に括弧をつける。

ここに書いてあること全てが、寸法記入の心構えや！

理論的に正しい寸法とは、幾何公差で使うものです。

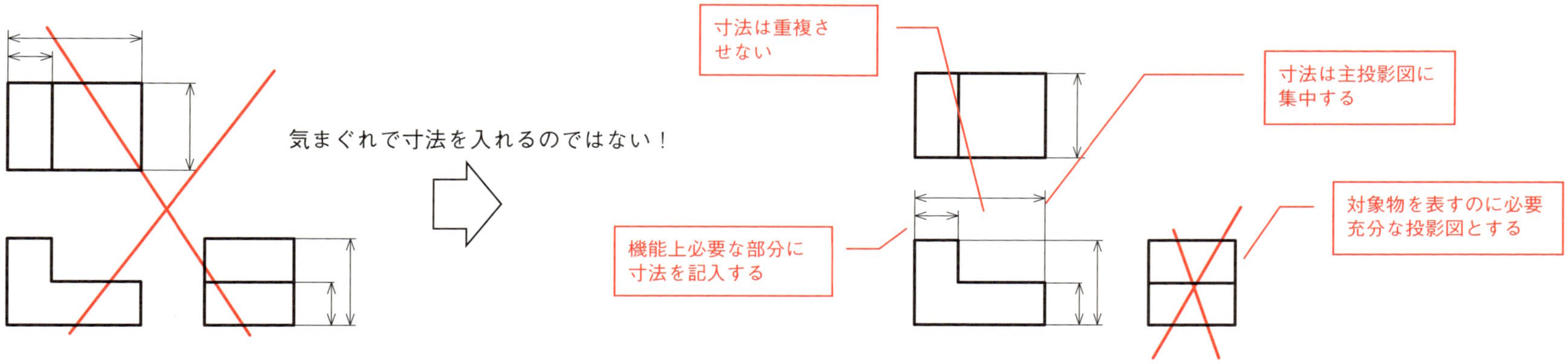
気まぐれで寸法を入れるのではない！
寸法は重複させない
寸法は主投影図に集中する
機能上必要な部分に寸法を記入する
対象物を表すのに必要充分な投影図とする

それでは、どのようにすれば、基準やばらつきの要否がわかるのでしょうか？
例えば、今から下記の部品に寸法を記入することを考えてみてください。

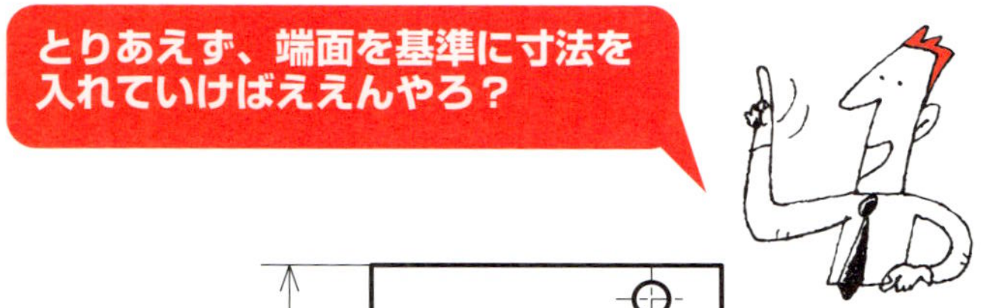
とりあえず、端面を基準に寸法を
入れていけばええんやろ？

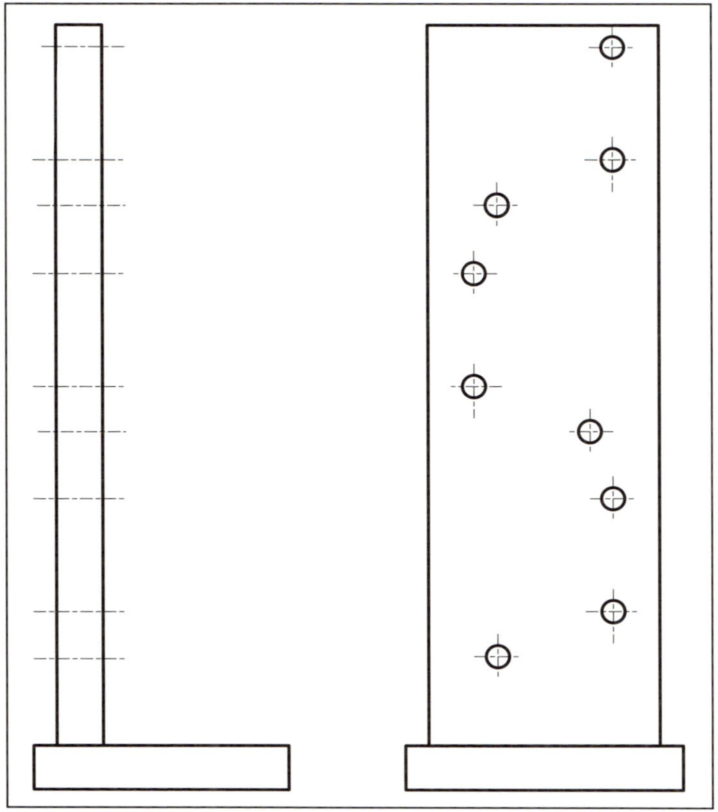

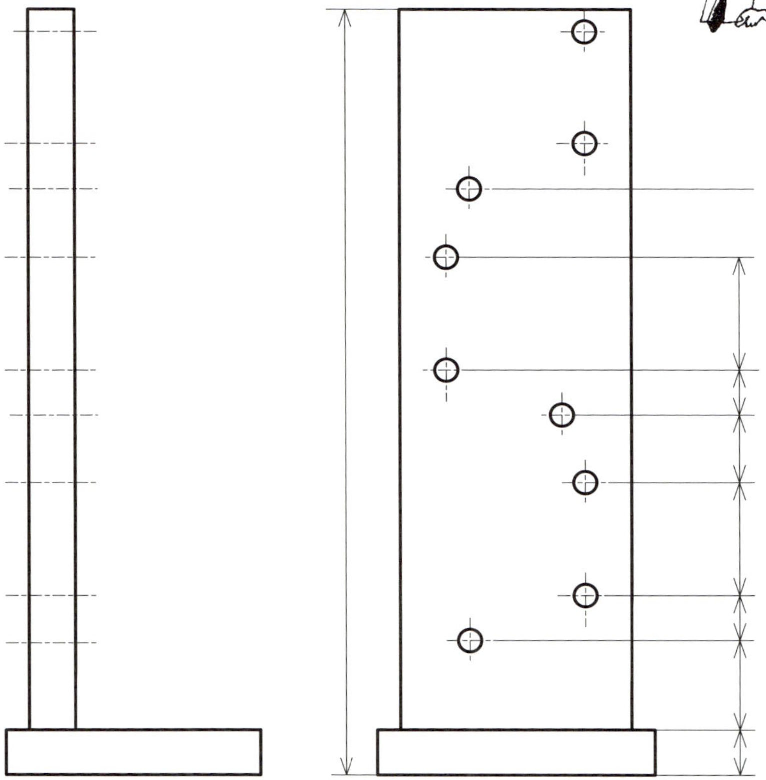

右図に示したように、何も考えずに寸法線を次から次へと記入する設計者が世の中にはたくさんいます。
本当にそれで正しい寸法線を記入できますか？

まず、部品の用途や機能を考えなければいけません。そう考えると、下図のように様々な疑問が出てきます。
この疑問を解決するためには、組立図を見なければ解決できません。組立図を見て初めて、玩具のベースになる部品であることがわかります。
そう、部品図を作成する前に必ず組立図を見て、機能などを確認しなければいけないのです。

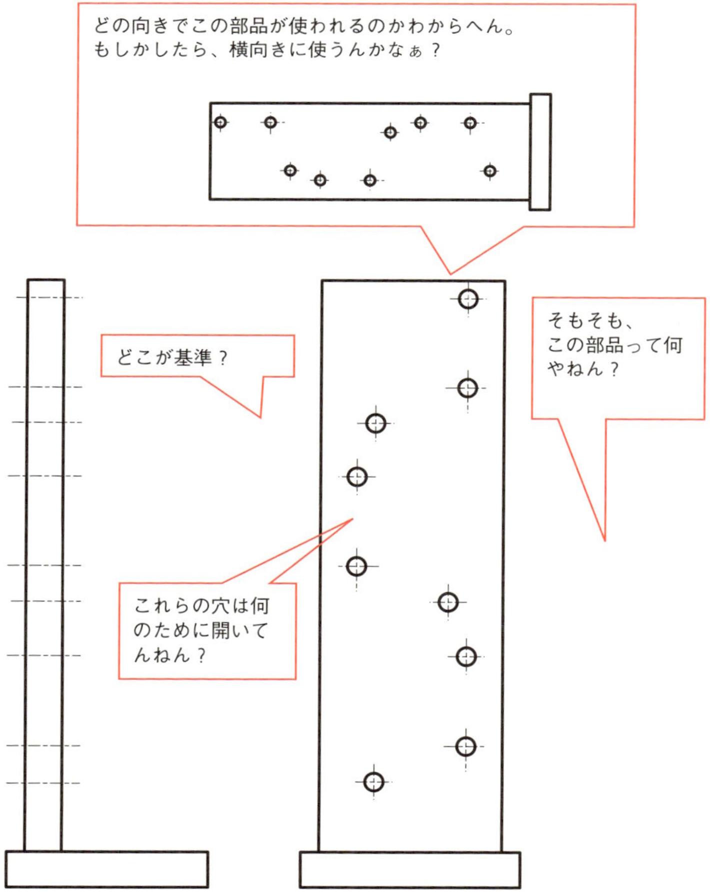
どの向きでこの部品が使われるのかわからへん。
もしかしたら、横向きに使うんかなぁ？
どこが基準？
そもそも、この部品って何やねん？
これらの穴は何のために開いてんねん？

組立図と現物イメージ写真

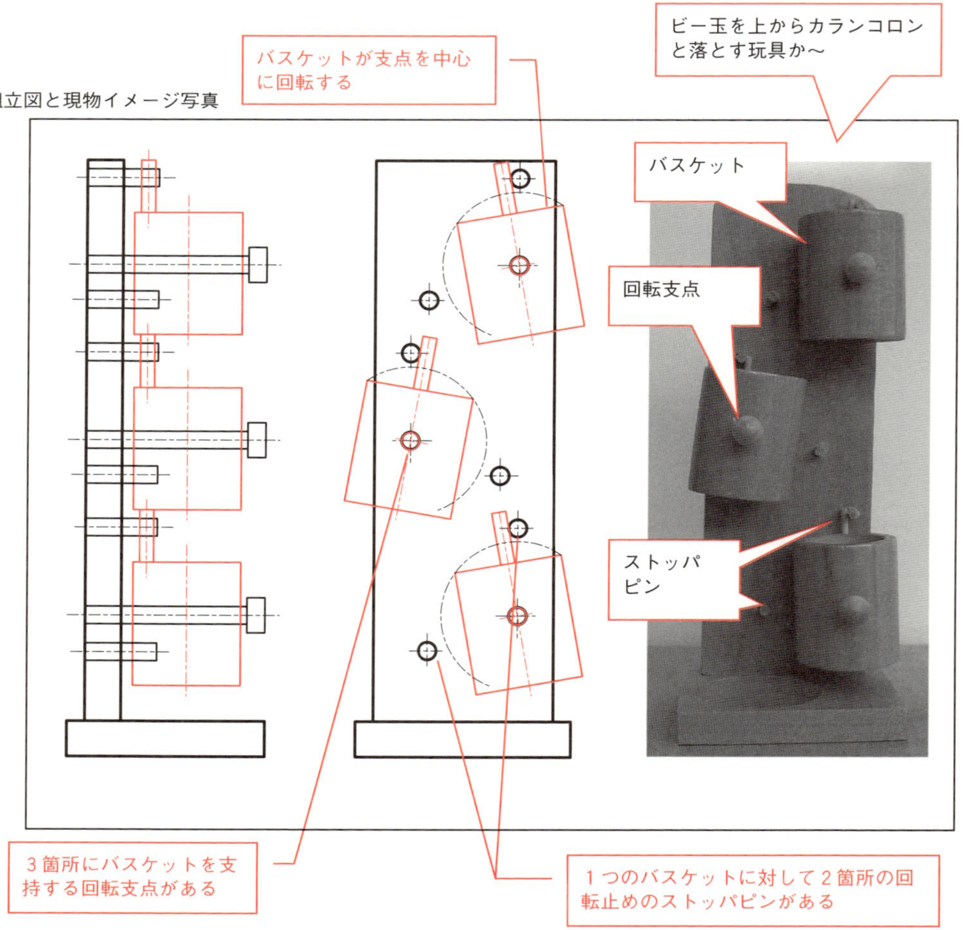
ビー玉を上からカランコロンと落とす玩具か〜
バスケットが支点を中心に回転する
バスケット
回転支点
ストッパピン
3箇所にバスケットを支持する回転支点がある
1つのバスケットに対して2箇所の回転止めのストッパピンがある

さて、組立図からわかった情報を整理しましょう

①この製品は立てて使い、下面を基準にして使用される。

②バスケットを回転させるための支点である3箇所のピンの位置が機能する基準。　←3箇所のピンの位置でバスケットの位置が決まり、干渉や機能が保証される。

③それぞれのバスケットの回転支点に2つのストッパピンが関連している。　←支点からストッパの距離が必要で、機能が保証される。

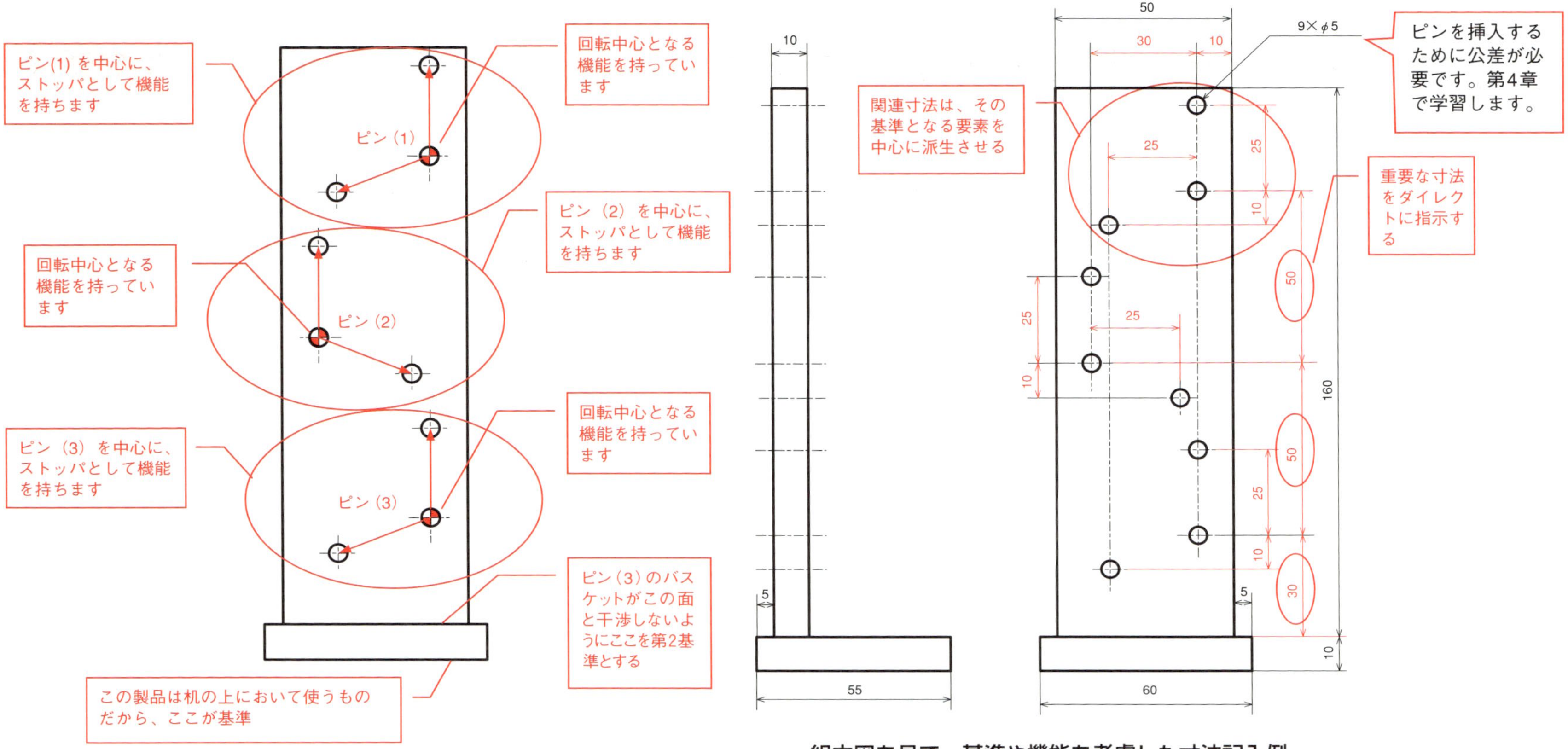

ピン(1) を中心に、ストッパとして機能を持ちます
回転中心となる機能を持っています
ピン (1)
ピン（2）を中心に、ストッパとして機能を持ちます
回転中心となる機能を持っています
ピン (2)
ピン（3）を中心に、ストッパとして機能を持ちます
回転中心となる機能を持っています
ピン (3)
ピン (3) のバスケットがこの面と干渉しないようにここを第2基準とする
この製品は机の上において使うものだから、ここが基準
関連寸法は、その基準となる要素を中心に派生させる
ピンを挿入するために公差が必要です。第4章で学習します。
重要な寸法をダイレクトに指示する
9×φ5
50
30
10
25
160
55
60
5

組立図を見て、基準や機能を考慮した寸法記入例

基準を決めて機能上必要な寸法を指示しておけば、さらに厳しい公差を検討する際に公差数値を追加するだけでよくなります。限界まで隙間を小さく設計するためにはスペース上の隙間マージンをできるだけ小さくしなければいけません。

例えば、前ページの玩具は厳しい公差を必要としない設計がされていますが、あえて厳しい公差を記入すると下図のように、機能上重要な寸法に公差をつけるだけでよいのです。

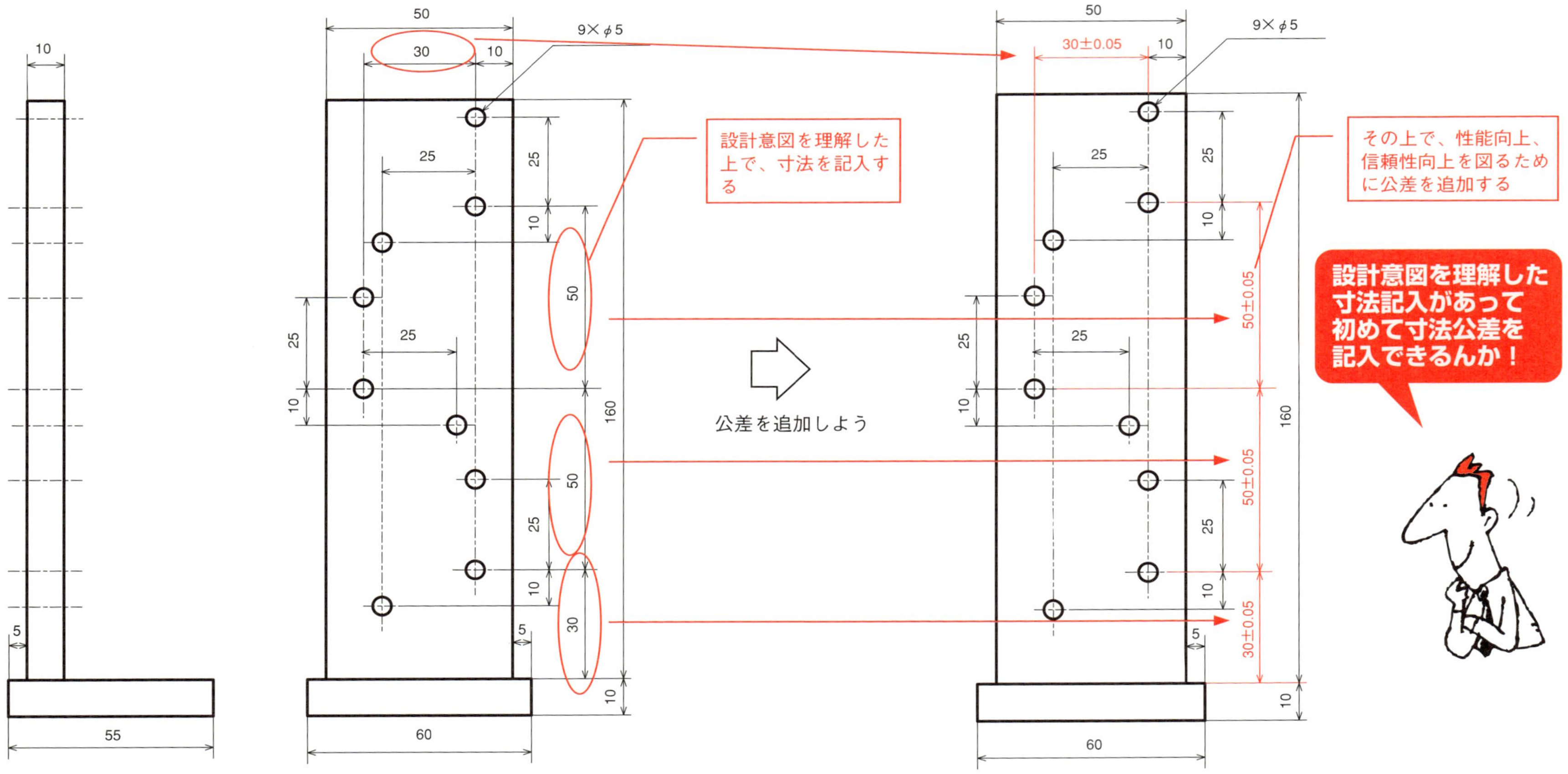
9×φ5
設計意図を理解した上で、寸法を記入する
公差を追加しよう
30±0.05
50±0.05
その上で、性能向上、信頼性向上を図るために公差を追加する
設計意図を理解した寸法記入があって初めて寸法公差を記入できるんか！

第3章のまとめ

●やったこと

投影図と寸法線の関係、各種寸法記入の決まりごとと普通許容差と寸法記入法の関係を学びました。

●わかったこと

投影図は何も考えずに第三角法で描けばよいわけでなく、寸法記入を見越して必要最低限の投影図を選定することを知りました。

寸法数値には隠れた公差、つまり普通許容差があり、寸法記入方法でばらつきが変化することを知りました。

ダイレクトに寸法を記入することで、累積した寸法よりばらつきが小さいことを知りました。

寸法記入は、組立図から機能基準、加工基準を見極め、そこから関連寸法を指示しなければいけないことがわかりました。

機能上、必要な寸法をダイレクトに寸法線で指示することが、設計意図を図面に表す基本であることを知りました。

●次やること

第3章までは、ひとつの部品に対して寸法を記入するという手段を学びましたが、設計をする上で部品1つだけで機能することはほとんど考えられません。必ずといっていいほど、複数の部品が組み合わさって機能を果たします。

複数部品の公差の考え方から、設計製図の醍醐味であるはめあい設計について学習しましょう。

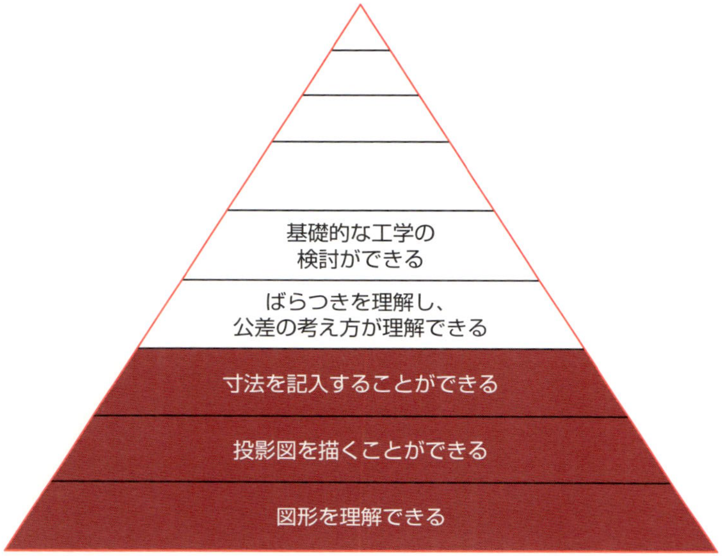
基礎的な工学の
検討ができる
ばらつきを理解し、
公差の考え方が理解できる
寸法を記入することができる
投影図を描くことができる
図形を理解できる

Memo

部品名			
担当者			
投影法		尺度	1:1

第4章
組合せ部品の公差設定

4-1.　組合せ部品の公差の考え方
4-2.　累積公差
4-3.　はめあい
4-4.　寸法公差は位置決めのためのツール
4-5.　設計と製図の関係
4-6.　表面性状

第4章　1

組合せ部品の公差の考え方

機械設計をしていると、必ずといっていいほど複数の部品が接触、交差して要求される機能を出す工夫が施されます。部品と部品を接して組み立てる場合に、CAD上では部品の複数面を寸法差0で同時に接することができても、実際の部品では、複数面を同時に接することができないのです。

しかし、世の中には同時に複数面を接触させて締結するものもありますが、それはどちらかの部品が変形して、無理やり力ずくで固定しているのです。このように、無理をかけた状態で機械が動作し、長期間振動を受けることによって部品が破損したという事例は、よくある設計ミスの典型例です。

例えば、CADでL字形の部品を組み合わせる設計をするとします。

CADで“縦縦横横”の線を描いて最初の部品を描き、その部品の線上に相手部品の線を描くのが一般的なCADの設計方法です。

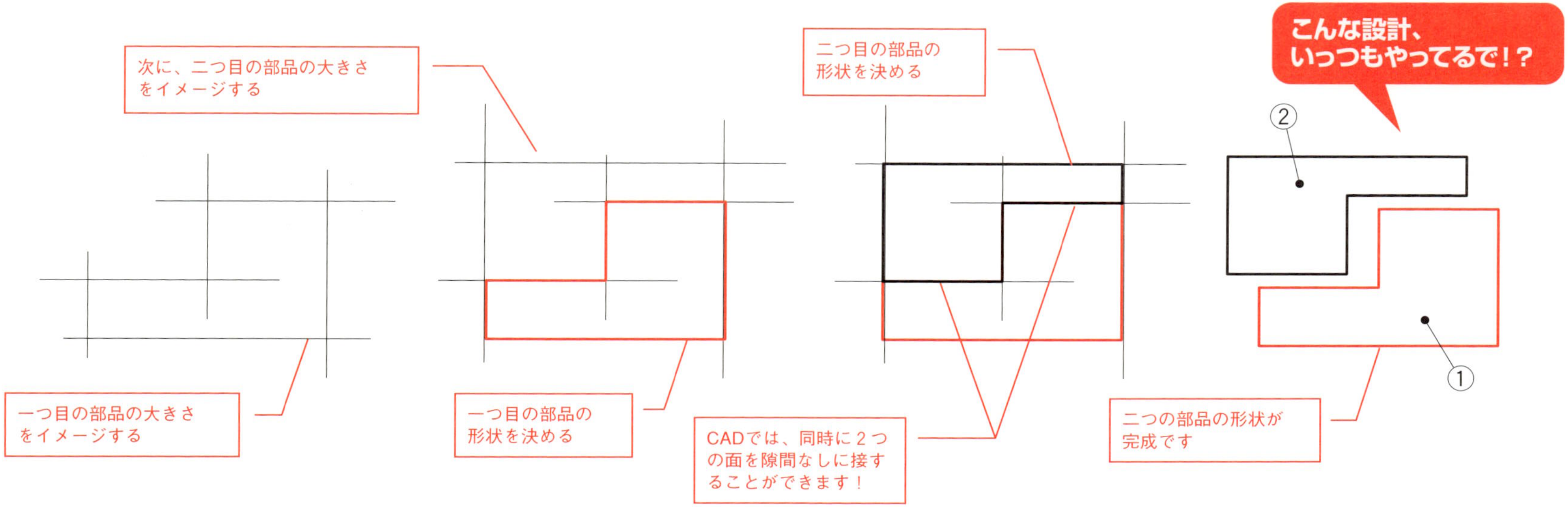
一つ目の部品の大きさ
をイメージする
次に、二つ目の部品の大きさ
をイメージする
一つ目の部品の
形状を決める
二つ目の部品の
形状を決める
CADでは、同時に２つ
の面を隙間なしに接す
ることができます！
こんな設計、
いっつもやってるで！？
②
①
二つの部品の形状が
完成です

ここで、寸法のばらつきを思い出してください。

部品①と部品②が積み重なる部分の基準寸法はどちらも同じです。ところが、第3章で説明したように寸法は必ずばらつきます。したがって、2つの面が同時に接することはないのです。

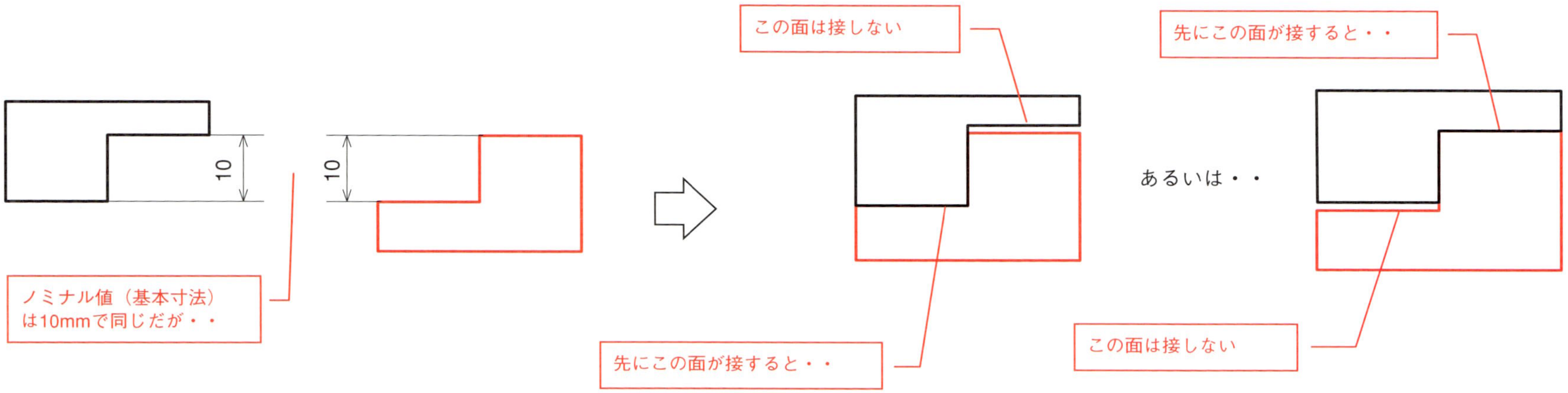

10
10
ノミナル値（基本寸法）
は10mmで同じだが・・
この面は接しない
先にこの面が接すると・・
あるいは・・
先にこの面が接すると・・
この面は接しない

つまり、寸法公差を与えずに「10」という寸法数値だけを与えてしまうと、どちらかに隙間が開くことになります。
CADなどの図面上では自由にいくつもの面や線同士を同時に接触させることができますが、現物はそうならないことを理解してください。

設計者として、どちらもぴったりと接触させたい気持ちはわかりますが、寸法はばらつくものですから、どちらを優先して接触させたいかの意思を明確にしなければいけません。

また、ある一方に隙間が開いても問題ないよという場合は、最初からその一方に隙間ができるよう、寸法に0.5mm程度の差をつけるべきなのです。

ノミナル(nominal)値とは、名目上の基準となる数値をいう。したがって、片側公差の場合は、公差の平均値ではなく、寸法数値で表したキリのよい数値である。

2つの部品を重ね合わせたときに、大きな隙間を開けてもいい場合は、寸法数値に差をつければ済みます。しかし、できる限り隙間を小さくしたい場合もあります。

このような場合に、設計者として意思を明確に表すために、寸法公差を使います。

ここでは2通りの設計意図に合わせて、どのように公差を設定するかを確認してみましょう。

設計意図（1）

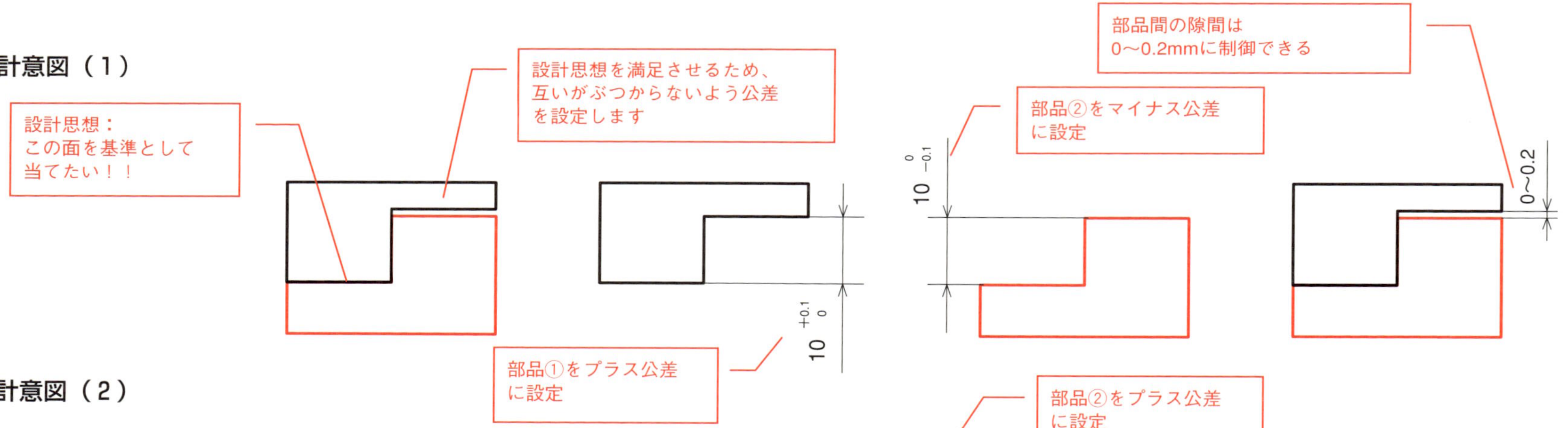
設計思想：
この面を基準として
当てたい！！
設計思想を満足させるため、
互いがぶつからないよう公差
を設定します
部品①をプラス公差
に設定
$10^{+0.1}_{0}$
$10^{0}_{-0.1}$
部品②をマイナス公差
に設定
部品間の隙間は
0〜0.2mmに制御できる
0〜0.2

設計意図（2）

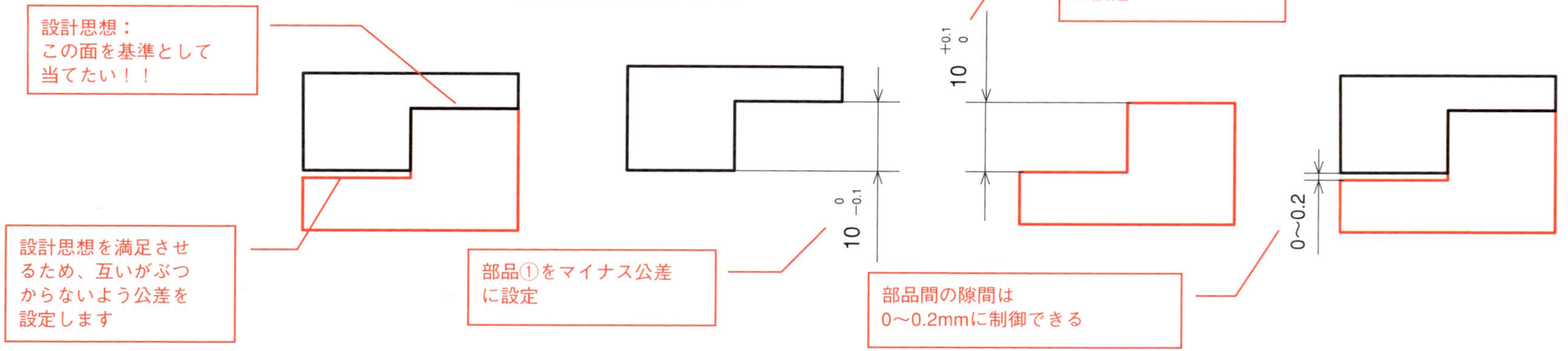
設計思想：
この面を基準として
当てたい！！
設計思想を満足させ
るため、互いがぶつ
からないよう公差を
設定します
部品①をマイナス公差
に設定
$10^{0}_{-0.1}$
$10^{+0.1}_{0}$
部品②をプラス公差
に設定
部品間の隙間は
0〜0.2mmに制御できる
0〜0.2

以上のように、寸法公差は、相対する形状の勝ち負けを明確にして、組み合わせのばらつきに統一性を持たせるという設計意図を表す手段なのです 。

第4章　2

累積公差

公差を記入する場合、ひとつの部品に複数の形状があり、それらが相互に関連して寸法が累積する場合と、個別の形状を持った複数の部品が、積み木を重ねるように相互に関連して寸法が累積する場合があります。

しかし、これら２つの事例は全く同じように考えることができます。

下図の赤字の寸法線は、ある基準面からの累積する寸法を示しています。

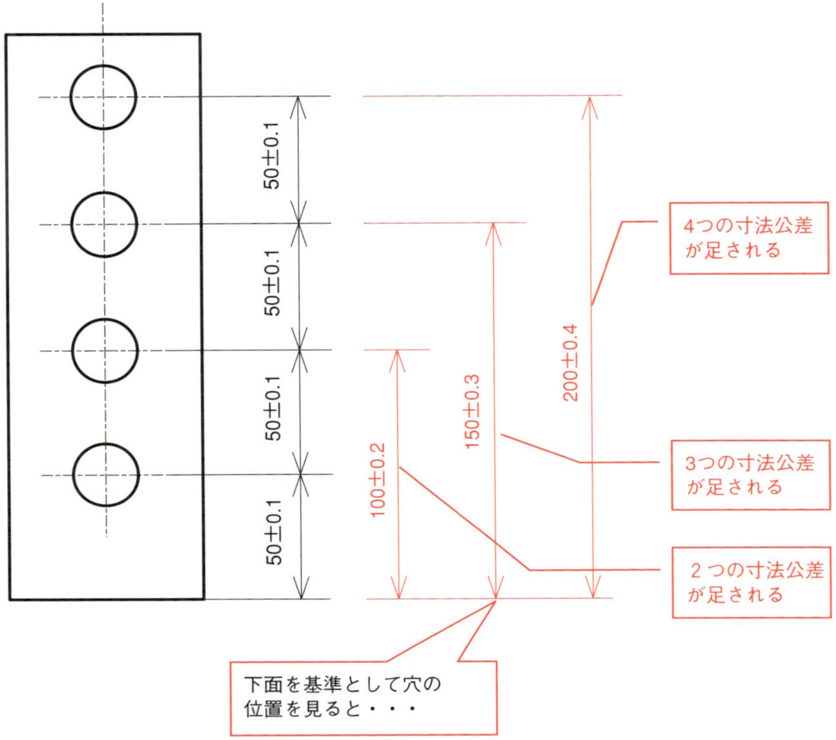

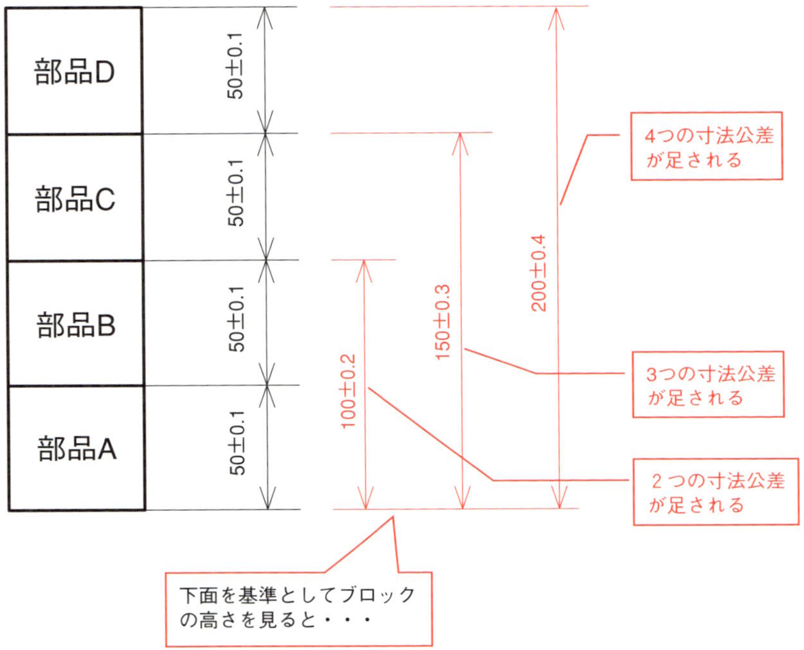

設計実務における累積公差の検討

例えば、部品A～部品Dまでの４つの部品を積み重ねたものを、別の枠にできる限りガタを少なくして挿入したい場合を考えてみます。

ここで、「算術的な公差」と「分散の加法性を使った統計的な公差」の２つの公差検討アプローチがあります。

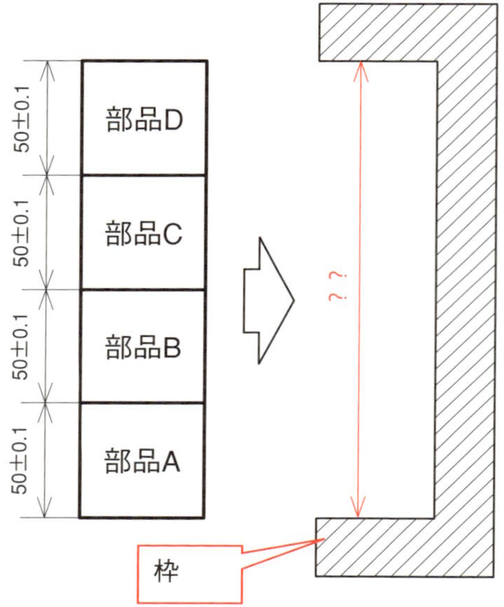

１）算術的な公差

算術的な公差は、直列に積み上げた場合の寸法公差を単純に足し算したものです。

算術的な公差 $S = 50+50+50+50 \pm (0.1+0.1+0.1+0.1) = 200 \pm 0.4$

したがって、枠の寸法は200.4以上に設計しないと、４つの部品を必ず挿入できないことになります。

これは、生産ロットが少ない場合や、大量生産部品でも寸法のバラツキが図面に記載した基準寸法（ノミナル値）に対して正規分布でない場合に利用する手法です。

汎用旋盤や汎用フライスを使う人による作業の場合に適用します。

■D(￣ー￣*)　コーヒーブレイク

正規分布

正規分布とは、平均値の度数を中心に、正負の値の度数が同程度に広がる分布をいい、富士山のようにきれいな山型の曲線で表されます。部品の寸法が正規分布で表された場合、寸法公差ギリギリの部品は極めて少ない状況になります。

一様分布

一様分布とは、平均値を中心に山にならず、一様に度数が広がる分布をいいます。部品の寸法が一様分布で表された場合、寸法公差ギリギリの部品が多くなります。

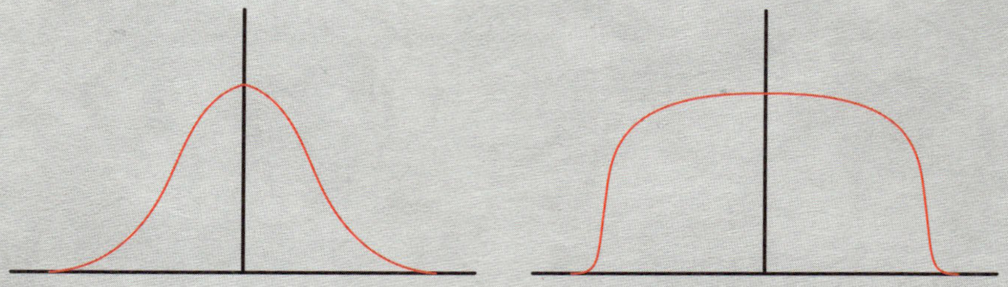

正規分布　　一様分布

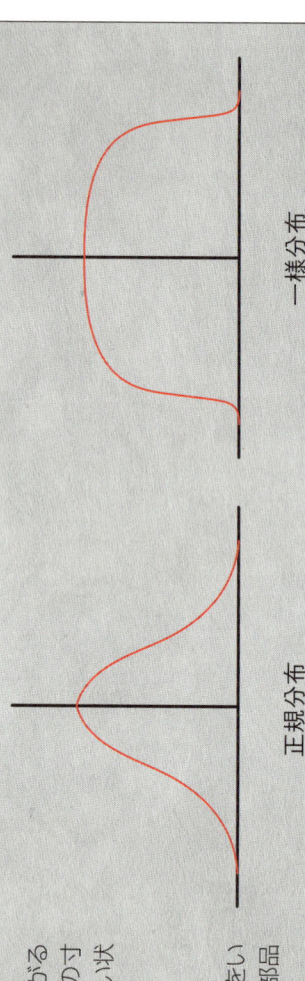

2）分散の加法性を使った統計的な公差

分散の加法性を使った統計的な公差は、公差を2乗したものを足して平方根（ルート）したものです。

$$統計的な公差 S = 50+50+50+50 \pm \sqrt{(0.1)^2+(0.1)^2+(0.1)^2+(0.1)^2} = 200 \pm 0.2$$

これは生産ロットの多い大量生産部品で、寸法のバラツキが正規分布になることを前提にする場合に利用する手法です。

NC旋盤やNCフライスを使う自動化機械の場合に適用します。

算術的な公差は部品点数が増えれば増えるほど公差は比例して大きくなりますが、分散の加法性を使った統計的な公差は、あまり変化がありません。

部品点数（全て±0.1と仮定）	算術的な公差	分散の加法性を使った統計的な公差
1	±0.1	±0.1
2	$\pm(0.1+0.1)=\pm0.2$	$\pm\sqrt{(0.1)^2+(0.1)^2}=\pm0.14$
10	$\pm(0.1+\cdots+0.1)=\pm1.0$	$\pm\sqrt{(0.1)^2+\cdots+(0.1)^2}=\pm0.31$
50	$\pm(0.1+\cdots+0.1)=\pm5.0$	$\pm\sqrt{(0.1)^2+\cdots+(0.1)^2}=\pm0.71$
100	$\pm(0.1+\cdots+0.1)=\pm10.0$	$\pm\sqrt{(0.1)^2+\cdots+(0.1)^2}=\pm1$

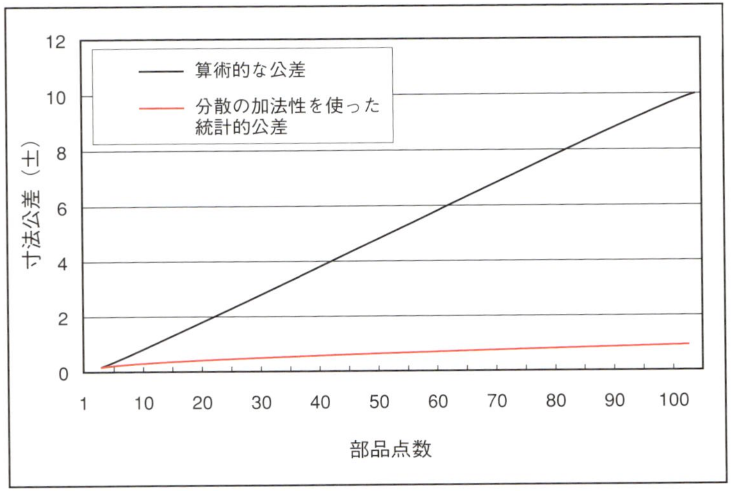

このように、統計的な公差を考慮できるのは前ページのコーヒーブレイクで説明した正規分布が成り立つことが条件です。つまり、寸法公差ぎりぎりの部品ができる確率が極めて低いため、それらがたまたま組み合わさる確率が低くなり、部品点数が大きくなるほどその確率が低いため、上記のような差が出てくるのです。

さらに厳密にいうと、累積する寸法には幾何公差を考慮しなければいけません。しかし、本書では幾何公差の説明を割愛していますので、姉妹本である「図面って、どない描くねん！LEVEL2～現場設計者が教えるはじめての幾何公差～」（日刊工業新聞社）を参照ください。

第4章　3

はめあい

機械部品は、単純に組めればよいという設計をするのではなく、機能を考慮して設計を行います。
この機能とは、製品仕様に定められた動作や速度、静かさを所定の耐久性をもって継続して安全に使用できることです。

そのためには、組み合わせる部品の位置精度をよくしたり、ガタを最小限にするなどの考慮が必要です。この位置精度に関する考慮を一般的にはめあいと呼びます。

“はめあい”とは、組み立てる穴と軸の組み合わせる前の寸法の差から生じる2部品間の関係のことをいいます。

はめあいには、穴と軸の寸法差の関係によって３つの種類があります。

・すきまばめ（clearance fit）

穴と軸を組立てたときに、常にすきまができるはめあいをいいます。（穴の最小寸法が軸の最大寸法より大きいか、または極端な場合には等しい）

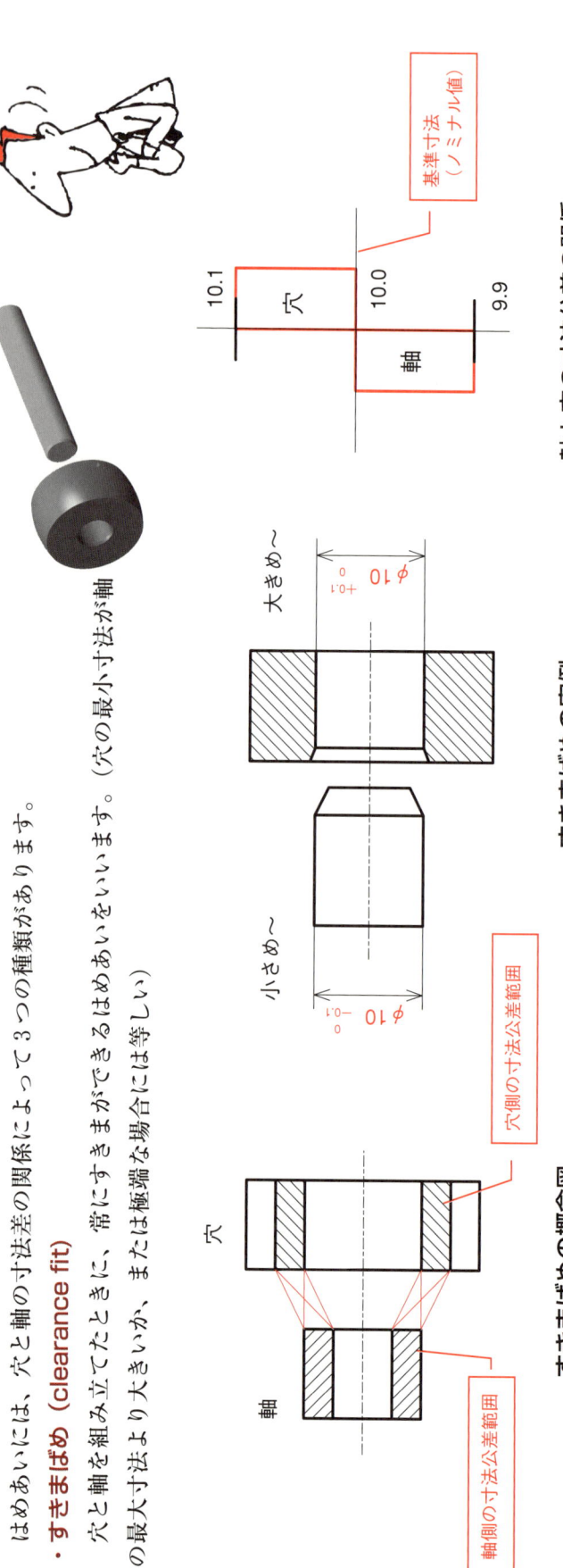

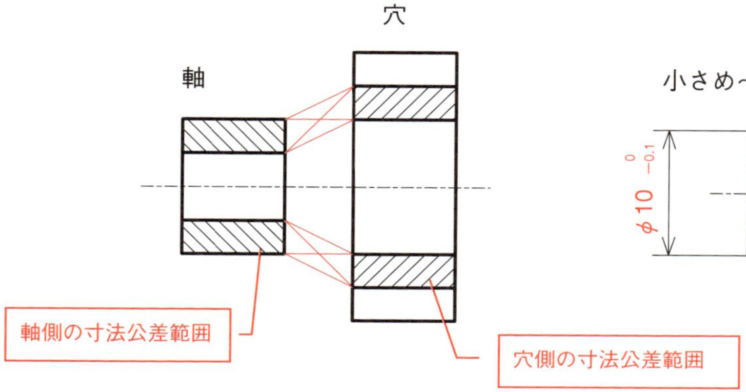

すきまばめの概念図

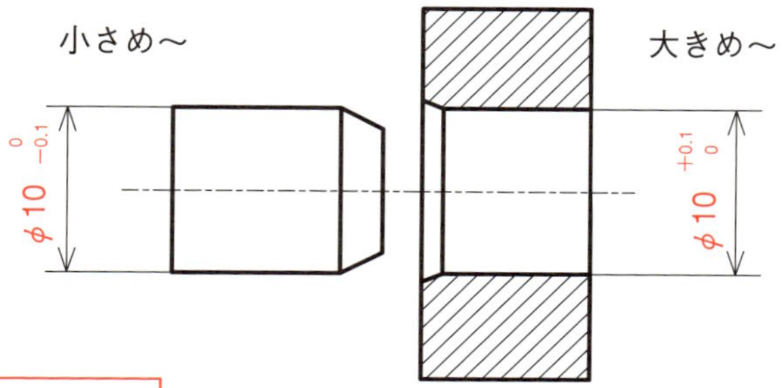

すきまばめの実例

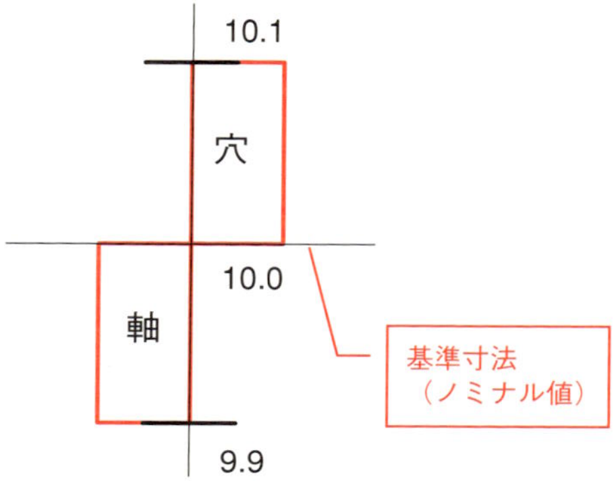

軸と穴の寸法公差の関係

・しまりばめ（interference fit）

穴と軸を組み立てたときに、常にしめしろができるはめあいをいいます。（穴の最大寸法が軸の最小寸法より小さいか、または極端な場合には等しい）いわゆる、圧入と呼ばれるものです。

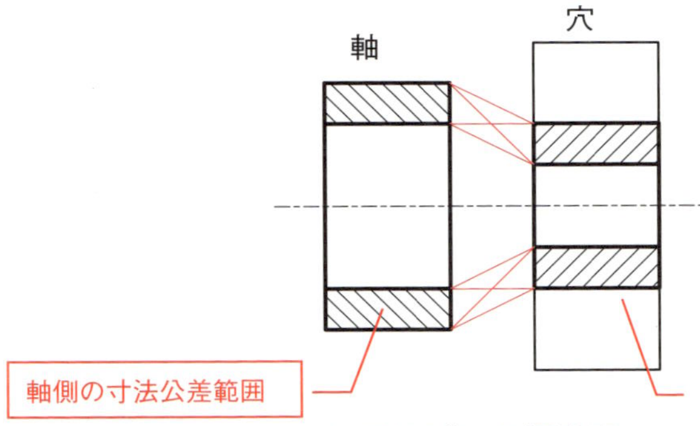

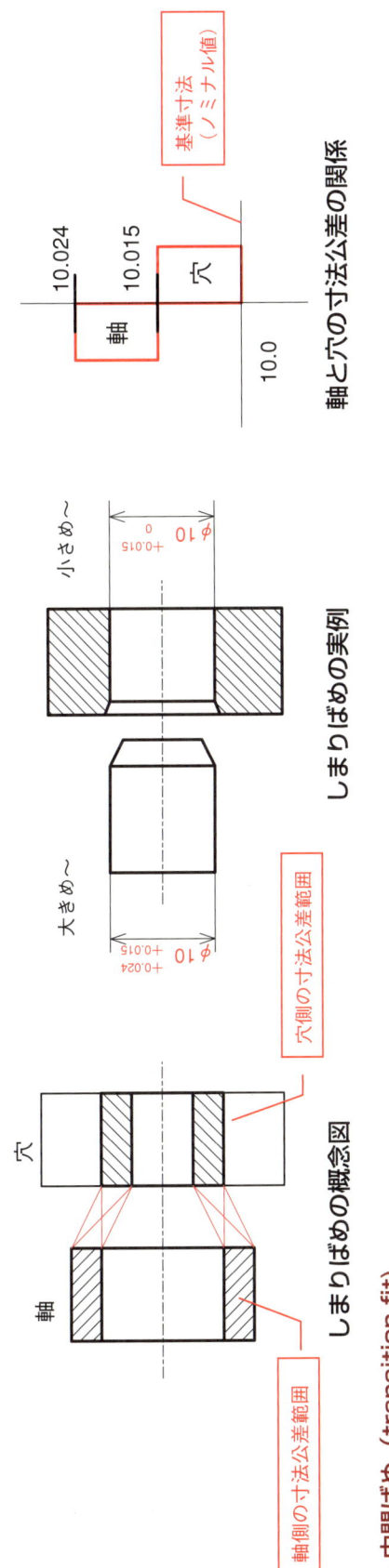

しまりばめの概念図

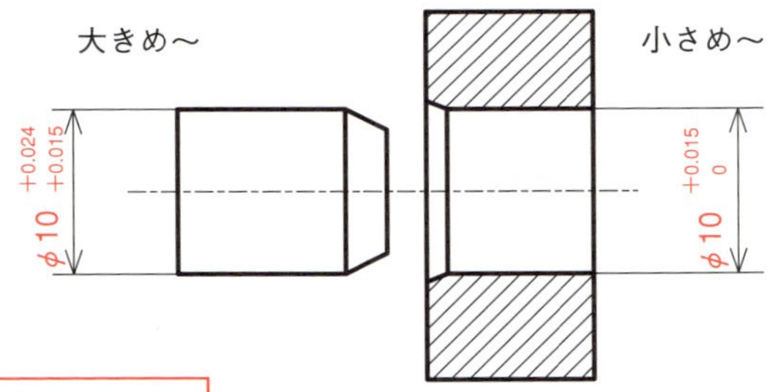

しまりばめの実例

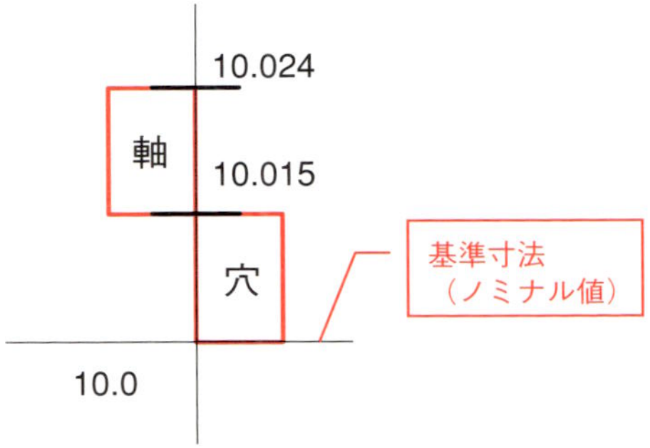

軸と穴の寸法公差の関係

・中間ばめ（transition fit）

組み立てた穴と軸の間に、実寸法によってすきま、またはしめしろのどちらかができるはめあいをいいます。（穴と軸の公差域が全体または部分的に重なり合う）

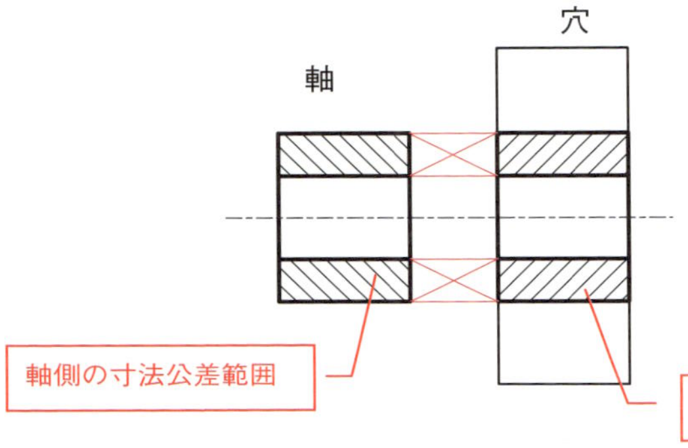

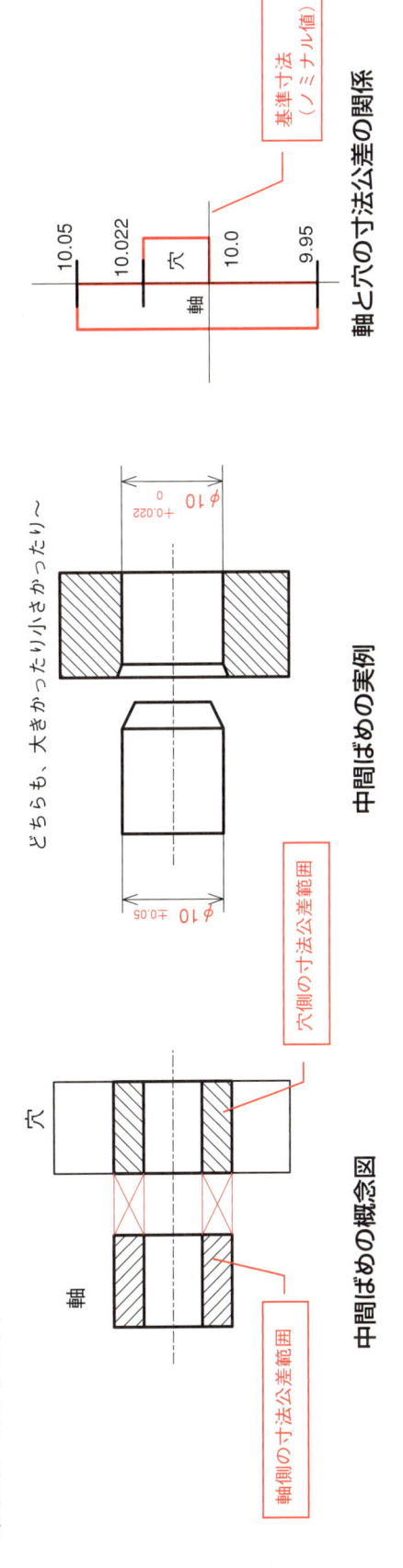

中間ばめの概念図

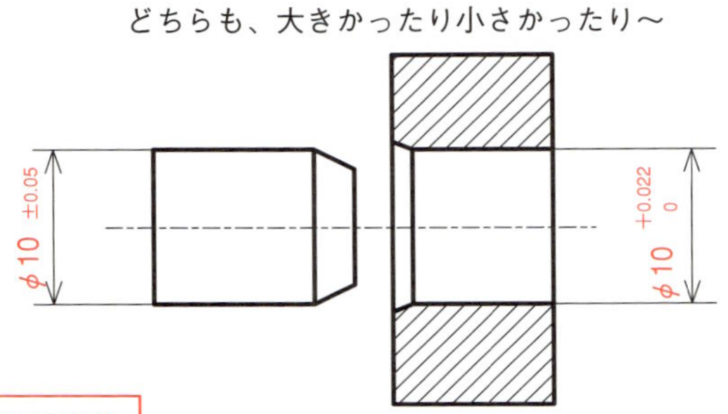

中間ばめの実例

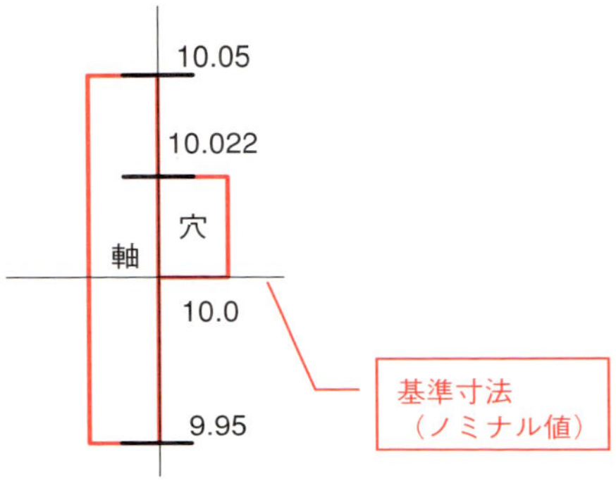

軸と穴の寸法公差の関係

このように、「すきまばめ」や「しまりばめ」などを設定するために公差を決めなければいけません。

これらの公差の始まりと終わりの数値、そしてそれらの幅（レンジ）はどのように決めればいいのか想像もつきませんね。

そこで、公差等級が指針となります。

公差等級とは、例えばIT7のようにITという文字とそれに続く数字によって指定し、一般的にIT5～IT11が使用されます。

公差を設定する際に、あまりにも公差幅が狭いと加工に余裕がなくなり部品不良が増えてコストアップになります。そこで実現可能な公差幅を決める際の目安に使われます。

基準寸法（mm）		公差等級																	
		IT1	IT2	IT3	IT4	IT5	IT6	IT7	IT8	IT9	IT10	IT11	IT12	IT13	IT14	IT15	IT16	IT17	IT18
超え	以下	ランクA			ランクB			ランクC		ランクD									
		μm											mm						
—	3	0.8	1.2	2	3	4	6	10	14	25	40	60	0.1	0.14	0.25	0.4	0.6	1	1.4
3	6	1	1.5	2.5	4	5	8	12	18	30	48	75	0.12	0.18	0.3	0.48	0.75	1.2	1.8
6	10	1	1.5	2.5	4	6	9	15	22	36	58	90	0.15	0.22	0.36	0.58	0.9	1.5	2.2
10	18	1.2	2	3	5	8	11	18	27	43	70	110	0.18	0.27	0.43	0.7	1.1	1.8	2.7
18	30	1.5	2.5	4	6	9	13	21	33	52	84	130	0.21	0.33	0.52	0.84	1.3	2.1	3.3
30	50	1.5	2.5	4	7	11	16	25	39	62	100	160	0.25	0.39	0.62	1	1.6	2.5	3.9
50	80	2	3	5	8	13	19	30	46	74	120	190	0.3	0.46	0.74	1.2	1.9	3	4.6
80	120	2.5	4	6	10	15	22	35	54	87	140	220	0.35	0.54	0.87	1.4	2.2	3.5	5.4
120	180	3.5	5	8	12	18	25	40	63	100	160	250	0.4	0.63	1	1.6	2.5	4	6.3
180	250	4.5	7	10	14	20	29	46	72	115	185	290	0.46	0.72	1.15	1.85	2.9	4.6	7.2
250	315	6	8	12	16	23	32	52	81	130	210	320	0.52	0.81	1.3	2.1	3.2	5.2	8.1
315	400	7	9	13	18	25	36	57	89	140	230	360	0.57	0.89	1.4	2.3	3.6	5.7	8.9
400	500	8	10	15	20	27	40	63	97	155	250	400	0.63	0.97	1.55	2.5	4	6.3	9.7
500	630	9	11	16	22	32	44	70	110	175	280	440	0.7	1.1	1.75	2.8	4.4	7	11
630	800	10	13	18	25	36	50	80	125	200	320	500	0.8	1.25	2	3.2	5	8	12.5
800	1000	11	15	21	28	40	56	90	140	230	360	560	0.9	1.4	2.3	3.6	5.6	9	14
1000	1250	13	18	24	33	47	66	105	165	260	420	660	1.05	1.65	2.6	4.2	6.6	10.5	16.5
1250	1600	15	21	29	39	55	73	125	195	310	500	780	1.25	1.95	3.1	5	7.8	12.5	19.5
1600	2000	18	25	35	46	65	92	150	230	370	600	920	1.5	2.3	3.7	6	9.2	15	23
2000	2500	22	30	41	55	78	110	175	280	440	700	1100	1.75	2.8	4.4	7	11	17.5	28
2500	3150	26	36	50	68	96	135	210	330	540	860	1350	2.1	3.3	5.4	8.6	13.5	21	33

はめあいの公差域クラスは、JIS B 0401「寸法公差及びはめあい」に規定されており、公差等級が基礎となる寸法許容差の表し方にアルファベットと数字の組み合わせを使います。

例えば、「H 7」や「h 7」のように表します。

穴のはめあい記号の表示

穴の基準寸法の右に、大文字（アルファベット）の穴記号、次に、等級を示す数字を同じ大きさにして記入します。

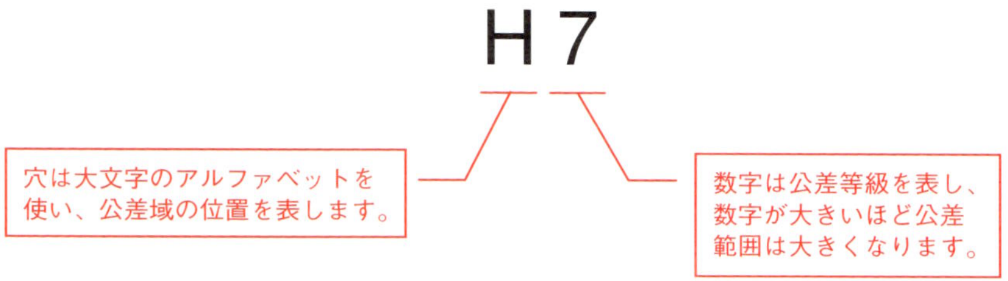
H 7
穴は大文字のアルファベットを使い、公差域の位置を表します。
数字は公差等級を表し、数字が大きいほど公差範囲は大きくなります。

軸のはめあい記号の表示

軸の基準寸法の右に、小文字（アルファベット）の穴記号、次に、等級を示す数字を同じ大きさにして記入します。

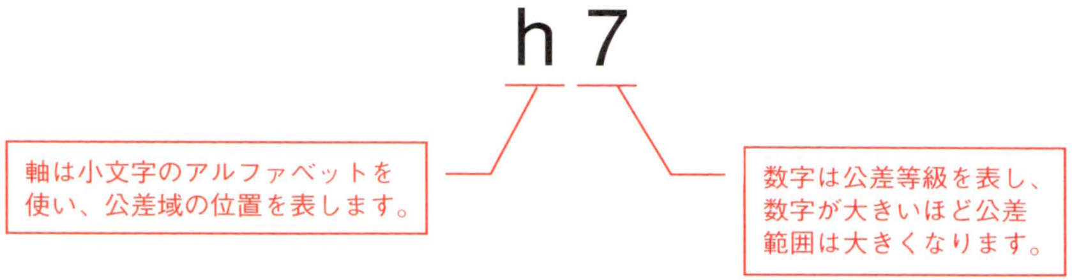
h 7
軸は小文字のアルファベットを使い、公差域の位置を表します。
数字は公差等級を表し、数字が大きいほど公差範囲は大きくなります。

アルファベットは公差域の位置を表します。

穴の公差は大文字のアルファベットを使用し、Jsを中心としてAの方がプラス目、Zの方がマイナス目となります。

軸の公差は小文字のアルファベットを使用し、jsを中心としてａの方がマイナス目、ｚの方がプラス目となります。

数字と見分けにくいアルファベット（i，l，o，q，w）は使用しません。

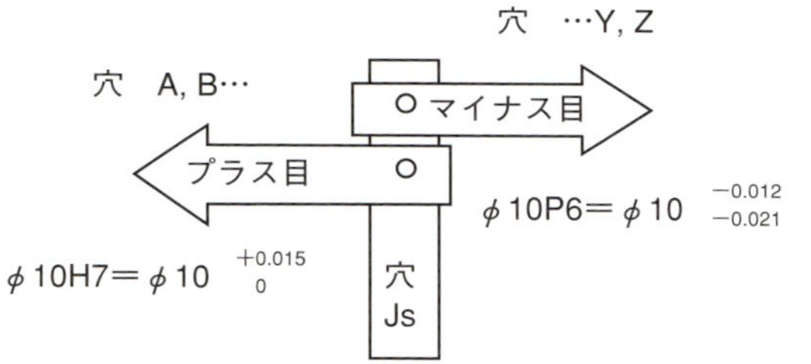
穴 A, B…
穴 …Y, Z
マイナス目
プラス目
穴
Js
$\phi 10\text{H7} = \phi 10^{+0.015}_{0}$
$\phi 10\text{P6} = \phi 10^{-0.012}_{-0.021}$

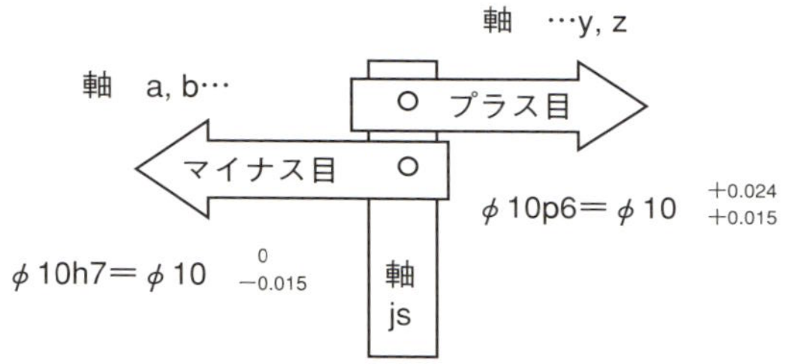
軸 a, b…
軸 …y, z
プラス目
マイナス目
軸
js
$\phi 10\text{h7} = \phi 10^{0}_{-0.015}$
$\phi 10\text{p6} = \phi 10^{+0.024}_{+0.015}$

はめあい記号は、世界で通用する記号なんや！
穴は大文字、軸は小文字！

穴の公差域クラス

基準寸法の区分 (mm)		穴の公差域クラス（μm）																										基準寸法の区分 (mm)	
超	以下	F6	F7	F8	G6	G7	H5	H6	H7	H8	H9	H10	Js5	Js6	Js7	K5	K6	K7	M5	M6	M7	N6	N7	P6	P7	R7	S7	超	以下
—	3	+12	+16	+20	+8	+12	+4	+6	+10	+14	+25	+40	±2	±3	±5	0	0	0	−2	−2	−2	−4	−4	−6	−6	−10	−14	—	3
			+6		+2				0							−4	−6	−10	−6	−8	−12	−10	−14	−12	−16	−20	−24		
3	6	+18	+22	+28	+12	+16	+5	+8	+12	+18	+30	+48	±2.5	±4	±6	0	+2	+3	−3	−1	0	−5	−4	−9	−8	−11	−15	3	6
			+10		+4				0							−5	−6	−9	−8	−9	−12	−13	−16	−17	−20	−23	−27		
6	10	+22	+28	+35	+14	+20	+6	+9	+15	+22	+36	+58	±3	±4.5	±7.5	+1	+2	+5	−4	−3	0	−7	−4	−12	−9	−13	−17	6	10
			+13		+5				0							−5	−7	−10	−10	−12	−15	−16	−19	−21	−24	−28	−32		
10	18	+27	+34	+43	+17	+24	+8	+11	+18	+27	+43	+70	±4	±5.5	±9	+2	+2	+6	−4	−4	0	−9	−5	−15	−11	−16	−21	10	18
			+16		+6				0							−6	−9	−12	−12	−15	−18	−20	−23	−26	−29	−34	−39		
18	30	+33	+41	+53	+20	+28	+9	+13	+21	+33	+52	+84	±4.5	±6.5	±10.5	+1	+2	+6	−5	−4	0	−11	−7	−18	−14	−20	−27	18	30
			+20		+7				0							−8	−11	−15	−14	−17	−21	−24	−28	−31	−35	−41	−48		
30	50	+41	+50	+64	+25	+34	+11	+16	+25	+39	+62	+100	±5.5	±8	±12.5	+2	+3	+7	−5	−4	0	−12	−8	−21	−17	−25	−34	30	50
			+25		+9				0							−9	−13	−18	−16	−20	−25	−28	−33	−37	−42	−50	−59		
50	80	+49	+60	+76	+29	+40	+13	+19	+30	+46	+74	+120	±6.5	±9.5	±15	+3	+4	+9	−6	−5	0	−14	−9	−26	−21	−30 −60	−42 −72	50	65
			+30		+10				0							−10	−15	−21	−19	−24	−30	−33	−39	−45	−51	−32 −62	−48 −78	65	80
80	100	+58	+71	+90	+34	+47	+15	+22	+35	+54	+87	+140	±7.5	±11	±17.5	+2	+4	+10	−8	−6	0	−16	−10	−30	−24	−38 −73	−58 −93	80	100
100	120		+36		+12				0							−13	−18	−25	−23	−28	−35	−38	−45	−52	−59	−41 −76	−66 −101	100	120
120	180	+68	+83	+106	+39	+54	+18	+25	+40	+63	+100	+160	±9	±12.5	±20	+3	+4	+12	−9	−8	0	−20	−12	−36	−28	−48 −88	−77 −117	120	140
																										−50 −90	−85 −125	140	160
			+43		+14				0							−15	−21	−28	−27	−33	−40	−45	−52	−61	−68	−53 −93	−93 −133	160	180
180	200	+79	+96	+122	+44	+61	+20	+29	+46	+72	+115	+185	±10	±14.5	±23	+2	+5	+13	−11	−8	0	−22	−14	−41	−33	−60 −106	−105 −151	180	200
200	225																									−63 −109	−113 −159	200	225
225	250		+50		+15				0							−18	−24	−33	−31	−37	−46	−51	−60	−70	−79	−67 −113	−123 −169	225	250
250	315	+88	+108	+137	+49	+69	+23	+32	+52	+81	+130	+210	±11.5	±16	±26	+3 −20	+5 −27	+16 −36	−13 −36	−9 −41	0 −52	−25 −57	−14 −66	−47 −79	−36 −88	−74 −126	— —	250	280
			+56		+17				0							同上										−78 −130	— —	280	315
315	355	+98	+119	+151	+54	+75	+25	+36	+57	+89	+140	+230	±12.5	±18	±28.5	+3	+7	+17	−14	−10	0	−26	−16	−51	−41	−87 −144	— —	315	355
355	400		+62		+18				0							−22	−29	−40	−39	−46	−57	−62	−73	−87	−98	−93 −150	— —	355	400
400	500	+108	+131	+165	+60	+83	+27	+40	+63	+97	+155	+250	±13.5	±20	±31.5	+2	+8	+18	−16	−10	0	−27	−17	−55	−45	−103 −166	— —	400	450
			+68		+20				0							−25	−32	−45	−43	−50	−63	−67	−80	−95	−108	−109 −172	— —	450	500
超	以下	F6	F7	F8	G6	G7	H5	H6	H7	H8	H9	H10	Js5	Js6	Js7	K5	K6	K7	M5	M6	M7	N6	N7	P6	P7	R7	S7	超	以下
基準寸法の区分 (mm)		穴の公差域クラス（μm）																										基準寸法の区分 (mm)	

軸の公差域クラス

基準寸法の区分 (mm)		軸の公差域クラス（μm）															
超	以下	f6	f7	f8	g4	g5	g6	h4	h5	h6	h7	h8	h9	js4	js5	js6	js7
—	3		−6			−2					0			±1.5	±2	±3	±5
		−12	−16	−20	−5	−6	−8	−3	−4	−6	−10	−14	−25				
3	6		−10			−4					0			±2	±2.5	±4	±6
		−18	−22	−28	−8	−9	−12	−4	−5	−8	−12	−18	−30				
6	10		−13			−5					0			±2	±3	±4.5	±7.5
		−22	−28	−35	−9	−11	−14	−4	−6	−9	−15	−22	−36				
10	18		−16			−6					0			±2.5	±4	±5.5	±9
		−27	−34	−43	−11	−14	−17	−5	−8	−11	−18	−27	−43				
18	30		−20			−7					0			±3	±4.5	±6.5	±10.5
		−33	−41	−53	−13	−16	−20	−6	−9	−13	−21	−33	−52				
30	50		−25			−9					0			±3.5	±5.5	±8	±12.5
		−41	−50	−64	−16	−20	−25	−7	−11	−16	−25	−39	−62				
50	80		−30			−10					0			±4	±6.5	±9.5	±15
		−49	−60	−76	−18	−23	−29	−8	−13	−19	−30	−46	−74				
80	120		−36			−12					0			±5	±7.5	±11	±17.5
		−58	−71	−90	−22	−27	−34	−10	−15	−22	−35	−54	−87				
120	180		−43			−14					0			±6	±9	±12.5	±20
		−68	−83	−106	−26	−32	−39	−12	−18	−25	−40	−63	−100				
180	250		−50			−15					0			±7	±10	±14.5	±23
		−79	−96	−122	−29	−35	−44	−14	−20	−29	−46	−72	−115				
250	280		−56			−17					0			±8	±11.5	±16	±26
280	315	−88	−108	−137	−33	−40	−49	−16	−23	−32	−52	−81	−130				
315	400		−62			−18					0			±9	±12.5	±18	±28.5
		−98	−119	−151	−36	−43	−54	−18	−25	−36	−57	−89	−140				
400	500		−68			−20					0			±10	±13.5	±20	±31.5
		−108	−131	−165	−40	−47	−60	−20	−27	−40	−63	−97	−155				
超	以下	f6	f7	f8	g4	g5	g6	h4	h5	h6	h7	h8	h9	js4	js5	js6	js7
基準寸法の区分 (mm)		軸の公差域クラス（μm）															

軸の公差域クラス（μm）											基準寸法の区分 (mm)	
k4	k5	k6	m4	m5	m6	n6	p6	r6	s6	t6	超	以下
+3	+4	+6	+5	+6	+8	+10	+12	+16	+20	—	—	3
	0			+2		+4	+6	+10	+14			
+5	+6	+9	+8	+9	+12	+16	+20	+23	+27	—	3	6
	+1			+4		+8	+12	+15	+19			
+5	+7	+10	+10	+12	+15	+19	+24	+28	+32	—	6	10
	+1			+6		+10	+15	+19	+23			
+6	+9	+12	+12	+15	+18	+23	+29	+34	+39	—	10	14
	+1			+7		+12	+18	+23	+28		14	18
+8	+11	+15	+14	+17	+21	+28	+35	+41	+48	—	18	24
	+2			+8		+15	+22	+28	+35	+54 +41	24	30
+9	+13	+18	+16	+20	+25	+33	+42	+50	+59	+64 +48	30	40
	+2			+9		+17	+26	+34	+43	+70 +54	40	50
+10	+15	+21	+19	+24	+30	+39	+51	+60 +41	+72 +53	+85 +66	50	65
	+2			+11		+20	+32	+62 +43	+78 +59	+94 +75	65	80
+13	+18	+25	+23	+28	+35	+45	+59	+73 +51	+93 +71	+113 +91	80	100
	+3			+13		+23	+37	+76 +54	+101 +79	+126 +104	100	120
+15	+21	+28	+27	+33	+40	+52	+68	+88 +63	+117 +92	+147 +122	120	140
								+90 +65	+125 +100	+159 +134	140	160
	+3			+15		+27	+43	+93 +68	+133 +108	+171 +146	160	180
+18	+24	+33	+31	+37	+46	+60	+79	+106 +77	+151 +122	—	180	200
								+109 +80	+159 +130		200	225
	+4			+17		+31	+50	+113 +84	+169 +140		225	250
+20	+27	+36	+36	+43	+52	+66	+88	+126 +94	—	—	250	280
	+4			+20		+34	+56	+130 +98			280	315
+22	+29	+40	+39	+46	+57	+73	+98	+144 +108	—	—	315	355
	+4			+21		+37	+62	+150 +114			355	400
+25	+32	+45	+43	+50	+63	+80	+108	+166 +126	—	—	400	450
	+5			+23		+40	+68	+172 +132			450	500
k4	k5	k6	m4	m5	m6	n6	p6	r6	s6	t6	超	以下
軸の公差域クラス（μm）											基準寸法の区分 (mm)	

はめあいの基準方式には、穴基準方式と軸基準方式の２つの種類があります。

◇穴基準方式

種々の公差域クラスの軸と、一つの公差域クラスの穴を組合せることによって、必要なすきま、しめしろを与えるはめあい方式のことをいいます。

H穴を基準穴として固定しておき、これに適切な軸を選んで、必要なすきまやしめしろを与えるはめあいのことです。

常用する穴基準はめあい

基準穴	軸の公差域クラス																
	すきまばめ							中間ばめ			しまりばめ						
H6						g5	h5	js5	k5	m5							
H6					f6	g6	h6	js6	k6	m6	n6 (*1)	p6 (*1)					
H7					f6	g6	h6	js6	k6	m6	n6	p6 (*1)	r6 (*1)	s6	t6	u6	x6
H7				e7	f7		h7	js7									
H8					f7		h7										
H8				e8	f8		h8										
H8			d9	e9													
H9			d8	e8			h8										
H9		c9	d9	e9			h9										
H10	b9	c9	d9														

注(＊1)　これらのはめあいは、寸法の区分によっては例外を生じます。

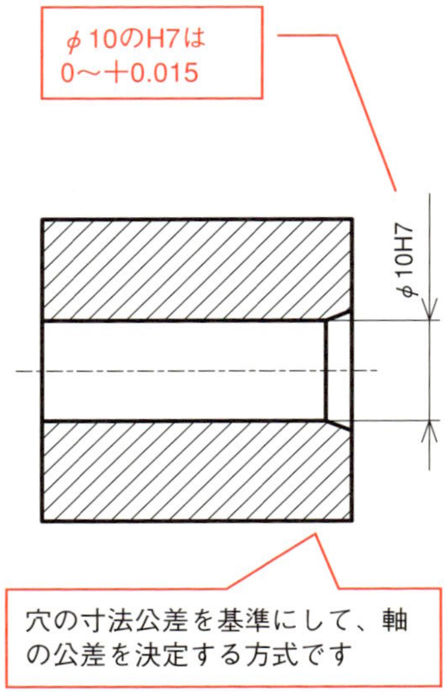

φ10のH7は
0～＋0.015
φ10H7
穴の寸法公差を基準にして、軸の公差を決定する方式です

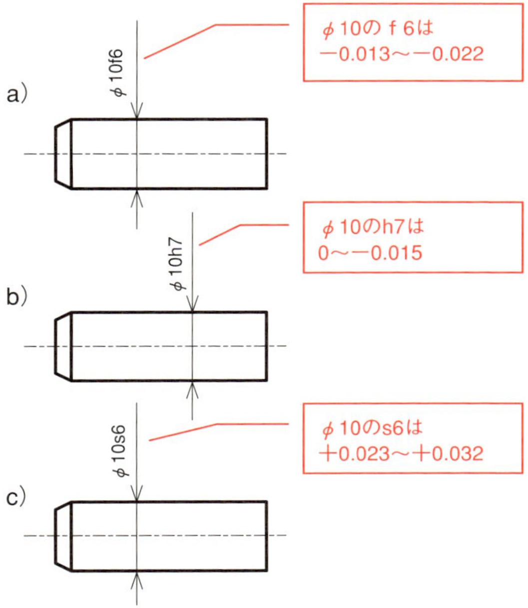

a)
φ10f6
φ10のｆ6は
－0.013～－0.022
b)
φ10h7
φ10のh7は
0～－0.015
c)
φ10s6
φ10のs6は
＋0.023～＋0.032

上表より、左記に示したａ）とｂ）はすきまばめ、ｃ）はしまりばめ（圧入）です。
では、ａ）とｂ）では、同じすきまばめでも、どう違うのでしょうか？

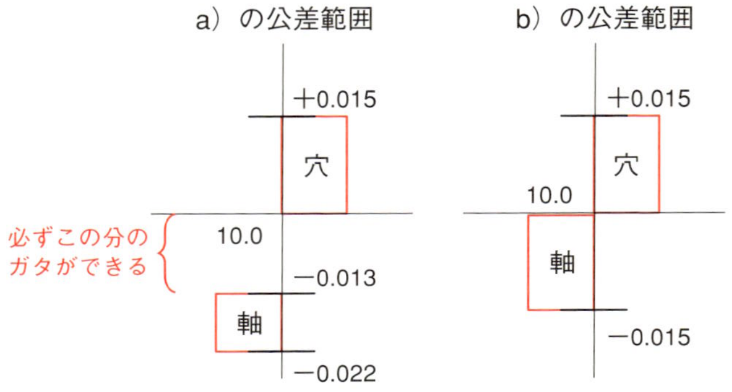

a）の公差範囲
＋0.015
穴
10.0
－0.013
軸
－0.022
必ずこの分の
ガタができる
b）の公差範囲
＋0.015
穴
10.0
軸
－0.015

上記の公差範囲を比べると、ａ）より、b）の方がガタは少なく、「しっくり」とはめあわされる、つまり高精度にはめあいされることがわかります。

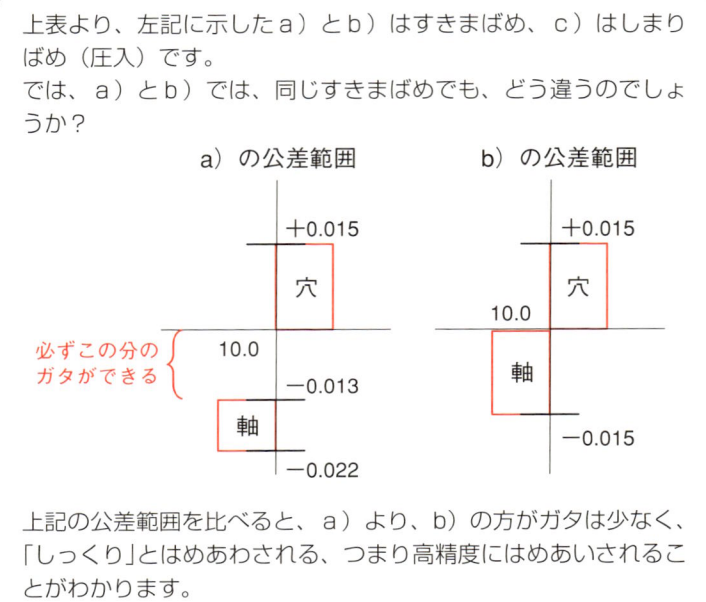

◇軸基準方式

種々の公差域クラスの穴と、一つの公差域クラスの軸を組合せることによって、必要なすきま、しめしろを与えるはめあい方式のことをいいます。

h軸を基準軸として固定しておき、これに適切な穴を選んで、必要なすきまやしめしろを与えるはめあいのことです。

常用する軸基準はめあい

基準軸	穴の公差域クラス																
	すきまばめ							中間ばめ			しまりばめ						
h5							H6	JS6	K6	M6	N6 (*2)	P6					
h6					F6	G6	H6	JS6	K6	M6	N6	P6 (*2)					
					F7	G7	H7	JS7	K7	M7	N7	P7 (*2)	R7	S7	T7	U7	X7
h7				E7	F7		H7										
					F8		H8										
h8			D8	E8	F8		H8										
			D9	E9			H9										
h9			D8	E8			H8										
		C9	D9	E9			H9										
	B10	C10	D10														

注（＊2）　これらのはめあいは、寸法の区分によっては例外を生じます。

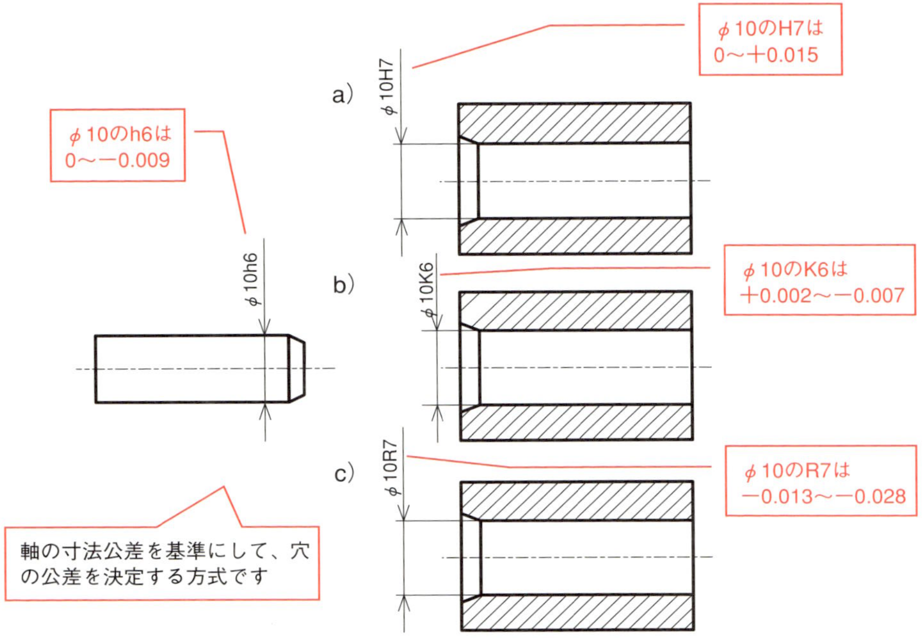

φ10のH7は
0～＋0.015
φ10のh6は
0～－0.009
a）
φ10H7
φ10h6
b）
φ10K6
φ10のK6は
＋0.002～－0.007
c）
φ10R7
φ10のR7は
－0.013～－0.028
軸の寸法公差を基準にして、穴の公差を決定する方式です

上表より、左記に示したa）すきまばめ、b）中間ばめ、c）しまりばめ（圧入）の相互関係を確認してみましょう。

a）の公差範囲　b）の公差範囲　c）の公差範囲

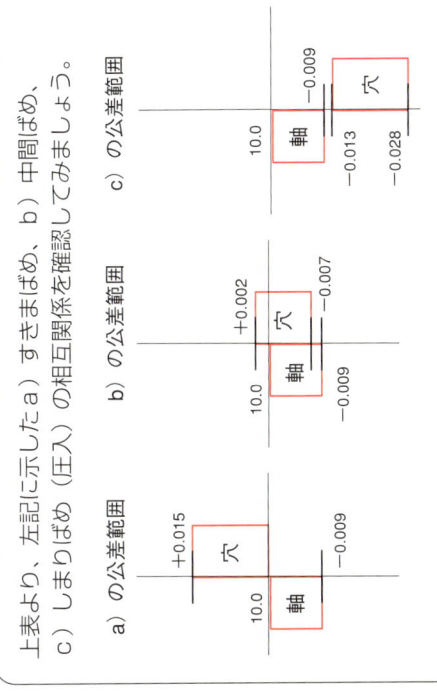

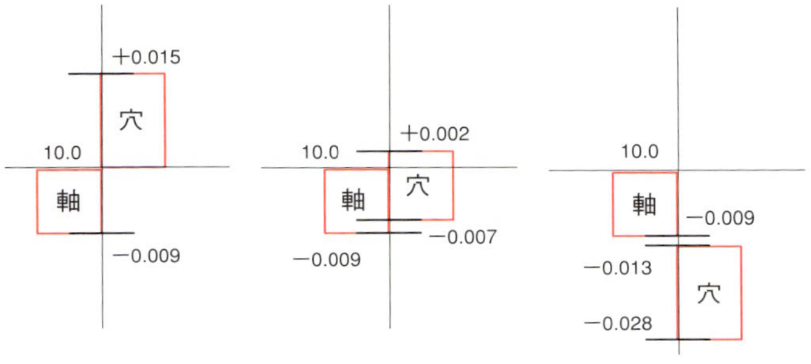

＋0.015
穴
10.0
軸
－0.009
＋0.002
10.0
軸
穴
－0.009
－0.007
10.0
軸
－0.009
－0.013
穴
－0.028

はめあいの基準方式の選択

はめあいの基準方式には、穴基準方式と軸基準方式の２つの種類があることがわかりました。

それでは、この2種類をどのように設計で使い分ければよいでしょうか？

◇加工の容易性

精度のある穴の加工は軸の加工よりも難しいのですが、H穴公差は一般的にリーマという工具を使えば比較的簡単に加工できます。

加工の容易性という意味で、一般的にリーマ加工できる穴を基準として、軸側ではめあいの公差を設定することが多いようです。

◇素材の寸法

例えば、丸棒の素材の直径は無限に設定されているわけではありません。下図に示すように、**棒材料の標準径はJISで規定されています。**ただし、鉄鋼メーカーによってはJISの標準以外でも標準品としてラインナップしている場合もあります。

H穴基準でしまりばめに設計する場合、軸の径はプラス公差になります。例えば、**直径13mmの軸をプラス公差に仕上げようとすると直径16mmの素材を削っていかなければならず、材料代と加工工数が増え、コストアップになります。このような場合は、軸基準にすることも検討しなければいけません。**

熱間圧延棒鋼の標準径（JIS G 3191）バーイン コイル（軟鋼線材）を含む
6 7 8 9 10 11 12 13 (14) 16 (18) 19 20 22 24　25 (27)　28
30 32 (33) 36 38 (39) 42 (45) 46 48　50 (52) 55 56　60 64 65
(68) 70 75 80 85 90　95 100 110 120 130 140　150 160 180 200

リーマ（reamer）

リーマ穴とは、穴の寸法を正確に加工する時、その寸法より少し細いドリルで最初に穴をあけ、次にその上をリーマで追加工した穴です。リーマは通常6～8枚の刃先を持ち、真円度の高い穴が得られます。リーマ加工に用いる機械はボール盤、マシニングセンタなど他の穴開け加工に用いられるものを使用し、特別な加工機を必要としません。
リーマ加工による表面仕上げは、算術平均粗さ（Ra）1.6となります。市販されているリーマはプラス公差に作られているので、穴はプラス公差に仕上がります。

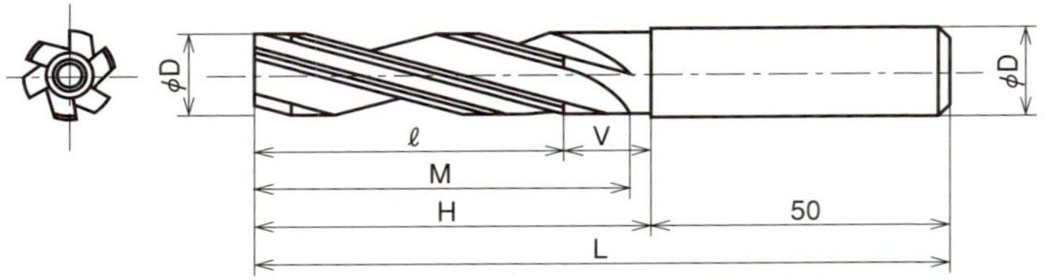
φD
ℓ
V
M
H
50
L
φD

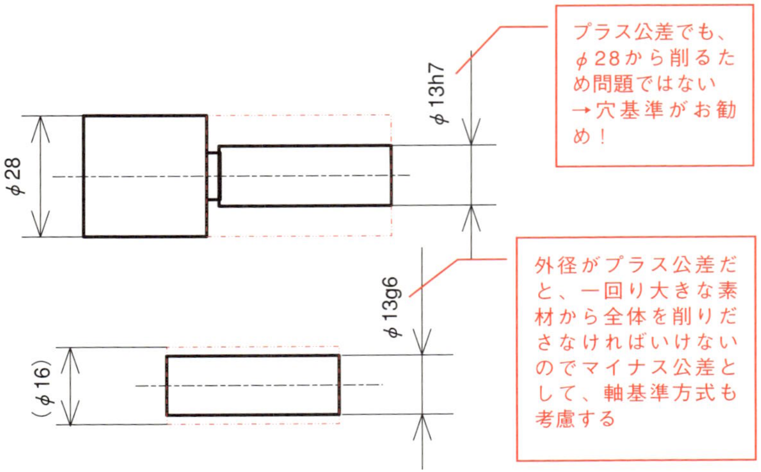
φ28
φ13h7
プラス公差でも、φ28から削るため問題ではない→穴基準がお勧め！
φ13g6
(φ16)
外径がプラス公差だと、一回り大きな素材から全体を削りださなければいけないのでマイナス公差として、軸基準方式も考慮する

Work Shop 4-01

Q4-01-1

直径22mmの穴において、H6、H8、K6、Js5の公差範囲を示してください。　例）φ22 G6（+0.007～+0.020）

φ22 H6（　　　　　　　　　　）　φ22 H8（　　　　　　　　　　）

φ22 K6（　　　　　　　　　　）　φ22 Js5（　　　　　　　　　　）

Q4-01-2

直径6mmの軸において、g6、h7、m5、p6の公差範囲を示してください。　例）φ6 f8（－0.010～－0.020）

φ6 g6（　　　　　　　　　　）　φ6 h7（　　　　　　　　　　）

φ6 m5（　　　　　　　　　　）　φ6 p6（　　　　　　　　　　）

Q4-01-3

直径16H7公差の穴に軸を挿入したい。特に何も工具を使わず手で簡単に挿入できる程度のはめあわせにしたい。軸の寸法はいくらにすればよいでしょうか？　公差域クラスの記号を使って示して下さい。

穴：φ16H7　　軸：（　　　　　　　　　　）

Q4-01-4

右図のように、幅20h5公差の樹脂片を幅20mm U字型の鉄鋼ブロックに中間ばめしたい。

鉄鋼ブロック側の寸法公差はいくらにすればよいでしょうか？

樹脂片の幅：20h5

鉄鋼ブロックの内幅：（　　　　　　　　　　）

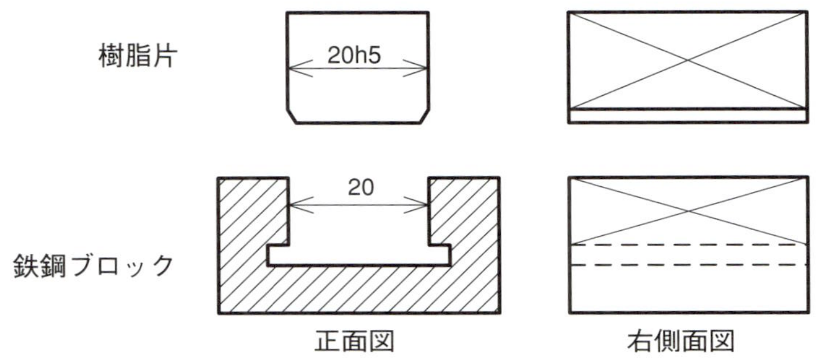

投影法	⊕	尺度	1:1

寸法公差は位置決めのためのツール

設計製図の基本は「6 自由度の拘束」です。ここで、自由度とは「数式モデルにおいて、ある物体を動かすことができる方向の数を表す」ものです。

6 自由度とは「x y z 軸方向の併進運動（左右あるいは上下に動くこと）と回転運動を合わせて 6 自由度」といいます。

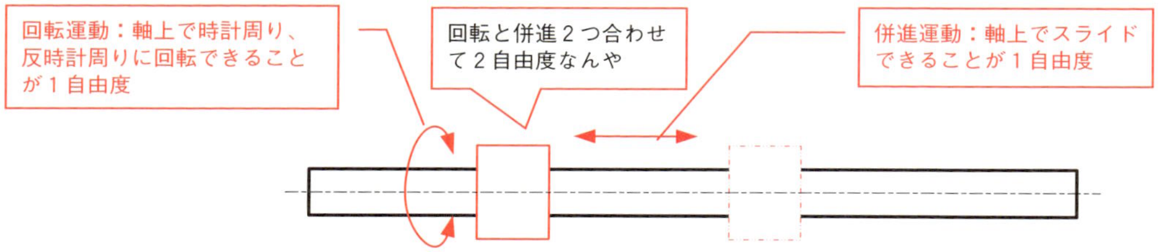
回転運動：軸上で時計周り、反時計周りに回転できることが 1 自由度
回転と併進 2 つ合わせて 2 自由度なんや
併進運動：軸上でスライドできることが 1 自由度

自由度とは

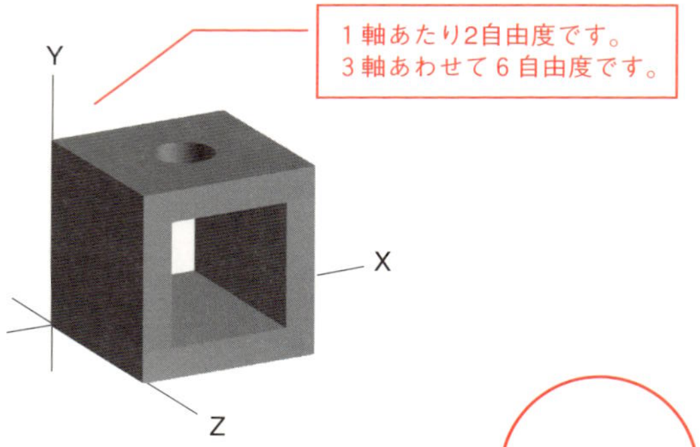
Y
X
Z
1 軸あたり2自由度です。
3 軸あわせて 6 自由度です。

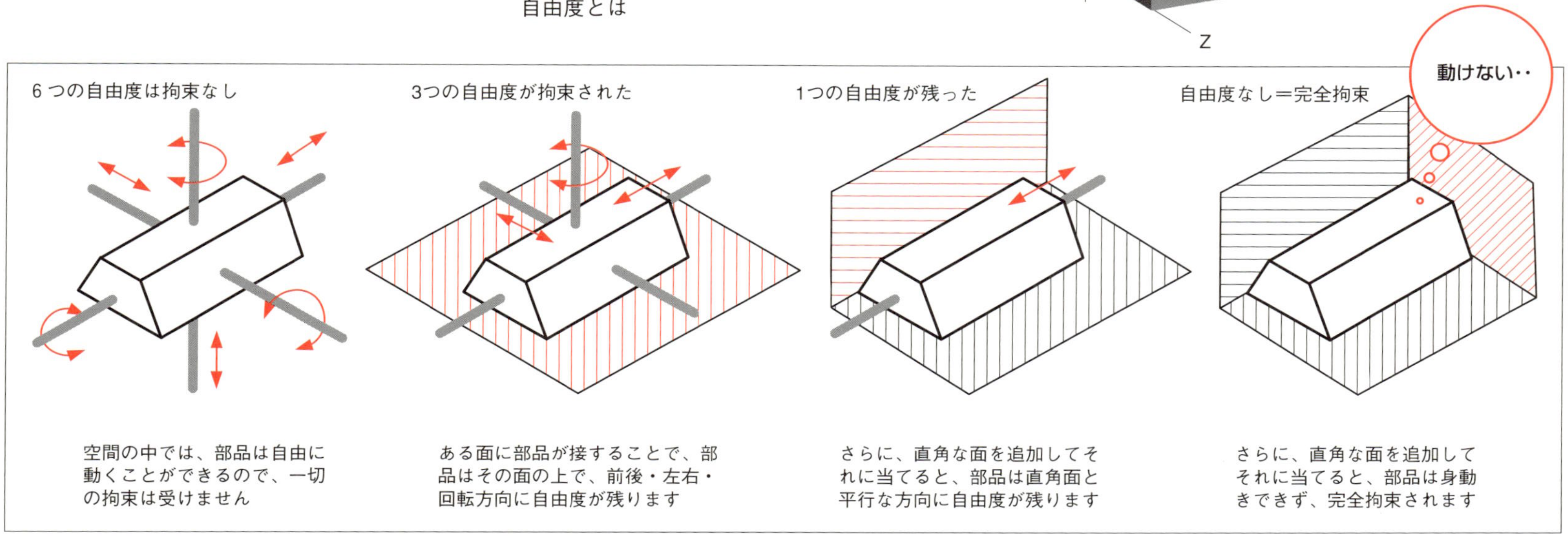
6 つの自由度は拘束なし
3つの自由度が拘束された
1つの自由度が残った
自由度なし＝完全拘束
動けない・・
空間の中では、部品は自由に動くことができるので、一切の拘束は受けません
ある面に部品が接することで、部品はその面の上で、前後・左右・回転方向に自由度が残ります
さらに、直角な面を追加してそれに当てると、部品は直角面と平行な方向に自由度が残ります
さらに、直角な面を追加してそれに当てると、部品は身動きできず、完全拘束されます

部品を拘束することで、設計思想を明確にすることができます。

設計思想とは、下記のように考えることです。

- **基準を明確にすること**
- **基準に対して、面や穴の位置を制御すること**
- **はめあいによって位置や組立性、機能を決めること**

例えば、下図に示すような角ブロックに軸を挿入する事例を考えます。

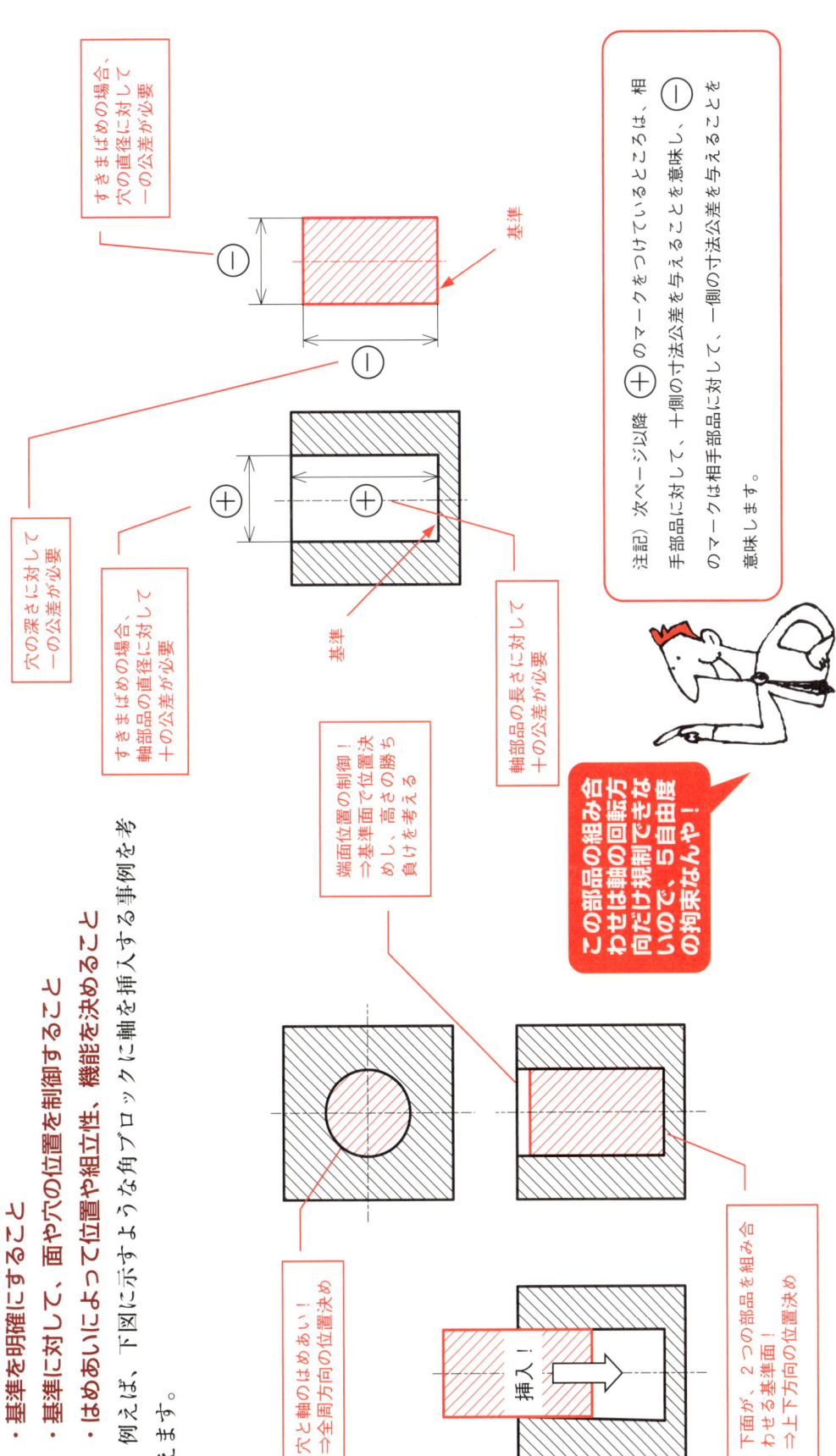

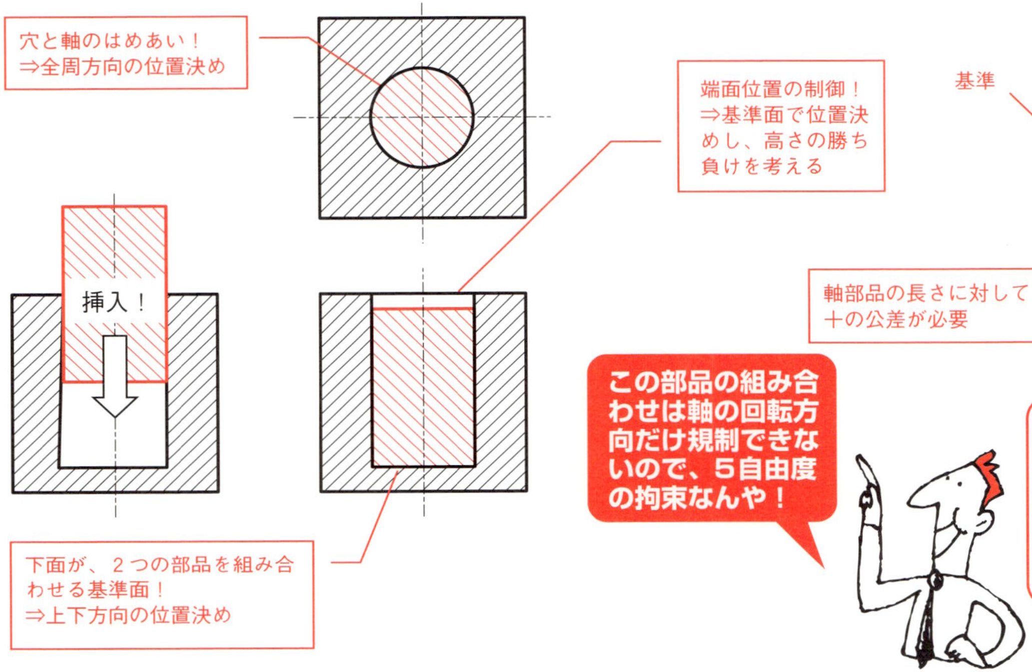

穴と軸のはめあい！
⇒全周方向の位置決め
端面位置の制御！
⇒基準面で位置決めし、高さの勝ち負けを考える
挿入！
下面が、２つの部品を組み合わせる基準面！
⇒上下方向の位置決め
この部品の組み合わせは軸の回転方向だけ規制できないので、５自由度の拘束なんや！

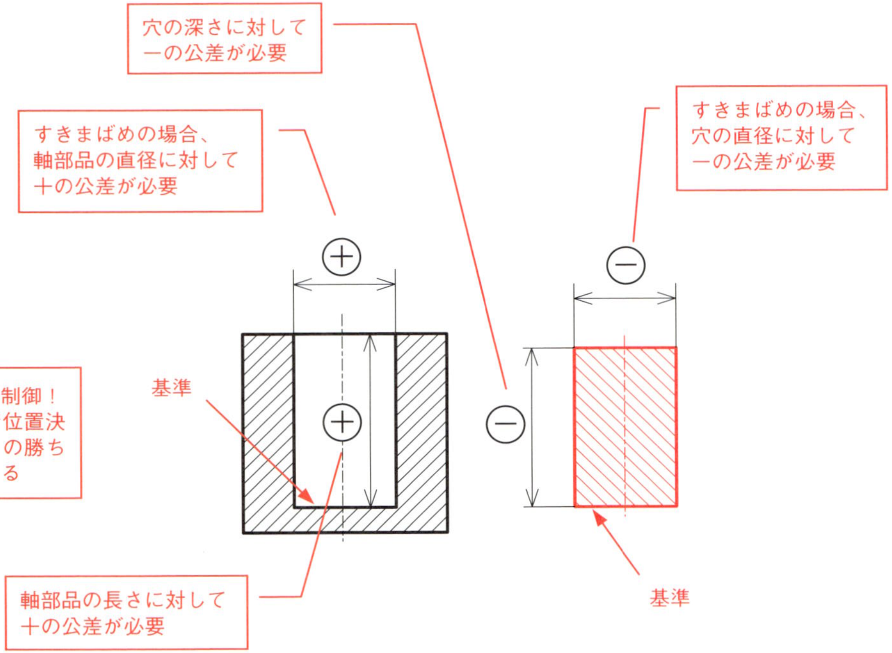

穴の深さに対して
－の公差が必要
すきまばめの場合、
軸部品の直径に対して
＋の公差が必要
すきまばめの場合、
穴の直径に対して
－の公差が必要
基準
軸部品の長さに対して
＋の公差が必要
基準

注記）次ページ以降 ⊕ のマークをつけているところは、相手部品に対して、＋側の寸法公差を与えることを意味し、⊖ のマークは相手部品に対して、－側の寸法公差を与えることを意味します。

Memo

部品名			
担当者			
投影法		尺度	1:1

Work Shop 4-02

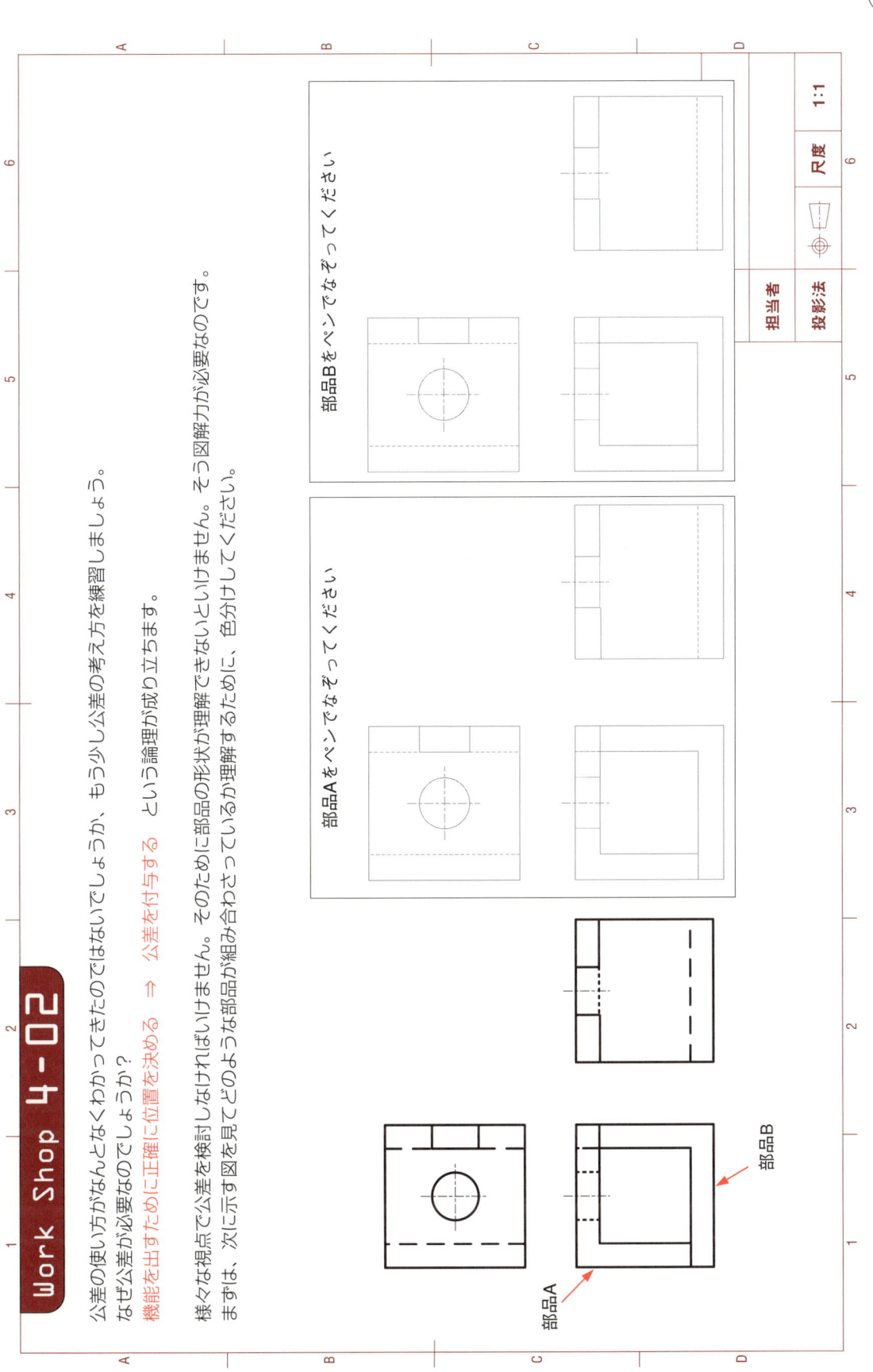

公差の使い方がなんとなくわかってきたのではないでしょうか、もう少し公差の考え方を練習しましょう。
なぜ公差が必要なのでしょうか？
機能を出すために正確に位置を決める　⇒　公差を付与する　という論理が成り立ちます。

様々な視点で公差を検討しなければいけません。そのために部品の形状が理解できないといけません。そう図解力が必要なのです。
まずは、次に示す図を見てどのような部品が組み合わさっているか理解するために、色分けしてください。

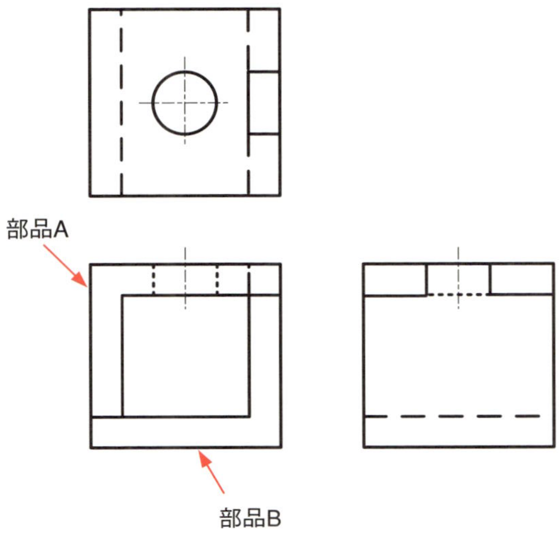

部品A
部品B

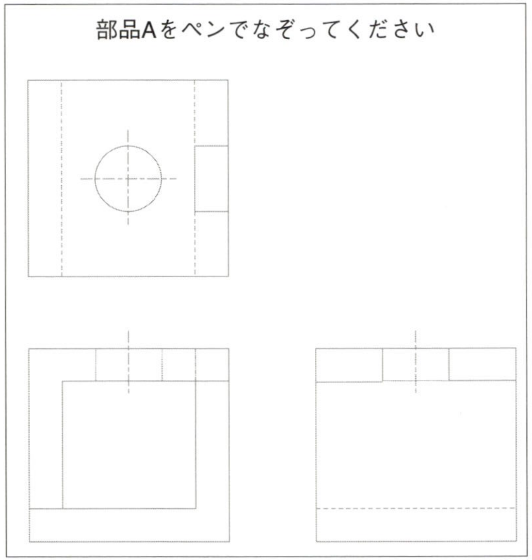

部品Aをペンでなぞってください

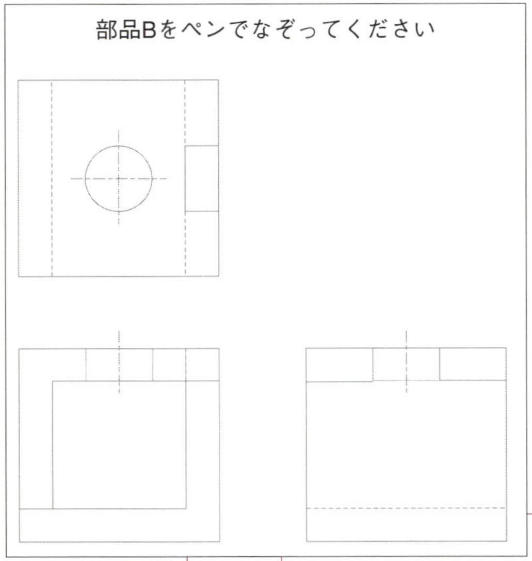

部品Bをペンでなぞってください

担当者			
投影法	⊕⊏	尺度	1:1

この2つの部品が、どのように組み合わされているか、6自由度の視点で検証していきましょう。

【Y方向の位置決め】

部品Aと部品BのY方向に対する位置決めに影響する部分を確認します。

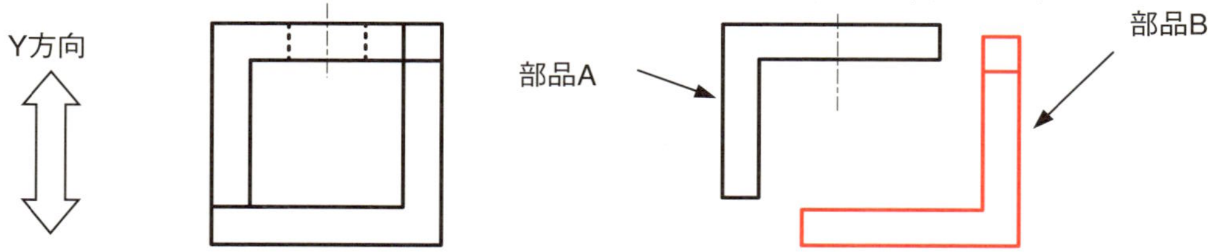
Y方向
部品A
部品B

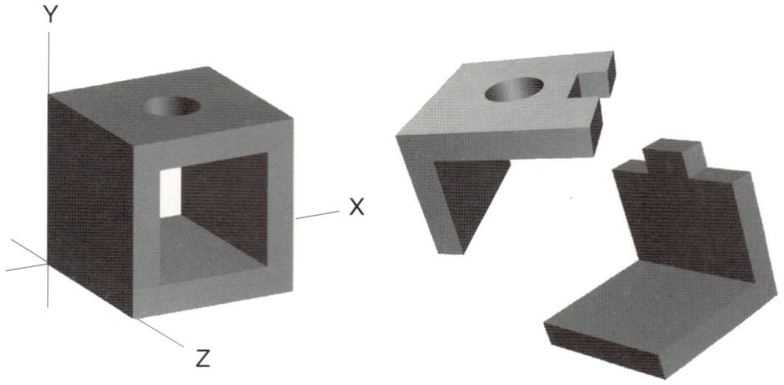
Y
X
Z

複数面を当てる構造であるため、優先する基準を決めます。

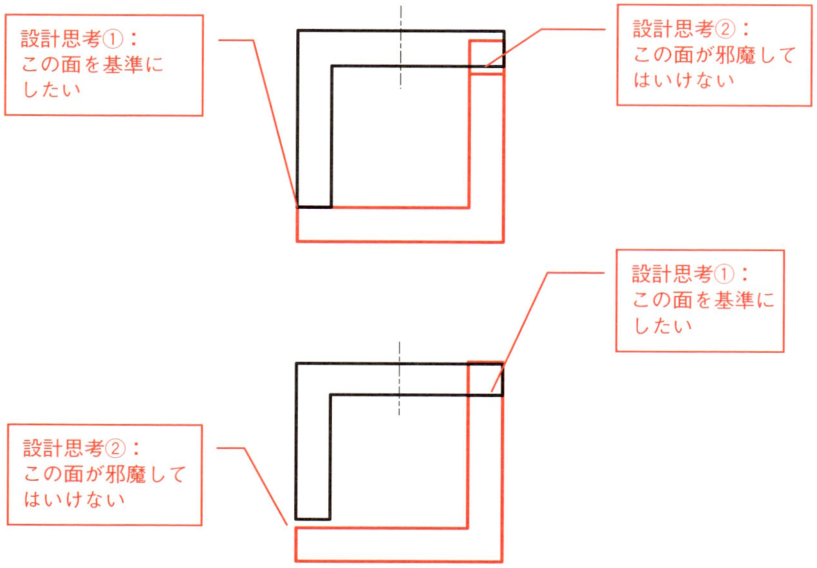
設計思考①：
この面を基準に
したい
設計思考②：
この面が邪魔して
はいけない
設計思考①：
この面を基準に
したい
設計思考②：
この面が邪魔して
はいけない

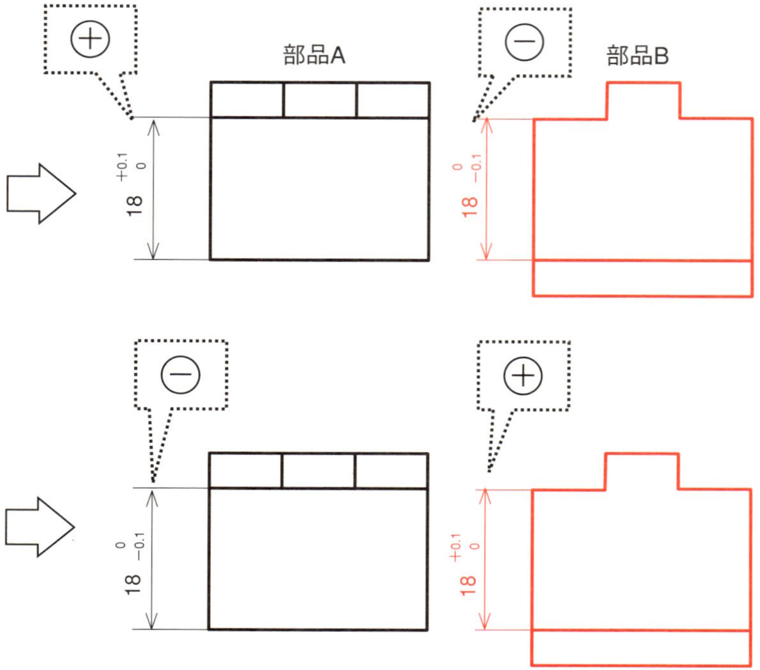
部品A
部品B
18 +0.1 0
18 0 −0.1
18 0 −0.1
18 +0.1 0

【X方向の位置決め】

部品Aと部品BのX方向に対する位置決めに影響する部分を確認します。

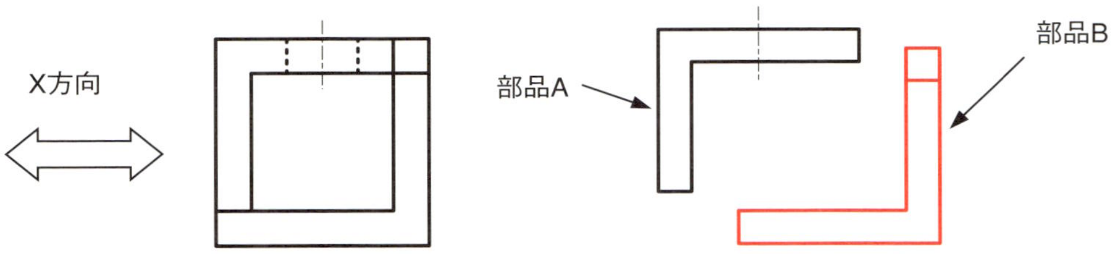
X方向
部品A
部品B

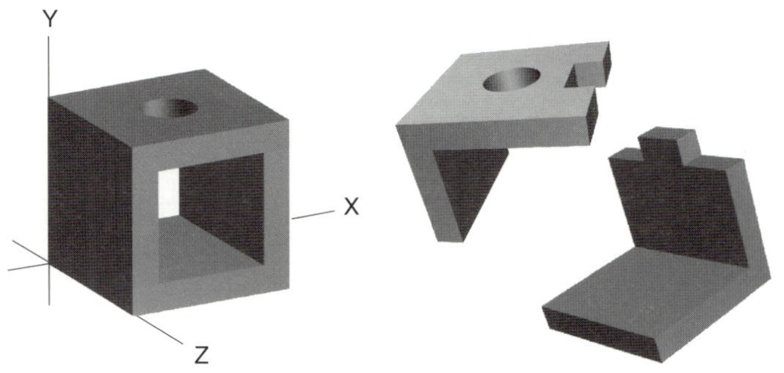
Y
X
Z

基準を決めた後、面の飛び出しや凹みを制御します。

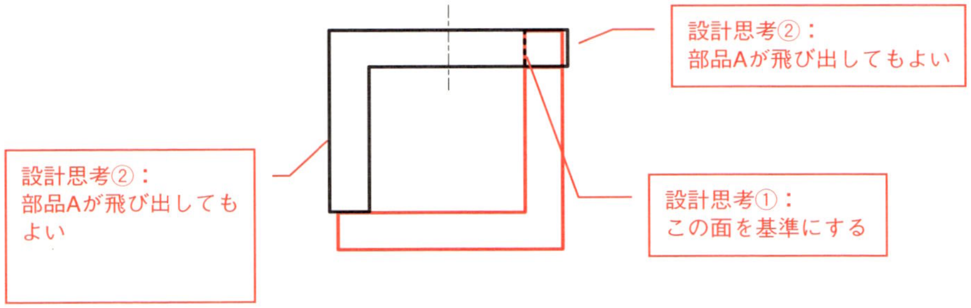
設計思考②：
部品Aが飛び出してもよい
設計思考②：
部品Aが飛び出しても
よい
設計思考①：
この面を基準にする

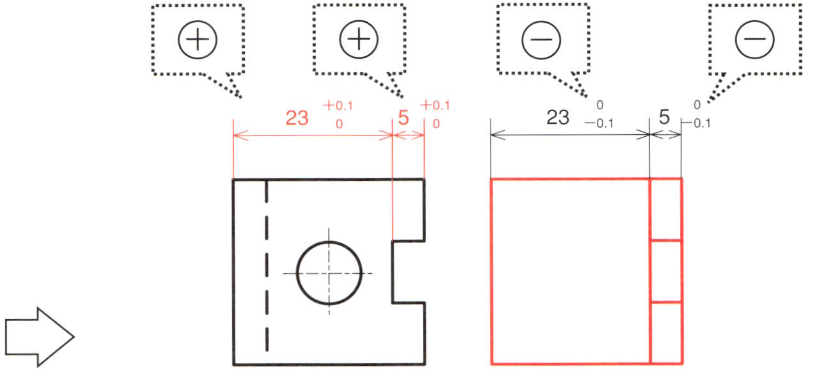
23 +0.1 0
5 +0.1 0
23 0 −0.1
5 0 −0.1

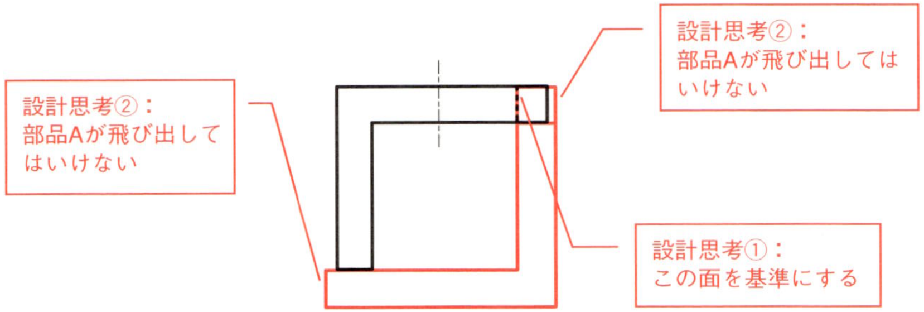
設計思考②：
部品Aが飛び出しては
いけない
設計思考②：
部品Aが飛び出して
はいけない
設計思考①：
この面を基準にする

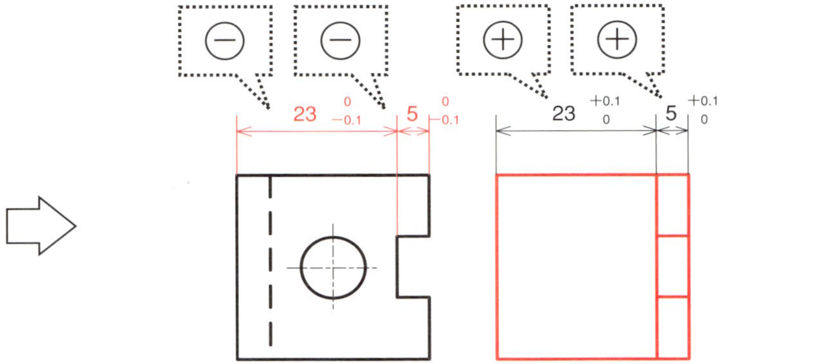
23 0 −0.1
5 0 −0.1
23 +0.1 0
5 +0.1 0

【Z方向の位置決め】

部品Aと部品BのZ方向に対する位置決めに影響する部分を確認します。

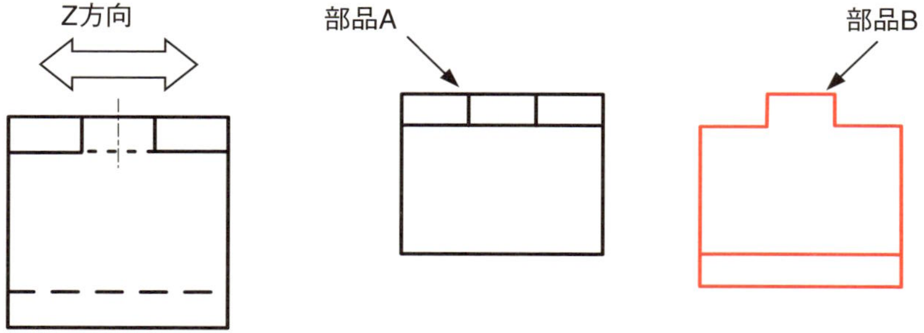
Z方向
部品A
部品B

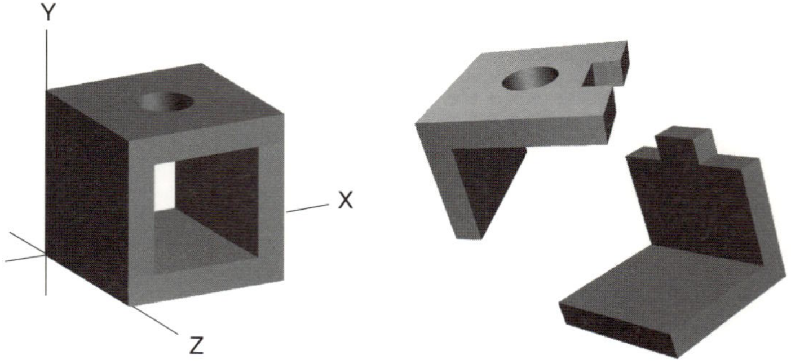
Y
X
Z

突起部分をはめ合わせて位置決めします。

すきまばめ

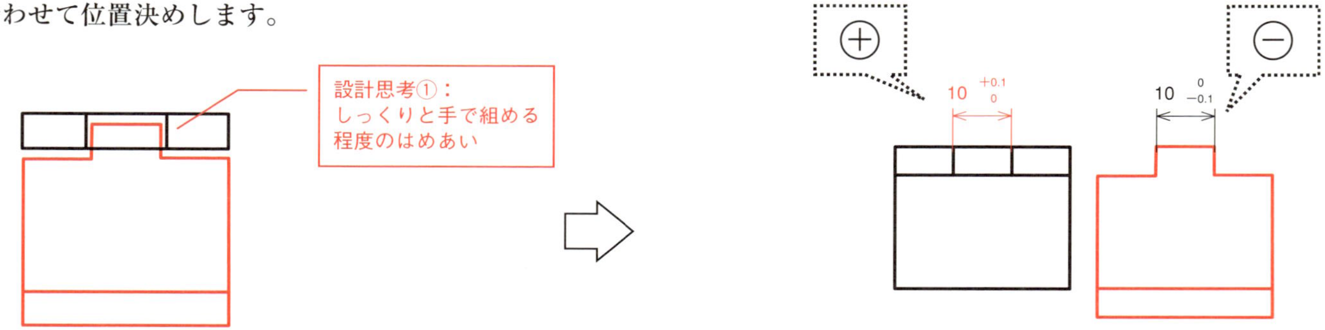
設計思考①：
しっくりと手で組める
程度のはめあい
10 +0.1 0
10 0 −0.1

しまりばめ

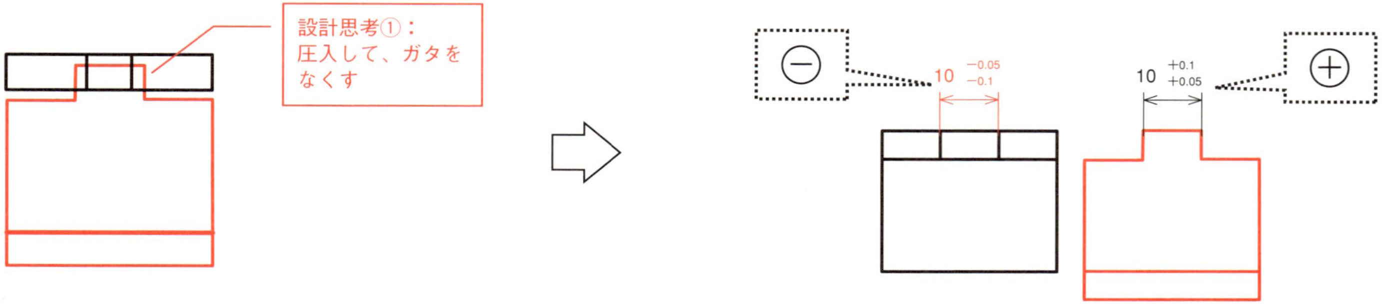
設計思考①：
圧入して、ガタを
なくす
10 −0.05 −0.1
10 +0.1 +0.05

Work Shop 4-03

下図は、キャスターの首下部であるローラ周辺を分解した図面です。これらの部品図を作成しようとしています。右に示した２つの部品で寸法公差が必要な部位だけを選び出し、寸法線と次の指示に従って記号を記入してください。基本的に部品は、全てすきまばめですが、ベアリングの内径のみ圧入です。

【指示事項】

相手部品に対してプラス公差に設計すべき寸法は ⊕ を、マイナス公差に設計すべき寸法は ⊖ を記入してください。寸法数値は不要です。

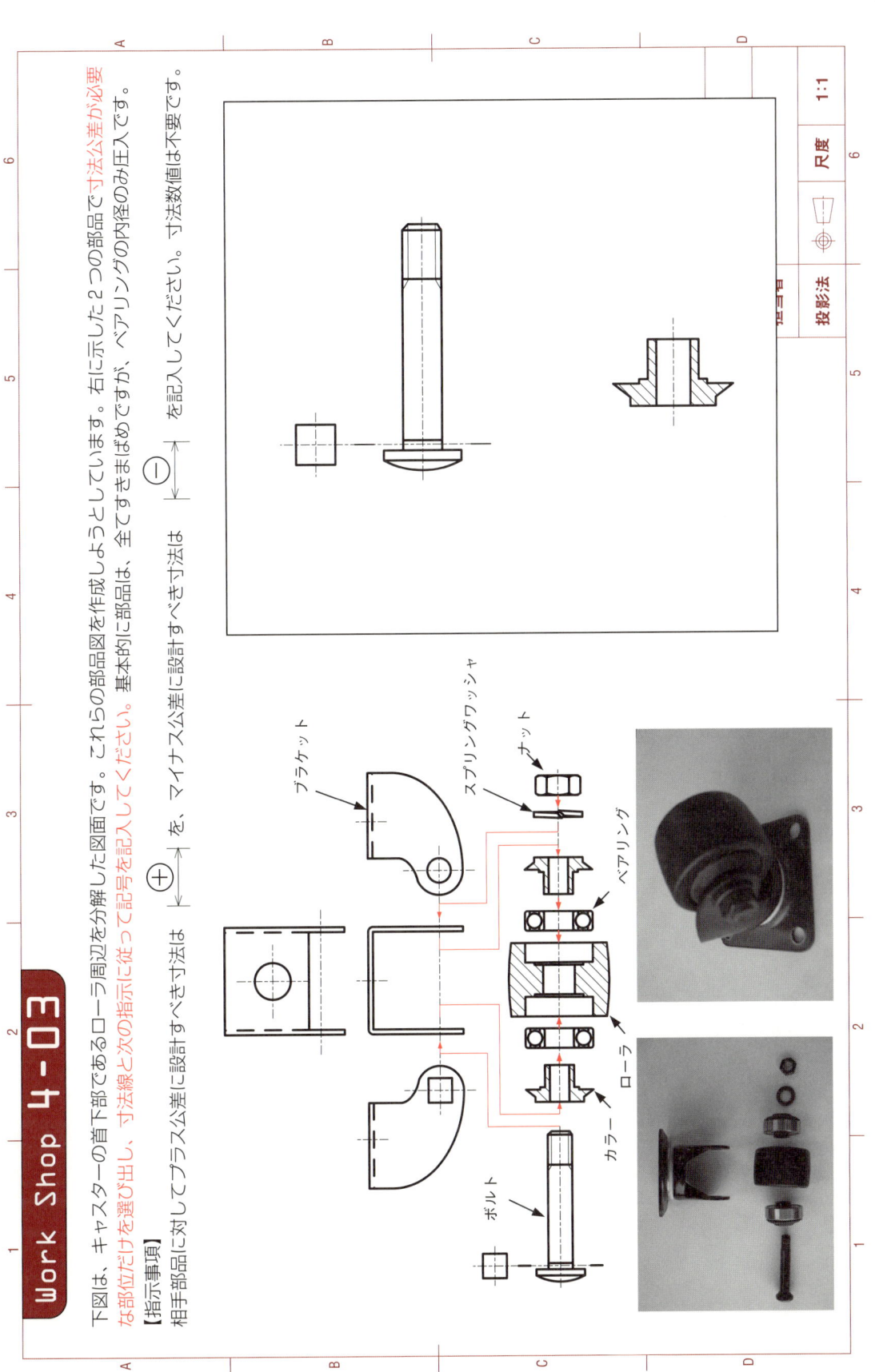

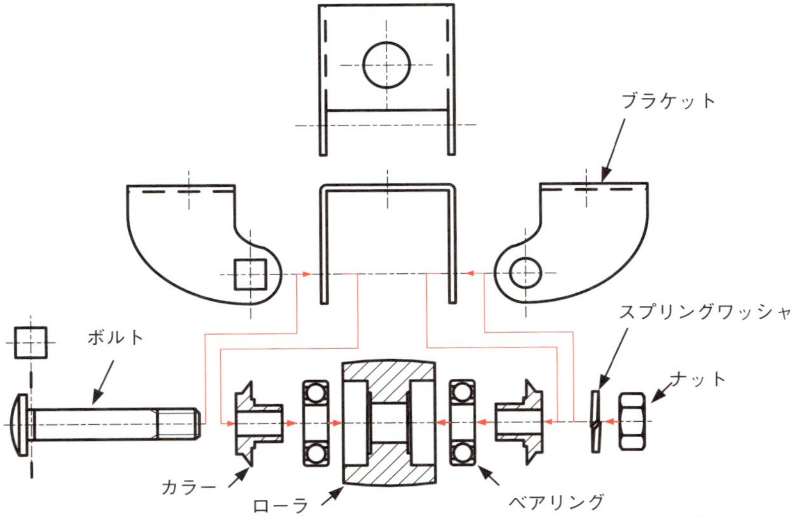

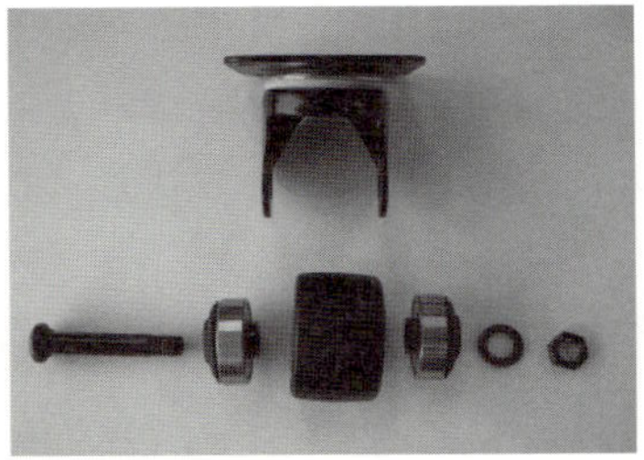

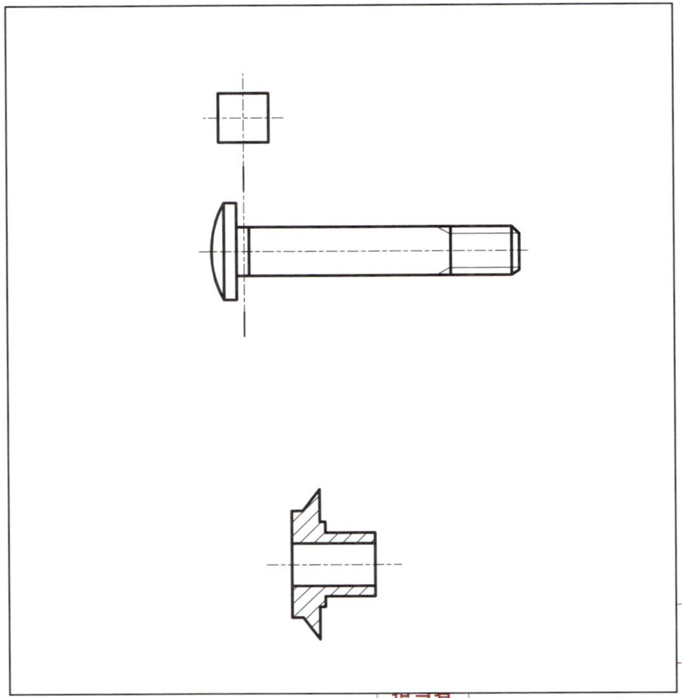

担当者

投影法		尺度	1:1

5 設計と製図の関係

よっしゃ、
ばっちりやん！
モチ

実務設計の中で形状を決めるためには、寸法線をどう入れるかを考えながら設計しなければいけません。
逆に製図を行う際に、正しい設計がされたかを検証しながら寸法を記入しなければいけません。

しかし、前項で説明したように、設計製図を考える上で、接触する部品だけに注意をすればよいわけではないのです。

周辺部品や部品の姿勢を考えて、どのように位置決めし、どう組み付けるのかも考慮しなければ、絵に描いた餅になります。

CAD上で、物理的に部品をレイアウトできた　ところが・・
→ 無造作に組むと傾いて、不具合が発生するかも知れない
→ 工具が入らず、部品を組めないかもしれない

上記のような不具合を発生させないためにも、設計と製図の関連をよく認識して形状を作らなければいけないのです。

以下に、設計者がよくやる設計ミスについて紹介します。本例を反面教師にして、設計する際に同じ過ちをおかさないように気をつけてください。

1 設計検討せずに設計した場合

例えば、右図のような穴の開いた部品に異物が入らないようにカバーを設計するとします。

①一般的な設計手順として、基準となる部品の外形に合わせて線を引き、カバーの大きさを決定します。

②カバーを固定するためのネジが2つあるので、ネジより大きめの丸穴（いわゆるバカ穴）を描いて完了です。

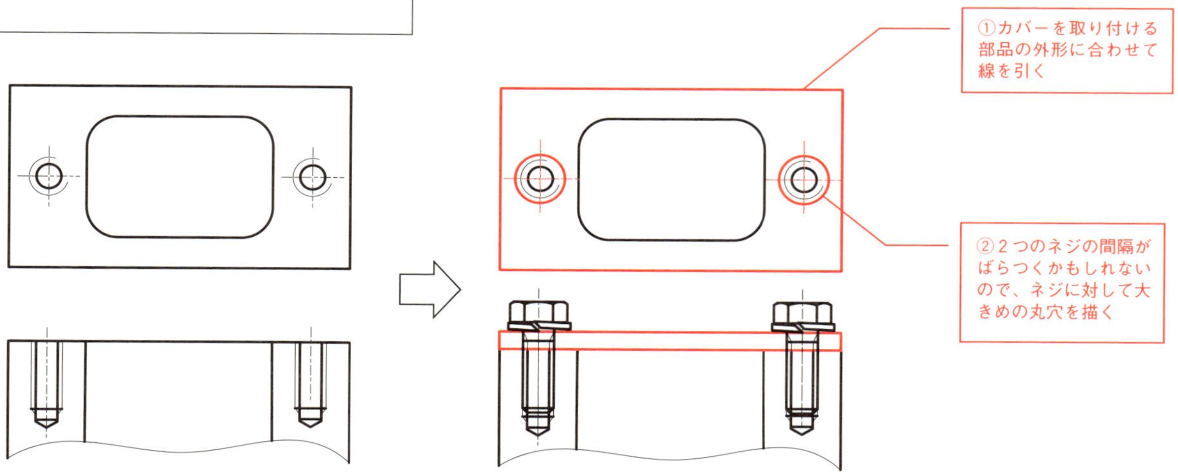
①カバーを取り付ける部品の外形に合わせて線を引く
②2つのネジの間隔がばらつくかもしれないので、ネジに対して大きめの丸穴を描く

単なる異物が入らないようにカバーをつけるだけなので、設計者はこの部品に対して、大した機能はないと油断した設計になります。

そのため、「設計者は、とりあえず組めればいい」という安易な設計思考になってしまうのです。

マージンのある設計＝多少寸法がばらついても確実に組める設計＝ガタが大きくてもよいと、設計者の都合のよい方に解釈してしまいます。

寸法ばらつきが
発生して組めへんと
怒られるしなぁ・・
単なるカバーやから、
組めたらええんやろ！
よっしゃ！
マージンのある
設計や！

ところが、この設計手順には大きな落とし穴があります。

それは、手描きやCADの画面上では、設計したカバーは既存の線や穴の中心を基準に描いているので、「ズレ」が発生しません。

しかし、出来上がった部品を組みつけると、下記のように取りつけ穴が大きいために、左右、上下、回転方向など様々なずれが発生します。

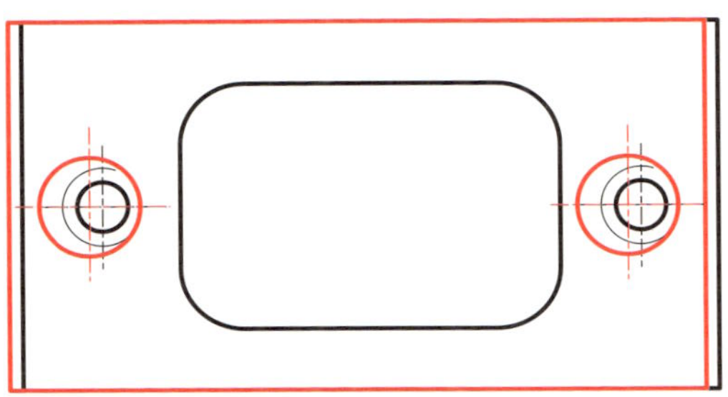

左右方向のずれ

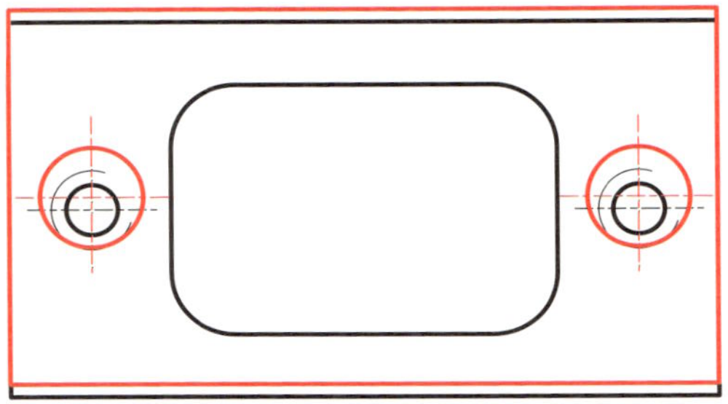

上下方向のずれ

回転方向のずれ

このズレによって、カバーの一部が外側に飛び出すことになります。この飛び出した部分に何かが引っかかったり、あるいは手が触れて怪我をしたりする可能性も否定できません。

つまり、机上の設計では、部品の組立上のばらつきからどのような不具合が発生するかを予測して、形状を決めなければいけないのです。

☞ **マージンとは、機械設計ではスペース、組立性、性能および強度などの余裕を指す。**

2　6自由度を考慮して設計検討した場合

部品の姿勢を論理的に検証するために6自由度を考慮します。それでは、設計者として、こうあるべきだというカバーを再設計してみましょう。

①ベース側の形状に合わせて、外形の線を描きます。

カバーの下面がベースに接しているので、この時点でカバーは3自由度を拘束され、残り3自由度が拘束されていないことになります。

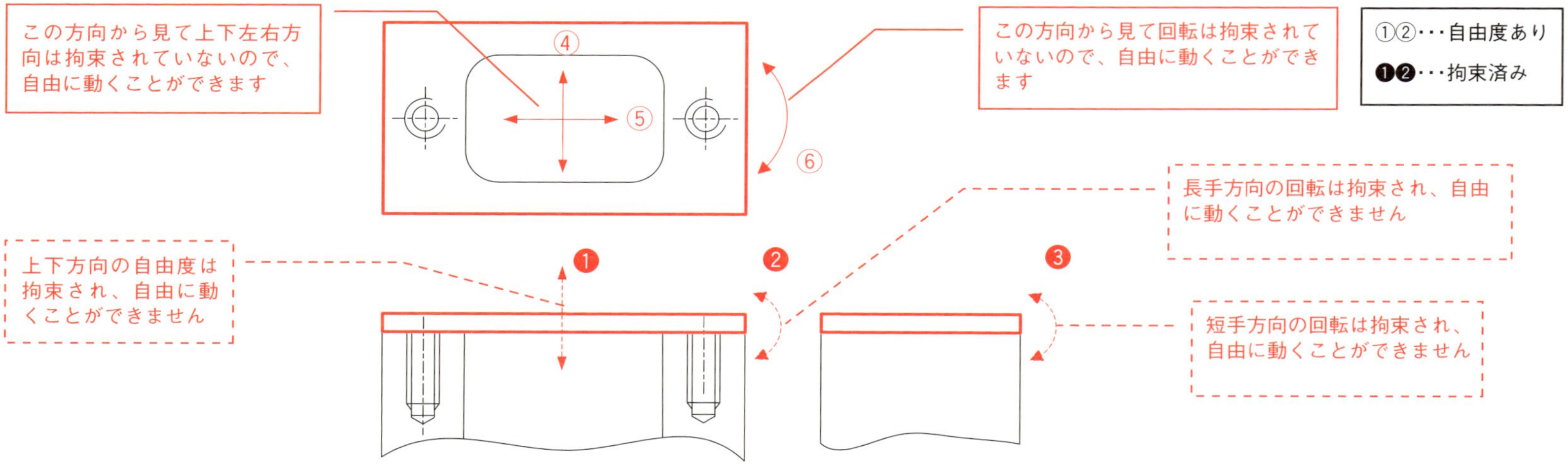
この方向から見て上下左右方向は拘束されていないので、自由に動くことができます
④
⑤
⑥
この方向から見て回転は拘束されていないので、自由に動くことができます
①②･･･自由度あり
❶❷･･･拘束済み
長手方向の回転は拘束され、自由に動くことができません
上下方向の自由度は拘束され、自由に動くことができません
❶
❷
❸
短手方向の回転は拘束され、自由に動くことができません

②残り3自由度のうち併進方向を拘束する手段を考えます。

はじめに、上下左右の併進方向の自由度を拘束するため、片方のネジ穴にぴったりの穴を設定します。

例えば、M5に対して穴をϕ5.1にすると、上下左右0.1mmのガタですみます。この0.1mmを許せない場合は、穴をϕ5H7などのはめあいにするか、外形を少し小さくする、あるいは位置決めピンを別に設けるなども考えられます。

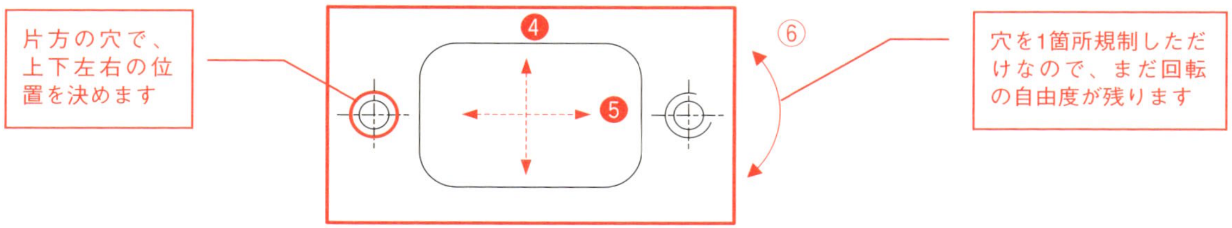
片方の穴で、上下左右の位置を決めます
❹
❺
⑥
穴を1箇所規制しただけなので、まだ回転の自由度が残ります

③最後の１自由度である回転を拘束する手段を考えます。

ねじは2つあるので、必ず2つのネジ間隔はばらつきが生じます。そのため、もう一方の穴も小さめにすると組立ができない可能性があります。

そこで、2つの穴の距離がばらつかないよう寸法公差を設定します。

まず、ねじと穴がばらつきなく理論的に正しい位置にできた場合を考えます。

２穴間のばらつきがなければ、ねじの外径と穴の内径には、片側0.05ｍｍの隙間があります。

片側の穴の位置は、左右方向に±0.05動くことができます。両方の穴をあわせて±0.1mm動くことができます。

以上より、**カバーの穴間隔の寸法公差は、±0.1となります。・・・・っが、本当にそれでよいのでしょうか？**

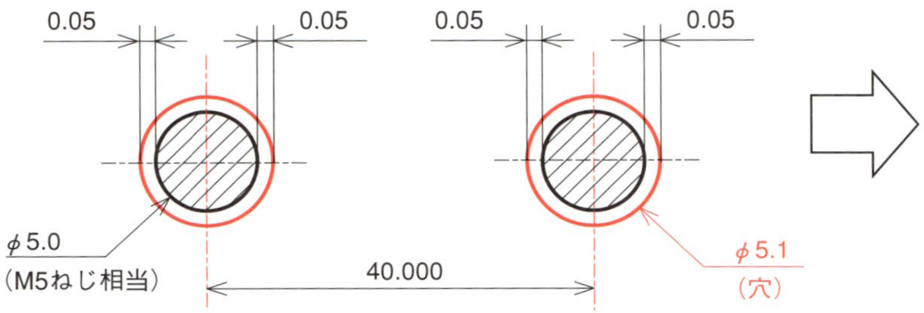

ばらつきなくできた理論的に正しい位置にあるとき

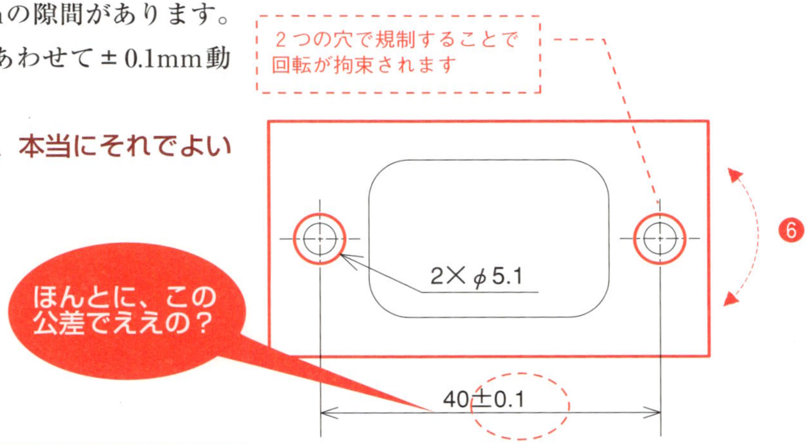

ところが、上記の公差設定は大きな落とし穴があります。

それは、ねじ間隔がジャスト40.000でできているという前提で、カバーの穴ピッチの公差を±0.1と決定してしまったことです。

このため、カバーの穴の間隔が40.1でできた場合、ねじは内側にばらつくことが許されず、その反対の穴の間隔が内側にできた場合は、ねじは外側に動くことが許されません。

つまり、ねじは身動きできない状態となります。

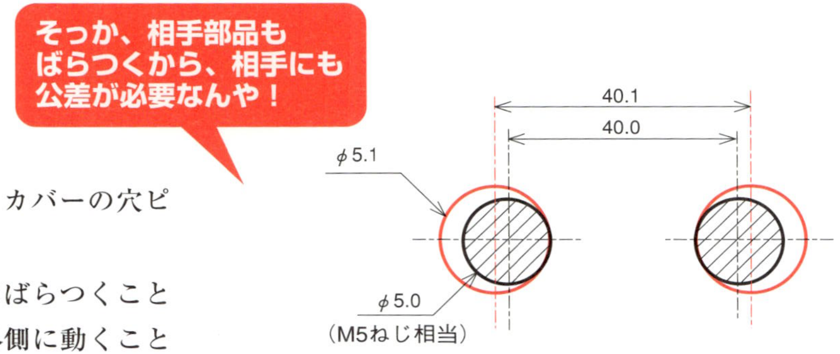

穴が外寄りでできた場合、ねじは内側には動けない・・

しかし、ねじ穴も加工によってばらつくのです。したがって、ねじ穴も動くことを考え、かつカバーの位置を守るために穴の大きさはϕ5.1のままとしたい場合は次のように検討します。

同時にねじの位置もばらつくことも考えながら、もう一度検討してみましょう。

前ページの説明では、ねじ穴は固定しておいて、穴側を隙間分いっぱいまで動かしました。

しかし、ねじも動くので、この隙間をお互いに、半分ずつ平等に分けるとします。

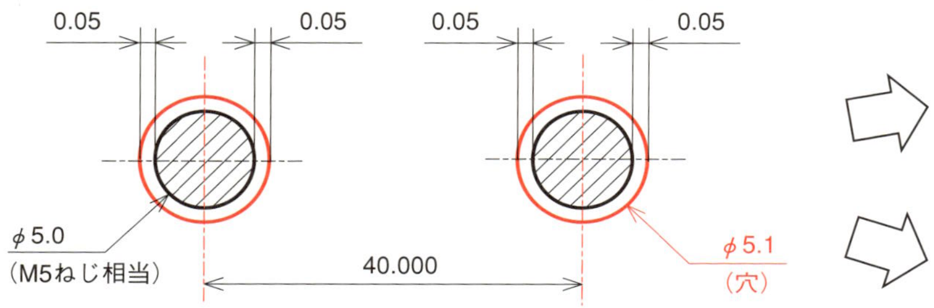
0.05
0.05
0.05
0.05
ϕ5.0
（M5ねじ相当）
40.000
ϕ5.1
（穴）

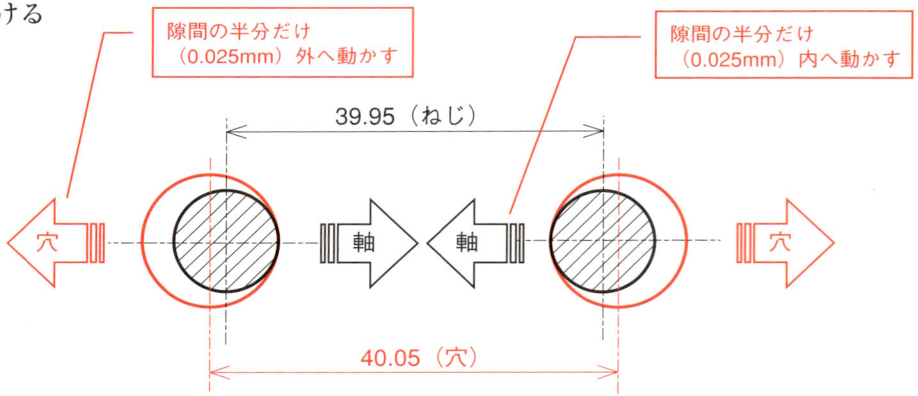
隙間の半分だけ
（0.025mm）外へ動かす
隙間の半分だけ
（0.025mm）内へ動かす
39.95（ねじ）
穴
軸
軸
穴
40.05（穴）

穴が外寄りでねじが内寄りになったときの最悪条件

上図より、ねじの外径と穴の内径の隙間は片側に0.05mmずつあります。

最悪条件として、右上図のように穴が外寄りでねじが内寄りになったときと、右下図のように穴が内寄りでねじが外寄りになったときの2通りが考えられます。

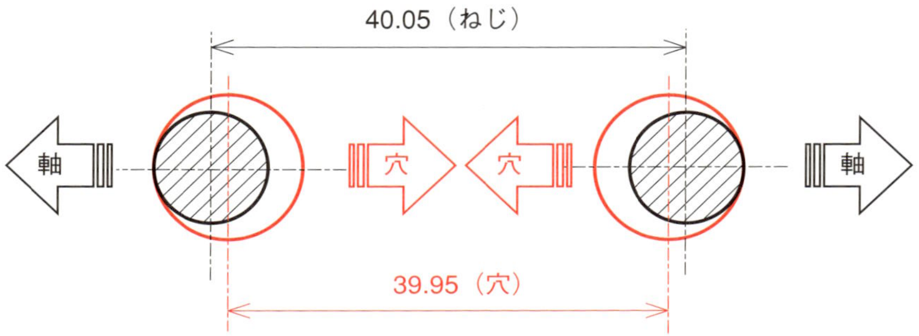
40.05（ねじ）
軸
穴
穴
軸
39.95（穴）

穴が内寄りでねじが外寄りになったときの最悪条件

例えば、穴が外寄りでねじが内寄りになったときは、隙間が0.05しかないので、ねじと穴の移動できる距離は、互いに半分の0.025mmです。

同様に反対側の穴とねじも、互いに0.025mmずつ動けるので、お互いの動ける範囲はトータル0.05mm動くことができます。

これが、2つの穴やねじの寸法公差になるのです。

したがって、寸法公差は次のように指示します。

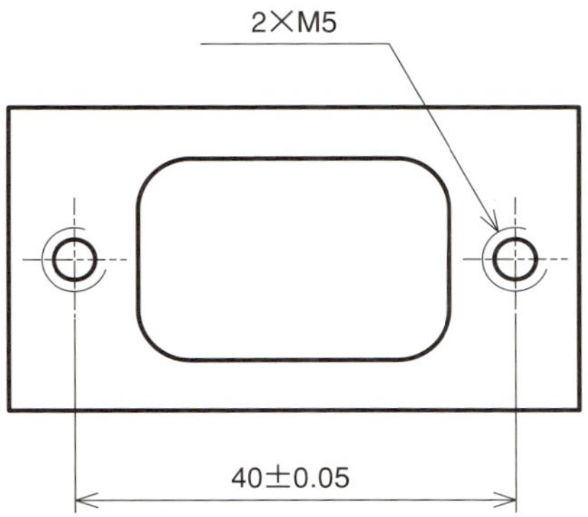
2×M5
40±0.05

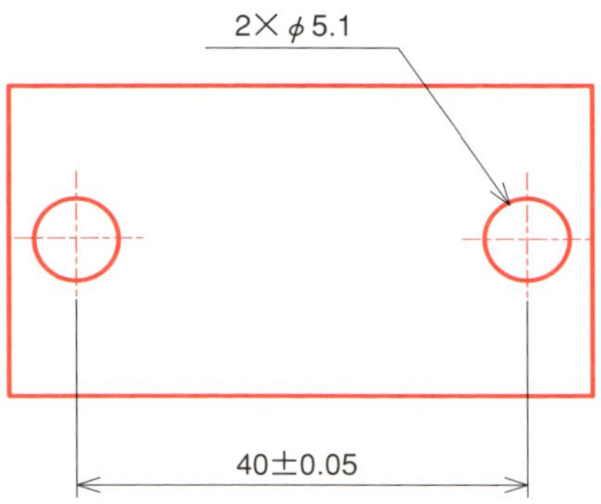
2×φ5.1
40±0.05

相方あってこその、
公差なんや～

公差を使わないテクニック

また、公差を設定する方法以外に、形状を工夫することで公差をなくすことができる例を紹介します。

両方の穴を丸穴にするのではなく、一方を長穴または長方形にすることで、回転を規制しつつ、２つの穴の距離ばらつきを許容すれば、穴の間隔は公差不要となります。

これは、板金設計でよく使われる例であり、削り加工で長穴を加工すると加工工数が増えコストアップになるため、丸穴で公差付与する場合と長穴加工とどちらがよいかを製造部門と打ち合わせて決定しましょう。

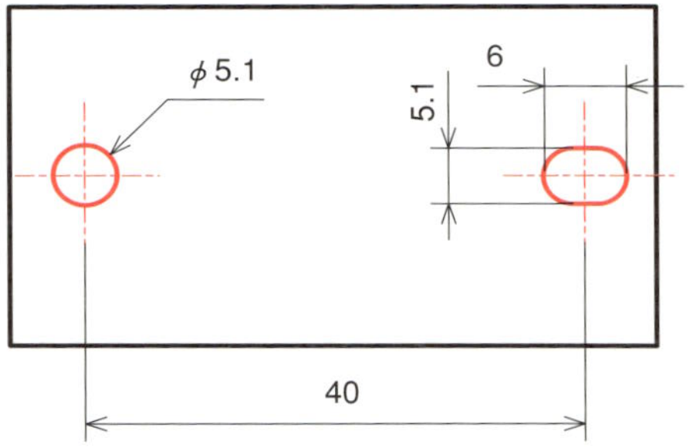
φ5.1
6
5.1
40

形状を工夫して、穴のピッチばらつきを排除した例

これが、
マージンのある設計って
いうんか！

3　組立工具スペースの検討

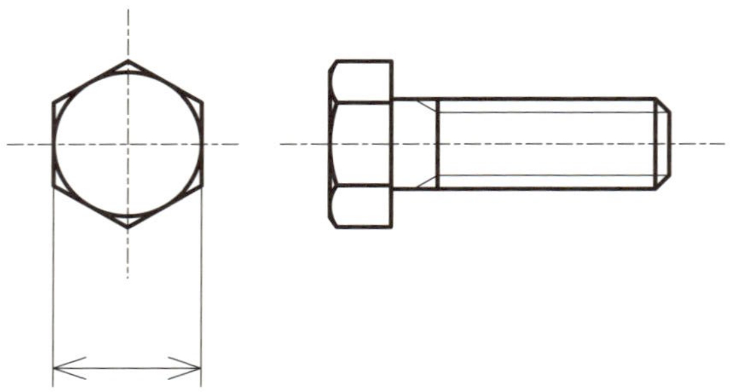

例えば、市販品のボルトではなく、切削で専用のボルトを設計したとします。
ボルトの頭の部分である六角形状の2面幅の寸法はどのようにして決めますか？
適当に10とか15とかキリのよい寸法に設計したくなりますよね。
実はそうではなく、ボルトの基準寸法はスパナの口幅を考慮し、かつマイナス公差にしないといけません。

設計とは勘に頼って寸法を決めてよい部分と、検討して決めなければいけない部分があります。
最初に、そのボルトにどのような荷重がかかるのかを考慮して、強度計算からボルトのねじ径を決定します。
(簡単な強度計算事例は第5章を参照)
ボルトのねじ径が決まれば、あとはそれを締めこむための頭の部分の対辺と厚みをどう設計するかです。

①素材の検討

六角形状をゴリゴリと切削加工するのは大変です。そこで、素材の段階で六角形状の棒材があるので、それを利用できないか検討します。
(対辺の公差はマイナス公差です)

ミガキ鋼棒（SS400D）六角棒の対辺寸法
3 5 6 7 8 9 10 11 12 13 14 17 19 21 23 24 26 27 29 30・・・
クロムモリブデン鋼棒（SCM435）六角棒の対辺寸法
6 7 8 9 10 11 12 13 14 17 19 21 22 23 24 26 27 30・・・

六角棒の対辺はマイナス公差、スパナの口幅はプラス公差やから、同じ基準寸法で使うことができるんや！

②工具の検討

ボルトに限らず、部品を組み付ける工具のことも考えなければいけません。スペースがないから小さい部品を設計してもそれを取り付ける工具が使えなければ意味がありません。**(対辺の公差はプラス公差です)**

JIS規格スパナの対辺寸法
5.5 6 7 8 10 11 12 13 14 17 19 22 24 27 30・・・

以上のように、ボルト1本設計するにも適当に大きさを決めて設計するわけではないのです。
また、ボルトは必ず工具を使って締めこみます。勝手に締まってくれるわけではありません。
そのため、工具が差し込めるだけでなく、工具が機能する範囲で動作できるように、周辺部品の形状も考慮しなければいけないのです。

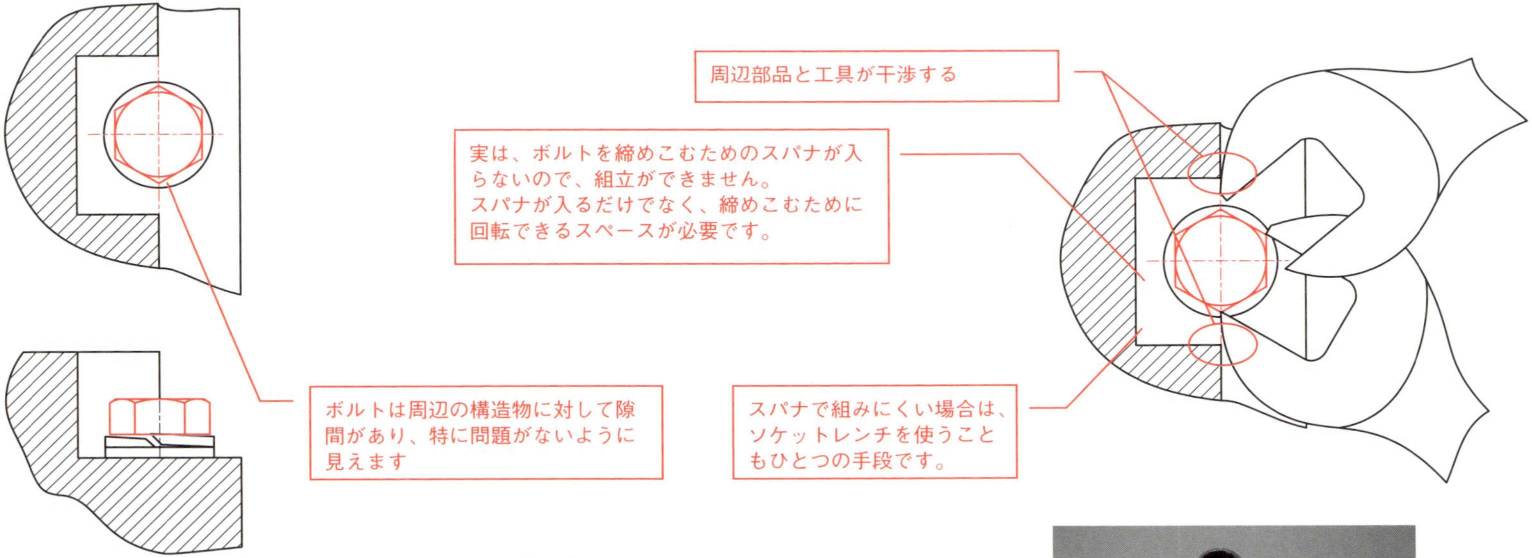
周辺部品と工具が干渉する
実は、ボルトを締めこむためのスパナが入らないので、組立ができません。
スパナが入るだけでなく、締めこむために回転できるスペースが必要です。
ボルトは周辺の構造物に対して隙間があり、特に問題がないように見えます
スパナで組みにくい場合は、ソケットレンチを使うこともひとつの手段です。

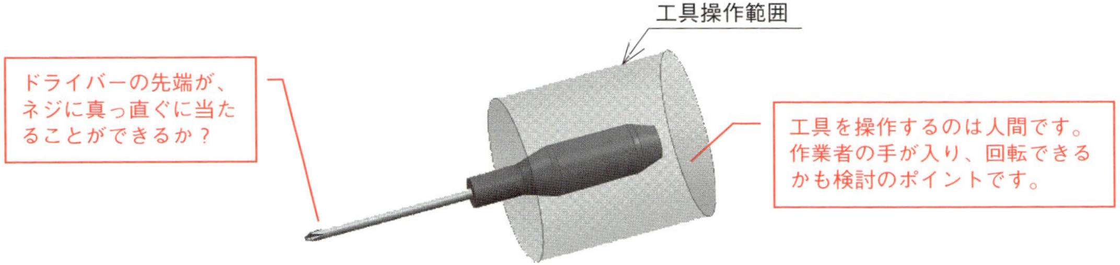
工具操作範囲
ドライバーの先端が、ネジに真っ直ぐに当たることができるか？
工具を操作するのは人間です。作業者の手が入り、回転できるかも検討のポイントです。

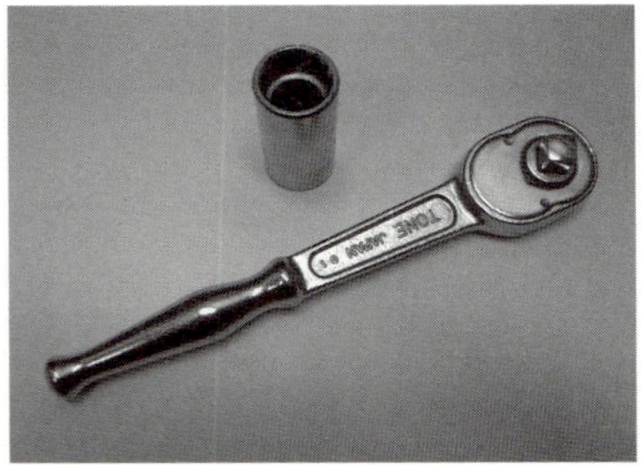

ソケットレンチ
（ボックスレンチ、ラチェットとも呼ぶ）

☞ **ソケットレンチ（socket wrench）とは、ボルトやナットの頭にはめる円筒状のソケット（ボックス）とハンドルを組み合わせて使用するレンチである。**

表面性状

製図では、寸法や寸法公差とは別に表面性状（表面粗さ）を指示しなければいけません。

表面性状の指示は、一般的に切削部品（旋盤やフライスなどを用いて加工された部品）の表面、除去加工の要否及び表面粗さについて記入し、板金部品には指示しません。

切削加工の場合、工具による加工の痕が残ります。この時、早く加工すればするほど工具痕が残りやすくなり、表面は粗くなります。

そこで、機能上必要な面とそうでない面の差を、寸法公差とともにその公差範囲に見合う表面性状の値をもって表現します。

表面性状とは、除去加工に伴う面の肌（滑らか度）やうねり、加工によってついた工具の筋目などを呼びます。

①除去加工とは、機械加工、またはこれに準じる方法によって、部品、部材などの表層部を除去することをいいます。

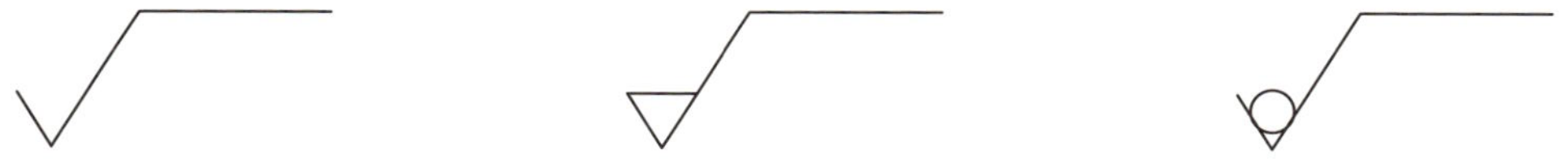

除去加工の有無を問わない
→機械加工してもしなくてもどっちでもいい

除去加工をする
→機械加工しなさい

除去加工をしない
→機械加工したらダメ

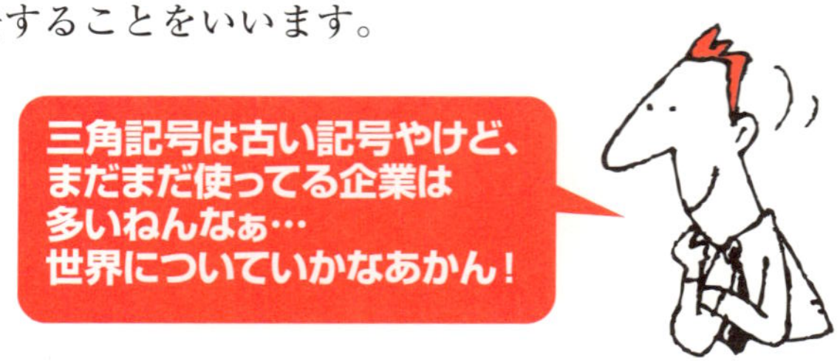
三角記号は古い記号やけど、
まだまだ使ってる企業は
多いねんなぁ…
世界についていかなあかん！

②面の肌とは、主として機械部品、構造部材などの表面における表面粗さをいい、数値の単位はマイクロメートル（μm）です。

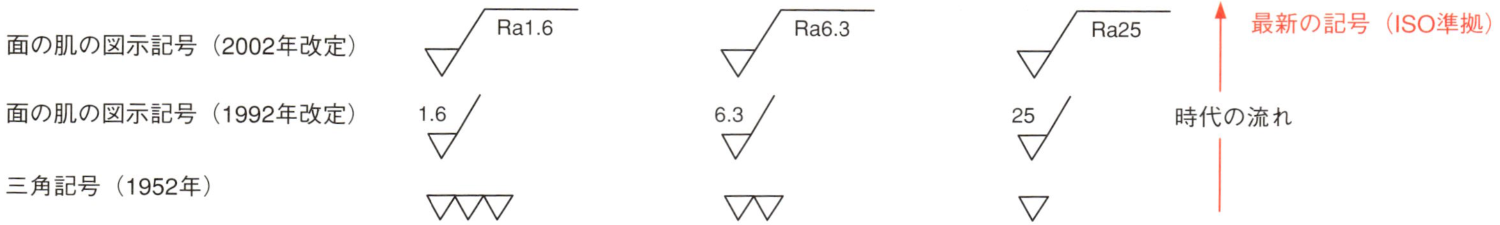
面の肌の図示記号（2002年改定）
Ra1.6
Ra6.3
Ra25
面の肌の図示記号（1992年改定）
1.6
6.3
25
三角記号（1952年）
最新の記号（ISO準拠）
時代の流れ

マイクロメートル（μm）とは、国際単位系（SI）の長さの単位である。ミクロンと同義語であるが、ミクロンは国際単位系ではない。

③筋目方向とは、除去加工によって生じる顕著な工具痕をいいます。同時に加工方法まで指示することができます。

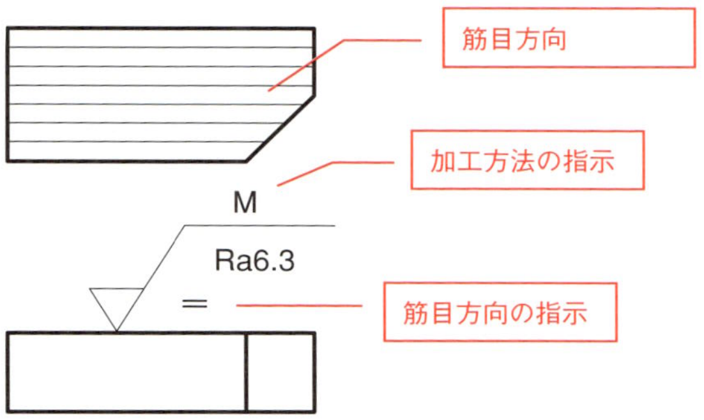
筋目方向
加工方法の指示
M
Ra6.3
=
筋目方向の指示

筋目方向が記号指示面に平行

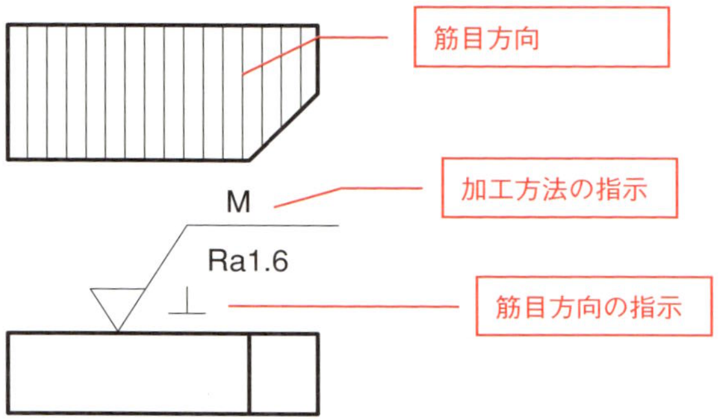
筋目方向
加工方法の指示
M
Ra1.6
⊥
筋目方向の指示

筋目方向が記号指示面に直角

表面性状記号に
様々な情報が
追加指示できるんやな

加工方法の略号

加工方法	略号
旋削	L
穴あけ（ドリル加工）	D
中ぐり	B
フライス削り	M
平削り	P
形削り	SH
ブローチ削り	BR
リーマ仕上げ	FR
研削	G

加工方法	略号
ホーニング仕上げ	GH
液体ホーニング仕上げ	SPL
バフ仕上げ	FB
ブラスト仕上げ	SB
ラップ仕上げ	FL
やすり仕上げ	FF
きさげ仕上げ	FS
ペーパ仕上げ	FCA
鋳造	C

その他の筋目方向の記号

X	記号指示面に対して、斜め2方向に交差
M	記号指示面に対して、他方向に交差
C	記号指示面の中心に対して、ほぼ同心円状
R	記号指示面の中心に対して、ほぼ放射状
P	筋目が粒子状のくぼみ、無方向、または粒子状の突起

旋削とは、加工物を回転させ、バイトなどの工具を押し当てることで工作物を加工するものである。フライス加工は、回転している工具に固定した材料を当てて工作物を仕上げる加工法である。

表面性状パラメータであるRaやRzの次に記入する数値は、標準数を用います。

標準数とは、製品などの寸法を選ぶための工業規格（JIS Z 8601）による基準値をいいます。右表で、特に優先的に用いる数値を赤字で示しています。

Raの標準数列

	0.012	0.125	1.25	12.5	125
	0.016	0.16	1.6	16	160
	0.02	0.2	2	20	200
	0.025	0.25	2.5	25	250
	0.032	0.32	3.2	32	320
	0.04	0.4	4	40	400
	0.05	0.5	5	50	
	0.063	0.63	6.3	63	
0.008	0.08	0.8	8	80	
0.01	0.1	1	10	100	

一般的によく用いられるのが、次のものです。

- Ra0.8（▽▽▽▽相当）パッキンの摺動軸などに使われます。
- Ra1.6（▽▽▽相当）　ベアリングなどのはめあい部に使われます。
- Ra6.3（▽▽相当）　　基準面などコストをかけずにきれいにしたい部分に使われます。
- Ra25（▽相当）　　　バカ穴や接触面でない外形などに使われます。

■D（¯ー¯*）　コーヒーブレイク

標準数（preferred numbers：優先される数字と訳される）

標準数とは、JISに規格され、$\sqrt[5]{10}$（10の5乗根）≒1.6　を公比とする等比級数を整理したものです。

一般的に、部品の寸法を選ぶための基準値として使われます。JIS規格にある部品の寸法は標準数から選定されています。

これは、ある一定の長さの中でいくつかに区分けしたいとき、等分に分けるよりも、小さい寸法の方は間隔を短く、大きい寸法の方は間隔を大きく取った方が便利であるときがあります。

このような場合に、基準とすべく決められたのが等比級数です。

三角記号は古いので使わない

粗さの適用と記号の関係

適用例			算術平均粗さ Ra	最大高さ Rz	三角記号（参考）
超精密仕上げ面：	著しくコストが高くなるので、特殊機器、精密面、ゲージ類以外には使用しない。	区分値	0.025	0.1	▽▽▽▽
			0.05	0.2	
非常に精密な仕上げ面：	コストは非常に高く、燃料ポンプのプランジャやシリンダなどに使用される。		0.1	0.3	
精密仕上げ面：	水圧シリンダ内面や精密ゲージ、高速回転軸、メカニカルシール部などに使用される。		0.2	0.8	
部品の機能上なめらかさを重要とする面：	速い回転軸または同軸受、重荷重面、精密歯車などに使用される。		0.4	1.6	▽▽▽
集中荷重を受ける面、軽荷重で連続的でない軸受面：	クランクピンや精密ねじなどに使用される。		0.8	3.2	
良好な機械仕上げ面：	軸受け挿入穴や弁と弁座の接触面、水圧シリンダなどに使用される。		1.6	6.3	
中級の機械仕上げ面：	高速で適当な送り良好な工具による旋削、研削で得られる。精密な基準面などの取りつけ面の仕上げや軸受け挿入穴などに使用される。		3.2	12.5	▽▽
きわめて経済的な機械仕上げ面：	急速送りの旋削、フライス、シェーバ、ドリルで得られる。一般的な基準面などの取りつけ面の仕上げに使用される。		6.3	25	
重要でない仕上げ面：	他の部品と接触しない荒仕上げ面などに使用される。		12.5	50	▽
寸法的に差し支えない荒仕上げ面：	鋳物などの黒皮をとる程度の仕上げ面に使用される。		25	100	

■D(￣ー￣*) コーヒーブレイク

例えば、Ra25やRa12.5のように、表面粗さが重要でない部分でも、旋盤などで加工すると、実際にはRa25の粗さで加工することは逆に難しく、普通に切削するとRa6.3程度にできあがります。そのため、Ra25の表面の粗さは、結構つるつるしたきれいなものだと勘違いする人がいます。

上記の表からわかるように、Raで示された平均粗さは、最大高さに換算するとほぼ4倍の値になります。つまり、Ra25は、最大高さ換算では約0.1mmの高低差がありますので、目視で筋目を明確に見ることができ、爪で引っかくと結構引っかかるほどの大きな量であることを理解してください。

面の肌の記号は、一般的に下記の2種類を使います。

・Rz（最大高さ）

粗さの最大最小の差をいい、1箇所でも際立って高い山や深い谷があると、大きな値になるため測定値のばらつきが大きくなる特徴があります。

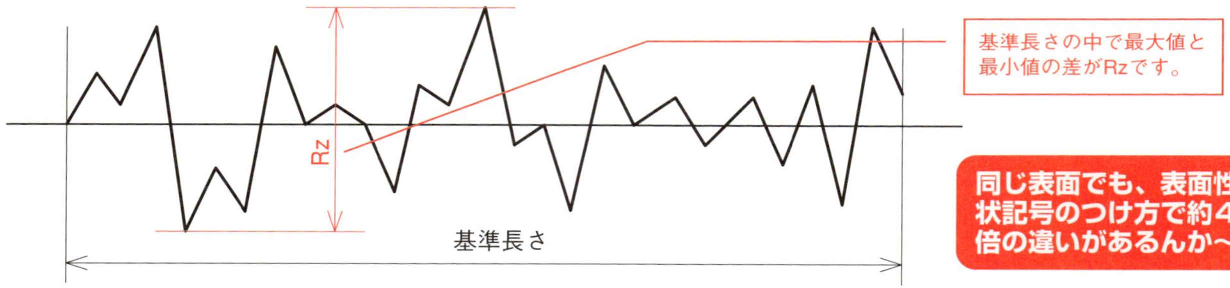
Rz
基準長さ
基準長さの中で最大値と最小値の差がRzです。

同じ表面でも、表面性状記号のつけ方で約4倍の違いがあるんか～

・Ra（算術平均粗さ）

粗さの平均値をいい、ひとつの傷が測定値に及ぼす影響が非常に小さくなり、安定した結果が得られる特徴があります。

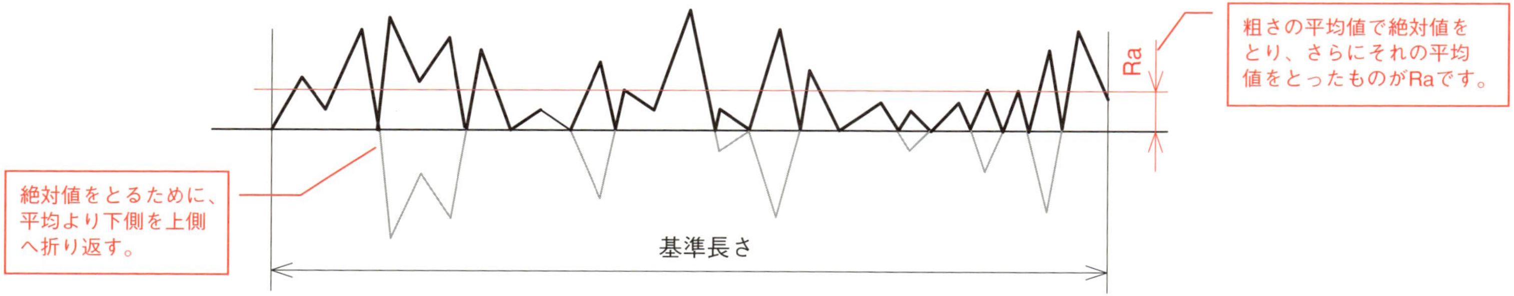
Ra
粗さの平均値で絶対値をとり、さらにそれの平均値をとったものがRaです。
絶対値をとるために、平均より下側を上側へ折り返す。
基準長さ

面の肌の記号は、日本を含めて世界的にもRaの採用が多いため、Raによる指示が望ましいといえます。圧力のかかる装置や真空装置のように“漏れ”が許されないパッキン部では、1ヵ所でも深い傷があると機能を果たさない可能性があるため、Rz（最大高さ）を指示するように気をつけなければいけません。

☞ 絶対値とは、ある数Xが正または零のときはX自身、負のときは負号を取り去ったXをいう。その数が零からどれだけ離れているかを表す。

表面性状記号は、基本的に機械加工面すべてに指示しますが、大部分が同じ表面性状である場合、下記のように省略することができます。機械加工面全てに表面性状記号を指示すると、図面が見にくくなるため、このように簡略指示を使うことが一般的です。

大部分が同じ表面性状である場合の簡略指示
（何もつけない場合）

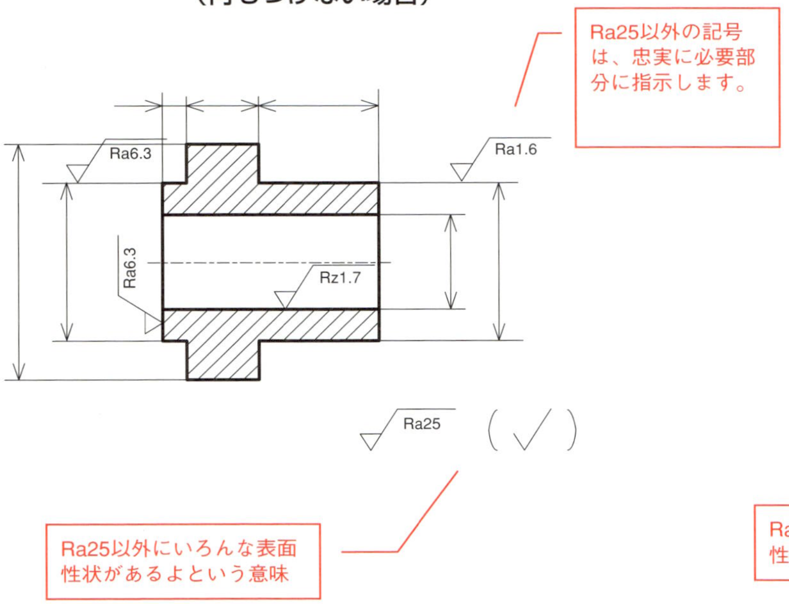
Ra25以外の記号は、忠実に必要部分に指示します。
Ra6.3
Ra1.6
Ra6.3
Rz1.7
Ra25
Ra25以外にいろんな表面性状があるよという意味

大部分が同じ表面性状である場合の簡略指示
（一部異なった表面性状をつける場合）

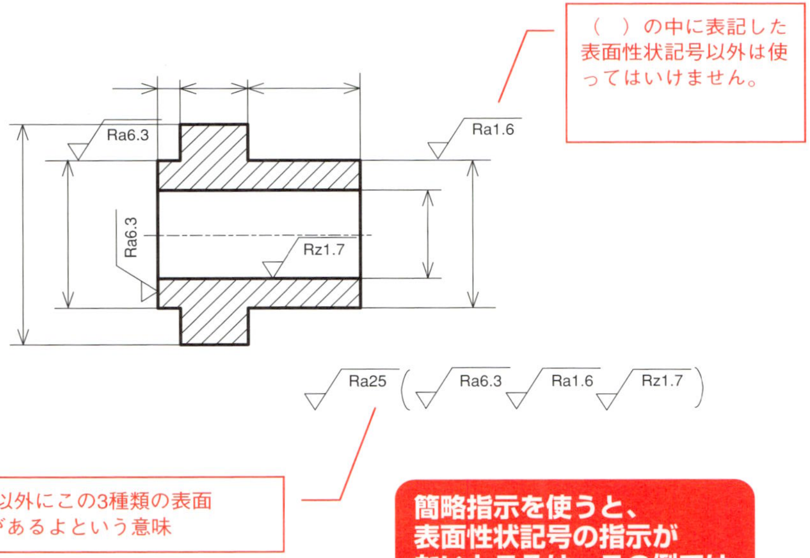
（　）の中に表記した表面性状記号以外は使ってはいけません。
Ra6.3
Ra1.6
Ra6.3
Rz1.7
Ra25
Ra6.3
Ra1.6
Rz1.7
Ra25以外にこの3種類の表面性状があるよという意味

簡略指示を使うと、表面性状記号の指示がないところは、この例ではRa25ってことなんか〜

表面粗さの図示記号の注意点

表面粗さを図面に指示する場合、一般ルールとして、表面性状の図示記号が、**図面の下辺または右辺から読めるようにしなければいけません。**

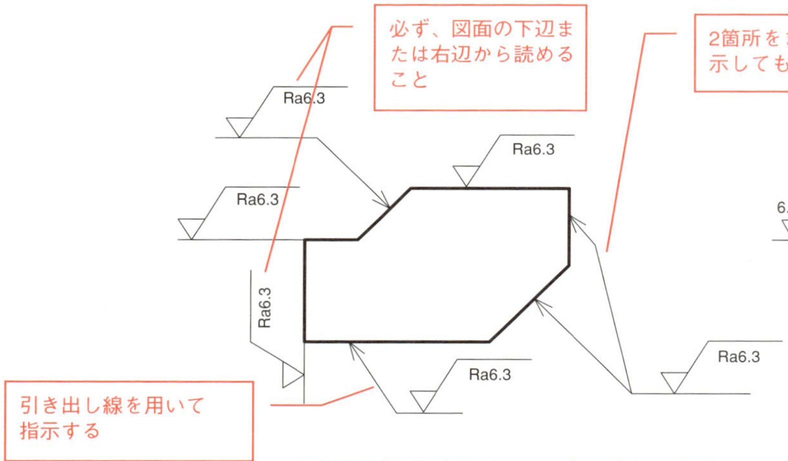
必ず、図面の下辺または右辺から読めること
2箇所をまとめて指示してもOK
引き出し線を用いて指示する
Ra6.3

2002年に改正された表面粗さ記号

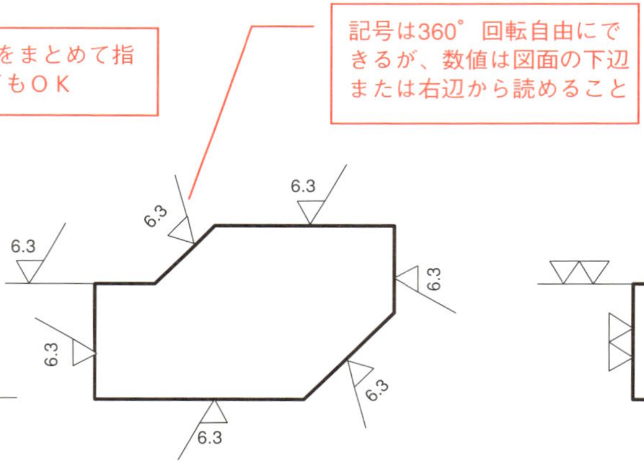
記号は360°回転自由にできるが、数値は図面の下辺または右辺から読めること
6.3

旧JISの表面粗さ記号

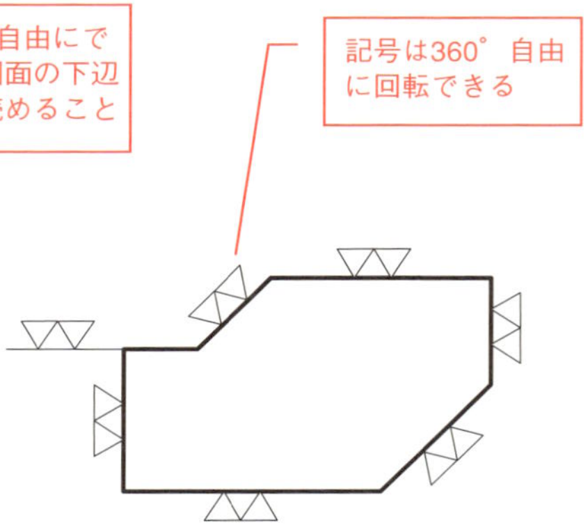
記号は360°自由に回転できる

旧JISよりさらに古い三角記号

■D(￣ー￣*)　コーヒーブレイク

面取り部分の表面性状

面取り部分に図示記号を記入しない場合は、2003年より以前のJIS B 0031に次のように記載されていました。

「丸みまたは面取りに面の指示記号を記入する場合、これらの部分に接続する2つの面のうち、いずれか一方の粗い方の面と同じでよいときには、この記号は省略してよい」

したがって、C面取りに表面性状記号がつかないのはこのためです。

しかし、圧入のための面取りやオイルシールを挿入する時のように、表面の滑らかさが必要である場合は、テーパ部にも表面性状図示記号をつけなければいけません。

※2003年のJIS B 0031の改正により、上記項目が削除されましたが、考え方は継続して使えるものと判断します。

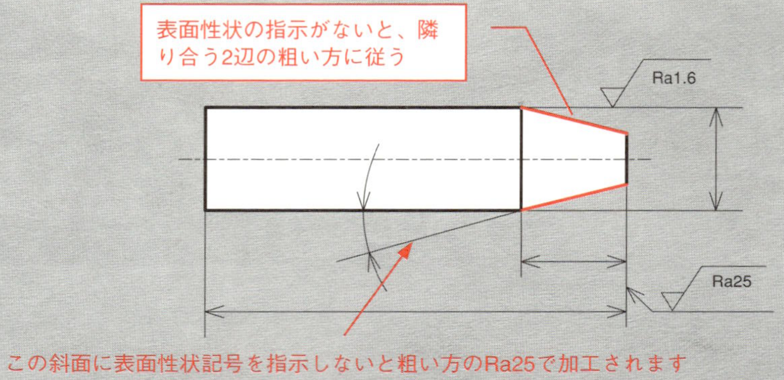
表面性状の指示がないと、隣り合う2辺の粗い方に従う
Ra1.6
Ra25
この斜面に表面性状記号を指示しないと粗い方のRa25で加工されます

第4章のまとめ

●やったこと

公差の設計思考、位置決めのための寸法公差、はめあいおよび表面性状を学習しました。

●わかったこと

複数の面を同時に接する設計はできないことを知り、設計意図を表すために公差を使うことを知りました。

さらに設計意図を表すために基準面が必要であることも知りました。

機能上必要な位置決めなどには、3種類（すきまばめ、しまりばめ、中間ばめ）のはめあいを使うことを知りました。

六自由度の拘束を意識し、部品を組み立てる際にずれが生じないか注意して設計しなければいけないことを知りました。

互いに接する部品の関係だけでなく、工具の操作性など周辺に存在する部品まで形状を検討しなければいけないことも理解しました。

表面性状の記号の意味、時代の流れおよび記入の作法を知りました。

●次やること

設計製図という意味から、CADを使って形状や大きさをなんとなく描いていませんか？

設計段階で、どんな材料をどのくらいの大きさで使うのかを決めるために様々な強度計算が必要です。

基礎的な工学知識を持って、製図段階で設計を再検証することも重要です。

次は、設計実務の中で設計者が行う検討事項の中で、初心者向けの基礎について理解しましょう。

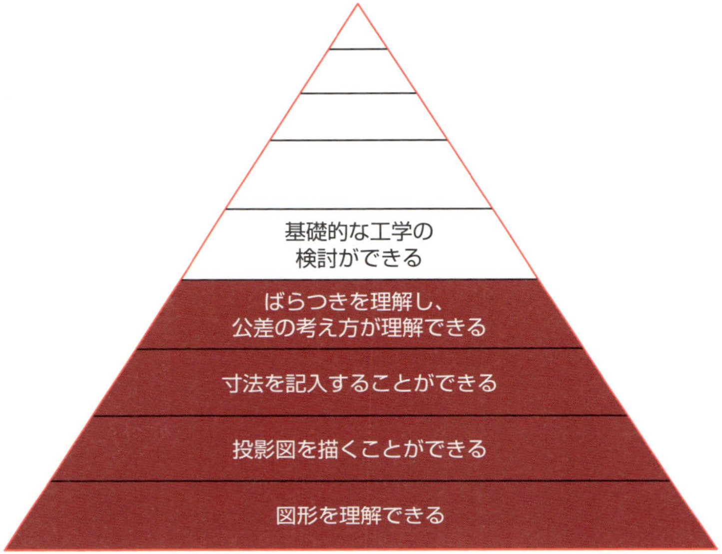

基礎的な工学の
検討ができる
ばらつきを理解し、
公差の考え方が理解できる
寸法を記入することができる
投影図を描くことができる
図形を理解できる

Memo

部品名			
担当者			
投影法		尺度	1:1

第5章
設計に必要な設計知識と計算

5-1.　単位
5-2.　機械設計の基本公式（初級レベル）
5-3.　材料記号
5-4.　材料力学（初級レベル）
5-5.　材料物性
5-6.　表面処理記号
5-7.　重量計算
5-8.　収縮締結
5-9.　ボルトの強度計算
5-10.　キーの強度計算

単位

機械設計を行う上で、単位は基本中の基本です。機械設計では、SI（エスアイ）単位系を標準として使用します。

SI単位とは、国際度量衡総会（こくさいどりょうこうそうかい）で採用された一貫した国際単位系で、7個の基本単位、2個の補助単位そして組立単位で構成された単位系です。

SIとは、フランス語の“Le Systeme International d'Unites"の略称です。

機械設計で最もよく使う基本となる単位は、長さ（メートル：m）、質量（キログラム：kg）、力（ニュートン：N）です。

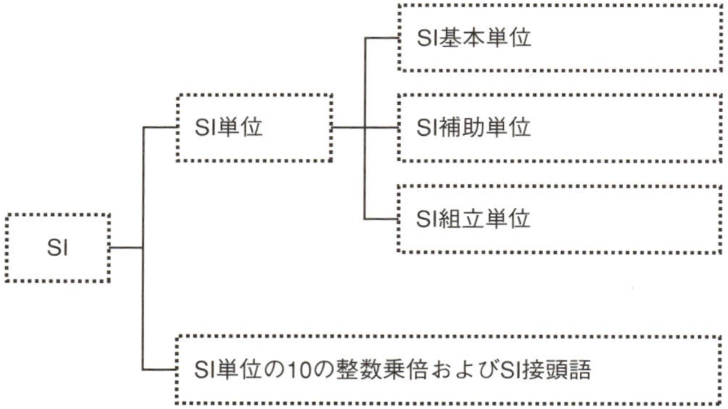
SI
SI単位
SI基本単位
SI補助単位
SI組立単位
SI単位の10の整数乗倍およびSI接頭語

SIの構成

SI補助単位

量	名称	記号	定義
平面角	ラジアン	rad	ラジアンは、円の周上でその半径の長さに等しい長さの弧を切り取る2本の半径の間に含まれる平面角である
立体角	ステラジアン	sr	ステラジアンは、球の中心を頂点とし、その球の半径を1辺とする正方形の面積と等しい面積をその球の表面上で切り取る立体角である

SI基本単位

物理量	名称	記号	定義
長さ	メートル	m	真空中で1／299792458秒の間に光が進む行程の長さである
質量	キログラム	kg	質量の単位であり、国際キログラム原器の質量である
時間	秒	s	セシウム(Cs)133の原子の基底状態の2つの超微細準位の間の遷移に対応する放射周期の9192631770倍に等しい時間である
電流	アンペア	A	真空中に1メートルの間隔で平行に置かれた無限に小さい円形断面積を有する無限に長い二本の直線状導体のそれぞれを流れ、これらの導体の長さ1メートルごとに2×10^{-7}ニュートンの力を及ぼし合う一定の電流である
熱力学温度	ケルビン	K	水の三重点の熱力学温度の1/273.16である
物質量	モル	mol	0.012キログラムの炭素12の中に存在する原子の数と等しい数の要素粒子を含む系の物質量である
光度	カンデラ	cd	放射強度683分の1ワット毎ステラジアンで540兆ヘルツ(540 THz)の単色光を放射する光源のその方向における光度である

代表的な接頭語

単位に乗ぜられる倍数	接頭語		単位に乗ぜられる倍数	接頭語		単位に乗ぜられる倍数	接頭語	
	名称	記号		名称	記号		名称	記号
10^{18}	エクサ	E	10^{3}	キロ	k	10^{-6}	マイクロ	μ
10^{15}	ペタ	P	10^{2}	ヘクト	h	10^{-9}	ナノ	n
10^{12}	テラ	T	10^{-1}	デシ	d	10^{-12}	ピコ	p
10^{9}	ギガ	G	10^{-2}	センチ	c	10^{-15}	フェムト	f
10^{6}	メガ	M	10^{-3}	ミリ	m	10^{-18}	アト	a

よく混乱するのが力です。以前、力の単位は[kgf]を使っていましたが今は使いません。

力は[N（ニュートン）]を使います。質量は[kg]を使うので勘違いしないように…。**ニュートン（N）とは、力の大きさを表す単位をいい、質量[1kg]の物体が自然落下する場合、重力加速度（9.8[m/s²]）で移動するときの力の大きさを表したものです。**

1[kgf]＝1[kg]×9.8[m/s²]＝9.8[N]で表されます。

電卓などの計算機を使う場合は、1[kgf]＝9.8[N]でニュートンに単位を変換しますが、暗算の場合は計算が面倒です。その場合は、1[kgf]＝10[N]、あるいは、1[N]＝100[gf]と覚えておくとよいでしょう。

1Nやから、
約100gか〜

代表的なSI組立単位

量	単位	単位記号
周波数	ヘルツ (hertz)	Hz
力	ニュートン (newton)	N
圧力、応力	パスカル (pascal)	Pa
エネルギー、仕事、熱量	ジュール (joule)	J
仕事率、電力、工率、動力	ワット (watt)	W
電気量、電荷	クーロン (coulomb)	C
電圧、電位、電位差、起電力	ボルト (volt)	V
静電容量、キャパシタンス	ファラッド (farad)	F
電気抵抗	オーム (ohm)	Ω
コンダクタンス	ジーメンス (siemens)	S
磁束	ウェーバ (weber)	Wb
磁束密度、磁気誘導	テスラ (tesla)	T
インダクタンス	ヘンリー (henry)	H
セルシウス温度	セルシウス度または度(degree Celsius)	℃
光束	ルーメン (lumen)	lm
照度	ルクス (lux)	lx

■D(￣ー￣*)　コーヒーブレイク

機械製図の図面は、一般的に単位は[mm]です。したがって、寸法数値や寸法公差、幾何公差まで単位は[mm]で表します。
もちろん、工場設備など大きなものを設計する場合は、単位を[m]にする場合もあります。
しかし、アメリカでは未だに単位は[inch]を使うことが多いようです。
第1章の投影法のところで説明した、第一角法と第三角法の違いは、表題欄にどちらの投影法を使ったか、投影法の記号を明記しなければいけません。
しかし、単位については図面の中に明記する決まりごとや場所が明確ではありません。
一般的に、尺度と寸法数値から[mm]なのか[inch]なのかを判断するしかないと思われます。

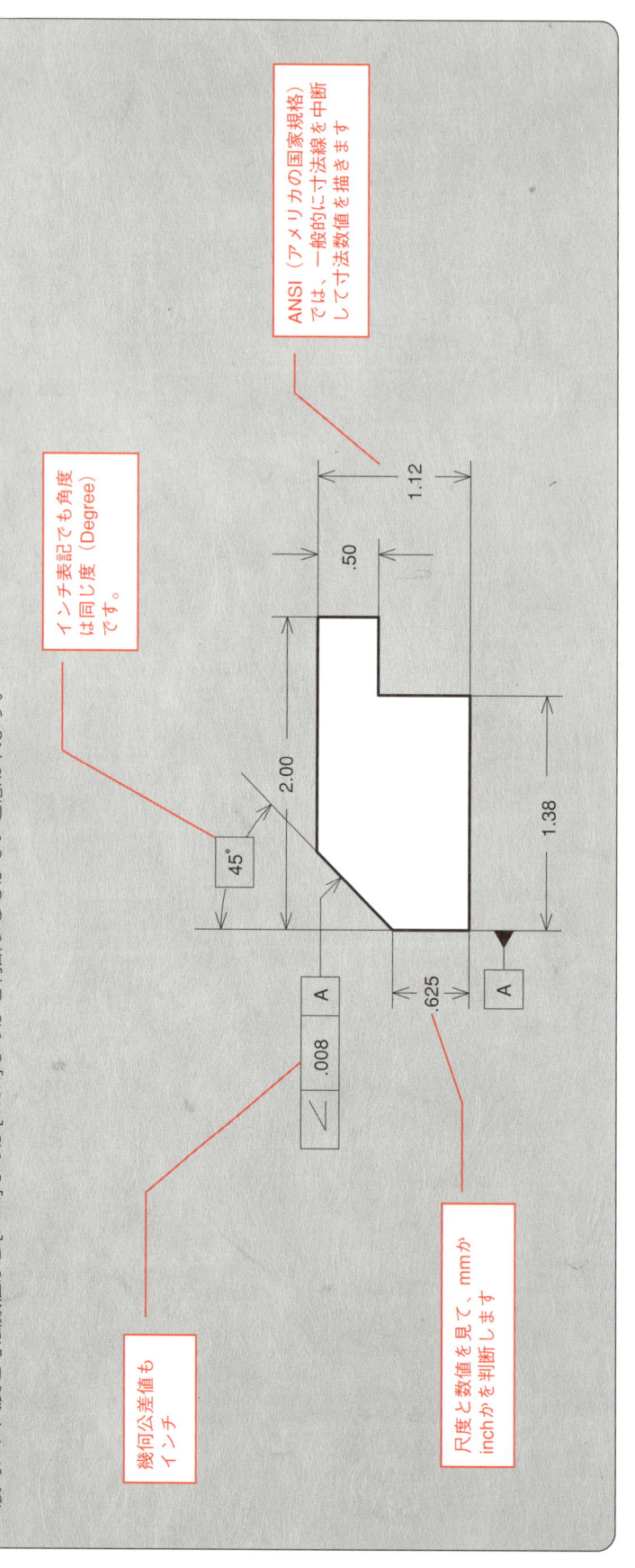

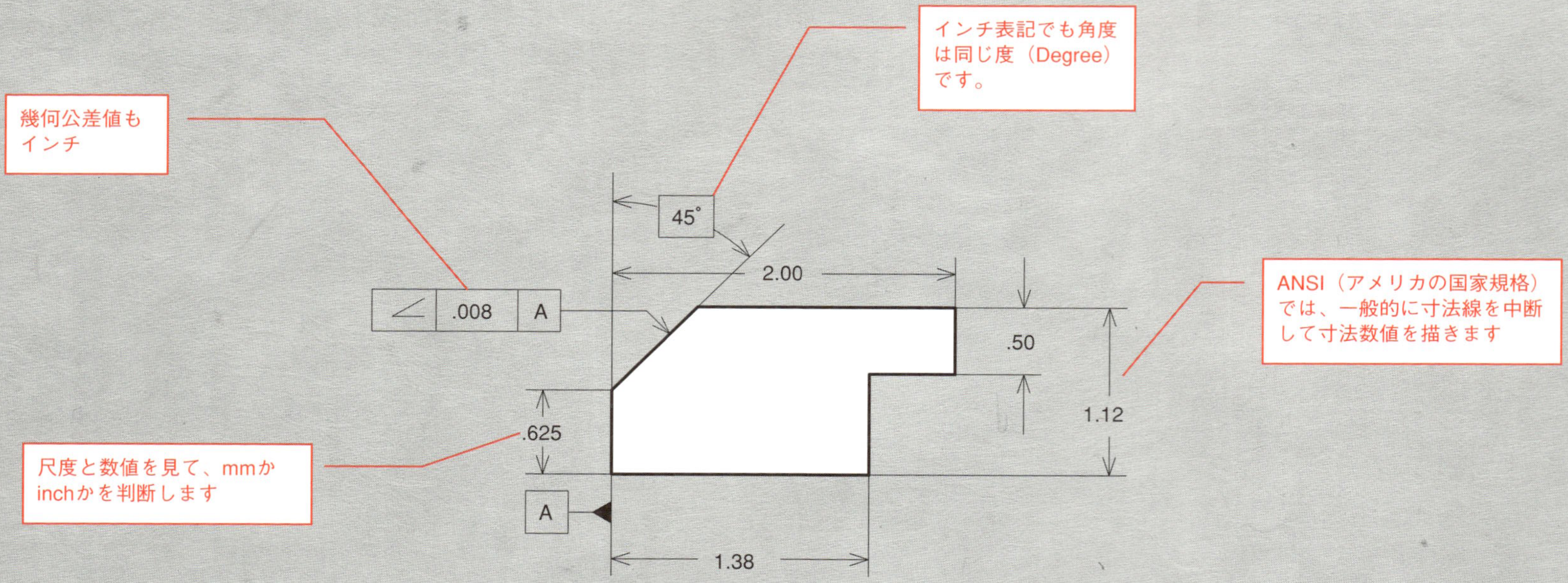
インチ表記でも角度は同じ度（Degree）です。
幾何公差値もインチ
45°
2.00
.008
A
.50
1.12
.625
ANSI（アメリカの国家規格）では、一般的に寸法線を中断して寸法数値を描きます
尺度と数値を見て、mmかinchかを判断します
A
1.38

インチとは、ヤードポンド法での長さの単位のひとつで、1インチ=25.4mmである。国際単位系ではない。ハーフインチとは、12.7mmのことである。

第５章　2　

機械設計の基本公式（初級レベル）

機械設計をしていると、設計検討として材料力学、機械力学、熱力学、流体力学などの難しい公式を使う場面が多々あります。
難しい公式はそれらの専門書にお任せし、ここでは中学、高校で学んだ基礎のレベルから復習しましょう。

1　小数点数値の丸め方の注意点

公式から得た計算結果を、次の公式に使う場合や報告書に記載する場合、理解しやすいように小数点を丸めて使います。
小数点を丸める際に注意しなければいけないのが、１段階で丸めるということです。

例）次のような数値を有効桁数１桁に丸める場合

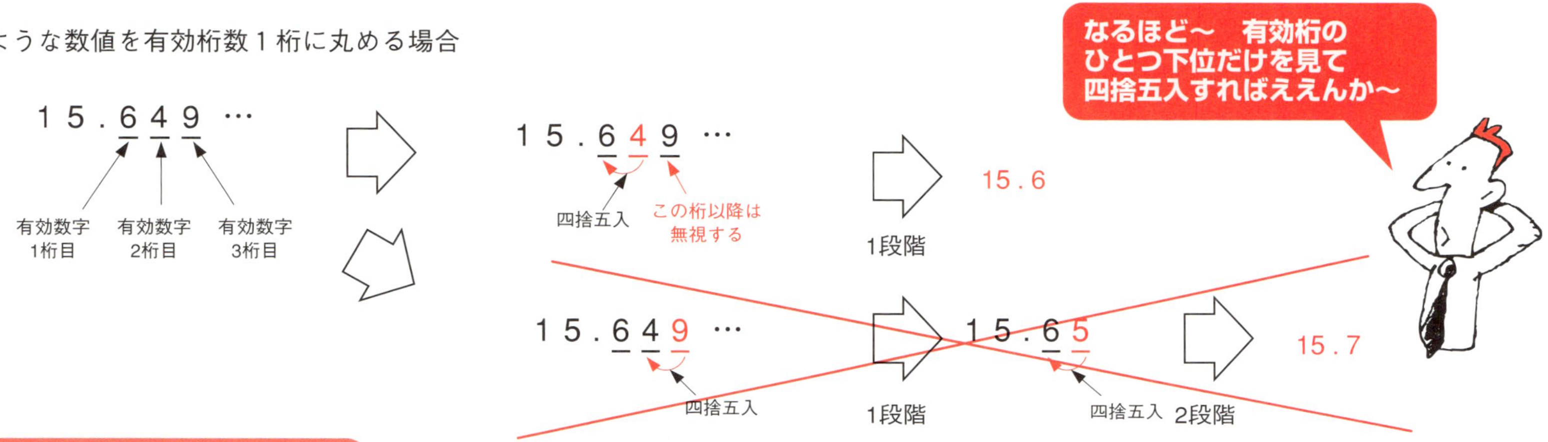

15.649 …
有効数字 1桁目
有効数字 2桁目
有効数字 3桁目
15.649 …
四捨五入
この桁以降は無視する
1段階
15.6
15.649 …
四捨五入
1段階
15.65
四捨五入
2段階
15.7
なるほど～　有効桁のひとつ下位だけを見て四捨五入すればええんか～

■D(￣ー￣*)　コーヒーブレイク

位取り

数字の千の桁で区切るときにカンマ（,）を使いますが、なぜ千の桁で区切るのでしょうか？　千ごとに区切るようにしたのは西洋の桁上がりに由来するためです。

1,000(a thousand)　10,000(ten thousand)　100,000(a hundred thousand)　1,000,000(a million)　10,000,000(ten million)

☞ 小数点とは、整数の一位と小数第一位との境を表す点で、ピリオド（.）を用いる。

2　三角関数

三角関数とは、直角三角形の角の大きさから辺の比を与える関数の総称をいいます。
サイン（sin）・コサイン（cos）・タンジェント（tan）・コタンジェント（cot）・セカント（sec）・コセカント（csc）の6つがあります。
機械設計の中で、強度計算や効率計算などで最もよく使う基本公式ですから確実に理解しておきましょう。

∠C を直角とする直角三角形 △ABC において、ひとつの角∠A = θ がわかれば、3辺の比 AB : BC : CA を求めることができるのです。
同様に、∠C を直角とする直角三角形 △ABC において、3辺の長さがわかっていれば、残りの角度を求めることができます。
下記に最もよく使う3つの三角関数を復習しておきましょう。

角度がわからない時	形状	辺の長さがわからない時
$\sin\theta = \dfrac{BC}{AB}$ 辺の長さ	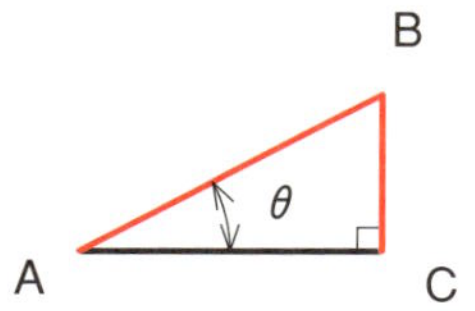	$BC = AB \times \sin\theta$ $AB = \dfrac{BC}{\sin\theta}$
$\cos\theta = \dfrac{CA}{AB}$	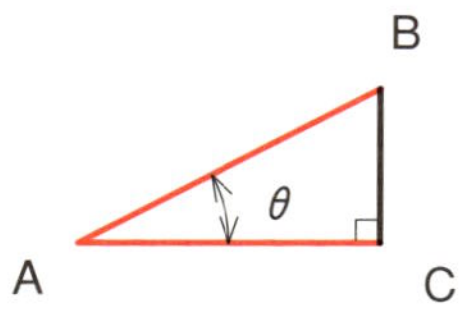	$CA = AB \times \cos\theta$ $AB = \dfrac{BC}{\cos\theta}$
$\tan\theta = \dfrac{BC}{CA}$	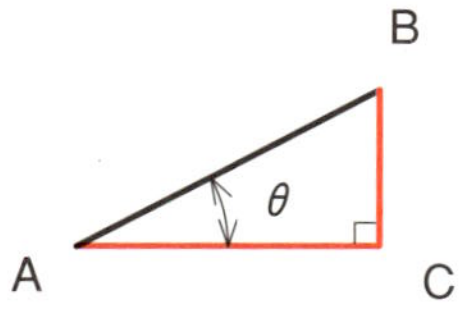	$BC = CA \times \tan\theta$ $CA = \dfrac{BC}{\tan\theta}$

■D（￣ー￣*）　コーヒーブレイク

三角比

下記に示すような特別な角度の場合は、電卓を使わなくても各辺の比率がわかります。

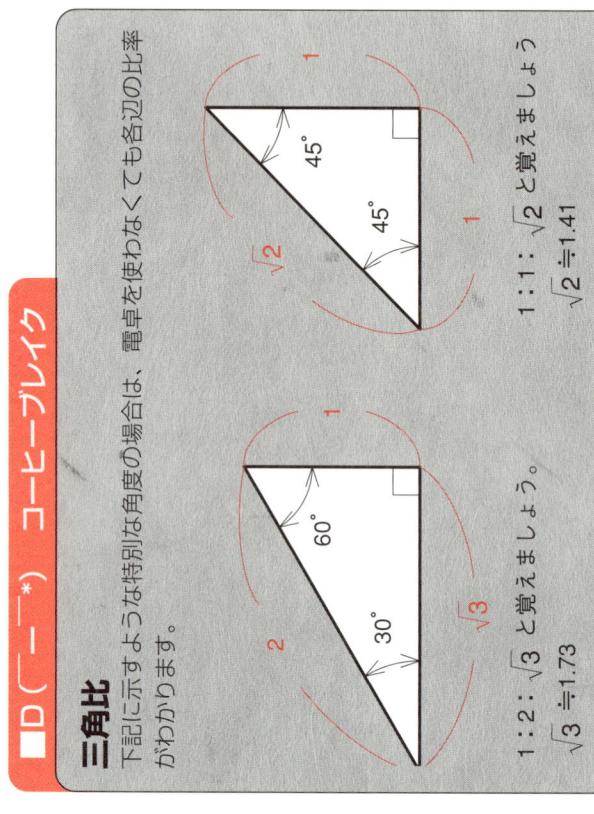

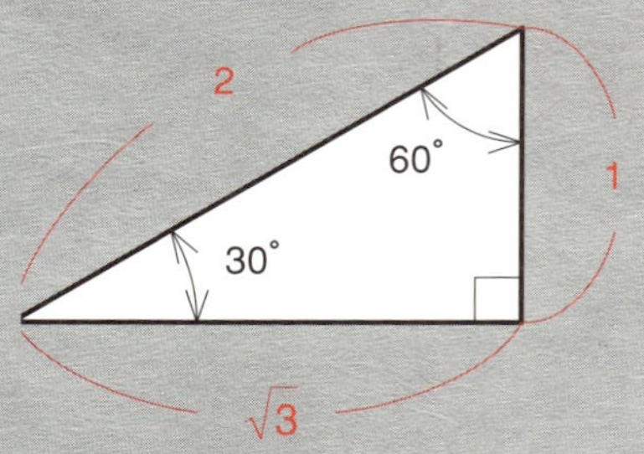

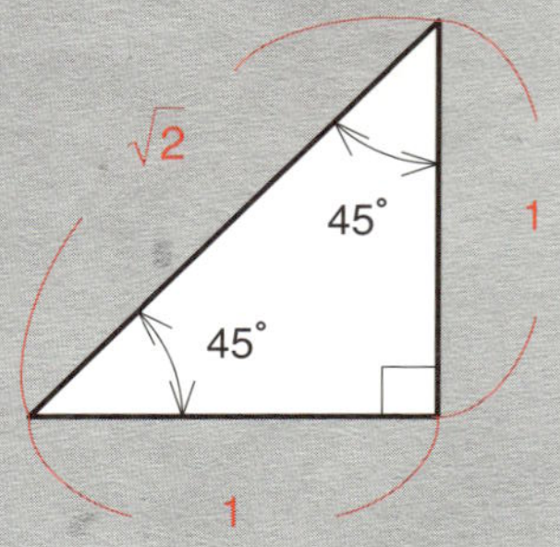

1：2：$\sqrt{3}$ と覚えましょう。
$\sqrt{3} \fallingdotseq 1.73$

1：1：$\sqrt{2}$ と覚えましょう
$\sqrt{2} \fallingdotseq 1.41$

関数電卓を使って計算する場合、例えば「sin25°」を求めたい場合は、「25」を入力後、「sin」を押すと「0.4226・・・」が得られます。

三角関数は、力学の効率を求めるのによく使います。

次の2つのパターンで質量mのブロックを動かすことを考えてみましょう。どちらが少ない力でブロックを動かせるでしょうか？

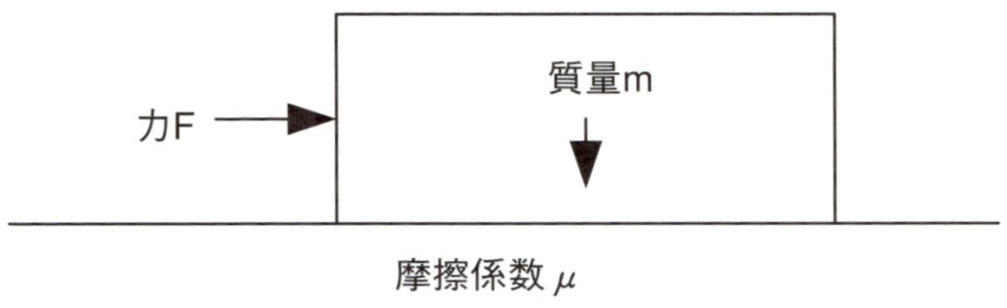

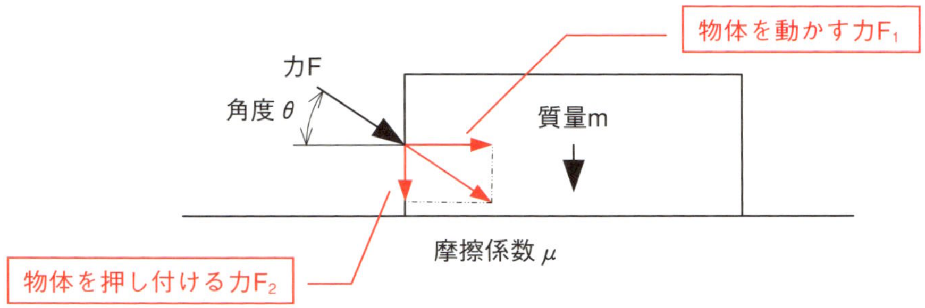

質量m[kg]のブロックを摩擦係数μの面の上を動かすための力Fを求めてみます。

$F=\mu \times m \times g$　　g：重力加速度＝9.8[m/s²]

押した力Fは100%動かすために使われます

【例題】m＝0.1【kg】　$\mu=0.1$のとき

$F=\mu \times m \times g = 0.1 \times 0.1 \times 9.8 \fallingdotseq 0.1$[N]　←こちらの方が少ない力で動かせる

質量m[kg]のブロックを摩擦係数μの面の上を、角度をつけて動かすための力Fを求めてみます。

力Fは角度が付いているので、物体を動かす力F_1と物体を押し付ける力F_2に分かれます。

$F_1=\mu \times (m \times g + F_2)$　…①

$F_1 = F \times \cos\theta$　…②

$F_2 = F \times \sin\theta$　…③

①式に②③式を代入すると

斜めから押した分、力Fは100%動かすために使われません。下に押し付けるという無駄な力が発生し、大きな力で押さないと動きません

$F \times \cos\theta = \mu \times (m \times g + F \times \sin\theta)$より、

$$F=\frac{\mu \times m \times g}{\cos\theta - \mu \times \sin\theta}$$

で表されます。

【例題】m＝0.1【kg】　$\mu=0.1$　$\theta=30^\circ$　のとき

$$F=\frac{0.1 \times 0.1 \times 9.8}{\cos 30^\circ - 0.1 \times \sin 30^\circ} = 0.12\ [N]$$

3 材料記号

部品図を作成する際に、寸法記入だけに気を使うわけにはいきません。図面の表題欄には、どんな材料を使い、表面処理をどうするのか記入します。材料を記入するといっても、「鉄」とか「アルミ」、「プラスチック」と世間一般で使っているような言葉は、エンジニアリングの世界では使いません。鉄やアルミニウム、樹脂には様々な種類のものがあり、それぞれ特徴を持っていますので、使用される機能や環境を考慮して材質を決めなければいけないのです。

表題欄に記入する材料記号には、金属・非金属・樹脂に大別されます。

- 物質
  - 有機物…加熱すると、燃焼したり炭になったりして、二酸化炭素を発生するもの（例：樹脂、木材、紙など）
  - 無機物
    - 金属…金属特有の光沢や伸展性を持ち、電流や熱をよく伝えることができる（例：鉄鋼、アルミニウム、銅、金など）
    - 非金属…金属ではないもの（例：ガラス、石、二酸化炭素など）

1 金属

JISにおける鉄鋼材料の規格は、鉄（てつ）と鋼（はがね）に大別し、さらに鉄は銑鉄（せんてつ）、合金鉄及び鋳鉄（ちゅうてつ）に、鋼は普通鋼、特殊鋼及び鋳鍛鋼（ちゅうたんこう）に分類しています。次ページ以降に示す鉄鋼記号は、上記の規格分類に従い、いくつかの部分から構成されていますが、材料によって若干意味するものが違うことに注意してください。

鋼のJIS記号は、次に示すルールに従い付与されています。

・第一位の記号：鋼の場合は必ずS（Steel　鋼）がつきます。
・第二位の記号：規格名、製品名、用途などを表します。例外的に、添加合金元素の記号をつけるときもあります。
・第三位の記号：種類や最低引張強さ、平均炭素量（%）の数字で表します。

☞ 材料とは、モノを作るときの元にするもの。材質とは、材料としての性質（軽い、強い、錆びないなど）をいう。

機械設計でよく用いられる材料記号を説明します。

①鉄鋼材料

一般構造用鋼材の場合

S　S　400

- S：鋼であることを表します。
  - 例）S：Steel（鋼）
- S：規格名や製品名を表します。
  - 例）S：structure（一般構造圧延鋼）
- 400：材料種類番号の数字、最低引張強さまたは耐力（通常3桁数字）を表します。
  - 例）400：最低引張強さ400N／mm^2以上

SS材は最低引っ張り強さが規定されているだけで、化学成分、特に炭素量（%）は規定されていないんや。
SS材は溶接性が悪いから、厚板（50mm以上）の場合は、SM材（溶接構造用圧延鋼材）を使わなあかんねん

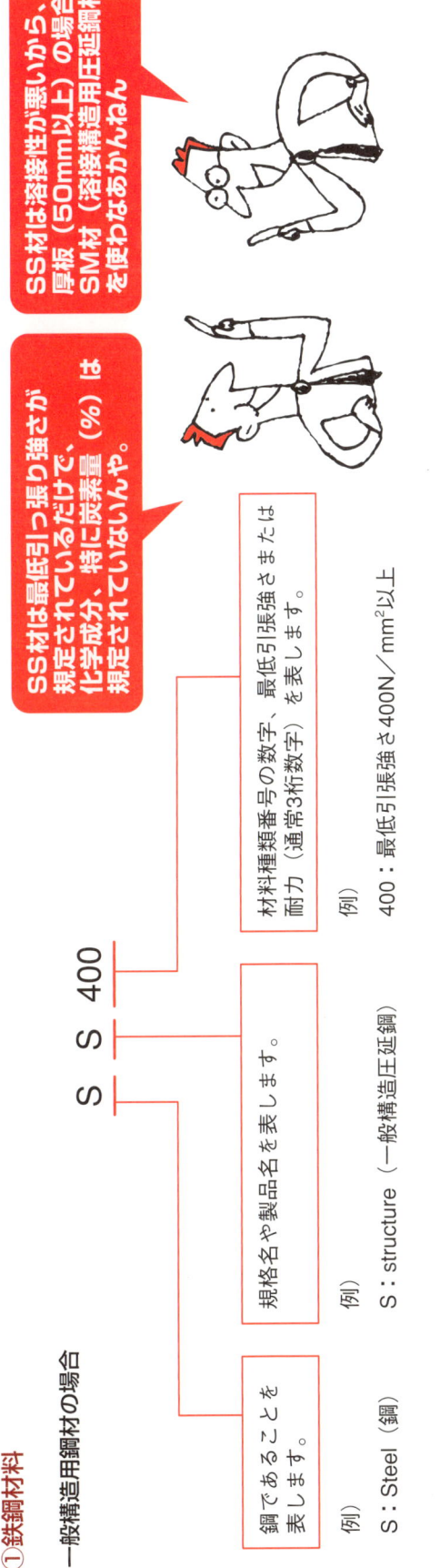

一般構造用炭素鋼材の場合

S　45　C ー H

- S：鋼であることを表します。
  - 例）S：Steel（鋼）
- 45：規定された炭素量の中央値に100倍した値を表します。
  - 例）15：炭素含有量0.15%
  - 45：炭素含有量0.45%
- C：付加記号
  - 例）C：Carbon（炭素）
- H：質別記号を表します。
  - 例）A：圧延されたまま
  - N：焼ならし
  - H：焼入れ・焼き戻し
  - S：標準圧延品
  - K：高級

浸炭焼入れ用に、S15CKなどK（高級）のつく材料もあるんや

機械構造用合金材の場合

S　CM　4　15

- S：鋼であることを表します。
  例）
  S：Steel（鋼）
- CM：主要元素記号を表します。
  例）
  Nc：N：Nickel、C：Chromium
  （ニッケルクロム鋼）
  CM：C：Chromium、M：Molybdenum
  （クロムモリブデン鋼）
- 4：主要合金元素量コードを表します。
  例）
  4：コード4
- 15：規定された炭素量の中央値に100倍した値を表します。
  例）
  15：炭素含有量0.15%

NiやMoは高価やから、
SCr（クロム鋼）や
SMnC（マンガンクロム鋼）が
使えへんか検討しよう。

工具用鋼材の場合

S　KD　11

- S：鋼であることを表します。
  例）
  S：Steel（鋼）
- KD：用途を表します。
  例）
  K：Kougu（炭素工具鋼）
  KH：（高速工具鋼）
  KS：（合金工具鋼）
  KD：（合金工具鋼…熱間金型用）
- 11：種別を表します。
  例）
  SK材の数字：小さいほど炭素量（%）が少ない

工具鋼は、炭素量が
0.6%以上の
高炭素鋼なんや〜。

薄鋼板材の場合

S　PC　C　－　S　D

記号	意味	例
S	鋼であることを表します。	例） S：Steel（鋼）
PC	規格名や製品名を表します。	例） PC：Plate-Cold （薄板冷間圧延鋼） PH：Plate-Hot （薄板熱間圧延鋼） EC：電気めっき鋼板
C	種別を表します。	例） C：一般用 D：絞り用 E：深絞り用
S	超質区分を表します。	例） A：焼きなましのまま S：標準調質 8：1/8硬質 4：1/4硬質 2：1/2硬質 1：硬質
D	表面仕上げ区分を表します。	例） D：Dull（ダル仕上げ） B：Bright（ブライト仕上げ）

熱間圧延材（HOT）は厚板、冷間圧延材（COLD)は薄板に区別されてるんや。ダル仕上げって、梨地仕上げ、またはつや消し仕上げともいうんか〜。

ステンレス材の場合

S　US　430　P

記号	意味	例
S	鋼であることを表します。	例） S：Steel（鋼）
US	規格名や製品名を表します。	例） US：Use-Stainless （特殊用途ステンレス鋼）
430	鋼種番号を表します。	例） 304：18-8鋼（オーステナイト） 420：13Cr（マルテンサイト） 430：18Cr（フェライト） 440：440（マルテンサイト） 631：17-7PH（析出硬化）
P	材料の形を示す形状記号をつける場合もあります。	例） P：板、円板 W：線 BE：押出棒 BD：引抜棒 BF：鍛造棒　など

ステンレスは錆びへんけど、海水のような塩水雰囲気中では、白錆びがでるから、塗装やめっきなど錆止めを考慮せなあかんねん！

②非鉄金属材料

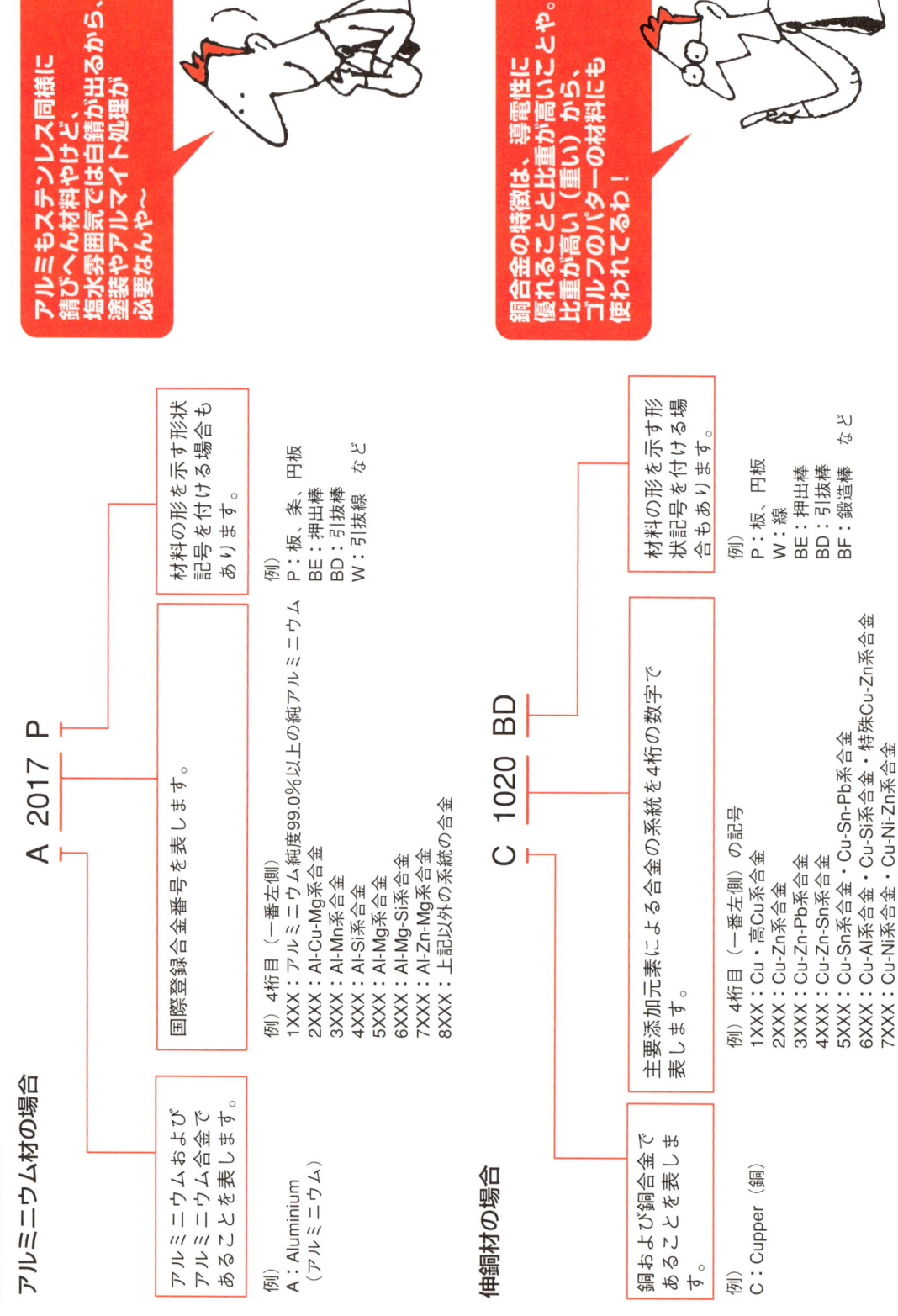

アルミニウム材の場合

A　2017　P

- A：アルミニウムおよびアルミニウム合金であることを表します。
- 2017：国際登録合金番号を表します。
- P：材料の形を示す形状記号を付ける場合もあります。

例）
A：Aluminium
（アルミニウム）

例）4桁目（一番左側）
1XXX：アルミニウム純度99.0%以上の純アルミニウム
2XXX：Al-Cu-Mg系合金
3XXX：Al-Mn系合金
4XXX：Al-Si系合金
5XXX：Al-Mg系合金
6XXX：Al-Mg-Si系合金
7XXX：Al-Zn-Mg系合金
8XXX：上記以外の系統の合金

例）
P：板、条、円板
BE：押出棒
BD：引抜棒
W：引抜線　など

アルミもステンレス同様に
錆びへん材料やけど、
塩水雰囲気では白錆が出るから、
塗装やアルマイト処理が
必要なんや～

伸銅材の場合

C　1020　BD

- C：銅および銅合金であることを表します。
- 1020：主要添加元素による合金の系統を4桁の数字で表します。
- BD：材料の形を示す形状記号を付ける場合もあります。

例）
C：Cupper（銅）

例）4桁目（一番左側）の記号
1XXX：Cu・高Cu系合金
2XXX：Cu-Zn系合金
3XXX：Cu-Zn-Pb系合金
4XXX：Cu-Zn-Sn系合金
5XXX：Cu-Sn系合金・Cu-Sn-Pb系合金
6XXX：Cu-Al系合金・Cu-Si系合金・特殊Cu-Zn系合金
7XXX：Cu-Ni系合金・Cu-Ni-Zn系合金

例）
P：板、円板
W：線
BE：押出棒
BD：引抜棒
BF：鍛造棒　など

銅合金の特徴は、導電性に
優れることと比重が高いことや。
比重が高い（重い）から、
ゴルフのパターの材料にも
使われてるわ！

■D(￣ー￣*)　コーヒーブレイク

材料記号は国によって異なります。海外から来た図面があれば、記載されている材料記号を確認してみましょう。
以下に、主要国の代表的な金属材料記号の対照表を示します。

◆機械構造用炭素鋼鋼材

JIS(日本)	AISI(アメリカ)	DIN(ドイツ)
S15C	1015	C15
S20C	1020	C22
S25C	1025	C25
S30C	1030	C30
S35C	1035	C35
S40C	1040	C40
S45C	1045	C45
S50C	1049	C50
S55C	1055	C55

◆炭素工具鋼鋼材

JIS(日本)	AISI(アメリカ)	DIN(ドイツ)
SK3	W1-10	C105W1
SK4	W1-9	—
SK5	W1-8	C80W1
SK6	W1-7	

◆クロム鋼鋼材

JIS(日本)	AISI(アメリカ)	DIN(ドイツ)
SCr415	—	—
SCr420	5120	20Cr4
SCr430	5130	—
SCr435	5132	34Cr4
SCr440	5140	41Cr4
SCr445	5147	—

◆クロムモリブデン鋼鋼材

JIS(日本)	AISI(アメリカ)	DIN(ドイツ)
SCM415	—	—
SCM420	—	—
SCM430	4130	—
SCM435	4137	34CrMo4
SCM440	4140	42CrMo4
SCM445	4145	—

◆ステンレス鋼(オーステナイト系)

JIS(日本)	AISI(アメリカ)	DIN(ドイツ)
SUS303	AISI 303	DINX10CrNiS189
SUS304	AISI 304	DINX5CrNi1810
SUS304L	AISI 304L	DINX2CrNi1911
SUS304NI	AISI 304N	—
SUS305	AISI 305	DINX5CrNi1812
SUS316	AISI 316	DINX5CrNiMo17122
SUS316L	AISI 316L	DINX2CrNiMo17132
SUS316N	AISI 316N	—
SUS317	AISI 317	DINX2CrNiMo18164
SUS317L	AISI 317L	
SUS321	AISI 321	—
SUS347	AISI 347	DINX6CrNiNb1810
SUS384	AISI 384	—

2　樹脂

樹脂材料は熱可塑性樹脂と熱硬化性樹脂に大別されます。

・熱可塑性樹脂・・・加熱すると、軟化して加工でき、冷やすと固化する樹脂をいいます。
（例：ABS樹脂、ポリアセタール、ポリカーボネート、ナイロン（ポリアミド）、ポリエチレンなど）

チョコみたい…

・熱硬化性樹脂・・・素材を加熱すると、軟化して加工できますが、一度硬化したあとは加熱しても再び軟化することがなく、燃焼しにくいという特徴があります。
（例：エポキシ樹脂、フェノール樹脂、ポリウレタンなど）

クッキーみたい…

表記記号	材料名	
ABS	ABS樹脂	Acrylonitrile/Butadiene/Styrene
AS	AS樹脂	Styrene/acrylonitrile
PA6	ポリアミド6（6ナイロン）	Poly amide6
PC	ポリカーボネート	Poly carbonate
PE	ポリエチレン	Poly ethylene
PET	ポリエチレンテレフタート（ペット）	Poly（ethylene terephthalate）
PF	フェノール樹脂	Phenol-formaldehyde
POM	アセタール樹脂（ポリアセタール）	Poly oxymethylene
PP	ポリプロピレン（PPシート）	Poly propylene
PS	ポリスチレン（スチロール樹脂）	Poly styrene
PU・PUR	ポリウレタン	Poly urethane
PC/ABS	ポリカABS	Poly carbonate/ABS
～-HI	耐衝撃性～	High-impact modified～
（例）PS-HI	耐衝撃性ポリスチレン	High-impact modified polystyrene
～-P	軟質～	Plasticized～
（例）PVC-U	硬質塩ビ	Unplasticized poly（vinyl chloride）
～-GF～	ガラス繊維～%混入する～	Grass-fiber reinforced～
（例）PS-GF～	ガラス繊維～%混入するポリスチレン	Grass-fiber reinforced polystyrene

樹脂材料を使用する場合、表題欄に材料を指定することはもちろんですが、比較的大きな材料（例えば、50g以上）には、リサイクルのために材料記号を部品の裏面などに、次のように表記します。

材料表記例：
＞PC＜
＞PS-HI＜

Memo

部品名			
担当者			
投影法		尺度	1:1

4 材料力学（初級レベル）

機械設計をしていると、必ず強度計算に突きあたり、決して避けては通れません。

なぜ強度計算が必要かというと、変形や破損によって製品が動作しない、あるいは重大な事故を発生させないなど製品の信頼性を確保するためです。

しかし頑丈にするため、太く大きく設計し、強い材料を使えば簡単に強度は得られます。ところが太く大きくすることで重量が重くなると消費エネルギーが大きく環境性が悪くなります。また、重くて強いということは原材料コストが高いことを意味します。

そこで、環境に優しく低コストの製品を作るために想定される限界の強度を持たせて、強度を保証した設計を行うのです。

つまり、材料に発生する応力が、材料物性の持つ安全率を考慮した許容応力以下になるよう設計します。

まず、応力から理解しましょう。**応力とは、物体が荷重を受けたときにそれに応じて内部に生じる単位面積当たりの抵抗力**のことをいいます。

・引張り応力・圧縮応力 σ

$\sigma = \dfrac{P}{A}$ [N/mm^2]　　P:荷重　A:断面積

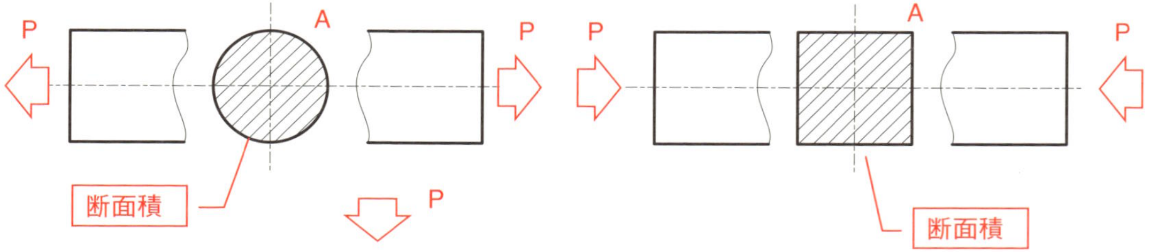
P
A
P
P
A
P
断面積
断面積

・せん断応力 τ

$\tau = \dfrac{P}{A}$ [N/mm^2]　　P:荷重　A:断面積

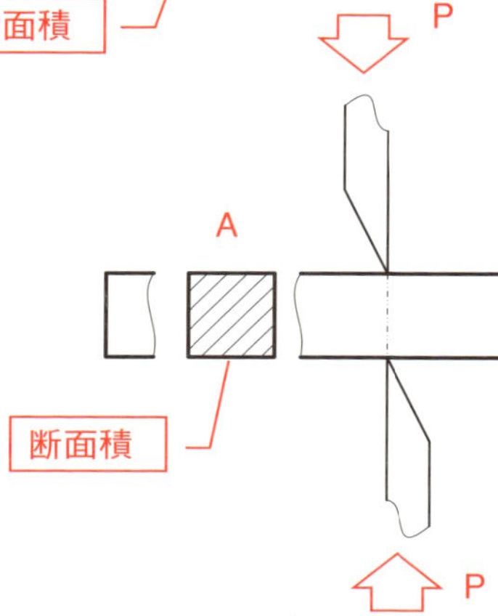
P
A
断面積
P

これが、材料力学の
基本中の基本の公式なんや！

・曲げ応力σ

$$\sigma = \frac{M}{Z}\ [\mathrm{N/mm^2}] \qquad M:モーメント \qquad Z:断面係数$$

モーメントMとは、物体を回転させる能力の大きさを表す量です。

M=F（力）×L（長さ）で表されます。

つまり、レバーを回すのに、中心から離れた位置を押した方が、モーメントは大きくなります。

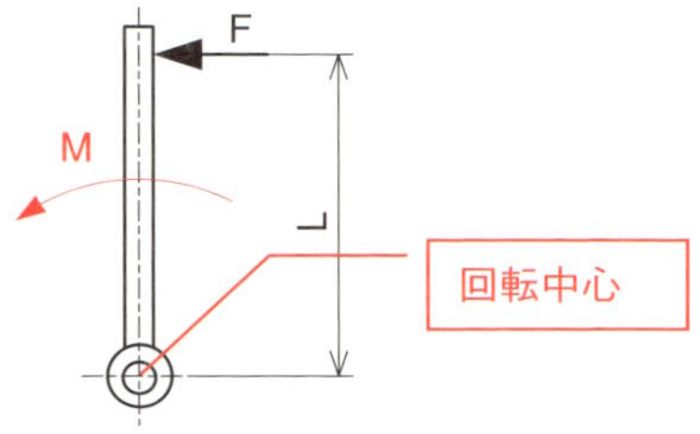
F
M
L
回転中心
モーメントとは

同じ板でも、向きを変えれば
強度を上げられるんや～
設計するときに、ちょっと
工夫すればええだけやん！

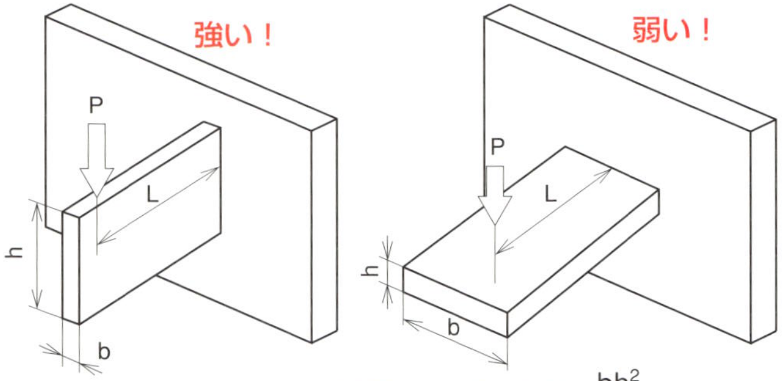
強い！
弱い！
P
L
h
b
長方形の断面係数 $Z = \frac{bh^2}{6}$

断面係数による強度の違い

断面係数Zとは、断面の形状を表す係数をいいます。

例えば、右図のように同じ断面積でも曲げる方向が違うと、同じPという力で押してもたわみ量が違うことは想像できます。

この違いが断面係数なのです。

代表的な断面係数Zを下表に示します。

曲げ応力には、
断面係数を使うんか～

代表的な断面係数Z

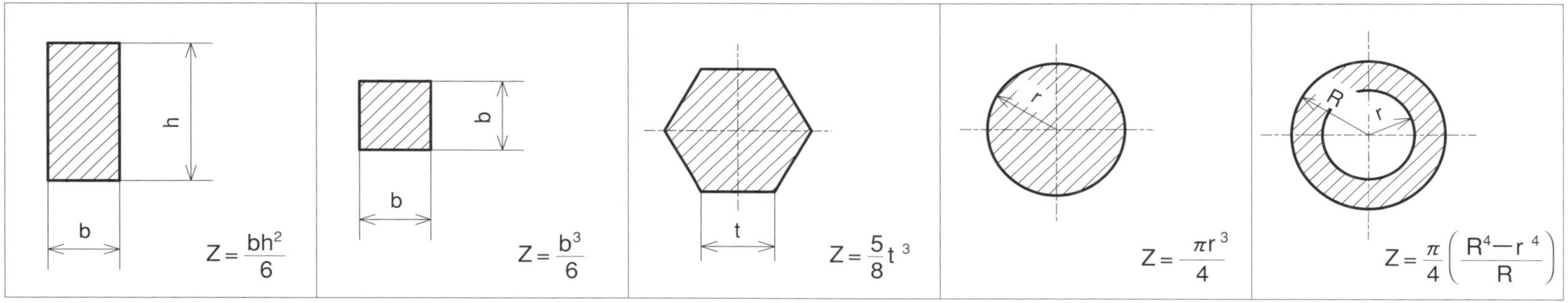
h
b
$Z = \frac{bh^2}{6}$
b
b
$Z = \frac{b^3}{6}$
t
$Z = \frac{5}{8}t^3$
r
$Z = \frac{\pi r^3}{4}$
R
r
$Z = \frac{\pi}{4}\left(\frac{R^4 - r^4}{R}\right)$

☞ トルク(torque)とは、物体を固定された回転軸を中心に回転運動をさせるときに、回転軸のまわりの力のモーメント(力の能率)をいい、ねじりモーメントとも呼ばれる。

・ねじり応力 τ

$$\tau = \frac{T}{Zp} \quad [\mathrm{N/mm^2}]$$

T：トルク　　Zp：極断面係数

代表的な極断面係数を右表に示します。

ねじり応力には、極断面係数を使うんか〜ややこしいな〜

極断面係数

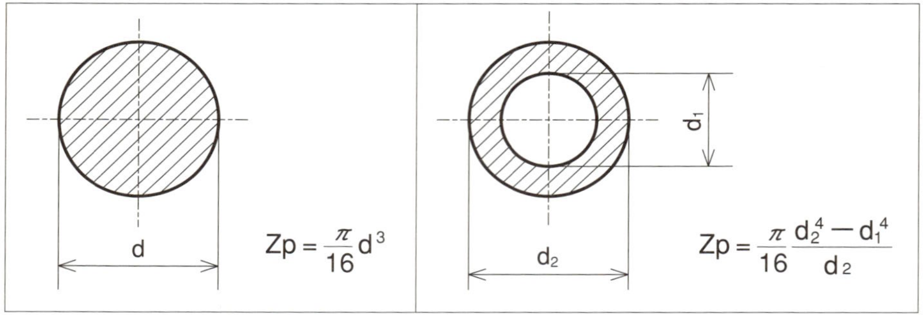
d
$Zp = \frac{\pi}{16} d^3$
d_1
d_2
$Zp = \frac{\pi}{16} \frac{d_2^4 - d_1^4}{d_2}$

・ひずみ ε

ひずみとは、元の長さに対する単位あたりの変形量の割合をいい、$\varepsilon = \lambda / \ell$ で表されます。**単位はありません。**

縦ひずみ（軸方向の変形量を元の長さで割った値）と横ひずみ（直径の変形量を元の直径で割った値）に大別されます。

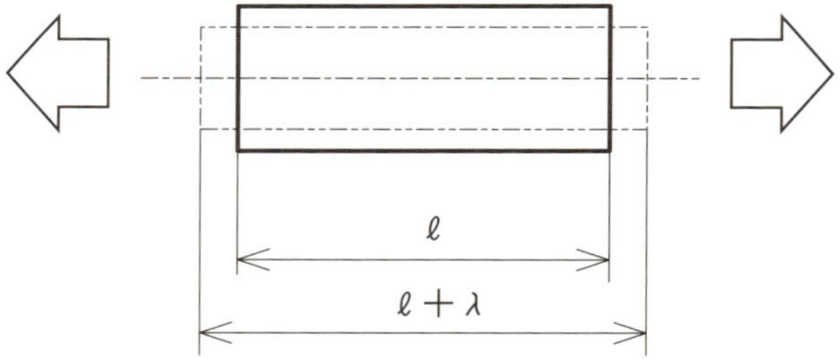
ℓ
ℓ＋λ

許容応力

許容応力とは、材料に衝撃・変形が加えられたときに、破壊せず安全に使用できる範囲内にある応力の限界値をいいます。

上記の公式から求めた様々な発生応力と、この許容応力を比較して許容応力が勝ればよいのです。許容応力とは、引張強さに安全率を考慮したものです。

許容応力

材料	引張り（N/mm²）			圧縮（N/mm²）		曲げ（N/mm²）			せん断（N/mm²）			ねじり（N/mm²）		
	静荷重	片振り荷重	交番荷重	静荷重	片振り荷重	静荷重	片振り荷重	交番荷重	静荷重	片振り荷重	交番荷重	静荷重	片振り荷重	交番荷重
軟鋼	90〜150	60〜100	30〜50	90〜150	60〜100	90〜150	60〜100	30〜50	70〜120	50〜80	23〜40	60〜120	40〜80	20〜40
硬鋼	120〜180	80〜180	40〜60	120〜180	80〜180	120〜180	80〜180	40〜60	90〜140	60〜90	30〜50	90〜140	60〜90	30〜50
鋳鉄	30	20	10	90	60	40	30	15	30	20	10	30	20	10
銅（圧延）	60	30	—	40〜50	—	—	—	—	—	—	—	—	—	—
りん青銅	70	45	—	60〜90	—	—	—	—	50	30	—	30	20	—

上記は衝撃がない場合です。衝撃がある場合は1/2以下に設定してください。

Memo

部品名			
担当者			
投影法		尺度	1:1

材料物性

材料物性とは、材料のもつ機械的、熱的、電気的、磁気的、光学的などの性質のことです。引張り強さなどの応力特性や材料が摺動する場合の摩擦特性、熱伝導率などの熱特性などがあります。先に説明した応力とひずみには、次のような関係があります。

①機械的強度に関するもの

強度計算をする場合は、安全率を考慮した許容応力を用いることで、弾性域になるようにします。

安全率は、基本的に設計者自身が考慮して数値を与えます。

一般的に右表を目安に設定すればよいと思います。

材料	安全率			
	静荷重	動荷重		
		片振荷重	両振荷重	衝撃荷重
鋳鉄	4	6	10	15
鋼	3	5	8	12
銅	5	6	9	15
木材	7	10	15	20
レンガ・石	20	30	—	—

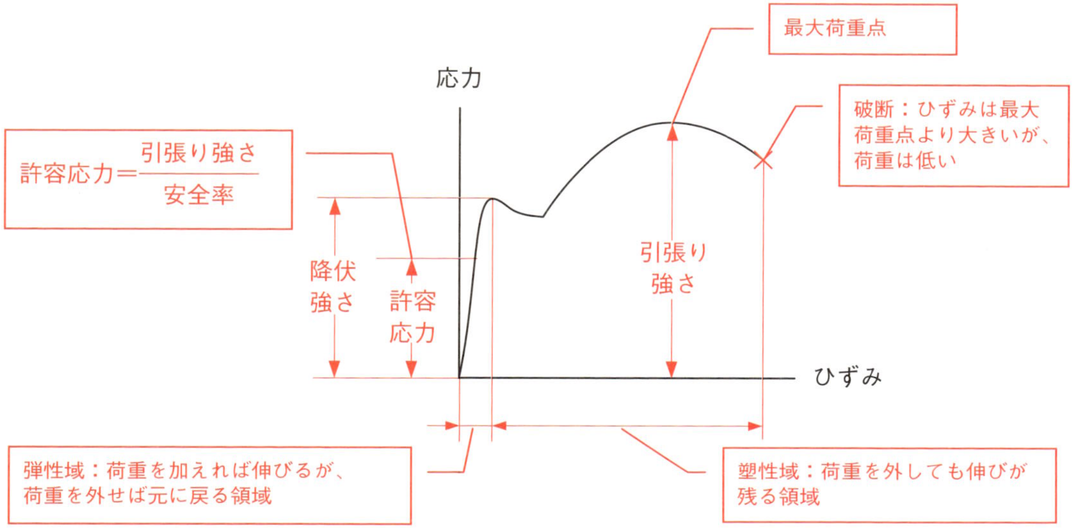
許容応力＝引張り強さ／安全率
最大荷重点
応力
破断：ひずみは最大荷重点より大きいが、荷重は低い
降伏強さ
許容応力
引張り強さ
ひずみ
弾性域：荷重を加えれば伸びるが、荷重を外せば元に戻る領域
塑性域：荷重を外しても伸びが残る領域

鋼の応力-ひずみ線図

軟鋼は、組織が均一で、柔軟な材料で、信頼度が高い材料やけど、鋳鉄は、組織が不均一で、信頼度が低い材料やから、安全率も大きく取らなあかんのや。

応力－ひずみ線図を見ればわかるように、弾性領域はほぼ線形（直線的）な特性を持っています。

この領域では、“フックの法則”が成り立ちますので、外力による材料の受ける応力σとその外力によってひずみ量εは、次のように表すことができます。

$\sigma = E \cdot \varepsilon$　（ここで、Eは比例定数で、ヤング率、あるいは縦弾性係数と呼びます。）

ヤング率が大きくなると、同じ応力σの下でひずみεは小さくなるため剛性が高いことを意味します。

②熱影響に関するもの

線膨張係数とは、１K（℃）当たりの温度上昇により、長さが伸びる割合をいいます。温度変化による熱応力解析などに使います。

温度変化に伴い材料の伸び代ΔLは次式で計算できます。

$\Delta L = \alpha \times L \times \Delta T$　α：線膨張係数　L：全長　ΔT：温度変化（℃）

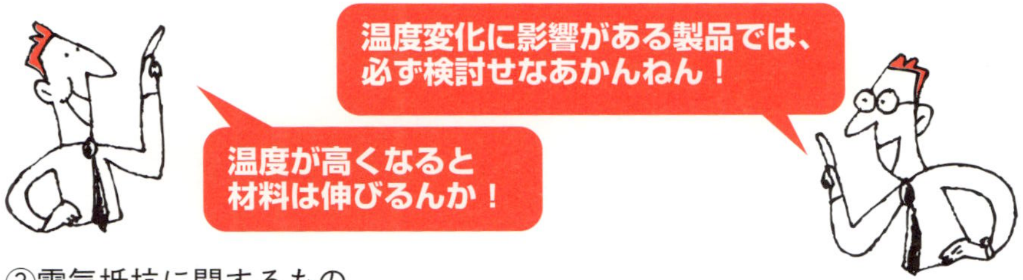
温度変化に影響がある製品では、
必ず検討せなあかんねん！
温度が高くなると
材料は伸びるんか！

代表的な材料の線膨張係数

金属	線膨張係数 [1/K]　at 20℃	金属	線膨張係数 [1/K]　at 20℃
低炭素鋼	12.5×10^{-6}	アルミニウム	23×10^{-6}
高炭素鋼	10.5×10^{-6}	ステンレス	17.3×10^{-6}
銅	16.5×10^{-6}	純チタン	8.4×10^{-6}
青銅	17.5×10^{-6}	ガラス	8.5×10^{-6}

③電気抵抗に関するもの

電気抵抗とは、抵抗器（ここでは材料）に電流を流す時、その電流の流れにくさを示す値です。温度が一定の場合、材料が同じでも材料の断面積や長さによって抵抗値も変化します。線状の導体抵抗R[Ω]は、次式で表されます。

$R = \rho \frac{\ell}{A}$　A：断面積　ℓ：長さ　ρ：単位面積当たりの抵抗率

代表的な金属の導体抵抗率

金属	抵抗率ρ [$\times 10^{-8}$Ω・m]	金属	抵抗率ρ [$\times 10^{-8}$Ω・m]
銀	1.62	マグネシウム	4.5
銅	1.72	亜鉛	5.9
金	2.4	ニッケル	7.24
アルミニウム	2.75	純鉄	9.8

フックの法則（Hooke's law）とは、弾性体において、応力が一定の値を超えない間は、ひずみは応力に比例することをいう。コイルばねもフックの法則に従っている。

代表的な材料の物性を下記に示します。MPa（メガパスカル）とN/mm^2は、単位が違いますが、同じ数値になります。

材料名	材質	引張り強さ		材料密度	ヤング率（縦弾性係数）		ポアソン比
		MPa	N/mm^2	kg/m^3	GPa	N/mm^2	
一般構造用圧延鋼材	SS400	450	450	7850	206	2.1×10^5	0.3
機械構造用中炭素鋼	S45C	828	828	7850	205	2.1×10^5	0.3
高張力鋼	HT80	865	865	—	203	2.0×10^5	0.3
クロムモリブデン鋼	SCM440	980	980	7850	—	—	—
ニッケルクロムモリブデン鋼	SNCM439	980	980	7850	204	2.0×10^5	0.3
熱間金型用工具鋼	SKD6	1550	1550	7850	206	2.1×10^5	—
ばね鋼	SUP7	1230	1230	—	—	—	—
析出硬化型ステンレス鋼	SUS631	1225	1225	7800	204	2.0×10^5	0.3
マルテンサイト系ステンレス鋼	SUS410	540	540	7800	200	2.0×10^5	0.3
フェライト系ステンレス鋼	SUS430	450	450	7800	200	2.0×10^5	0.3
オーステナイト系ステンレス鋼	SUS304	520	520	8000	197	2.0×10^5	0.3
鋳鉄	FC15	170	170	7300	90	0.9×10^5	0.3
鋳鉄	FC20	225	225	7300	105	1.05×10^5	0.3
鋳鉄	FC25	270	270	7300	115	1.15×10^5	0.3
鋳鉄	FC30	320	320	7300	135	1.35×10^5	0.3
7/3黄銅（真鍮）	C2600	280	280	8500	110	1.1×10^5	0.35
6/4黄銅（真鍮）	C2801	330	330	8400	103	1.0×10^5	0.35
快削黄銅（真鍮）	C3604	335	335	8500	108	1.08×10^5	0.35

材料名	材質	引張り強さ		材料密度	ヤング率（縦弾性係数）		ポアソン比
		MPa	N/mm^2	kg/m^3	GPa	N/mm^2	
りん青銅	C5212P	600	600	8800	110	1.1×10^5	0.38
ベリリウム銅	C1720	900	900	8200	130	1.3×10^5	—
黄銅鋳物	YbsC2	195	195	8500	78	7.8×10^4	—
青銅鋳物	BC2C	275	275	8700	96	9.6×10^4	0.36
りん青銅鋳物	PBC2C	295	295	8800	—	—	—
工業用アルミニウム	A1085P	55	55	2700	69	6.9×10^4	0.34
耐食アルミニウム	A5083P	345	345	2700	72	7.2×10^4	0.34
ジュラルミン	A2017P	355	355	2800	69	6.9×10^4	0.34
超ジュラルミン	A2024P	430	430	2800	74	7.4×10^4	0.34
超々ジュラルミン	A7075P	537	537	2800	72	7.2×10^4	0.34
マグネシウム合金（板）	MP5	250	250	1800	40	4.0×10^4	—
マグネシウム合金（棒）	MB1	230	230	1800	40	4.0×10^4	—
マグネシウム鋳物	MC1	240	240	1800	45	4.5×10^4	—
工業用純チタン	C.P.Ti	320	320	4600	106	1.1×10^5	0.32
チタン6Al-4V合金		980	980	4400	106	1.1×10^5	0.32
チタン5-2-5合金		860	860	—	118	1.2×10^5	0.32
亜鉛ダイカスト合金	ZDC1	325	325	6600	89	8.9×10^4	—

Memo

部品名			
担当者			
投影法		尺度	1:1

表面処理記号

表面処理は、きれいに見せるための「装飾性」と、錆を抑えるという「機能性」の2つに大別されます。

◇電気めっき…金属や非金属の表面に、金属の薄い膜をかぶせる技術を「めっき」といいます。

◇塗装…………水溶性塗料を電気めっきのように電着させる電着塗装（自動車部品などにはカチオン塗装が一般的に使われます）と、一般に“塗装”と呼ばれる塗料を圧縮空気で吹き付ける溶剤塗装の2種類に大別されます。

◇真空めっき…真空めっきの中で、「PVD」といわれる物理的蒸着法の「イオンプレーティング」と「スパッタリング」が一般的で、プラズマ空間で処理することから、金属以外のガラスやプラスチックの部品にも成膜することができるのが特徴です。

電気めっきを表すJIS記号は、次の通りです。しかし、**多くの企業で、旧JISあるいは独自の表面処理記号を使っていることがあるので、必ずしも下記の記号を使うとは限りません。**

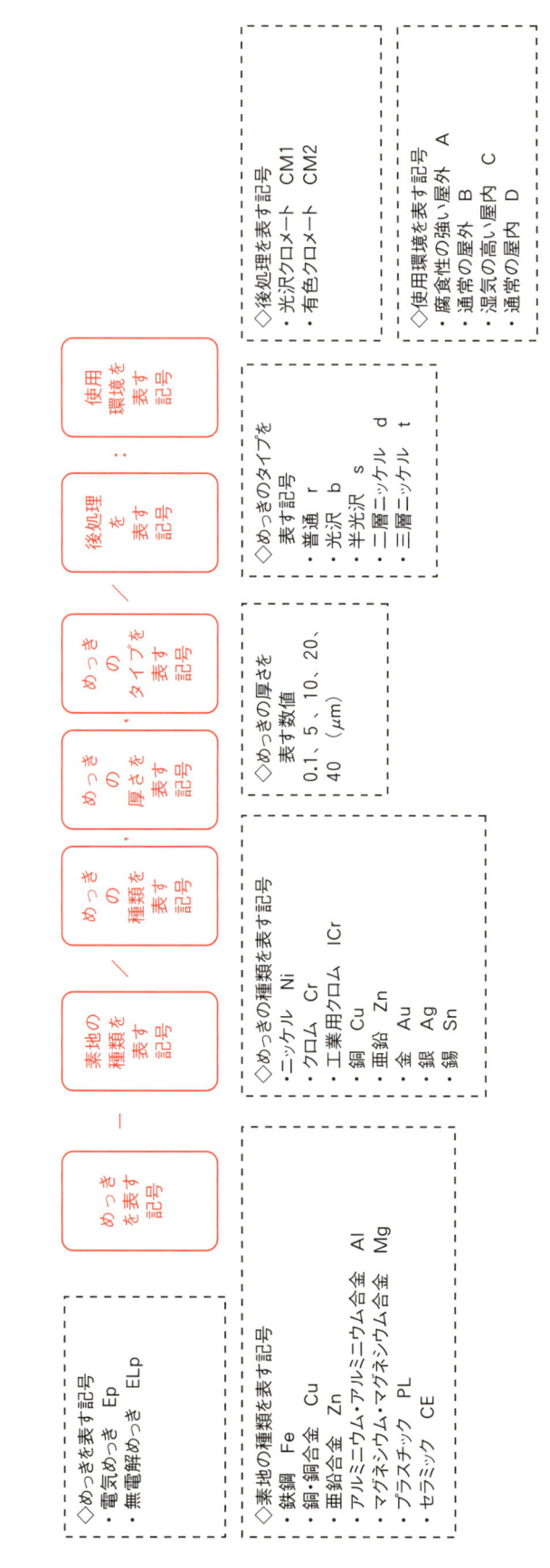

めっきを表す記号 － 素地の種類を表す記号 ／ めっきの種類を表す記号 ， めっきの厚さを表す記号 ， めっきのタイプを表す記号 ／ 後処理を表す記号 ： 使用環境を表す記号

◇めっきを表す記号
・電気めっき　Ep
・無電解めっき　ELp

◇素地の種類を表す記号
・鉄鋼　Fe
・銅・銅合金　Cu
・亜鉛合金　Zn
・アルミニウム・アルミニウム合金　Al
・マグネシウム・マグネシウム合金　Mg
・プラスチック　PL
・セラミック　CE

◇めっきの種類を表す記号
・ニッケル　Ni
・クロム　Cr
・工業用クロム　ICr
・銅　Cu
・亜鉛　Zn
・金　Au
・銀　Ag
・錫　Sn

◇めっきの厚さを表す数値
0.1、5、10、20、40　（μm）

◇めっきのタイプを表す記号
・普通　r
・光沢　b
・半光沢　s
・二層ニッケル　d
・三層ニッケル　t

◇後処理を表す記号
・光沢クロメート　CM1
・有色クロメート　CM2

◇使用環境を表す記号
・腐食性の強い屋外　A
・通常の屋外　B
・湿気の高い屋内　C
・通常の屋内　D

めっきを表す記号の例

Ep-Fe/Cu 20, Ni 25b, Cr 0.1r/:A

（電気めっき、鉄鋼素地、銅めっき20 μ m以上、光沢ニッケルめっき25 μ m以上、普通クロムめっき0.1 μ m以上、腐食性の高い屋外での使用）

Ep-Fe/Zn 15/CM 2:B

（電気めっき、鉄鋼素地、亜鉛めっき15 μ m以上、有色クロメート処理、通常の屋外での使用）

Ep-Cu/Ni 5b, Cr 0.1r/:D

（電気めっき、銅合金素地、光沢ニッケルめっき5 μ m以上、普通クロムめっき0.1 μ m以上、通常の屋内での使用）

Ep-Fe/ELp-Ni 15b, ICr 20

（最終めっきが電気めっき，鉄鋼素地，無電解ニッケルめっき15 μ m以上，工業用クロムめっき20 μ m以上）

■D(￣ー￣*)　コーヒーブレイク

めっき部品の設計上の注意

板金部品の場合：

めっき吊り穴を開ける余裕のない小さな部品や、機能上穴を開けることができない場合を除いて、φ6mm程度の“捨て穴”を開けましょう。この穴に針金状の治具を入れて、吊り下げてめっき液に浸けます。

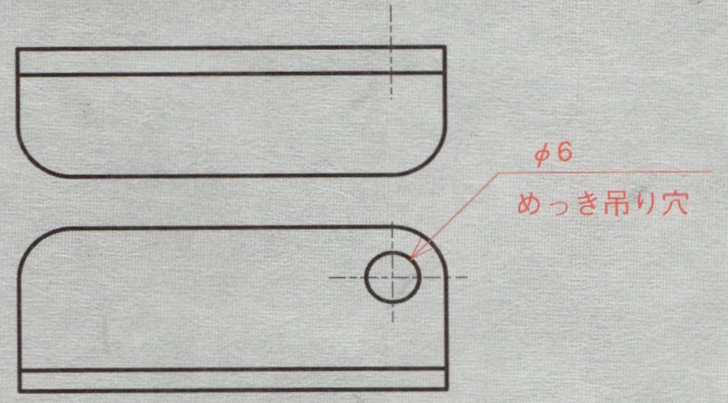

切削部品の場合：

部品に貫通しないねじや穴がある場合、めっき液が穴の中にたまり、処理後に液がにじみ出てきて、汚れたり錆が発生したりすることがありますので、めっき液を抜くための“捨て穴”を開けましょう。

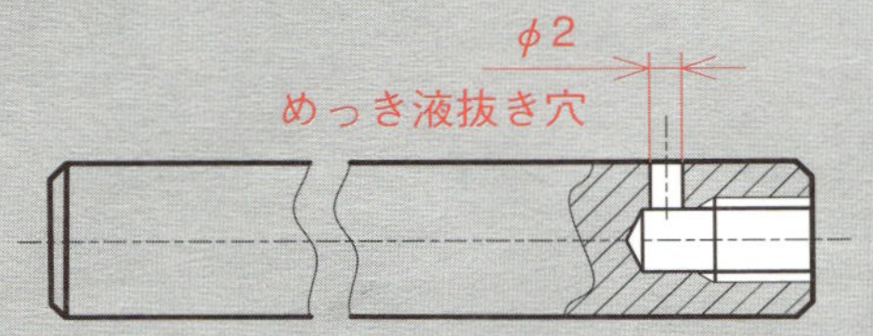

水素脆性（すいそぜいせい）：

めっきをする場合、酸洗いを行いますが、このとき水素が鋼の中に侵入し、水素脆性を起こします。ばねのような機能部品にめっきをする場合は、図面の注記として、「ベーキング処理のこと」あるいは「水素脆性除去のこと」と明記が必要です。

ベーキングとは、めっき後3時間以内に200℃で4時間加熱することをいいます。

ただし、ばねなどの機能部品には、できるだけめっきしない設計をしてください。

熱処理

熱処理とは、鉄鋼その他の金属に変態点(材質の組織が変化をする温度)以上まで加熱および冷却することにより、所要の性質および状態を付与するために行う処理をいいます。

一般熱処理と表面熱処理に大別されます。

①一般熱処理

一般熱処理には焼入れ、焼なまし、焼ならし、焼戻しの４つがあります。

名称	目的	処理
焼入れ（クエンチング）	硬くする。ただし、焼入れだけでは脆いという欠点がある。	鋼を硬化しまたは強さを増加するため、730℃以上に加熱した後、適当な媒剤中で急速に250℃まで急冷する操作をいいます。硬く強度が非常に大きくなりますが、脆くなることを防ぐため、通常は必ず焼き戻しを行います。
焼なまし（アニーリング）	軟らかくする	鋼を軟らかくし、ごくゆっくり550℃まで冷却し、そのあとそれ以下の温度までやや速く冷やす一連の操作をいいます。
焼ならし（ノルマライジング）	標準状態にする	組織を均一にするため、ある温度以上に加熱したのち大気中で自然に冷やす操作をいいます。
焼戻し（テンパ・テンパリング）	粘りを出し強くする	鋼を730℃以下に熱くして急冷することをいい、焼き入れ後に焼き戻しを行うことが一般的です。

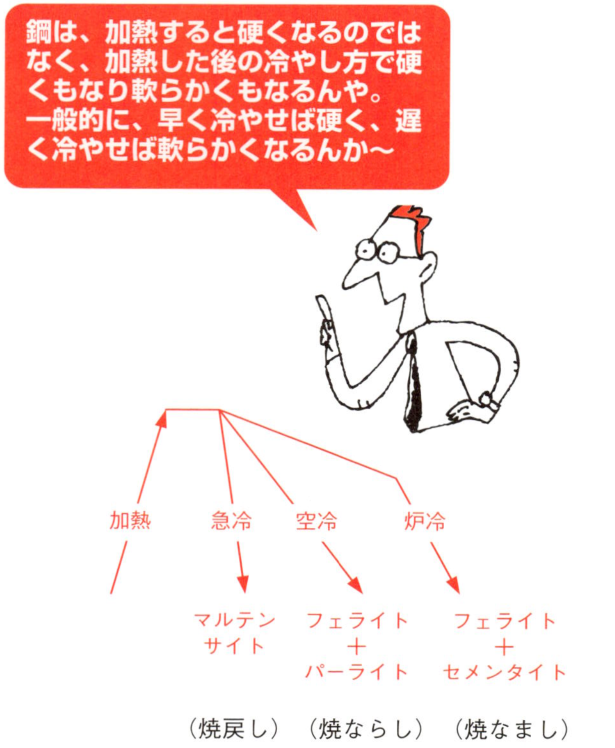

鋼は、加熱すると硬くなるのではなく、加熱した後の冷やし方で硬くもなり軟らかくもなるんや。一般的に、早く冷やせば硬く、遅く冷やせば軟らかくなるんか～
加熱
急冷
空冷
炉冷
マルテンサイト
フェライト＋パーライト
フェライト＋セメンタイト
（焼戻し）
（焼ならし）
（焼なまし）

②表面熱処理

代表的な表面熱処理を以下に列記します。

・浸炭（しんたん）焼入れ（カーブライジング）

低炭素鋼の表面に炭素を染み込ませて、高炭素鋼とした後、焼入れして表面を硬くする熱処理です。

・高周波焼入れ（インダクション・ハードニング）

高周波による表皮効果（スキン・エフェクト）によって、処理物（ワーク）の表面だけを加熱して焼入れ硬化する熱処理です。

・炎焼入れ（フレーム・ハードニング）

ガス火炎によってワークの表面を加熱して焼入硬化する方法です。

・窒化（ナイトライディング）

鋼の表面に窒素を染み込ませる熱処理です。窒化後は焼入れをする必要はなく、そのままで硬化します。

材料に含まれる炭素量と表面熱処理の関係

表面熱処理の種類	炭素量（%）					
	0	0.1	0.2	0.3	0.4	0.5
浸炭焼入れ		■	■			
高周波焼入れ				■	■	■
炎焼入れ				■	■	■
窒化			■	■	■	■

高周波焼入れは、部分的に
焼入れをすることができるのが
特徴なんやな。
全体を焼入れすると、
脆く（もろく）なって、
破損の心配があるときに
便利なんや。

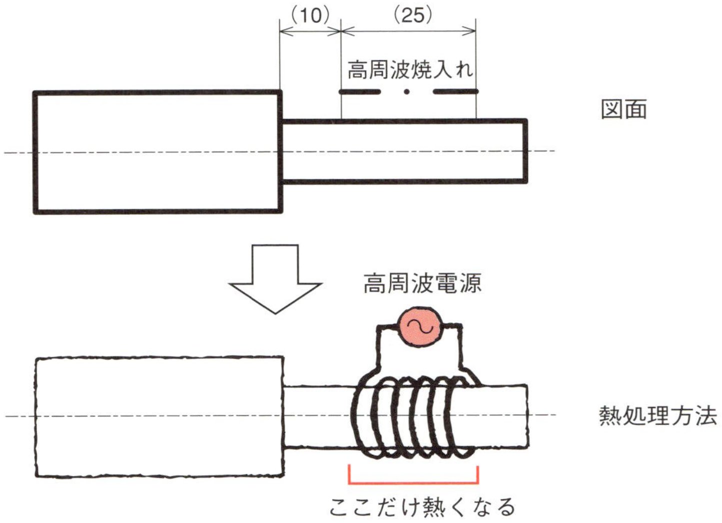
(10)
(25)
高周波焼入れ
図面
高周波電源
熱処理方法
ここだけ熱くなる

S45Cは浸炭焼入れをすると
炭素が多くなりすぎて強度が
下がるねん。S15CKや
SCM415のような低炭素鋼に
変更するか、S45Cのままで
高周波焼入れを使わなあかんな。

7 重量計算

設計業務の中で、モバイル製品など製品の重量を管理しながら設計を行うことがあります。また、環境負荷計算のために、材料別の重量も管理しておく必要があります。

製品が出来上がってから重量を計測することは簡単ですが、設計段階で重量を把握しなければ目標重量を達成できるのか判断もできません。

計算で重量を求めるためには、体積と材料の比重が必要です。3次元CADを使えば、モデルから体積を演算できるので、そのデータに材料密度（あるいは比重）を入力すれば重量が計算できます。

例えば、1辺が1[cm]の立方体の鉄鋼（材料記号：SS400）の重量を計算してみましょう。

●材料密度がわかっている場合：鉄鋼（SS400）の材料密度は、前節の表から7850[kg／m³]

重量＝体積×材料密度＝0.000001×7850＝0.00785[kg]＝7.85[g]

※1[cm³]＝0.000001[m³]

●比重がわかっている場合：鉄鋼（SS400）の比重は、一般的に7.85で表されています。

重量＝体積×比重×標準物質の密度＝0.000001×7.85×1000＝0.00785[kg]＝7.85[g]

比重には単位がないから、標準物質（水）の密度をかけてあげます

■D（¯ー¯*） コーヒーブレイク

密度と比重

密度とは、単位体積当たりの質量をいい、単位は国際単位系（SI）で[kg／m³]で表します。

比重とは、基準となる物質（1気圧、4℃の水）の質量と、同体積の比較したい物質の質量の比をいい、単位はありません。つまり、比重から重量を求める場合は、標準物質の密度（1000）を掛け算しなければいけません。

標準物質として定義される水の密度は、4℃で0.999973[g／cm³]＝999.973[kg／m³]です。

※計算の簡略化のために、1[g／cm³]＝1000[kg／m³]と簡略化しても問題ありません。

つまり、ある材料の密度が999.973[kg／m³]であれば、比重が「1」となります。

計算式の中で、cmとm、gとkgのように単位が違ったまま計算すると、桁違いの結果が出るから危険なんや！

練習問題 5-1

下図に示される部品の重量は
いくらでしょうか？
＜条件＞材質：S45C

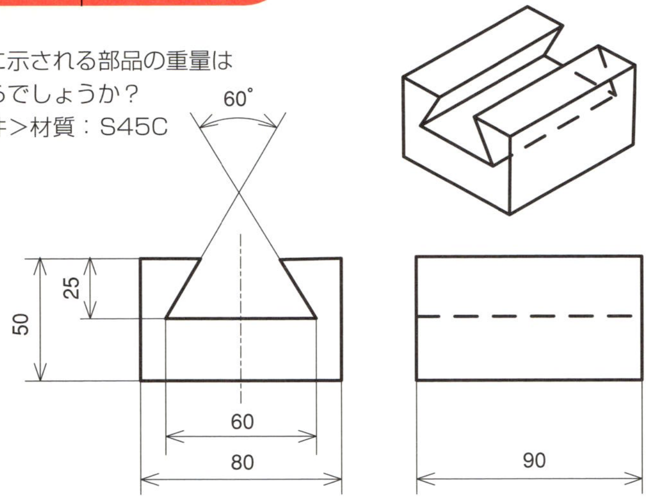

練習問題 5-1 解答

練習課題5-1の解答
まず、部品の体積を求めます。

＜方法１＞引き算方式　　＜方法２＞足し算方式

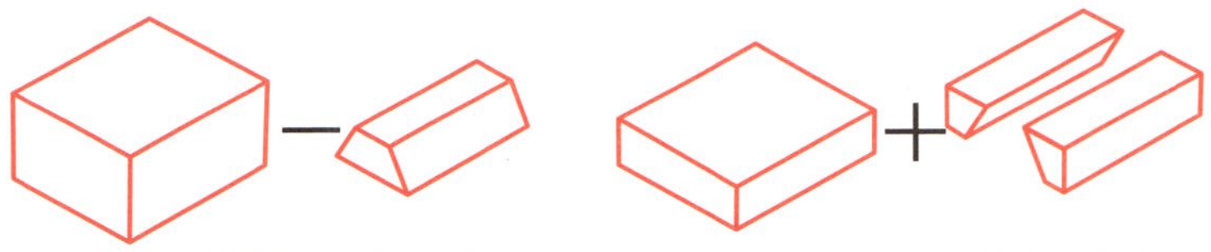

解答例

長方形ブロックから台形を引いたほうが簡単そうなので、方法1で計算します。

・大きなブロックの体積V_1を求める。

V_1 = 底辺 × 高さ × 奥行 = 80 × 50 × 90

= 360000[mm^3] = 0.00036[m^3]

・台形形状の体積V_2を求める。

台形の面積S = （上底 + 下底）× 高さ ÷ 2　より、部品図からは、台形の上底寸法yがわかりません。

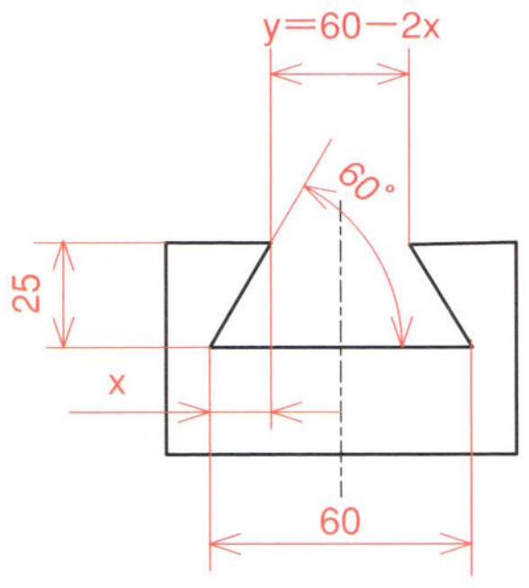

右図から三角関数を用いて求めます。

上底yは60 − 2xで求められるので、まず、xを求めます。

右図で、xを求めたい場合、$\tan 60 = \dfrac{25}{x}$ より、

$$x = \frac{25}{\tan 60^\circ} = \frac{25}{1.73} = 14.5 \ [mm]$$

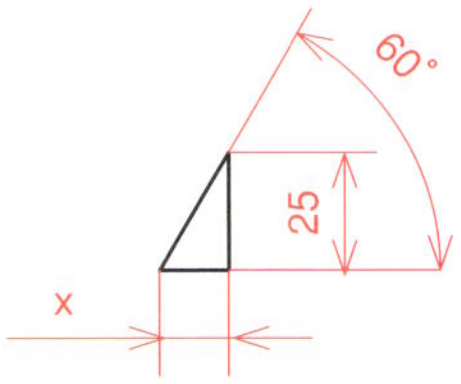

よって、y = 60 − （2 × 14.5）= 31[mm]

V_2 = （上底 + 下底）× 高さ ÷ 2 × 奥行

= （31+60）× 25 ÷ 2 × 90

= 102375[mm^3] = 0.0001[m^3]

したがって、体積V=V1 − V2=0.00036 − 0.0001 = 0.00026[m^3]

S45Cの材料密度は7850[kg/m^3]より

重量 = 体積 × 材料密度 = 0.00026 × 7850 = 2.04[kg]

Work Shop 5-01

下図の部品図から、重量を計算しましょう。
<条件>材質：アルミニウム（ジュラルミンA2017）

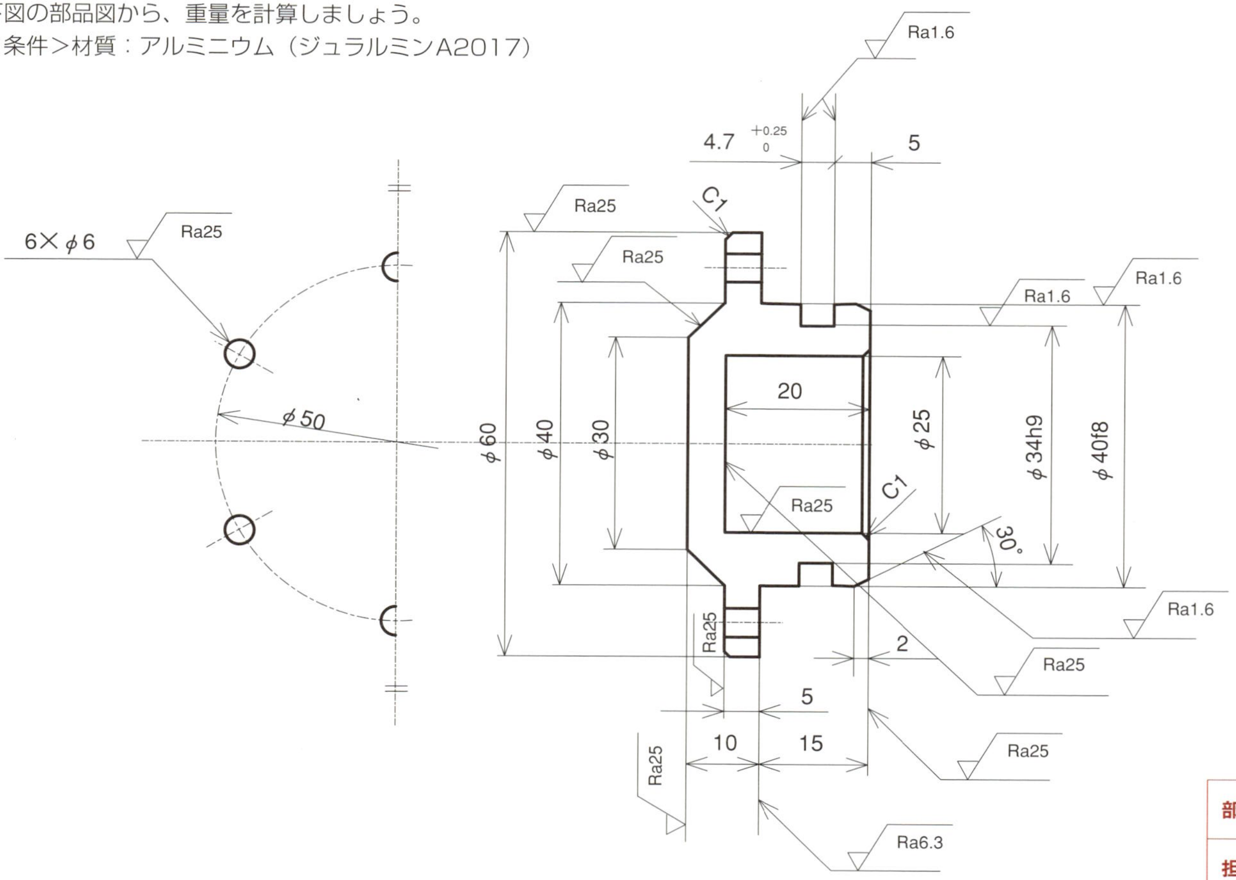

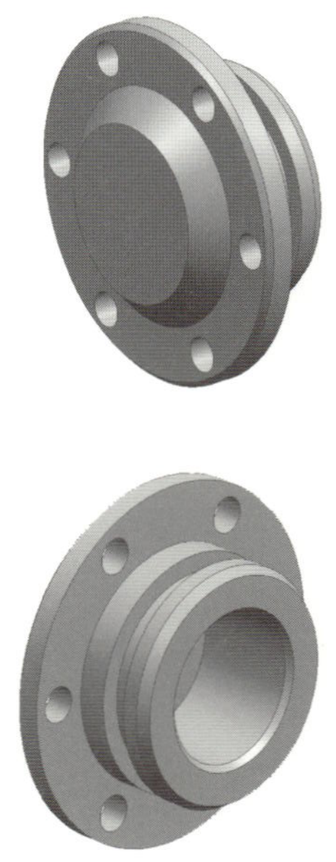

部品名			
担当者			
投影法		尺度	1:1

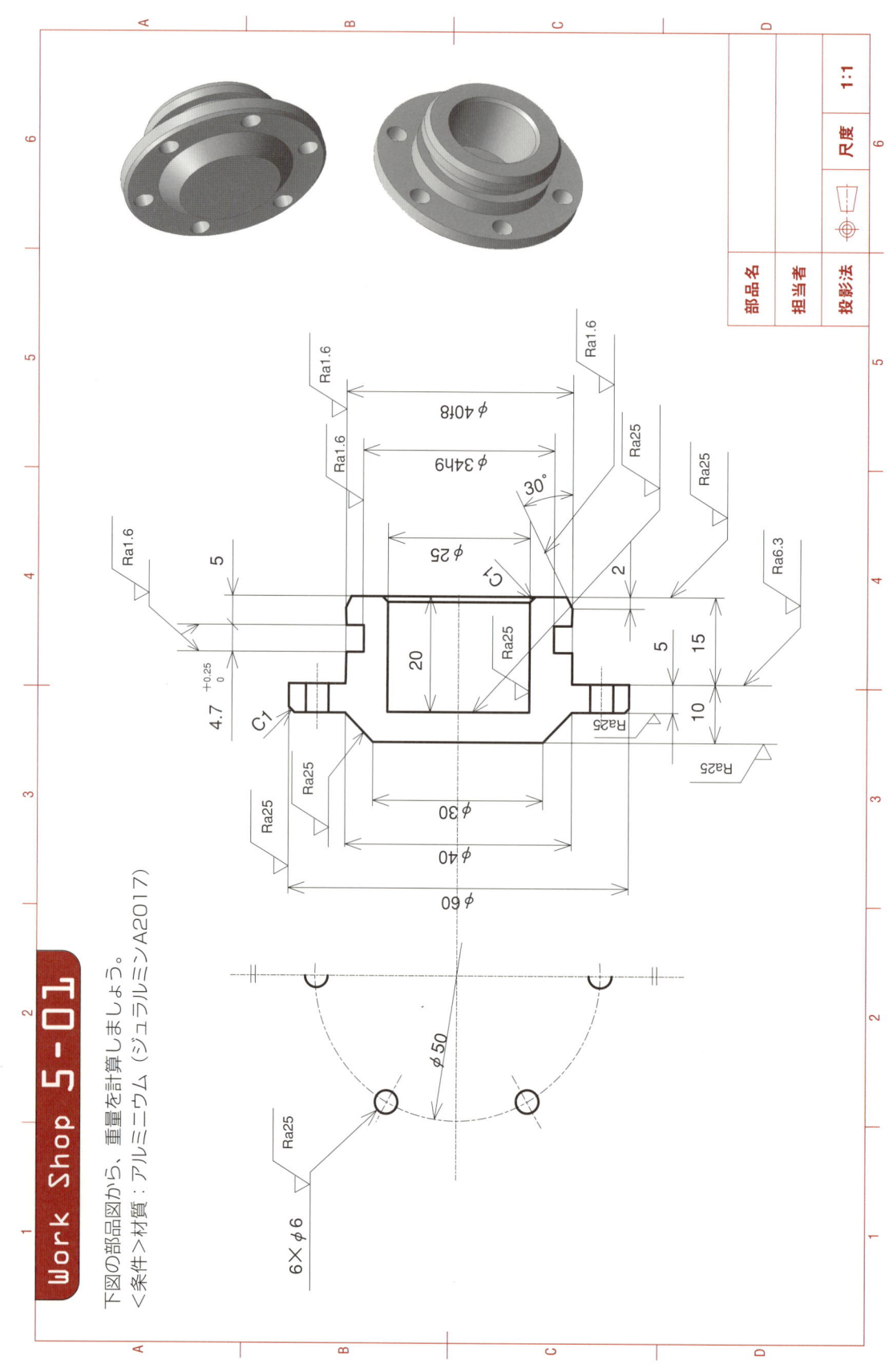

1 2 3 4 5 6

A B C D

Memo

部品名			
担当者			
投影法		尺度	1:1

8 収縮締結

収縮締結とは、軸の外径よりも小さい穴に挿入して結合する方法をいい、焼きばめ、圧入、軽圧入の3種類があります。

常温での内側の軸の外径と、外側の内径の寸法差を「しめしろ」といい、しめしろが大きいほど締結力が大きくなります。

圧入設計で注意しなければいけないのが、しめしろによって発生する応力が、はめあう２つの部品の持つ許容応力を超えてはいけないということです。

収縮締結の種類	締結手段	しめしろ	適用例
焼きばめ	外側の部品を加熱し穴を膨張させ、その後軸を挿入し室温まで冷やす	（0.001～0.0014）d	大型軸受の挿入部、鉄道車輪など
圧入	油圧プレスなどで押し込む	約0.0005 d	モートルと回転子、ハウジングと軸受など
軽圧入	ハンドプレス、ハンマーなどで押し込む	約0.00025 d（駆動軸にはキーなど回転止めが必要な場合もある）	軸とプーリ、小型歯車、小型軸受、樹脂部品などハウジングと軸受、ブッシュなど

ハンドプレスは、
テコの原理を
利用して、
掛けた荷重の10倍程度の
力を発するんや。
一般的に、数千N（数百kgf）の
力を発生するねん。

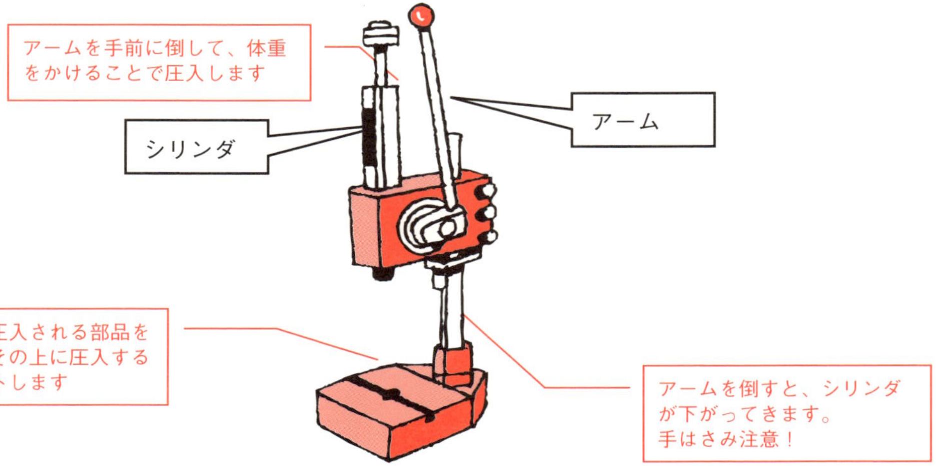
アームを手前に倒して、体重をかけることで圧入します
アーム
シリンダ
この間に、圧入される部品を下に置き、その上に圧入する部品をセットします
アームを倒すと、シリンダが下がってきます。手はさみ注意！

右図のように、部品Aの外筒部と部品Bの内筒部を収縮締結するときの圧入力Pは次のような関係式があります。

1） 接触面の圧力p[N／mm²]と半径しめしろδ[mm]の間には、次のような関係式があります。

a）軸が中実軸でA、Bの材質が同じ場合

$$p=\frac{E\delta}{2r_2r_3^2}\left(r_3^2-r_2^2\right)\quad [\mathrm{N}/\mathrm{mm}^2]\quad \cdots 式5\text{-}1$$

b）軸が中実軸でA、Bの材質が異なる場合

$$p=\frac{\delta}{r_2}\cdot\frac{1}{\dfrac{r_3^2+r_2^2}{E_B\left(r_3^2-r_2^2\right)}+\dfrac{\nu_B}{E_B}-\dfrac{\nu_A-1}{E_A}}\quad [\mathrm{N}/\mathrm{mm}^2]\quad \cdots 式5\text{-}2$$

c）軸が中空軸でA、Bの材質が同じ場合

$$p=\frac{E\delta}{r_2}\cdot\frac{\left(r_3^2-r_2^2\right)\left(r_2^2-r_1^2\right)}{2r_2^2\left(r_3^2-r_1^2\right)}\quad [\mathrm{N}/\mathrm{mm}^2]\quad \cdots 式5\text{-}3$$

d）軸が中空軸でA、Bの材質が異なる場合

$$p=\frac{\delta}{\mathrm{r}_2}\cdot\frac{1}{\dfrac{r_3^2+r_2^2}{E_B\left(r_3^2-r_2^2\right)}+\dfrac{r_2^2+r_1^2}{E_A\left(r_2^2-r_1^2\right)}+\dfrac{\nu_B}{E_B}-\dfrac{\nu_A}{E_A}}\quad [\mathrm{N}/\mathrm{mm}^2]\quad \cdots 式5\text{-}4$$

e）Bの外径が、Bの内径に比較して非常に大きく、接触面圧Pが外径部まで影響を及ぼさないと考える場合

・AとBの材質が同じ場合

$$p=\frac{E\delta}{2\mathrm{r}_2^3}\left(r_2^2-r_1^2\right)\quad \cdots 式5\text{-}5$$

・軸が充実軸の場合

$$p=\frac{E\delta}{2r_2}\quad \cdots 式5\text{-}6$$

計算に必要な数値
E；縦弾性係数
ν；ポアソン比
δ；半径の締め代
r；半径

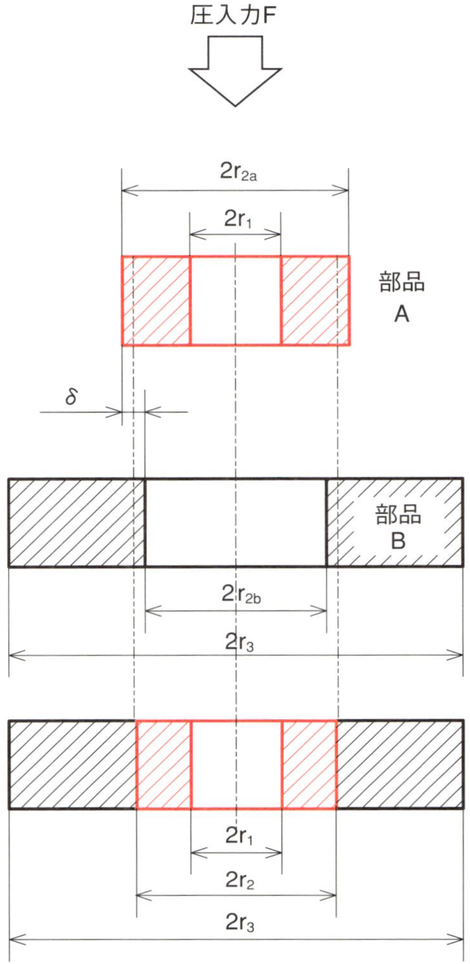

2）接触面に生じる円周応力σ_t[N／mm²]

a）部品Aの円筒外周面に生じる円周応力

（外圧pだけが作用し、内圧＝0のとき）

$$\sigma_{1t} = -p \cdot \frac{r_2^2 + r_1^2}{r_2^2 - r_1^2}$$

b）Bの外筒内周面に生じる円周応力

（内圧pだけが作用し、外圧＝0のとき）

$$\sigma_{2t} = p \cdot \frac{r_3^2 + r_2^2}{r_3^2 - r_2^2}$$

σₜが材料の許容応力を超えると圧入したときに割れる可能性があるから注意せなあかん！

3）接触面に生じる半径方向の応力σr[N／mm²]

$$\sigma_{1r} = \sigma_{2r} = -\mathrm{p}$$

4）収縮締結による伝達トルクと圧入力

伝達トルクを保証する条件：　伝達トルク $T < \dfrac{\mu \cdot \pi \cdot d^2 \cdot \ell \cdot \eta \cdot p}{2}$　[N・mm]

圧入できる条件：　圧入力 $F > \mu \cdot \pi \cdot d^2 \cdot \ell \cdot \eta \cdot p$　[N]

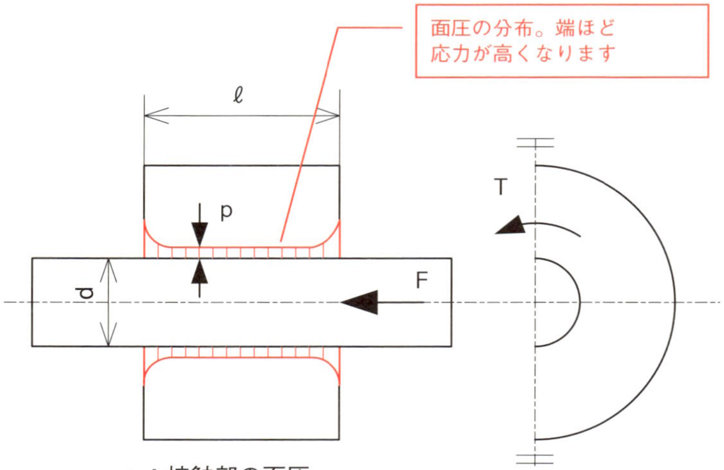
面圧の分布。端ほど
応力が高くなります
ℓ
p
d
F
T

p：接触部の面圧

F：圧入するときに要する力[N]

T：伝達トルク[N・mm]

η：軸とボスの接触面積率

μ：軸とボスの接触面の摩擦係数

※摩擦係数の目安：

炭素鋼同士のとき、$\mu = 0.15$、炭素鋼と鋳鉄のとき、$\mu = 0.12$

摩擦係数の設定によって、圧入力が変動するから難しいねん…

摩擦係数は材質と表面粗さで決まるんや！

計算例題

設計意図：右図のように、快削黄銅（C3604）の歯車に、鋼（S45C）の軸を圧入する。

伝達トルクT＝6000N・mmを満足させるための直径を求める。

既知の数値：$d=10[mm]$　$r_1=0[mm]$　$r_2=5[mm]$　$r_3=15[mm]$　$\ell=10[mm]$

$\mu=0.12$（※）　$\eta=0.95$（※）　※の数値は仮定とする（経験値に近い）

鋼：$E_A=2.1\times10^5[N/mm^2]$　$\nu_A=0.3$

快削黄銅：$E_B=1.08\times10^5[N/mm^2]$　$\nu_B=0.35$　引張り強さ：$\sigma=335[N/mm^2]$

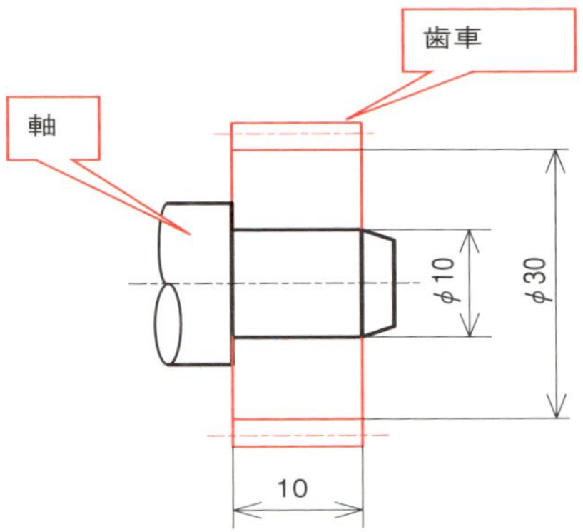

設計思考：

1．はめあい部の基準寸法の決定

はめあい部の基準寸法（この例題では、φ10mm）は、経験的に設計者が決めます。（とりあえず、エイヤー！）

厳密には、次項から逆算すべきかと思いますが、軸や歯車・ボスなどの径は、周辺スペースから、既にある程度のサイズは決まっていることが多く、その構造からみて計算しやすい数値にするのが一般的と思います。

2．材料強度の確認

快削黄銅の歯車が圧入によって割れてはいけないことから、圧入による面圧力は材料の引張強さを下回る必要があります。

今回の構造で割れる限界面圧 $p_{Bmax}<\sigma\dfrac{r_3^2-r_2^2}{r_3^2+r_2^2}=335\times\dfrac{15^2-5^2}{15^2+5^2}=268$　$[N/mm^2]$・・・①

しめしろによる材料が割れない限界面圧を確認する
⇒最大しめしろに使うため

伝達するトルク以上の締結力が必要なため、必要な最低限の面圧力は下記を満足しなければいけません。

$T<\dfrac{\mu\cdot\pi\cdot d^2\cdot\ell\cdot\eta\cdot p}{2}$ より、$p_{Bmin}>\dfrac{2T}{\mu\cdot\pi\cdot d^2\cdot\ell\cdot\eta}=\dfrac{2\times6000}{0.12\times3.14\times10^2\times10\times0.95}=33.5$　$[N/mm^2]$・・・②

⇒この時点で、必要とする面圧が限界面圧に近かったり上回る場合は、軸径や材質の見直しをしなければいけません！

①式の結果＞②式の結果より、材料の面圧力限界より、必要とする面圧が充分に小さいことがわかりました。

設計に必要な最低限のトルクを満足できる限界面圧を確認する
⇒最小しめしろに使うため

3. しめしろの計算

圧入の構造は、「b）軸が中実軸でA、Bの材質が異なる場合」に当てはまるので、快削黄銅歯車の半径しめしろは、式5-2から計算できます。

$$P=\frac{\delta}{r_2}\cdot\frac{1}{\dfrac{r_3^2+r_2^2}{E_B\left(r_3^2-r_2^2\right)}+\dfrac{\nu_B}{E_B}-\dfrac{\nu_A-1}{E_A}}\ [\mathrm{N/mm^2}]$$

この式を変換すると、

・最低半径しめしろ（設計上の必要トルクを満足するため）

$$\delta_{\min}=p_{\min}r_2\left(\frac{r_3^2+r_2^2}{E_B\left(r_3^2-r_2^2\right)}+\frac{\nu_B}{E_B}-\frac{\nu_A-1}{E_A}\right)$$

$$=33.5\times5\left(\frac{15^2+5^2}{1.08\times10^5\left(15^2-5^2\right)}+\frac{0.35}{1.08\times10^5}-\frac{0.3-1}{2.1\times10^5}\right)=0.0031\ [\mathrm{mm}]$$

直径に換算して大きめのキリのいい数値をとると、$2\delta_{\min}=0.007$[mm]

・最大半径しめしろ（材料が割れないようにするため）

$$\delta_{\max}=p_{\max}r_2\left(\frac{r_3^2+r_2^2}{E_B\left(r_3^2-r_2^2\right)}+\frac{\nu_B}{E_B}-\frac{\nu_A-1}{E_A}\right)$$

$$=268\times5\left(\frac{15^2+5^2}{1.08\times10^5\left(15^2-5^2\right)}+\frac{0.35}{1.08\times10^5}-\frac{0.3-1}{2.1\times10^5}\right)=0.025\ [\mathrm{mm}]$$

直径に換算すると、$2\delta_{\max}=0.050$[mm]

しかし、しめしろ上限は材料強度ギリギリになるため、安全率を掛けます。
安全率に決め方はありませんが、ここでは安全率2とします。

材料強度ギリギリなので安全率2とする

安全率を考慮して、$2\delta_{\max}=0.025$[mm]

4.寸法公差の決定

前項より、直径の最小しめしろ $2\delta_{min} = 0.007$[mm]、最大しめしろ $2\delta_{max} = 0.025$[mm]が決まりました。

これを、軸の外径公差と、歯車の内径公差に振り分けます。

単純に、何も考えずに軸と穴に公差を割り振ると、右のようになります。

とりあえず、公差を分配してみた

軸：$\phi 10\ ^{+0.012}_{+0.004}$

穴：$\phi 10\ ^{-0.003}_{-0.013}$

ところが、これら軸と穴の公差は、第4章の軸の公差域クラスと穴の公差域クラス（P.124～P.125参照）に合致する数値ではありません。

そこで、しめしろの幅は0.007～0.025[mm]と決まっているので、どちらかの寸法を公差域クラスに合わせて、もう一方はしめしろ幅分を足しこみ、一般的な公差指示とすれば、加工も楽になり、コストダウンが図れます。

ここで、どちらを基準にするかという問題が出てきます。

一般的に、穴の寸法精度は出しにくいため、リーマという標準工具を使えば、穴精度を簡単に出すことができます。**(第4章のはめあいの基準方式を思い出してください)**

よって穴基準はめあいを選択します。

このとき、穴の公差をどの等級（H5なのかH7なのか）を選択すべきか悩みます。

ここで、最大しめしろと最小しめしろの差は、$\Delta = 0.025 - 0.007 = 0.018$[mm]

これを、2部品で分かち合うため、さらに半分にすると、0.009[mm]です。つまり、片方の部品の加工ばらつきは0.009[mm]まで許します。

基準寸法が $\phi 10$[mm]のため、右表IT公差等級から探すと、IT6が適用できます。

したがって、穴は「H6」に決定します。

よって、歯車の穴の公差は、$\phi 10\ ^{+0.009}_{0}$ で決定します。

IT公差等級

基準寸法		IT公差等級							
を超え	以下	IT4	IT5	IT6	IT7	IT8	IT9	IT10	IT11
—	3	3	4	6	10	14	25	40	60
3	6	4	5	8	12	18	30	48	75
6	10	4	6	9	15	22	36	58	90
10	18	5	8	11	18	27	43	70	110
18	30	6	9	13	21	33	52	84	130
30	50	7	11	16	25	39	62	100	160
50	80	8	13	19	30	46	74	120	190
80	120	10	15	22	35	54	87	140	220
120	180	12	18	25	40	63	100	160	250
180	250	14	20	29	46	72	115	185	290
250	315	16	23	32	52	81	130	210	320
315	400	18	25	36	57	89	140	230	360
400	500	20	27	40	63	97	155	250	400

この穴公差に対して、直径の最小しめしろ$2\delta_{min}=0.007$[mm]、
最大しめしろ$2\delta_{max}=0.025$[mm]を足しこむと軸の公差が決まります。
よって、軸の外径の公差は、$\phi 10^{+0.025}_{+0.016}$　となります。

公差等級を考慮して分配してみた

軸：$\phi 10^{+0.025}_{+0.016}$
穴：ϕ10H6 $\left(^{+0.009}_{0}\right)$

ここで、考慮しなければいけないのが軸の公差です。第4章のP.128でも説明したように次の事項を検討しましょう。

この軸は基準寸法ϕ10より少し太めです。今回の事例では、軸は段付き形状になっているため、穴基準はめあいとして軸の公差を自由に設定して正解です。

ところが、軸側が段付き形状ではなく、ストレート軸の場合は、ϕ12の母材をゴリゴリと削らなければいけないため、加工工数が増え、コストアップになる可能性があります。このような場合は、標準リーマを使わず、軸基準で公差を設定し、軸をマイナス公差にすることも検討しなければいけません。

加工に関する話は、設計者だけでは判断できませんので、生産技術や製造部門と相談し、どちらを採用するのか判断しましょう。

5.圧入力の確認

公差が決定したので、軸と歯車の圧入力を確認します。直径の最大しめしろ$2\delta_{max}=0.025$[mm]→半径しめしろ$\delta_{max}=0.0125$[mm]、直径の最小しめしろ$2\delta_{min}=0.007$[mm]→半径しめしろ$\delta_{min}=0.0035$[mm]、から再度、面圧の最大と最小を確認します。

$$P_{max}=\frac{\delta_{max}}{r_2}\cdot\frac{1}{\dfrac{r_3^2+r_2^2}{E_B\left(r_3^2-r_2^2\right)}+\dfrac{\nu_B}{E_B}-\dfrac{\nu_A-1}{E_A}}=\frac{0.0125}{5}\cdot\frac{1}{\dfrac{15^2+5^2}{1.08\times10^5\left(15^2-5^2\right)}+\dfrac{0.35}{1.08\times10^5}-\dfrac{0.3-1}{2.1\times10^5}}=137.8\ [\text{N}/\text{mm}^2]$$

式①の結果268[N/mm²]以下を満足しています。また、安全率を2と設定したので約半分になっています

$$P_{min}=\frac{\delta_{min}}{r_2}\cdot\frac{1}{\dfrac{r_3^2+r_2^2}{E_B\left(r_3^2-r_2^2\right)}+\dfrac{\nu_B}{E_B}-\dfrac{\nu_A-1}{E_A}}=\frac{0.0035}{5}\cdot\frac{1}{\dfrac{15^2+5^2}{1.08\times10^5\left(15^2-5^2\right)}+\dfrac{0.35}{1.08\times10^5}-\dfrac{0.3-1}{2.1\times10^5}}=38.6\ [\text{N}/\text{mm}^2]$$

式②の結果33.5[N/mm²]以上を満足しています

圧入力の範囲は、次式から求めることができます。

$$F_{max}=\mu\cdot\pi\cdot d\cdot l\cdot P_{max-min}=0.12\times3.14\times10\times10\times\left(134.6\sim37.7\right)=5072\sim1421\quad[\text{N}]$$

上記の圧入力から、ハンドプレスで挿入できる範囲内と考えられます。

Memo

部品名			
担当者			
投影法		尺度	1:1

第5章 9 ボルトの強度計算

1 引張り

1500N（約150kgf）の製品を吊り上げるためのアイボルトを選定します。

アイボルトは軟鋼製であり、許容引張り応力は60[N/mm²]とします。

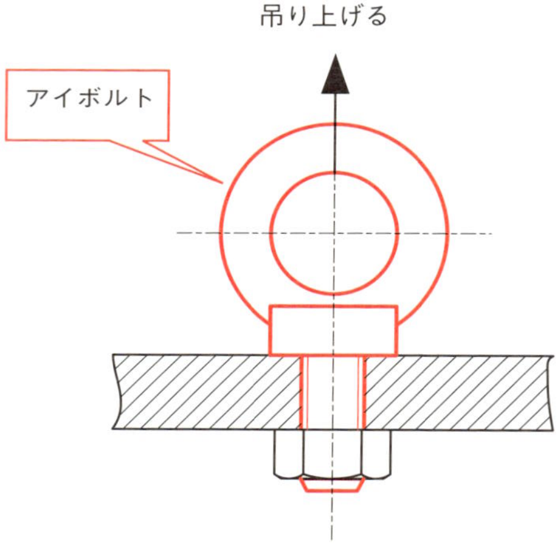

引張り応力は、 $\sigma = \dfrac{P}{A}$ [N/mm²]で表されます。変換すると $A = \dfrac{P}{\sigma}$ [mm²]・・・①

今回の断面積はねじ部（円形）ですから、 $A = \dfrac{\pi}{4}d_0^2$ ・・・②

で表され、直径d_0を求めればよいことになります。ただし、このd_0はねじの谷径です。

①式と②式から

$$d_0 = \sqrt{\frac{4P}{\pi\sigma}} = \sqrt{\frac{4 \cdot 1500}{\pi \cdot 60}} = 5.6 \text{ [mm]}$$

このd_0＝5.6mmはねじの谷径なので、JIS規格表より、谷径が5.6mmを越えるねじの直径dはM8（谷径6.647mm）です。ちなみにM6の谷径は4.917mmのためNGです。

したがって、このアイボルトはM8用を用いればよいことになります。

■D(¯ー¯*) コーヒーブレイク

ボルトとナットでは、どちらが強い？

ボルトやナットの軸線方向に引っ張り力が働く場合や、ボルトをねじ込んだときにねじ山の噛み合わせの三角部分にせん断力が発生します。

このとき、ボルトのねじ山のせん断位置よりナットのねじ山のせん断位置の方が、直径が大きいため円周長さが長くなり、その分ナットの方が強度上有利になります。したがって、同材質のボルトとナットでは、ボルトが先に破損します。

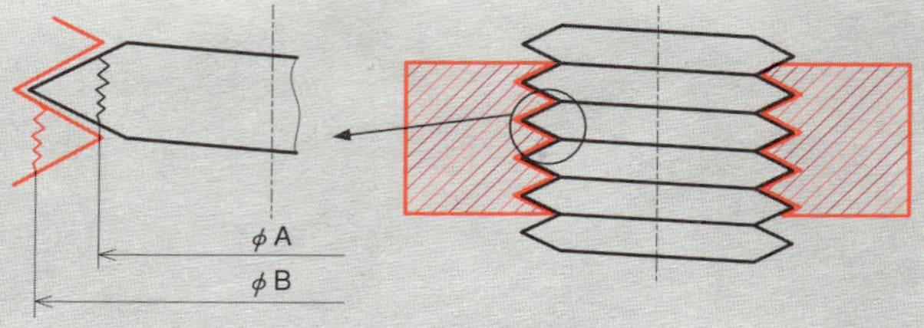

☞ アイボルト（eye bolt）とは、頭部にワイヤロープなどを通す穴（目玉）のあるボルトをいい、主に機械に取りつけて吊り上げるのに用いる。

ナットを使わず部材にめねじを加工した場合、ねじのかみ合い長さをいくらにしたらよいのか悩むところです。

一般的にボルトとナットが同材質（強度が同じ）場合、呼び径ｄの0.6倍のねじ深さを確保すれば、ねじ山からせん断破壊せず、ボルトの谷径からの引っ張り破壊になるといわれています。

しかし、経験上から下表を参考にねじ込み長さを決定した方が無難であると思います。

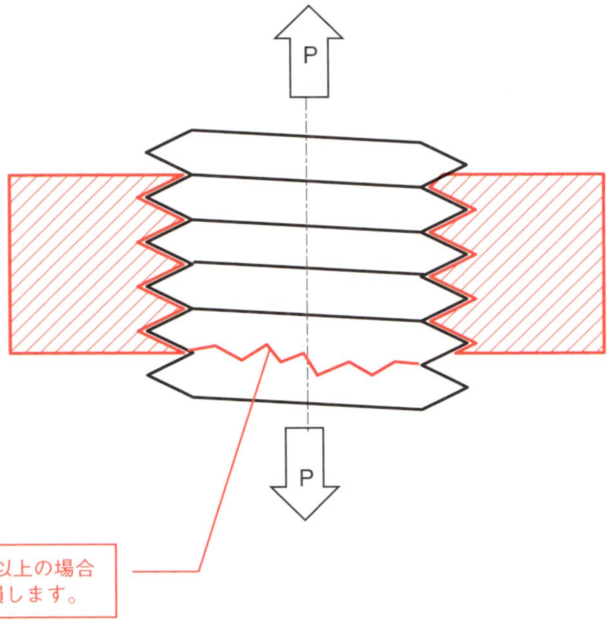
P
P
ナットの高さが、0.6ｄ以上の場合
は、ねじの谷径から破損します。

ボルトのねじ込み深さの目安

おねじよりめねじが弱い材質の場合	おねじよりめねじが強い、あるいは同じ材質の場合
静止・軽荷重・・・H≧1.5ｄ 振動・衝撃・重荷重･･･H≧2.0ｄ	静止・軽荷重･･･H≧1.0ｄ 振動・衝撃・重荷重･･･H≧1.5ｄ

Hはボルトのねじ込み深さ、ｄはボルトの外形

JISで規定されている
ナットの高さは、
呼び径の0.8倍程度
なんや！

2　せん断

2枚の鋼板を2本のボルトで結合したい。鋼板には右図のように10000N（約1000kgf）の荷重がかかる場合、ボルト直径はいくらにすればよいか。

ボルトは軟鋼製であり、許容せん断応力は50[N/mm²]とする。

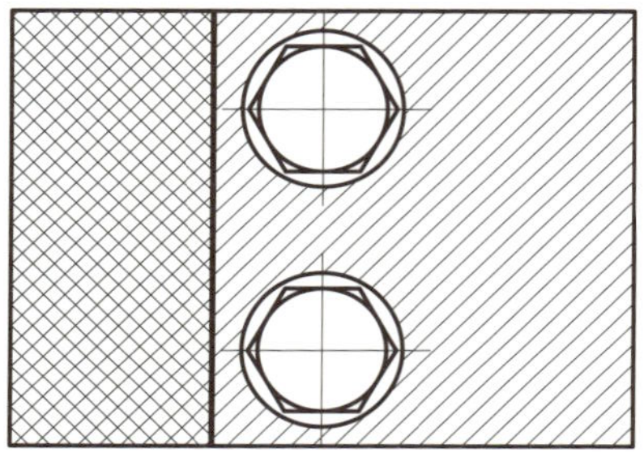

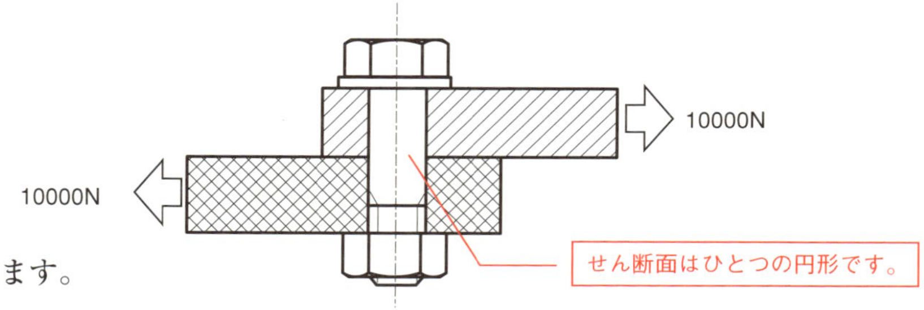
10000N
10000N
せん断面はひとつの円形です。

ボルトは2本あるので、せん断荷重は半分のP=10000/2 = 5000[N]となる。

せん断応力は、　$\tau=\dfrac{P}{A}$ [N/mm²]で表される。変換すると $A=\dfrac{P}{\tau}$ [mm²]……①

今回の断面積は円形であるから、 $A=\dfrac{\pi}{4}d^2$ ……②

で表され、直径dを求めればよい。①式と②式から

$$d_0=\sqrt{\frac{4P}{\pi\tau}}=\sqrt{\frac{4\cdot5000}{\pi\cdot50}}=11.3\ \text{[mm]}$$

直径11.3[mm]を満足できるボルトはM12ボルトです。

したがって、10000Nの力を受けるためにはM12ボルト2本が必要になります。

■D（￣ー￣*）　コーヒーブレイク

右図の場合は、ボルトは２つの面でせん断されます。
したがって、１つの面で考えるとせん断荷重は半分になります。

つまり、上記の例では、10000[N]の荷重を受けるためには、M12ボルト2本が必要でしたが、右図の例では、荷重が2箇所に分散されるためM12ボルトは半分の1本でよいことになります。
このように、構造を工夫することでボルトの本数を減らすことができる事例です。

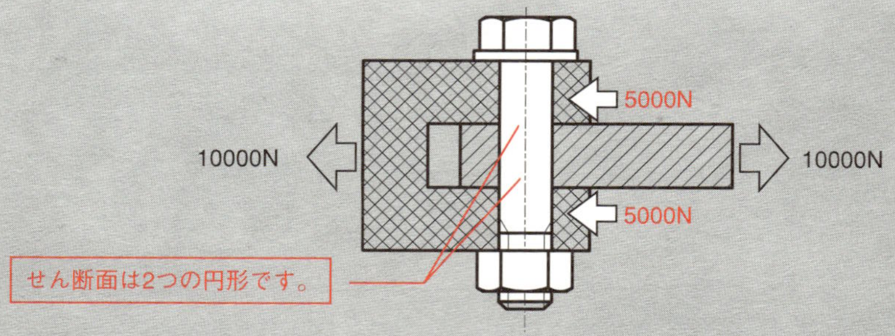
5000N
10000N
10000N
5000N
せん断面は2つの円形です。

Work Shop 5-02

カバー②をベース①にM6ボルト④で固定したい。このカバー④は、ロッド③のストッパを兼ねており、軸方向（スラスト）荷重P＝6500[N]（約650kgf）がかかる。この荷重に耐えるためにはボルトは何本必要か？
ただし、ボルト材質は軟鋼とし、片振り荷重を受けることから許容引張り応力を60[N/mm^2]とする。（P.172の許容応力表を参照）
また、M6ボルトの谷底径はJISより4.9[mm]である。

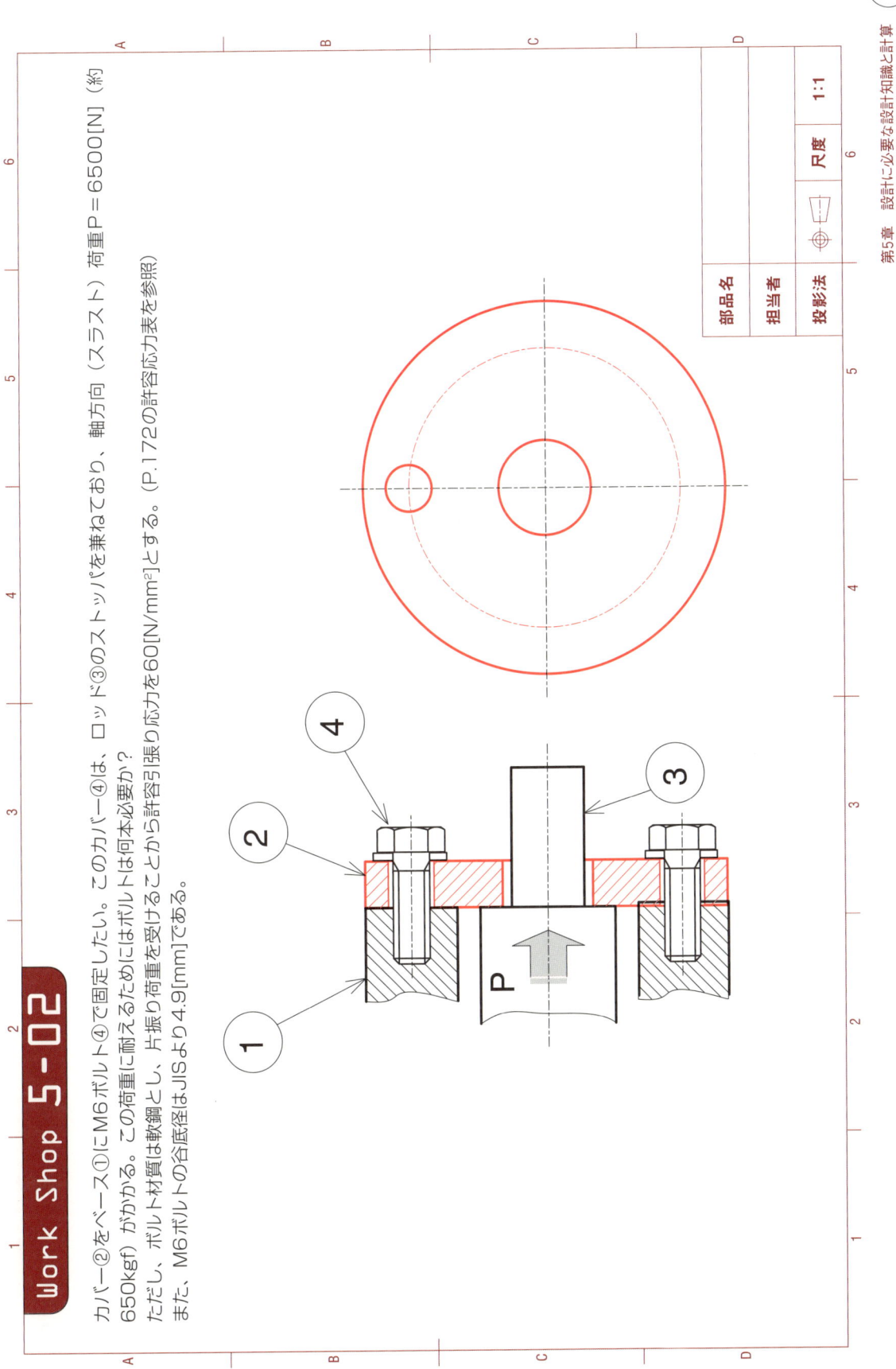

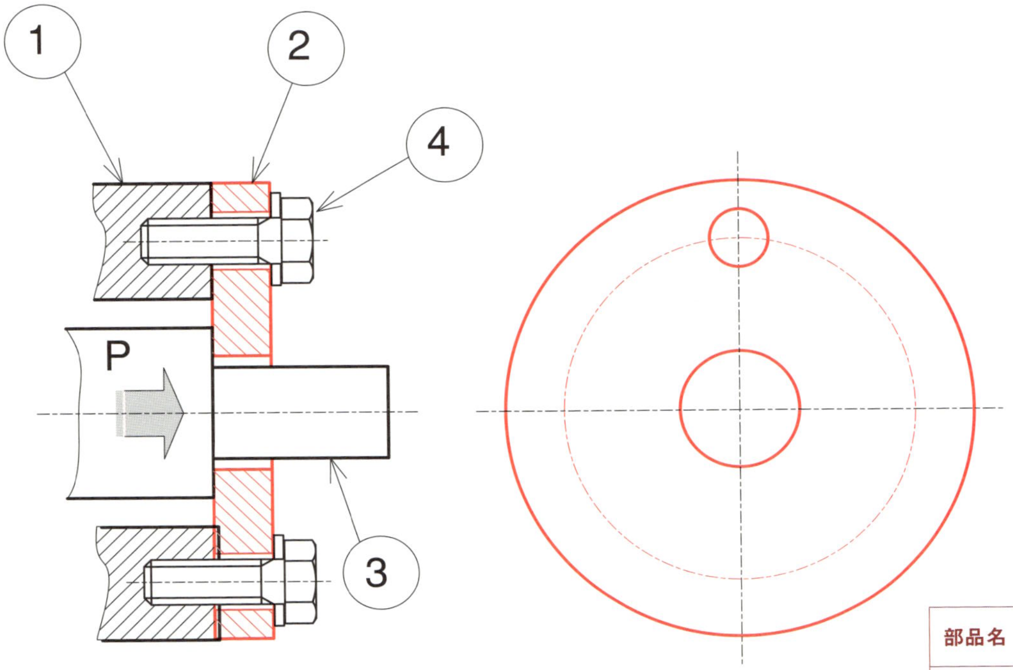

部品名			
担当者			
投影法		尺度	1:1

キーの強度計算

右図に示すような歯車を駆動するためにキーの長さLを設計したい。

基準となる軸径がφ40[mm]であるため、φ40軸に適用されるキーの大きさは、JISなどの資料から、横幅b＝12[mm]、高さh＝8[mm]と決まります。

この歯車のピッチ円直径D＝100[mm]で、このピッチ円の接線方向に最大P=1000[N]の力が一方向にかかります。

キーの材質は硬鋼を用い、片振せん断の許容荷重はP.172の表より中央値をとり、$\tau_a = 75$[N/mm²]とします。安全率はP.174の表からS＝5と設定します。（安全率は、必ずしも規格表に従うのではなく、経験から変動させることがあります）

キーは右図に示すように、せん断力を受けます。

せん断応力τは下式で表されます。（P.170参照）

$\tau = \dfrac{P}{A}$ [N/mm²]　　P：荷重　　A：断面積

せん断力が発生する地点での荷重P_1は次のように求めます。

歯車のピッチ円上に1000[N]の力がかかっているので、この回転系の発生するトルクT＝P×R（ピッチ円の半径）＝1000×50＝50000[N・mm]です。

φ40軸の接線上の力P_1＝T／r（軸の半径）＝50000/20＝2500[N]です。

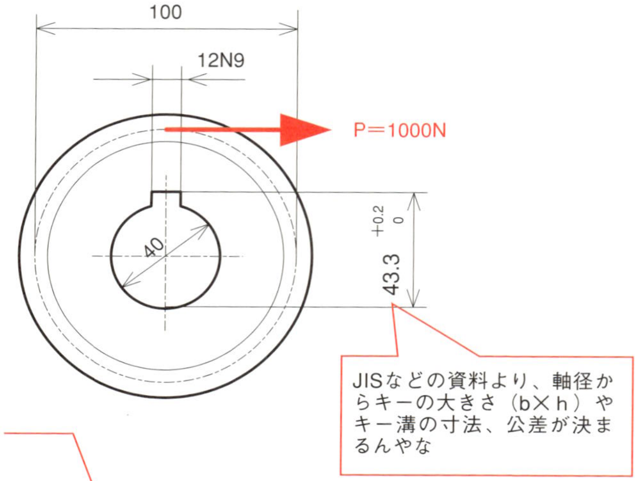
100
12N9
P=1000N
40
43.3 +0.2 0
JISなどの資料より、軸径からキーの大きさ（b×h）やキー溝の寸法、公差が決まるんやな

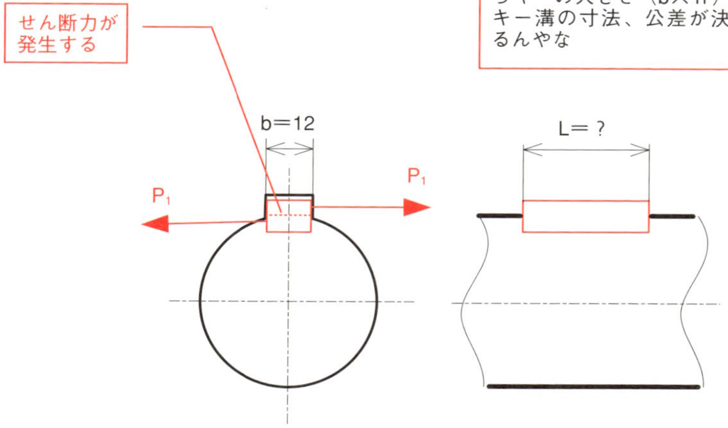
せん断力が発生する
b=12
P1
P1
L=？

同じトルクが発生する軸上では、半径の小さい方が大きな力がかかります。半径比から、キーには歯車のピッチ円上にかかる力（1000N）の2.5倍の荷重がかかるのです。

許容せん断応力 τ_a = 75[N/mm²]より、 $\tau_a = \dfrac{P_1}{A}$ が成り立つ断面積を求めればよいことになります。

したがって、 $75 > \dfrac{2500}{12 \times L}$ より、

$$L > \frac{2500}{12 \times 75} = 2.78 \quad [\mathrm{mm}]$$

ここで、安全率 S= 5 を考慮すると、
$L > 2.78 \times 5 = 13.9$[mm]となります。

キーの設計上、13.9[mm]は中途半端な数値のため、キリのいいL=15[mm]で設計すればよいことになります。

トルクは下式で表され、同一回転系に発生するトルクは同じです。
T＝P×r　　P：荷重　　r：半径

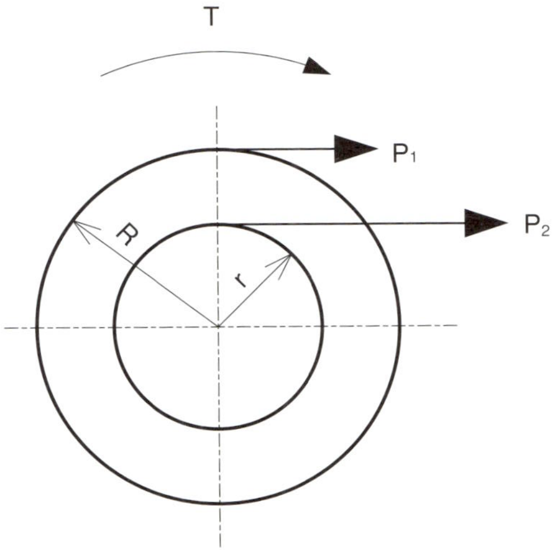
T
P₁
P₂
R
r

トルクが同じやったら、半径が小さい方が接線力Pは大きくなるんか～！

第5章のまとめ

●やったこと

機械設計によく使う高校レベルの計算の基礎や単位、材料記号から設計実務で使う初歩的な強度計算を学習しました。

●わかったこと

重量計算は体積と重量密度、あるいは比重から計算できることを知りました。

材料密度には単位があり、比重には単位がないため1000倍しなければいけないことも知りました。

はめあいのうち、しまりばめ（圧入）の計算方法を理解しました。

基本的なボルトやキーの強度計算を理解しました。

●次やること

複雑な形状や複合的な荷重がかかる場合の強度計算などは、本事例のように簡単な手計算ではできないため、CAEなどを活用しなければいけませんが、最低限の簡単な計算は設計中に確認しながらできるようにしておきましょう。

製図の段階で気になったら、簡略化して計算すれば大きな間違いがないかも確認できます。日々の経験を大切にしてください。

そして、右に示したピラミッドの頂点に向かうために何をしなければいけないかも考えてみましょう。

一人一人目標は違います。したがって、基礎を固めたうえで何をどう活かすかがポイントです。

将来の人生設計も考えて、技術者としてのキャリア形成を築いてください。

ここから上段は、読者の皆さんが業務で経験する成功や失敗、つまり皆さん自身のノウハウです！
基礎的な工学の検討ができる
ばらつきを理解し、公差の考え方が理解できる
寸法を記入することができる
投影図を描くことができる
図形を理解できる

第6章

Workshop 解答解説

Work Shop 1-01

解答の手順1

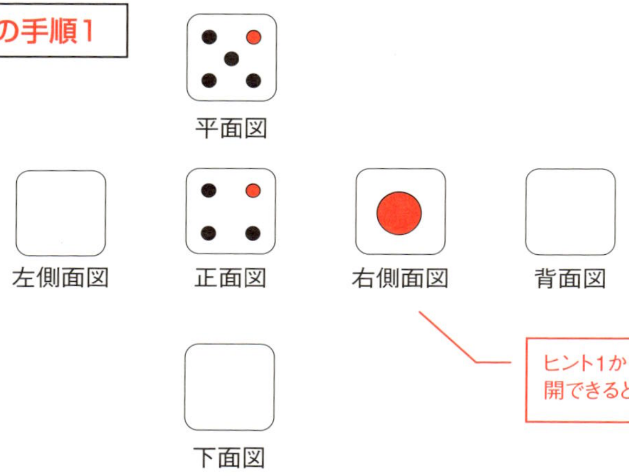
平面図
左側面図
正面図
右側面図
背面図
下面図

ヒント1から、この3面はすぐに展開できると思います。

解答の手順2

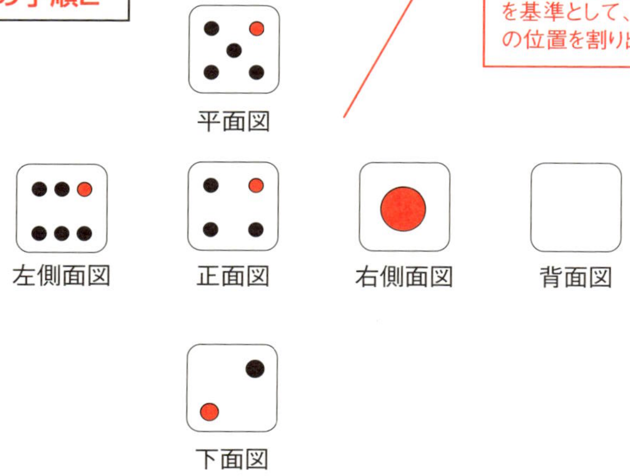
平面図
左側面図
正面図
右側面図
背面図
下面図

ヒント2から、正面図「4」の赤丸を基準として、「6」と「2」の赤丸の位置を割り出します。

解答の手順3

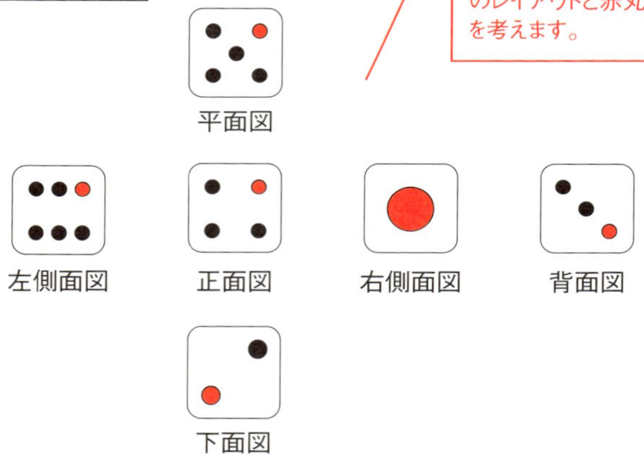
平面図
左側面図
正面図
右側面図
背面図
下面図

ヒント3から、背面図の「3」のレイアウトと赤丸の位置を考えます。

ヒント1から、背面図は「3」とすぐにわかります。ヒント3の「5」の赤丸のすぐ隣から「3」の黒丸が始まっていることがわかります。

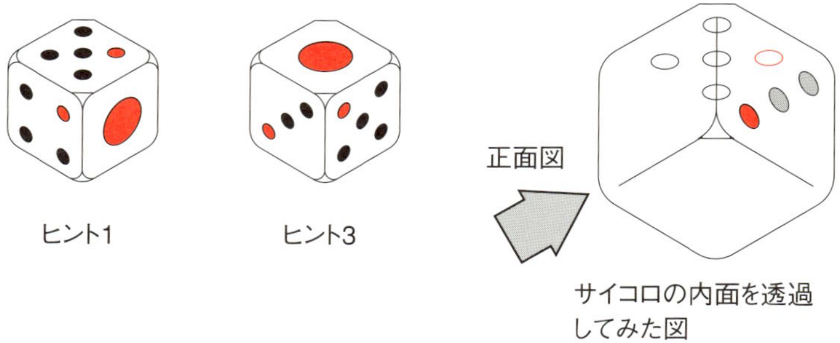
ヒント1
ヒント3
正面図
サイコロの内面を透過してみた図

よって、正面図の方向から見て「3」が左下がりになり、左下が赤丸であることがわかります。それを背面図として表すと左右反転して見えるのです。

Work Shop 1-02

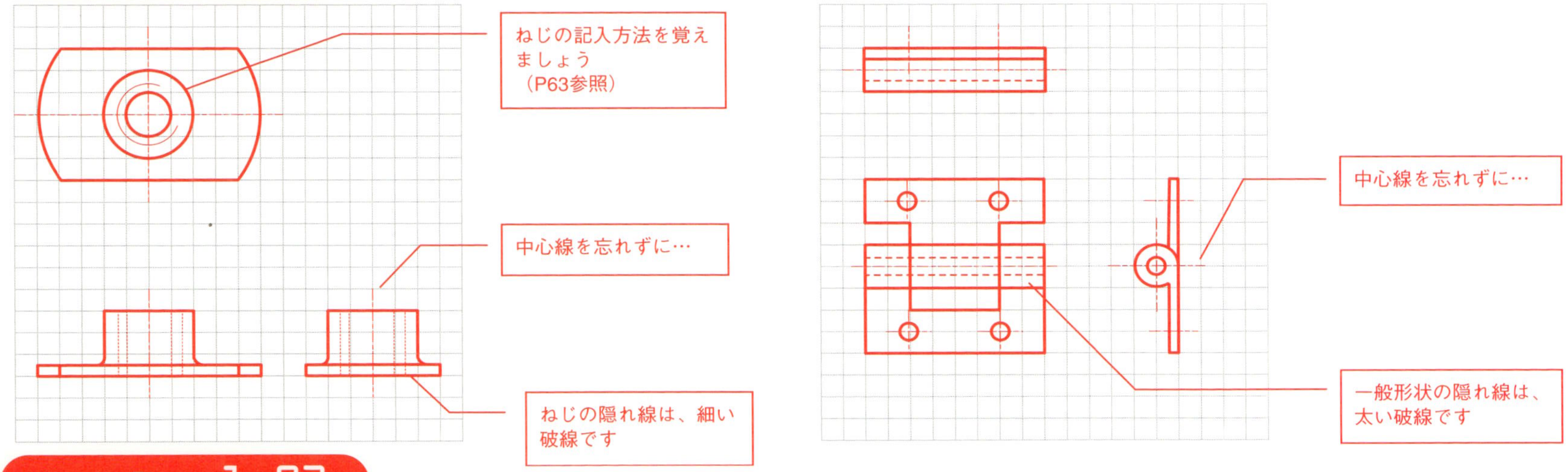

ねじの記入方法を覚えましょう（P63参照）
中心線を忘れずに…
ねじの隠れ線は、細い破線です
中心線を忘れずに…
一般形状の隠れ線は、太い破線です

Work Shop 1-03

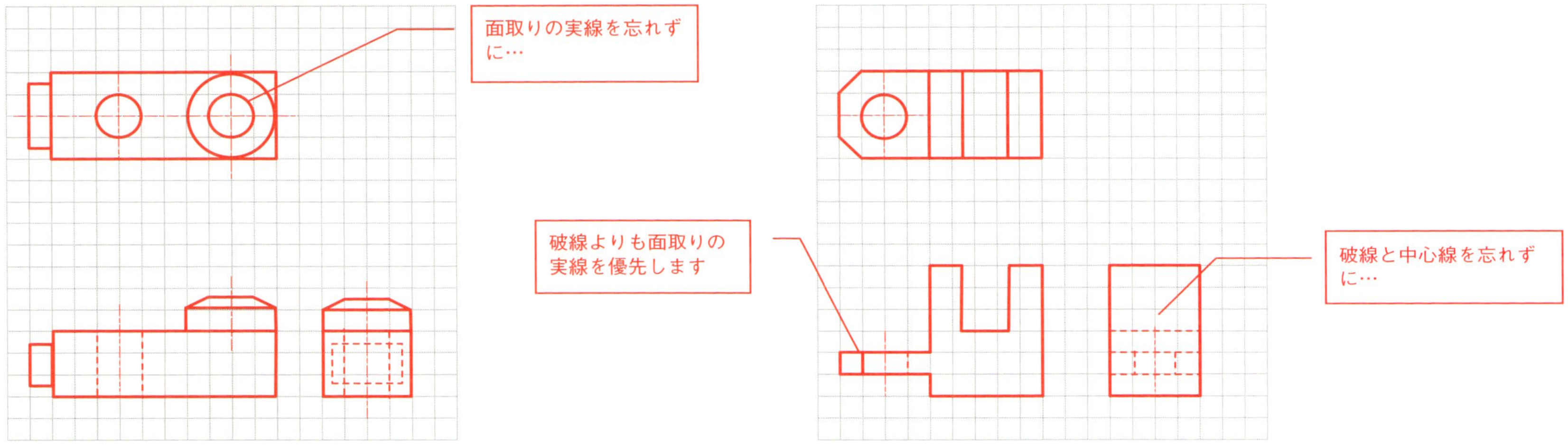

面取りの実線を忘れずに…
破線よりも面取りの実線を優先します
破線と中心線を忘れずに…

Work Shop 1-04

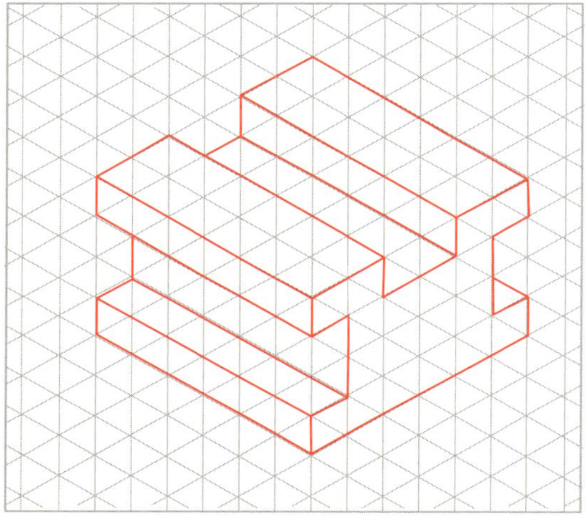

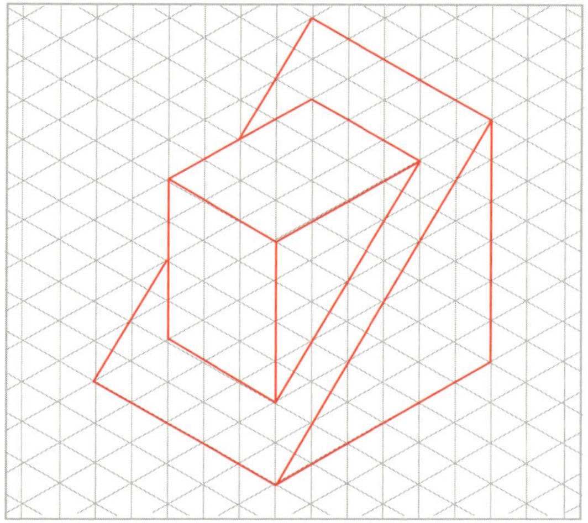

フリーハンドの場合は、正確に描く必要はありません。イメージが伝わればよいのです。きれいに描こうとすると、フリーハンドで図形は描けません。線がふらついたり、罫線から外れても結構です。恥ずかしがらずに堂々と描いてください!

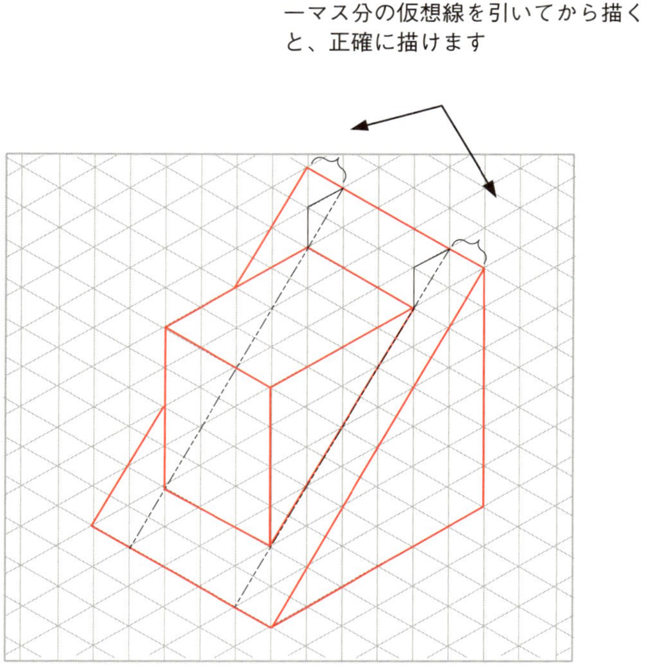
一マス分の仮想線を引いてから描くと、正確に描けます

Work Shop 1-05

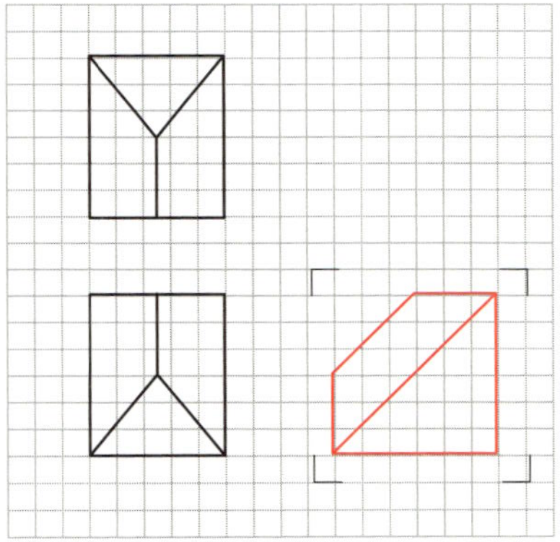

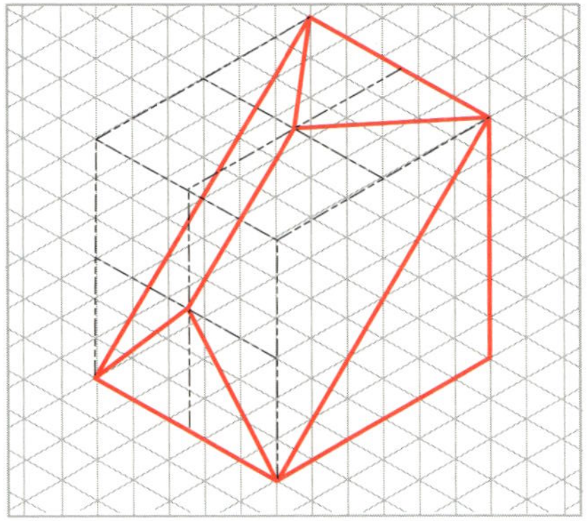

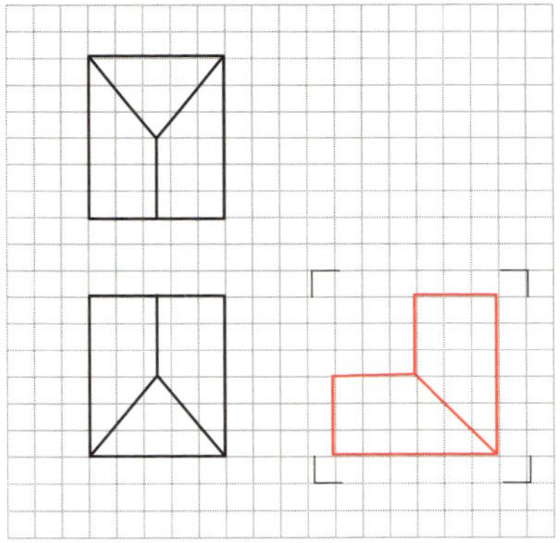

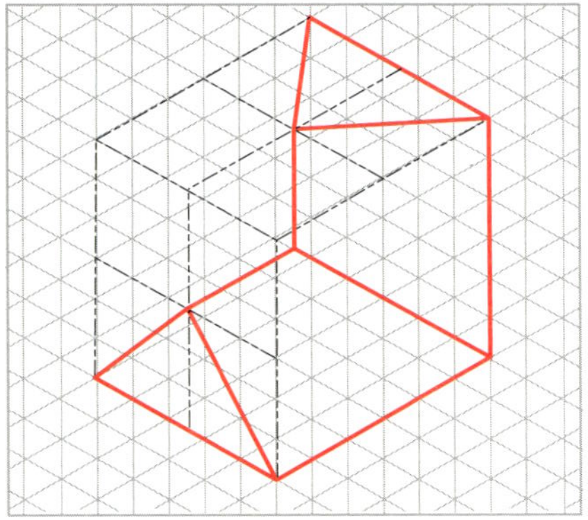

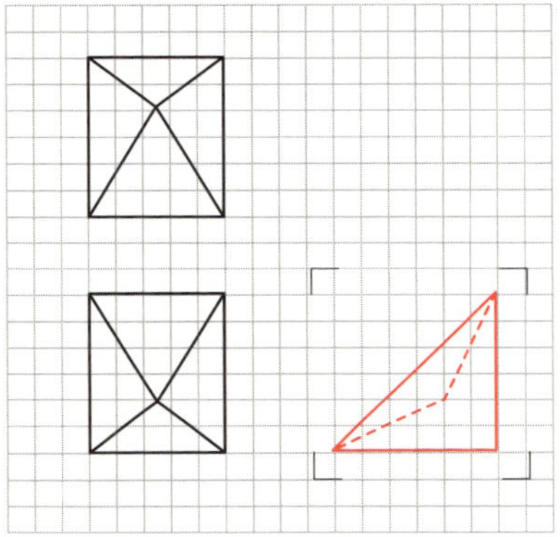

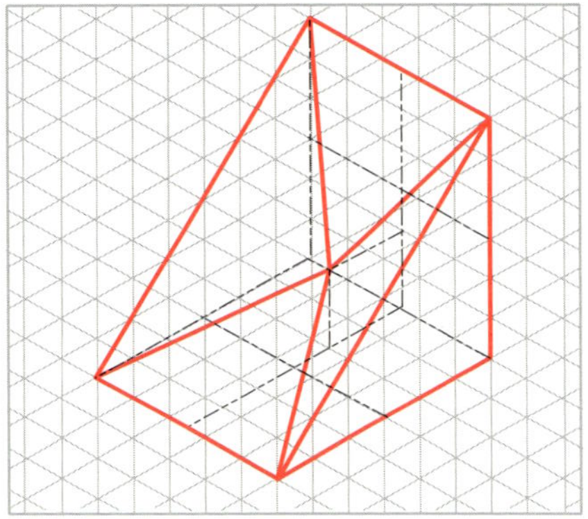

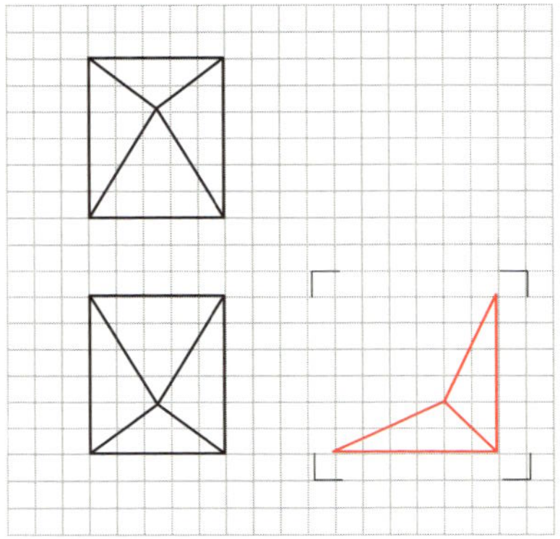

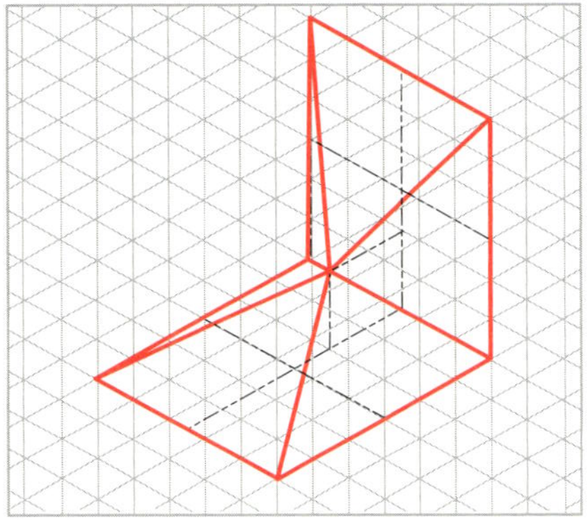

本ページに記載したモデル以外の解答ができるかもしれません。新しいモデルができた場合、サポートページからご連絡いただけると幸いです。
http://www.labnotes.jp/

Work Shop 1-06

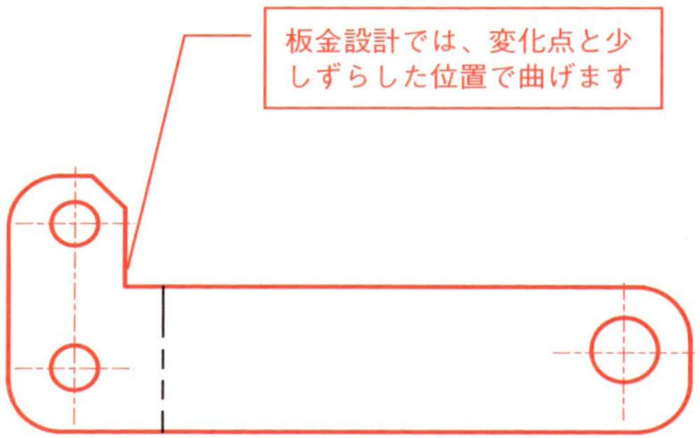
板金設計では、変化点と少しずらした位置で曲げます

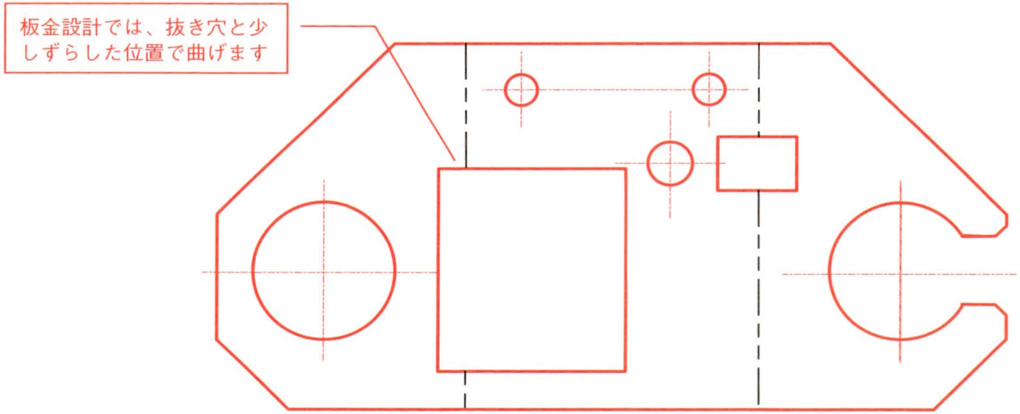
板金設計では、抜き穴と少しずらした位置で曲げます

Work Shop 1-07

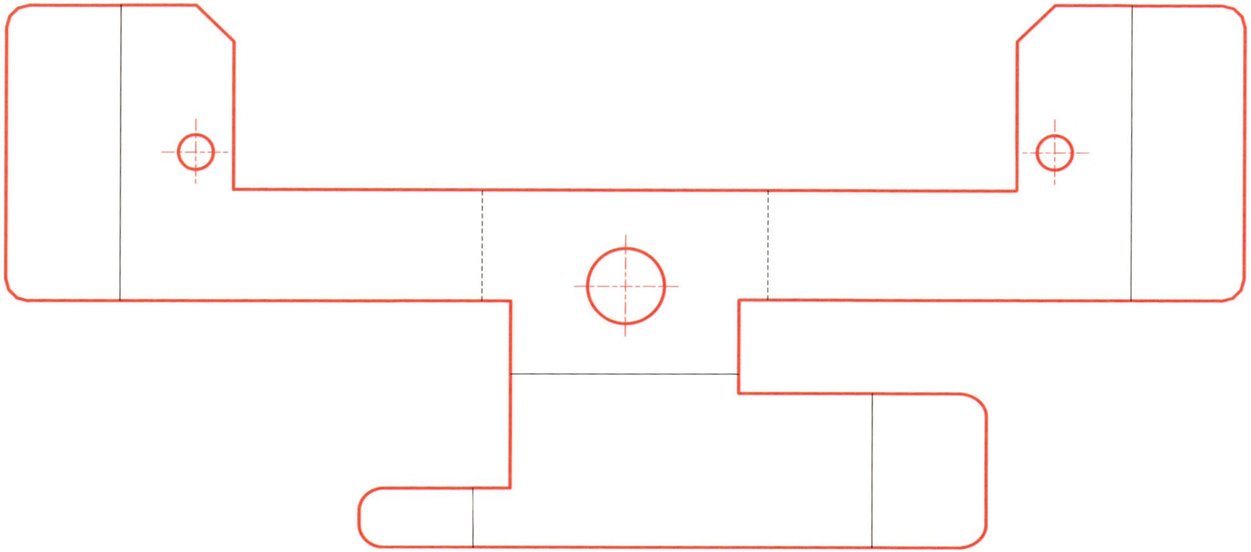

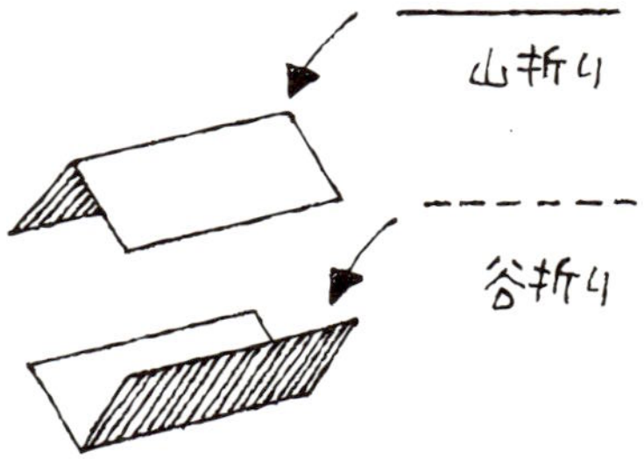
山折り
谷折り

Work Shop 2-01

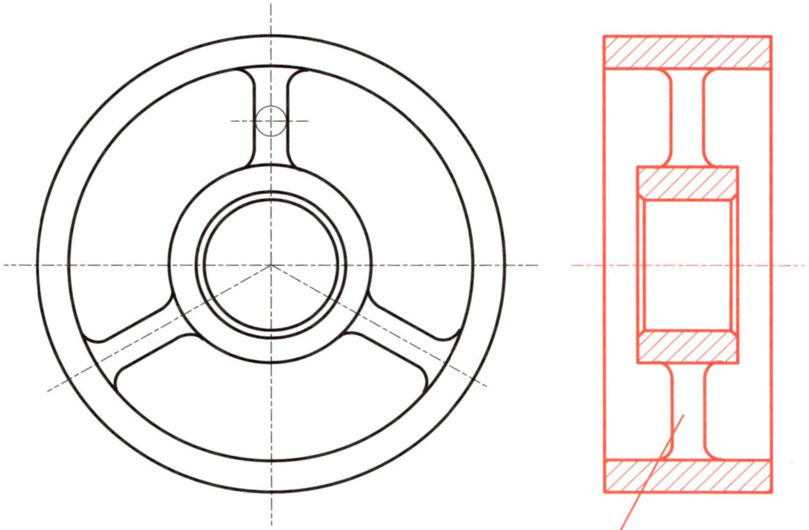

車の腕は断面にできません。また、投影図に、ある角度をもっているために、その実形が現れない場合は。その部分を回転させてその実形を図示します。

Work Shop 2-02

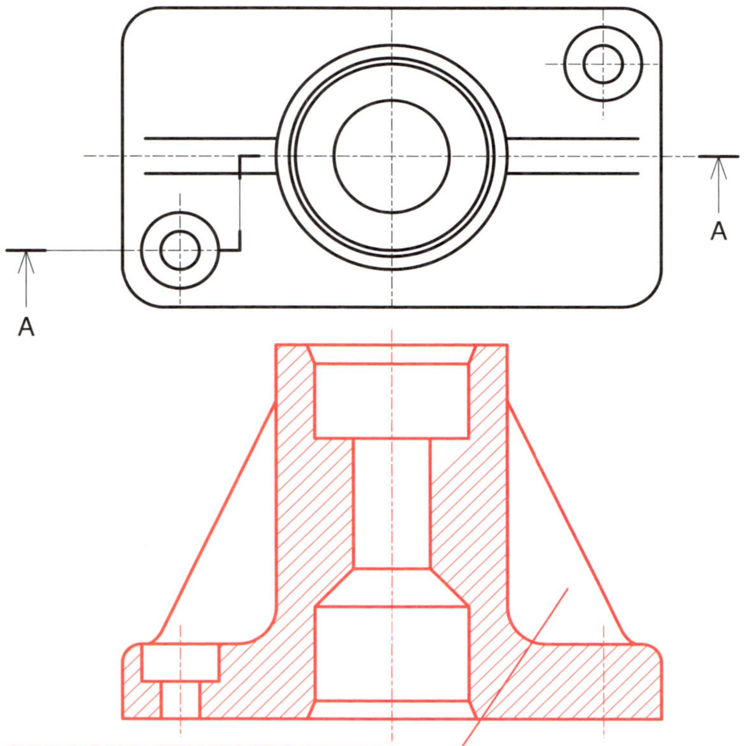

リブは断面にできません。したがって外形図として表します。

A-A

Work Shop 2-03

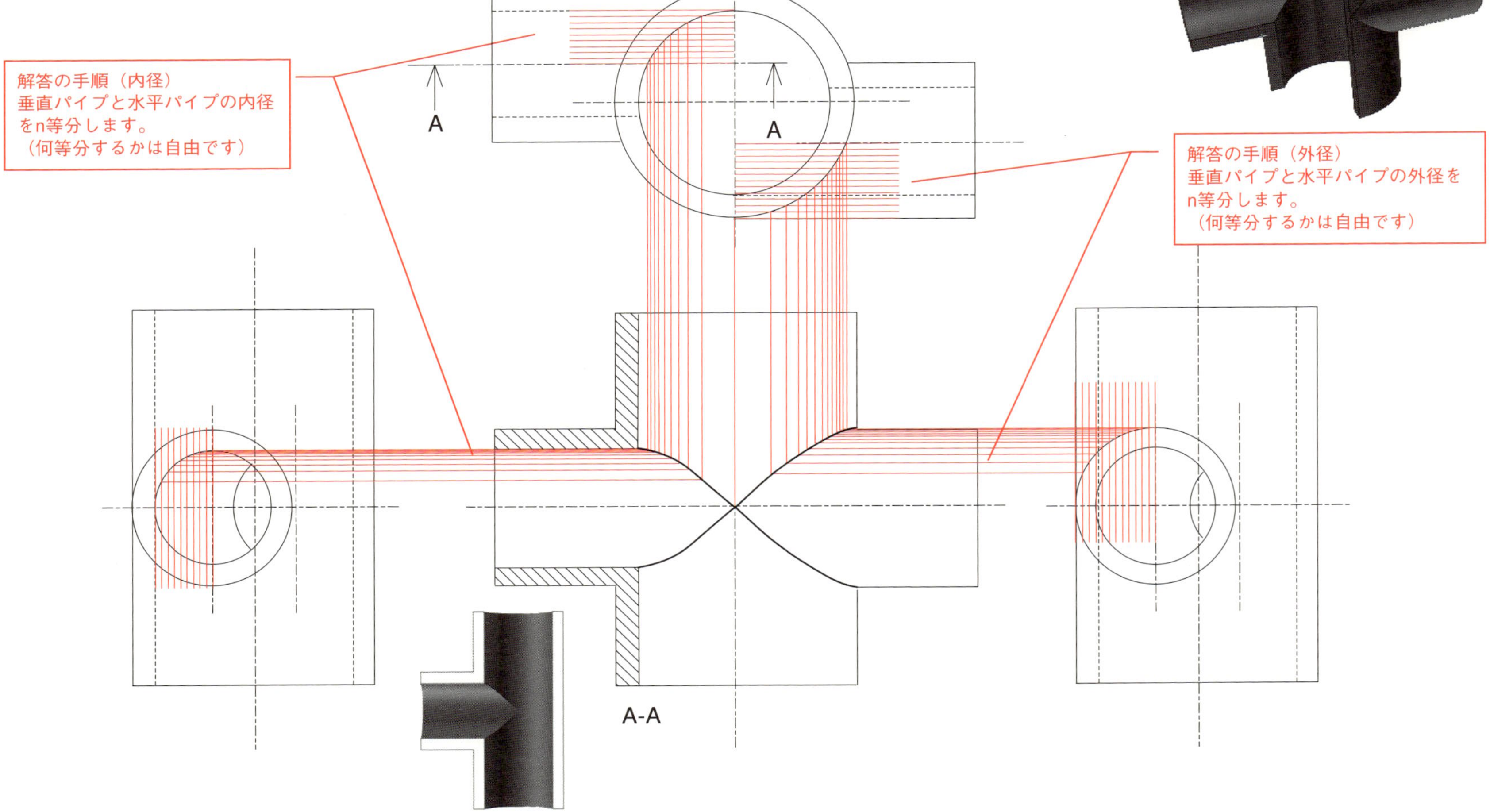
解答の手順（内径）
垂直パイプと水平パイプの内径をn等分します。
（何等分するかは自由です）
A
A
解答の手順（外径）
垂直パイプと水平パイプの外径をn等分します。
（何等分するかは自由です）
A-A

Work Shop 2-04

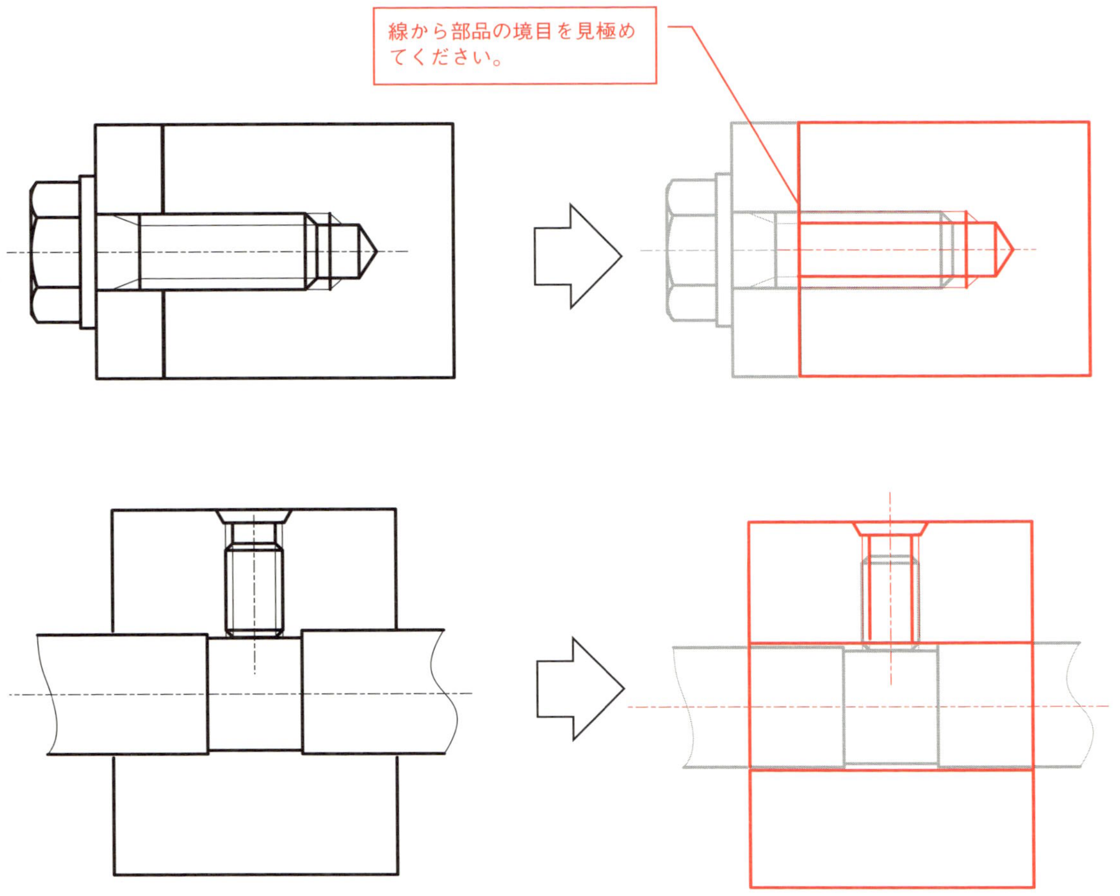
線から部品の境目を見極めてください。

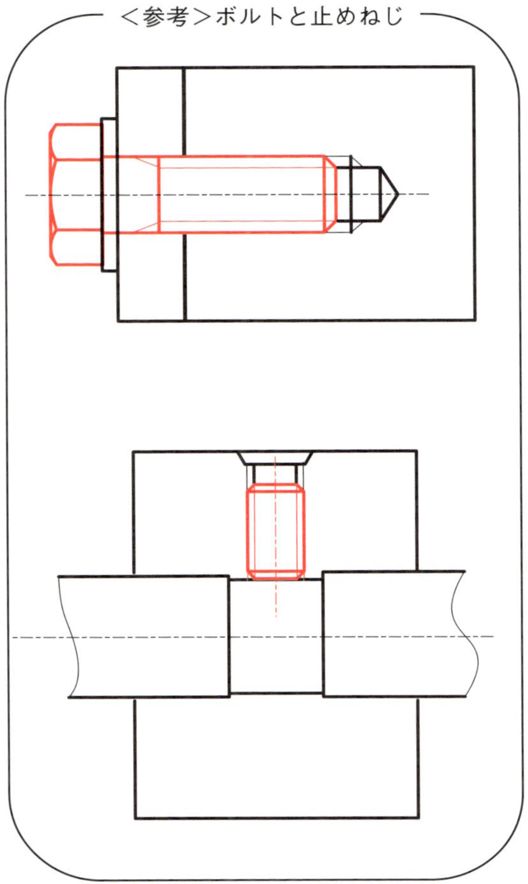
＜参考＞ボルトと止めねじ

Work Shop 3-01

あくまでも、寸法記入の練習ですから、必ずしも下記の解答例と同じである必要はありません。

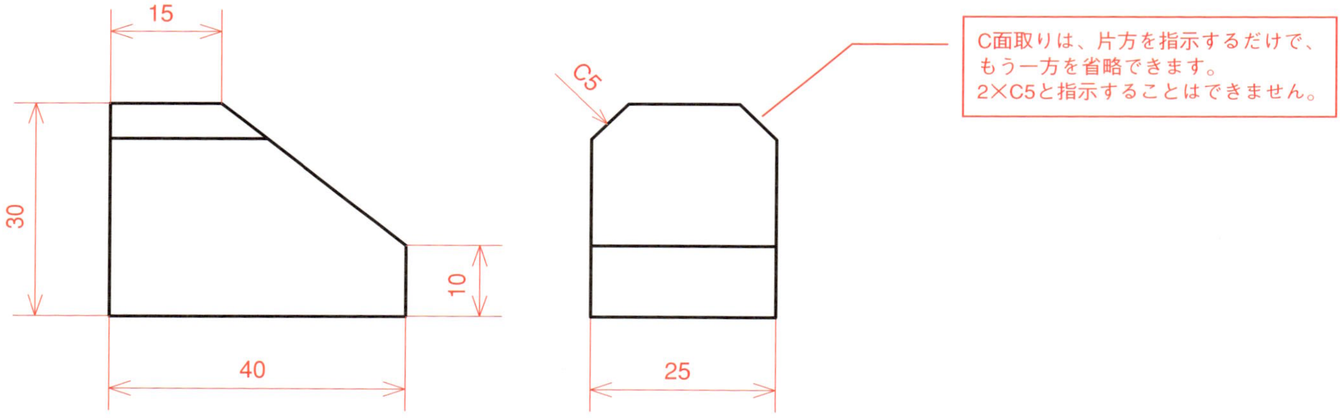
15
30
10
40
C5
25
C面取りは、片方を指示するだけで、
もう一方を省略できます。
2×C5と指示することはできません。

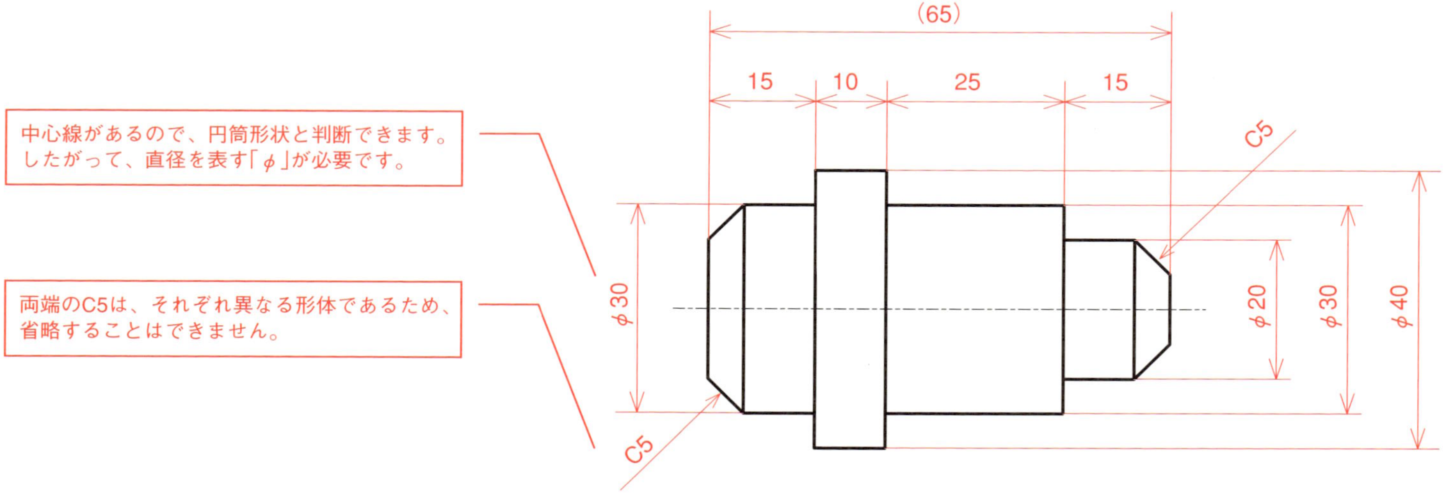
(65)
15
10
25
15
C5
C5
φ30
φ20
φ30
φ40
中心線があるので、円筒形状と判断できます。
したがって、直径を表す「φ」が必要です。
両端のC5は、それぞれ異なる形体であるため、
省略することはできません。

Work Shop 3-02

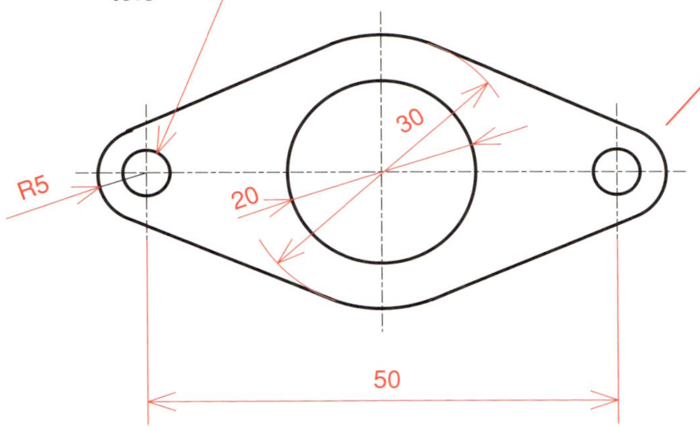
2×φ5
t0.3
30
20
R5
50

ガスケットなどに用いられるお決まりの寸法記入パターンです。斜面の寸法は、成り行きの形状（大きい円と小さい円の接線）です。
両端のR形状の寸法は、一方を省略しています。

Work Shop 3-03

多数の穴が2列に並んでいても、等間隔であれば、まとめて寸法指示することができます。
4角のR形状の寸法は、1箇所のみ指示して、残り3箇所は省略しています。

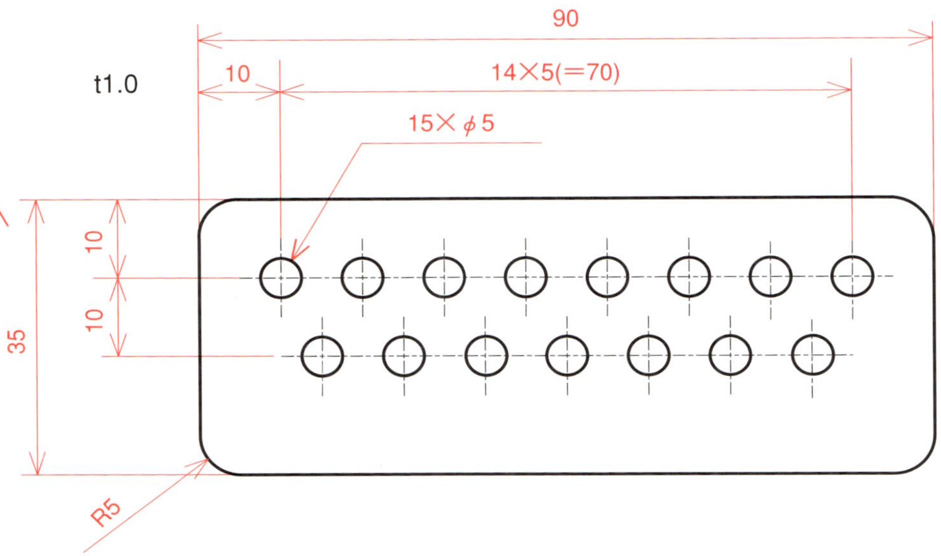
t1.0
90
10
14×5(=70)
15×φ5
10
10
35
R5

Work Shop 4-01

Q4-01-1

直径22mmの穴において、H６、H８、K6、Js5の公差範囲を示してください。　例）φ22 G6（＋0.007～＋0.020）

φ22 H6（　0～＋0.013　）　φ22 H8（　0～＋0.033　）

φ22 K6（　＋0.002～－0.011　）　φ22 Js5（　±0.0045　）

Q4-01-2

直径6mmの軸において、g6、h7、m5、p6の公差範囲を示してください。　例）φ6 f8（－0.010～－0.020）

φ6 g6（　－0.004～－0.012　）　φ6 h7（　0～－0.012　）

φ6 m5（　＋0.004～＋0.009　）　φ6 p6（　＋0.012～＋0.020　）

Q4-01-3

直径16H7公差の穴に軸を挿入したい。特に何も工具を使わず手で簡単に挿入できる程度のはめあわせにしたい。軸の寸法はいくらにすればよいか？

公差域クラスの記号を使って示して下さい。

穴：φ16H7　　軸：（φ16g5　またはh5、f6、g6、h6など）

Q4-01-4

右図のように、幅20h5公差の樹脂片を幅20mm U字型の鉄鋼ブロックに中間ばめしたい。

鉄鋼ブロック側の寸法公差はいくらにすればよいか？

樹脂片の幅：20h5　　鉄鋼ブロックの内幅：（　20Js5　またはK6、M6など　）

丸軸と丸穴以外でも、
公差域クラスを使っても
問題ないねん

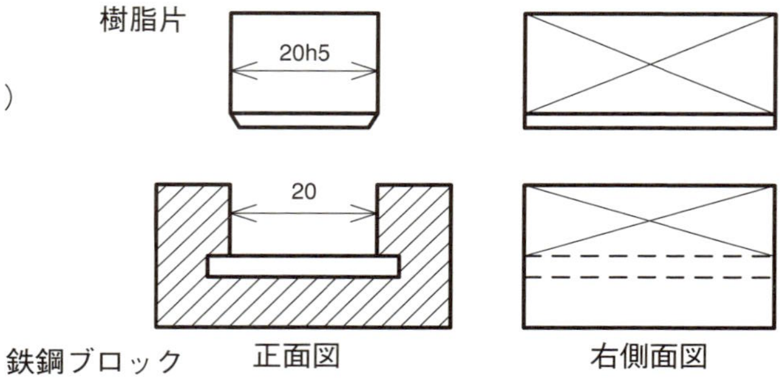
樹脂片
20h5
20
鉄鋼ブロック
正面図
右側面図

Work Shop 4-02

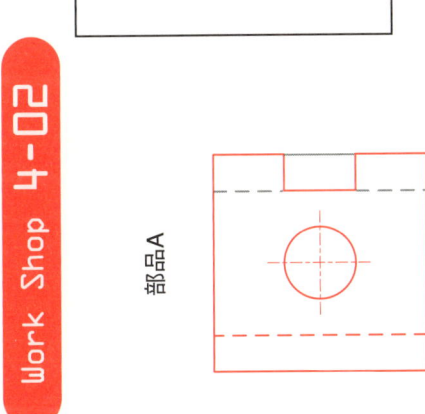

部品A

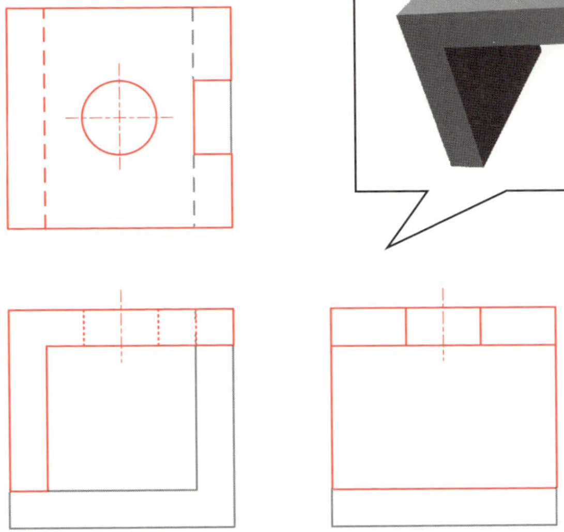

部品B

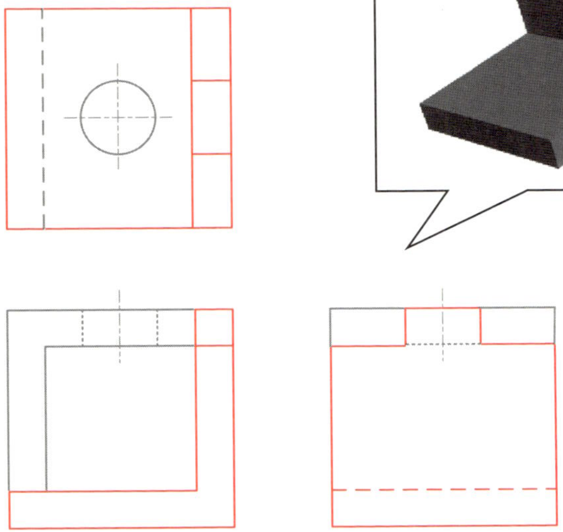

Work Shop 4-03

組立状態

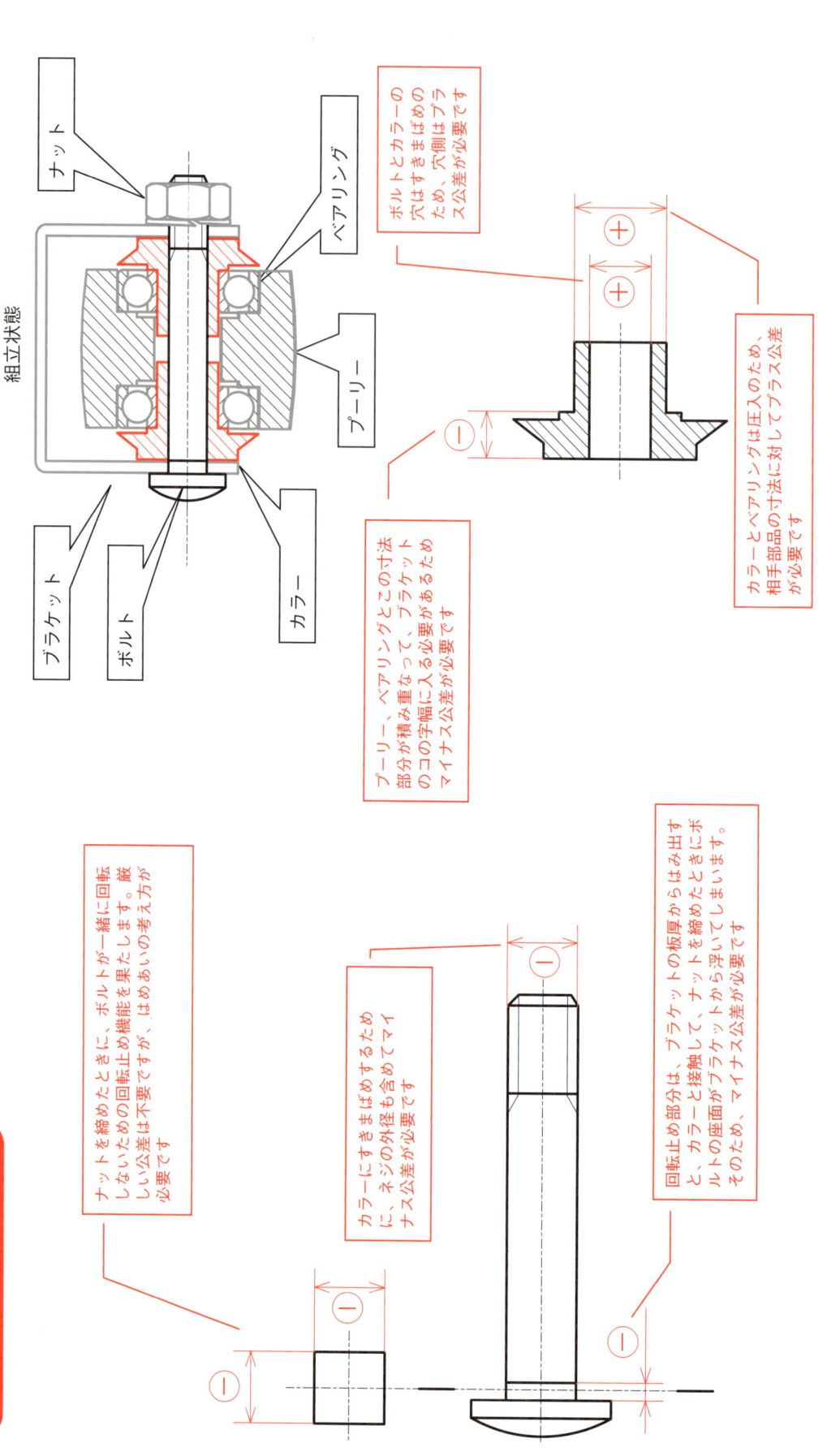

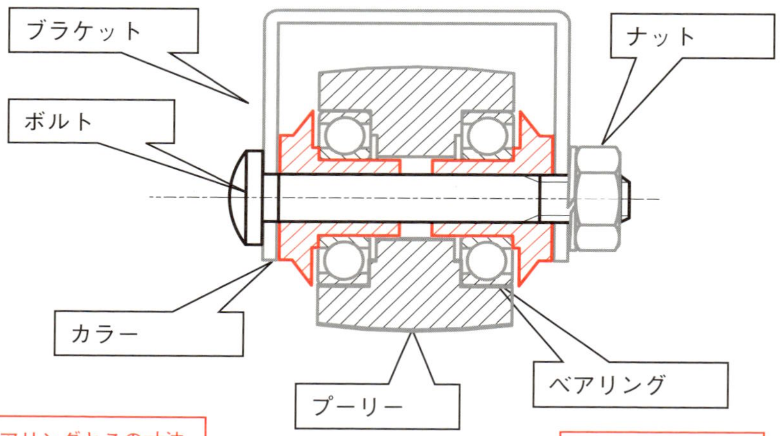

ナットを締めたときに、ボルトが一緒に回転しないための回転止め機能を果たします。厳しい公差は不要ですが、はめあいの考え方が必要です

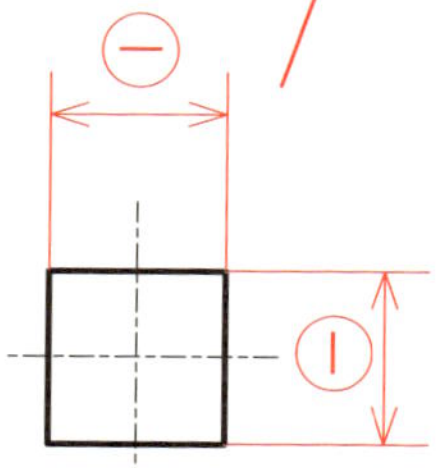

カラーにすきまばめするために、ネジの外径も含めてマイナス公差が必要です

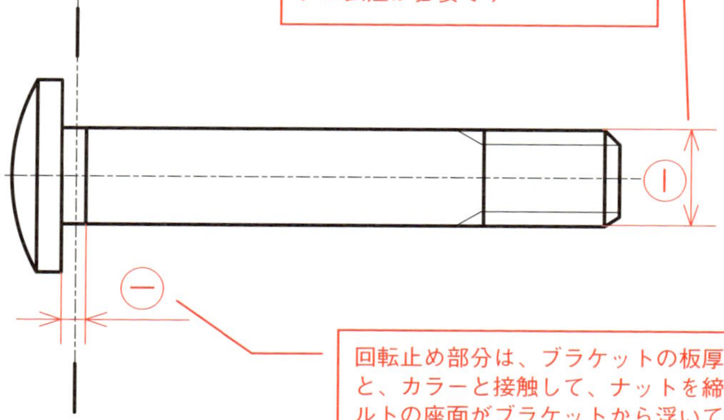

回転止め部分は、ブラケットの板厚からはみ出すと、カラーと接触して、ナットを締めたときにボルトの座面がブラケットから浮いてしまいます。そのため、マイナス公差が必要です

プーリー、ベアリングとこの寸法部分が積み重なって、ブラケットのコの字幅に入る必要があるためマイナス公差が必要です

ボルトとカラーの穴はすきまばめのため、穴側はプラス公差が必要です

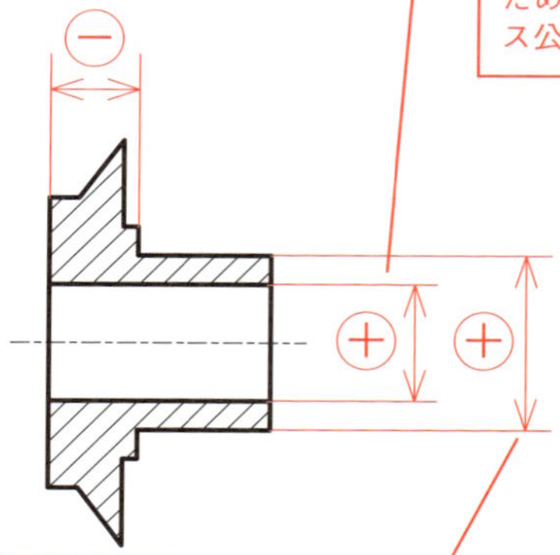

カラーとベアリングは圧入のため、相手部品の寸法に対してプラス公差が必要です

Work Shop 5-01

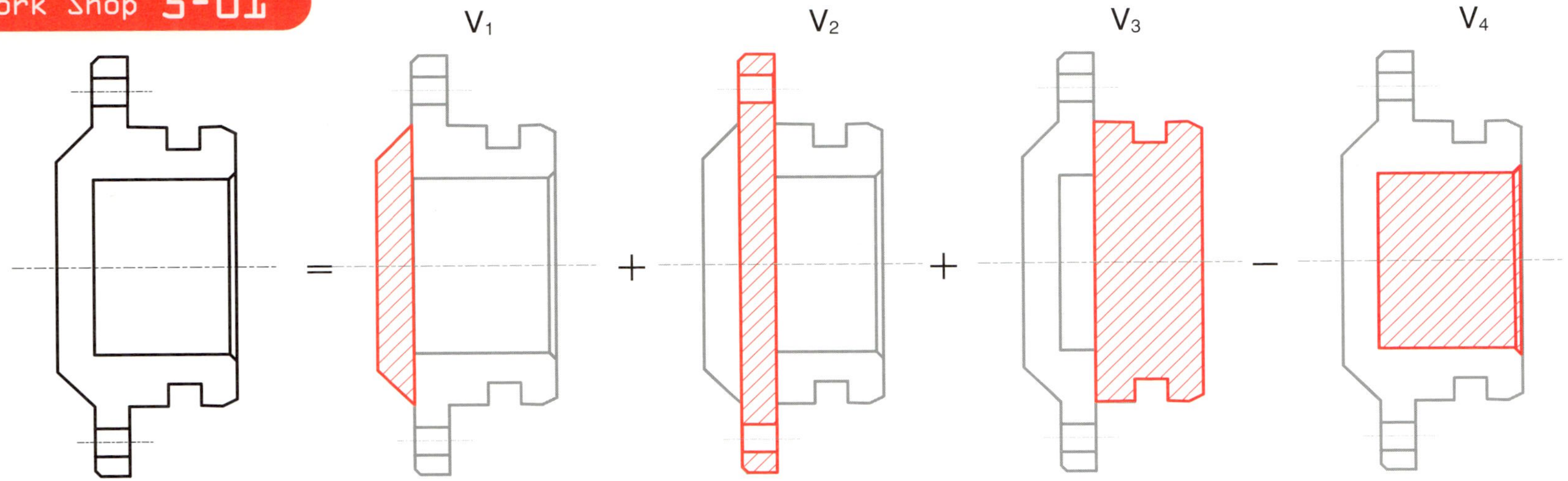

=
V1
+
V2
+
V3
−
V4

体積Vは上図より、$V=V_1+V_2+V_3-V_4$で表されます。

①V_1の体積を求める

V_1は円すい形状の一部分です。円すいの体積は $\frac{1}{3}$ ×底面積×高さで表されます。

完全な円すい形状ではないため、底面直径40mmの大きな円すいから底面直径30mmの小さな円すいを引き算すると求めるV_1が得られます。

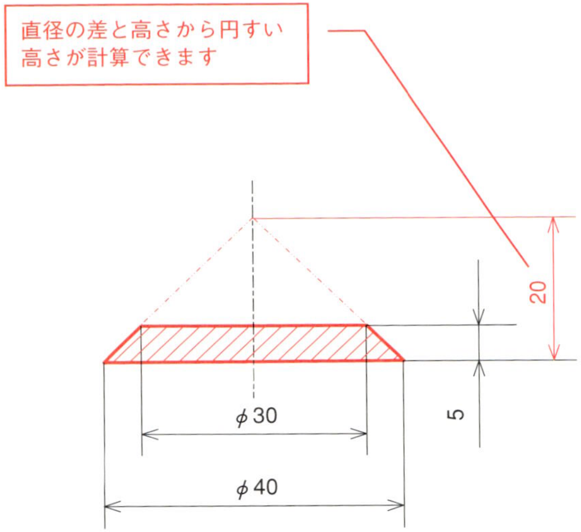

直径の差と高さから円すい高さが計算できます
20
5
φ30
φ40

したがって、$V_1=\frac{20^2\times\pi\times20}{3}-\frac{15^2\times\pi\times15}{3}=4843$ [mm³]

② V_2の体積を求める

V_2は取り付けフランジ部分です。左面にC1の面取りや6つのボルト用穴がありますが、それを無視して円板として計算した後で、面取り部分と6つの穴を引き算します。

・円板部：$V_{21}=30^2\times\pi\times5=14137$ [mm^3]

・C面取り部分：1mm角のリング状の体積を求めて半分にしたものがC面取り部分になります。

よって、厚み1mmで外径60mmのリングから外径58ｍｍのリングを引いた上で半分にします。

$$V_{22}=\frac{(30^2\times\pi\times1)-(29^2\times\pi\times1)}{2}=93\ [\mathrm{mm^3}]$$

・ボルト用穴部（6箇所）：$V_{23}=6\times(3^2\times\pi\times5)=848$ [mm^3]

したがって、$V_2=V_{21}-V_{22}-V_{23}=13196$ [mm^3]

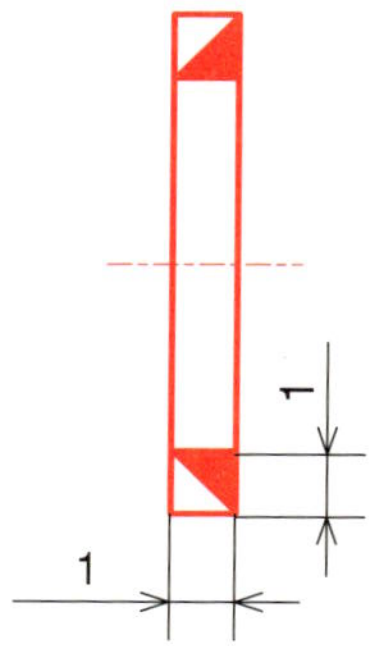

③ V_3の体積を求める

V_3は挿入部分です。全体円筒からOリング溝とテーパ面取り部分を上記同様に引き算することで求められます。

・全体円筒：$V_{31}=20^2\times\pi\times15=18850$ [mm^3]

・Oリング溝部：$V_{32}=(20^2\times\pi\times4.7)-(17^2\times\pi\times4.7)=1639$ [mm^3]

・テーパ面取り部分：テーパ部の内径は、右図の三角関数より $\tan\theta=\dfrac{B}{A}$ で表されます。

$$B=A\tan\theta=2\times\tan30^\circ=1.15$$

$$V_{33}=\frac{(20^2\times\pi\times2)-(18.85^2\times\pi\times2)}{2}=140$$

したがって、$V_3=V_{31}-V_{32}-V_{33}=17071$ [mm^3]

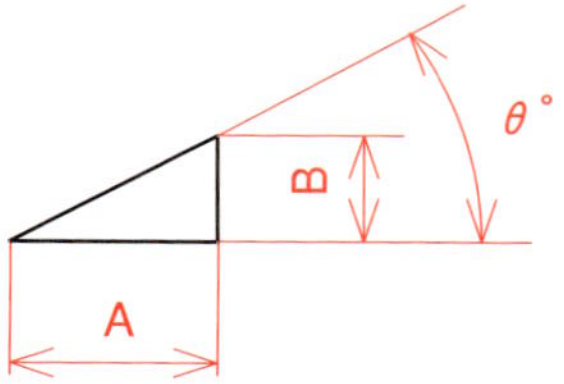

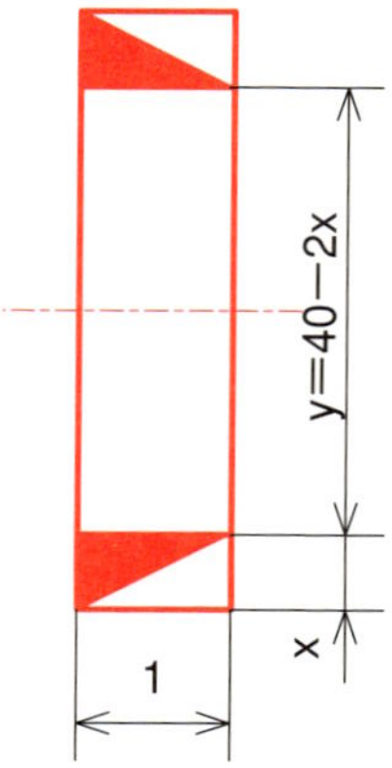

④　V_4の体積を求める

V_4はくり抜き部分です。全体円筒にC面取りを足し算します。

・全体円筒：$V_{41}=12.5^2\times\pi\times20=9817$ [mm^3]

・C面取り部分：$V_{42}=\dfrac{(13.5^2\times\pi\times1)-(12.5^2\times\pi\times1)}{2}=41$[mm^3]

したがって、$V_4=V_{41}+V_{42}=9858$ [mm^3]

材料密度の単位にあわせるのを忘れずに！

⑤　全体の体積を求める

$V=V_1+V_2+V_3-V_4$＝4843+13196+17071－9858＝25252[mm^3]＝0.0000252[m^3]

⑥　重量を求める

A2017の材料密度は2800[kg/m^3]より

重量＝体積×材料密度＝0.0000252×2800＝0.0706[kg]＝70.6[g]

寸法のばらつきによって重量も誤差が発生します

Work Shop 5-02

M6ボルトの谷径(最も細い径)が直径4.9mmであるため、ボルト1本で荷重を受けた場合の引張り応力σは下記で表されます。

$$\sigma = \frac{P}{A} = \frac{6500}{\frac{\pi}{4}(4.9)^2} = 344.7 \quad [\mathrm{N/mm^2}]$$

つまり、ボルト1本が受ける応力344.7[N/mm^2]＞1本のボルトの許容応力が60[N/mm^2]となり、ボルト1本だけでは破損してしまいます。

そこで、ボルトの強度が持つところまで本数を増やしてあげる必要があります。

ボルトの本数は下記で計算できます。

344.7/60＝5.74　（本）

したがって、ボルトは6本あれば、1本当たりの応力は

344.7/6＝57.45[N/mm^2]＜60[N/mm^2]

となり、設計条件に耐えられることになります。

もちろん、ボルトの許容応力に安全率が含まれていますので、多少の荷重ばらつきは吸収できると判断します。

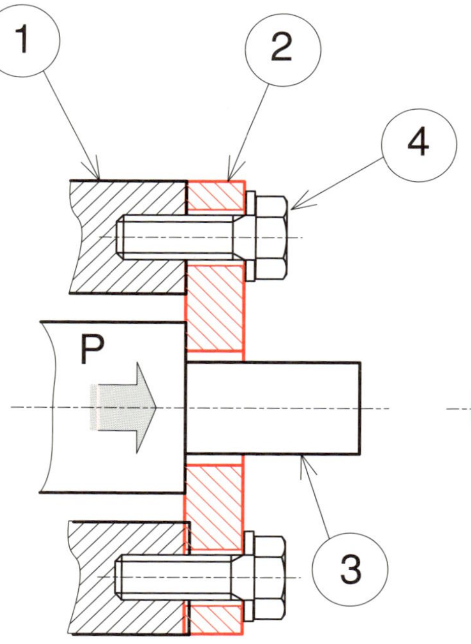

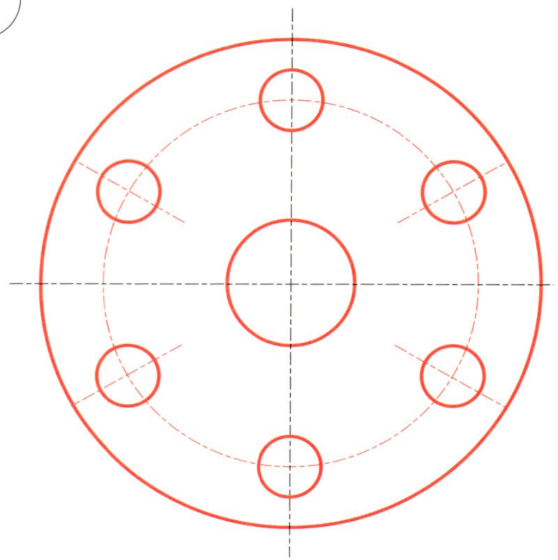

参考文献
1）JISハンドブック　59　製図　2005
2）機械設計製図便覧　大西清著
3）機械設計演習　岩浪繁蔵著
4）使用実績に基づく機械要素の実用設計　宗孝著

おわりに

本書では、図解力から始まり、製図力、設計思考と公差の考え方、および設計の基礎の部分である最低限の設計計算を学びました。
これらを理解するだけでは、まだまだ立派な設計者になれません。

姉妹本である「図面って、どない描くねん！」「図面って、どない描くねん！LEVEL2」「CADって、どない使うねん！」などを理解し、実務の中では「めっちゃ使える！機械便利帳」を使いこなし、成功や失敗などの経験をつんでキャリアを形成していただきたいと思います。

本書を読むことで、**製図は設計の基礎である**ということがわかったと思います。

残念ながら、スキル（技術）は一朝一夕で身につくものではありません。

各章の終わりのピラミッドは、製図という視点で作ったピラミッドです。

私が考える機械技術者のスキルは、右図のピラミッドに表されます。

これが機械技術者が習得しなければいけない技術の全体像です。

機械設計の基礎である機械製図や機械要素の基礎技術を自在に操り、材料力学や機械力学などエンジニアリングな検討ができ、その上で勤務先のノウハウを詰め込んだ業務（固有技術）を極めていくことです。また、その他に各種規格の知識や英会話、特許、技術者倫理、異業種交流など様々な知識をスパイスとして取り込むことで、キャリアに余裕を持たせることができると考えます。

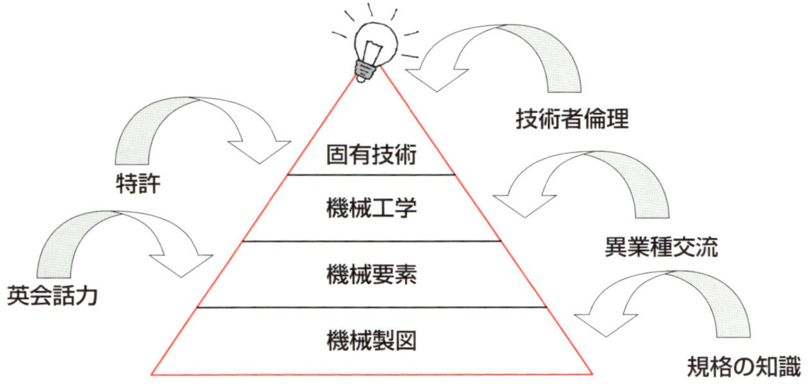

これらを自分なりに習得していくには中長期の時間がかかります。コツコツと下積みを経験して、10年後、20年後、30年後にそれらの成果に気がつくのです。

本書を参考に技術力を向上したいというモチベーション（動機付け）を維持し、業務に取り組んでいただければ幸いです。

それでは、読者の皆さんがすばらしいエンジニアになるように魔法をかけてご挨拶にかえさせていただきます。

ファイア! (*゜▽゜)ノ☆。.:*:.・★,。・:*:☆。.:*:.・★,。・:*:☆。.:*:.・★,。・:*:☆。.:*:.・★,。・:*:☆。.:*:.・★,。・:*:☆。.:*:.・★,。・:*:.・☆

著者より

●著者紹介

山田　学
（やまだ　まなぶ）

S38年生まれ、兵庫県出身。㈱ラブノーツ 代表取締役。

カヤバ工業㈱（現、KYB㈱）自動車技術研究所にて電動パワーステアリングとその応用製品（電動後輪操舵E-HICASなど）の研究開発に従事。

グローリー工業㈱（現、グローリー㈱）設計部にて銀行向け紙幣処理機の設計や、設計の立場で海外展開製品における品質保証活動に従事。

平成18年4月　技術者教育を専門とする六自由度技術士事務所として独立。

平成19年1月　技術者教育を支援するため㈱ラブノーツを設立。（http://www.labnotes.jp）

著書として、『図面って、どない描くねん！』、『設計の英語って、どない使うねん！』、『めっちゃ使える！ 機械便利帳』、『図面って、どない描くねん！LEVEL2』、共著として『CADってどない使うねん！』（山田学・一色桂 著）、『技術士第一次試験「機械部門」専門科目　過去問題　解答と解説（第2版）』、『技術士第二次試験「機械部門」完全対策＆キーワード100』『技術論文作成のための機械分野キーワード100［解説集］』（Net-P.E.Jp編著）などがある。

図解力・製図力　おちゃのこさいさい
図面って、どない描くねん！ LEVEL0

NDC 531.9

2008年２月28日　初版１刷発行
2024年11月15日　初版21刷発行

©著　者　山田　学

発行者　井水 治博
発行所　日刊工業新聞社
東京都中央区日本橋小網町14番1号
（郵便番号103-8548）
書籍編集部　電話03-5644-7490
販売・管理部　電話03-5644-7403
FAX03-5644-7400
URL　https://pub.nikkan.co.jp/
e-mail　info_shuppan@nikkan.tech
振替口座　00190-2-186076
本文デザイン・DTP――志岐デザイン事務所
制作協力――メディアクロス
本文イラスト――小島早恵
印刷――新日本印刷㈱

定価はカバーに表示してあります
落丁・乱丁本はお取り替えいたします。
2008 Printed in Japan
ISBN　978-4-526-06013-7　C3053

本書の無断複写は、著作権法上の例外を除き、禁じられています。

日刊工業新聞社の好評図書

図面って、どない描くねん！
―現場設計者が教えるはじめての機械製図

山田　学　著
A5判224頁　定価（本体2200円＋税）

「技術者がそのアイディアを伝える唯一の方法が製図である」と信じる著者が書いた、読んで楽しい製図の入門書。著者自身が就職してはじめて図面を描いたときの戸惑いと技能検定（機械・プラント製図）を受験してはじめて知った、“製図の作法”を読者のためにわかりやすく解説した「誰もが読んで手を打ちたくなる」本。大阪弁のタイトル、めいっぱいに詰め込まれた図面やイラスト、そのすべてに製図に対する著者のストレートな愛情が詰まっています。内容はもちろん最新のJIS製図。それに現場設計者のノウハウとコツがポイントとして随所にちりばめられています。発行以来大好評で毎月重版を重ねている、はっきり言ってお薦めの一冊です。

＜目次＞
第1章　図面ってどない描くねん！
第2章　寸法線ってどんな種類があるねん！
第3章　寸法公差ってなんやねん！
第4章　寸法ってどこから入れたらええねん！
第5章　幾何公差ってなんやねん！
第6章　この記号はどない使うねん！
第7章　こんな図面の描き方がわからへん！
第8章　図面管理ってなんやねん！

＜目次＞
第1章　技術英語って、どない使うねん！
第2章　海外とのアクセス、どないするねん！
第3章　設計のやり取り、どないすんねん！
第4章　技術文書って、どない作るねん！
第5章　どないして、モノ送ったらええねん！
第6章　安全対策って、どないすんねん！
第7章　技術英語って、どんなんがあんねん！

設計の英語って、どない使うねん！
―現場設計者が教える実務で使う技術英語術

山田　学　著
A5判224頁　定価（本体2200円＋税）

設計者は技術英語を「どない」使えばよいのか、技術英語の基礎から、海外対応術まで丁寧に解説した本。著者自身が海外企業とやり取りをはじめたときの戸惑いと、エンドユーザでの納品・立会いなどを通じてえた教訓、海外向け製品設計上の注意点、海外取引で得た知識や喜びを、前向きな気持ちで読者に伝えることで、現場設計者として海外実務を行うためのガイドブックとしても使えるようになっています。

＜目次＞
第1章　機械設計って、どないすんねん！
第2章　手書きと2次元CAD、何が違うねん！
第3章　3次元CADって、どない使うねん！
第4章　モデリングって、どないすんねん！（Ⅰ）
第5章　モデリングって、どないすんねん！（Ⅱ）
第6章　3次元CADって、どんなメリットがあるねん！
第7章　CADと連携して、何ができるねん！

CADって、どない使うねん！

山田　学・一色　桂　著
A5判208頁　定価（本体2200円＋税）

CADを使えば便利で効率が上がるのが当たり前と言う風潮の中、実際に設計している技術者として、『CADが使えることと設計ができることは次元が違うんだ！』ということを趣旨とした、設計者のためのCAD入門書。「手書き製図」から「2次元CAD」へ、そして「3次元CAD」へと至るCADを使った設計の基本を、楽しく丁寧に解説しています。

めっちゃ使える！　機械便利帳
―すぐに調べる設計者の宝物

山田　学　編著
新書判176頁　定価（本体1400円＋税）

著者自身が工場の現場や、CADの前でちょっとした基本的なことを調べたいときにあると便利だと思い、自作していたポケットサイズの手帳を商品化したもの。工場の現場でクレーム対応している最中や、デザインレビュー等の会議の場ですぐに利用できる手軽なデータ集です。記入できるメモ部分もありますので、どんどん使い込んで自分だけの便利帳にしてください。装丁は、デニム調のビニール上製特別仕立て。まさに設計現場で戦うエンジニアの宝物です。

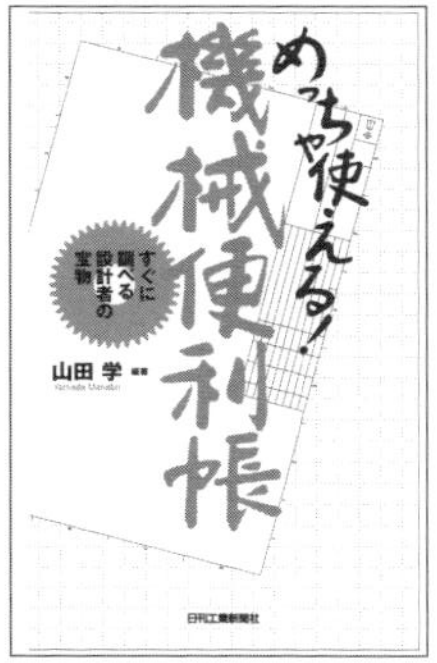

＜目次＞
第1章　設計の基礎
第2章　数学の基礎
第3章　電気の基礎
第4章　力学の基礎
第5章　機械製図の基礎
第6章　材料の基礎
第7章　機械要素の基礎
第8章　海外対応の基礎
＜付録＞　メモ帳（方眼紙

日刊工業新聞社の好評図書

図面って、どない描くねん！ LEVEL2
―現場設計者が教えるはじめての幾何公差

山田　学　著
A5判240頁　定価（本体2200円+税）

昨今では、寸法公差だけの図面では、形状があいまいに定義されるため、幾何公差を用いたあいまいさのない図面定義が必要とされています。これについては、GPS規格としてISOでも審議されてきているのです。

本書は「幾何公差を理解することは製図を極めることである」と信じる著者による大ヒット製図入門書、第2弾。実務設計の中で戦略的に幾何公差を活用できるように、描き方から考え方、代表的な計測方法までをわかりやすく、やさしく解説しました。幾何公差をこれだけわかりやすく解説した本は他に類がありません！

<目次>
第1章　バラツキって、なんやねん！
第2章　データムって、なんやねん！
第3章　幾何特性って、なんやねん！
第4章　形状公差って、どない使うねん！
第5章　姿勢公差って、どない使うねん！
第6章　位置公差って、どない使うねん！
第7章　振れ公差って、どない使うねん！
第8章　幾何公差の相互依存って、なんやねん！
第9章　幾何公差を使ってみたいねん！